国家出版基金项目
NATIONAL PUBLICATION FOUNDATION

“十三五”国家重点出版物出版规划项目

集成电路设计丛书

高效模拟前端集成电路

朱樟明 著

科学出版社
龍門書局
北京

内 容 简 介

本书系统介绍高效模拟前端集成电路设计所涉及的一些关键技术和科学问题，包括放大器电路、锁相环电路、新型模数转换器等，并结合工程应用，系统介绍多种模拟前端电路以及通信模拟收发机集成电路等内容，对想深入了解及学习模拟和混合信号集成电路设计的设计人员和研究人员具有很强的指导意义和实用性。本书所提出的体系结构、电路结构、关键电路模块都经过流片验证，并在实际工程中获得应用，可以直接供读者参考。本书还介绍最新的压控振荡器及噪声整形模数转换器电路技术，这是当前国内外混合信号集成电路的前沿研究内容。

本书适合电子科学与技术等专业的研究生、从事模拟/混合信号集成电路设计相关的研究人员阅读，也可为从事数据转换及模拟前端集成电路相关工作的工程师提供参考。

图书在版编目（CIP）数据

高效模拟前端集成电路 / 朱樟明著. —北京：龙门书局，2019.6

(集成电路设计丛书)

“十三五”国家重点出版物出版规划项目　国家出版基金项目

ISBN 978-7-5088-5577-6

Ⅰ. ①高…　Ⅱ. ①朱…　Ⅲ. ①集成电路－电路设计　Ⅳ. ①TN402

中国版本图书馆 CIP 数据核字(2019)第 091670 号

责任编辑：赵艳春 / 责任校对：张小霞

责任印制：赵　博 / 封面设计：迷底书装

科学出版社
龍門書局 出版

北京东黄城根北街 16 号

邮政编码：100717

http://www.sciencep.com

涿州市般润文化传播有限公司印刷

科学出版社发行　各地新华书店经销

*

2019 年 6 月第　一　版　开本：720×1 000　1/16

2024 年 6 月第二次印刷　印张：20 3/4

字数：400 000

定价：128.00 元

《集成电路设计丛书》编委会

序

集成电路无疑是近60年来世界高新技术的最典型代表，它的产生、进步和发展无疑高度凝聚了人类的智慧结晶。集成电路产业是信息技术产业的核心，是支撑经济社会发展和保障国家安全的战略性、基础性和先导性产业，也是我国的战略性必争产业。当前和今后一段时期，我国的集成电路产业面临重要的发展机遇期，也是技术攻坚期。总体上讲，集成电路包括设计、制造、封装测试、材料等四大产业集群，其中集成电路设计是集成电路产业知识密集的体现，也是直接面向市场的核心和制高点。

“关键核心技术是要不来、买不来、讨不来的”，这是习近平总书记在2018年全国两院院士大会上的重要论述，这一论述对我国的集成电路技术和产业尤为重要。正是由于集成电路是电子信息产业的基石和现代工业的粮食，对国家安全和工业安全具有决定性的作用，我们必须、也只能立足于自主创新。

为落实国家集成电路产业发展推进纲要，加快推进我国集成电路设计技术和产业发展，多位院士和专家学者共同策划了这套《集成电路设计丛书》。这套丛书针对集成电路设计领域的关键和核心技术，在总结近年来我国集成电路设计领域主要成果的基础上，重点论述该领域的基础理论和关键技术，给出集成电路设计领域进一步的发展趋势。

值得指出的是，这套丛书是我国中青年学者近年来学术成就和技术攻关成果的总结，体现集成电路设计技术和应用研究的结合，感谢他们为大家介绍总结国内外集成电路设计领域的最新进展，每本书内容丰富，信息量很大。丛书内容包含了先进的微处理器、系统芯片与可重构计算、半导体存储器、混合信号集成电路、射频集成电路、集成电路设计自动化、功率集成电路、毫米波及太赫兹集成电路、硅基光电片上网络等方面的研究工作和研究进展。通过对丛书的研读，能够进一步了解该领域的研究成果和经验，吸引和引导更多的年轻学者和科研工作者积极投入到集成电路设计这项既具有挑战又有吸引力的事业中来，为我国集成电路设计产业发展做出贡献。

感谢丛书撰写的各领域专家学者。愿这套丛书能成为广大读者，尤其是科研工作者、青年学者和研究生十分有用的参考书，使大家能够进一步明确发展方向和目标，为开展集成电路的创新研究和工程应用奠定重要基础。同时，这套丛书也能为我国集成电路设计领域的专家学者提供一个展示研究成果的交流平台，进一步促进和推动我国集成电路设计领域的教学、科研和产业的深入发展。

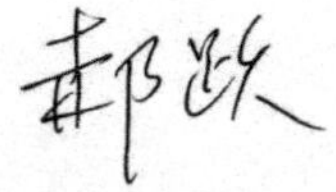

2018年6月8日

前　言

集成电路是现代信息技术的核心，是支撑经济社会发展和保障国家安全的战略性、基础性与先导性产业。近年来，国内外科技的进步、形势的发展，使得国人对集成电路有了新的认识，集成电路已然成为科技强国的基石。正值中国集成电路设计产业高速发展之际，积极响应《国家集成电路产业发展推进纲要》，在郝跃院士的有力组织下，基于国家杰出青年科学基金、国家优秀青年科学基金、国家“万人计划”科技创新领军人才等项目的研究成果，作者结合近20年的高效CMOS模拟集成电路设计技术经验撰写了本书，希望能在促进中国集成电路设计产业的迅速发展中发挥积极作用。

本书主要讨论高效模拟前端集成电路设计所涉及的关键技术问题。首先介绍跨阻放大器、仪表放大器、锁相环理论和电路、时钟电路和占空比校准、高速数据接口等共性关键技术；其次介绍A/D转换器和D/A转换器的电路结构，包括基于压控振荡器和噪声整形的新型A/D转换器；最后结合具体工程实例，介绍生物前端传感器接口电路、激光雷达接收器模拟前端电路、宽带电力线通信收发机电路等内容。本书所提出的各种模拟前端系统结构、高层次模型、关键电路模块大部分都经过流片验证，并在实际工程中获得了应用，部分结构在 *IEEE TCAS*、*IEEE TIM*、*IEEE Sensors Journal* 等国际期刊上发表了对应的论文，可以直接供读者参考。本书第3章所涉及的宽频高效模拟锁相环电路技术、第4章所涉及的压控振荡器和噪声整形A/D转换器设计技术、第6章所涉及的生物前端传感器接口电路和激光雷达接收器模拟前端电路设计技术、第7章所涉及的千兆电力线通信模拟收发机集成电路，是目前国际模拟前端集成电路的前沿研究内容，也是西安电子科技大学微电子学院朱樟明教授研究团队的最新研究成果。

全书共分为7章，每章自成系统，同时相互联系，朱樟明教授负责撰写、统稿和最后定稿。本书得到了国家杰出青年科学基金(61625403)、国家优秀青年科学基金(61322405)、陕西省集成电路与系统集成重点实验室、国家“万人计划”科技创新领军人才项目的资助。特别感谢李娅妮教授、刘术彬副教授和博士生马瑞、白文彬、王静宇、黄胜、沈易、郑浩等，以及硕士生谢易、丁震、梁鸿志、刘健、周荣、常科等所提供的编写帮助。

朱樟明

2019年5月于西安电子科技大学微电子学院

目　　录

第 1 章　绪　　论

集成电路产业是信息技术产业的核心，是支撑经济社会发展和保障国家安全的战略性、基础性与先导性产业。集成电路设计是集成电路产业的最关键组成部分，其中处于感知元件(如天线、线缆、传感器等)和数字信号处理之间的模拟前端集成电路是信号处理的关键通道，对提升系统性能、降低系统功耗、减小系统体积具有至关重要的作用，但也面临着诸多亟待解决的基础科学问题和关键技术难点。模拟前端集成电路在部分电子系统中的位置如图 1.1 所示，包括无线通信、有线通信和信息感知，而如 Serdes、JESD204B、低电压差分信号传输(low voltage differential signaling，LVDS)等高速数据接口也需要模拟前端集成电路，所以研究高效模拟前端集成电路具有重要的意义。

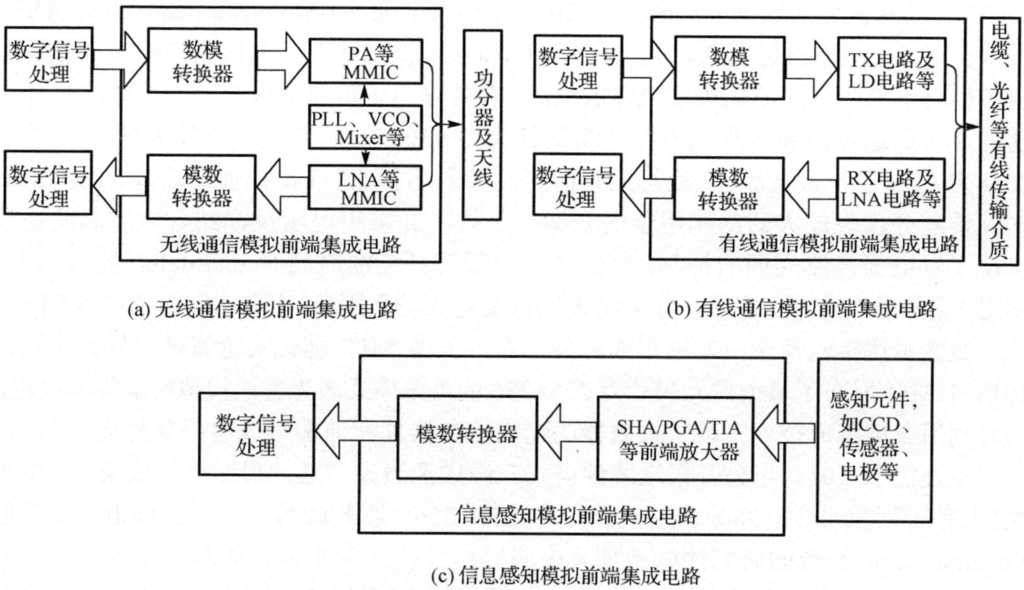

图 1.1　模拟前端集成电路基本概念

1.1　主要研究进展及发展趋势

随着 CMOS 工艺的不断发展，国内外对模拟前端集成电路方面的研究有了突破性的进展，其中生物医学及人体生命体征监测模拟前端电路方面的研究为脑机接口等人工智能系统提供了强有力的支撑。国际上以欧洲微电子研究中心(Interuniversity Microelectronics Centre, IMEC)、美国 UC Berkeley、MIT、Michigan 大学和 Medtronic 公司、加拿大 Toronto 大学、新加坡国立大学等为代表的研究单位，在心电、体温、呼吸等生命体征监测以及脑机接口等领域取得了比较显著的科研成果。Konijnenburg 等在 2016 年提出了一款体征信号采集系统[1]，采用多通道并联模拟前端方案同时采集心电图(electro-cardiogram，ECG)、生物阻抗、皮电反应(galvanic skin response，GSR)和光电容积脉搏波(photoplethysmo-graply，PPG)信号，采用斩波调制技术降低电路噪声，并通过可配置带宽、滤波等消除干扰影响，实现了多信号、全集成的生理电信号采集处理电路解决方案。美国 Case Western Reserve 大学的 Shahab Shahdoost 教授在 2016 年提出了一款神经信号采集芯片[2]，可以实现对脑神经信号的采集与信号处理，并能够反馈刺激大脑以达到对脑部进行治疗或控制的效果。Chandrakumar 等在 2017 年提出了一款高输入阻抗神经信号采集前端斩波仪表放大器[3]，该芯片在传统的斩波调制器中加入了前馈补偿技术，大大提升了电路输入阻抗，采用直流反馈技术实现了 $650\text{mV}_{\text{P-P}}$ 的共模干扰容忍范围，芯片输入阻抗为 1.6GΩ，功耗仅为 2.8μW。Park 等在 2017 年结合硅通孔(through silicon vias，TSV)技术实现了一款 128 通道神经信号模拟前端采集处理芯片[4]，并应用三维集成技术完成了生物电极和模拟前端集成电路的集成，有效缩小了可穿戴医疗电子系统的尺寸和功耗，单通道模拟前端集成电路的功耗仅为 3.05μW。西安电子科技大学 Bai 等在 2018 年报道了一款直流-交流可配置的超高输入阻抗 ECG 模拟前路芯片[5]，提出了一种伪差分仪表放大器结构用于提升输入阻抗，并采用电阻反馈结合电容高通滤波实现了对电极直流失调的抑制，集成了一款低功耗连续时间 Sigma-delta(Σ-Δ)调制器用于量化模拟电压，整体芯片实现 2.2GΩ 的超高输入阻抗，整体精度达到了 8.54 位。

激光雷达接收器模拟前端集成电路方面，美国 MIT 林肯实验室是世界领先者，2018 年 MIT 发布了最大像元尺寸为 256×256 的盖革模式激光雷达模拟前端集成电路，同时利用三维集成技术实现了接收器的光电检测器件和前端集成电路单片集成[6]。日本三菱集团于 2017 年公开报道线性模式三维成像激光雷达的最新研究成果[7]，提出利用线阵列接收器 360°环扫描实现 256×256 像素成像。芬兰 Oulu 大学的 Kostamovaara 教授的研究团队长期集中研究线性模式激光雷达的脉冲光电信号读取以及飞行时间高精度提取技术，并于 2017 年提出了多阈值时刻鉴别技术补偿行走误差，并通过后端距离误差校正，到达毫米级距离测量精度的脉冲激光雷达模拟前端[8]。西安电子科技大学郑浩、马瑞等提出了大动态范围接收器模拟前端电路回波强度线性捕获技术，可利用获取的强度信息重建目标的灰度图像，实现四维成像，有利于目标的精确识别[9]。

模拟前端电路作为核心关键模块广泛应用于无线通信、数据传输和雷达系统，正在经历从传统的单发单收到多发多收(multiple-input multiple-output，MIMO)，工作频率从传统微波频段前端向毫米波频段前端推进。多波束成形、全双工技术、多频段切换技术的发展对无线通信、数据通信、雷达系统的发展起到了至关重要的作用。2018 年美国德州仪器公司采用 45nm CMOS 工艺研制了 76～81GHz 单芯片毫米波雷达收发器芯片，采用频率调制连续波(frequency modulated continous wave，FMCW)合成器，集成三个发射器和四个具有模数转换器(analog-to-digital converter，ADC)的接收器，实现了高分辨率和灵活的多模式操作，可处理所有短程、中程和长程的类别，为驾驶辅助系统和自动驾驶汽车提供关键传感技术。美国模拟器件公司在 2018 年国际固体电路会议上发布了基于 65nm CMOS 工艺的高度可配置全频段数字基站收发机，具有 200MHz 大信号带宽和 450MHz 合成带宽，支持运行 400MHz～6GHz 的本征频率，支持在 2G/3G/4G/5G 无线电的所有 TDD/FDD 3GPP 频段中提供全带多载波操作[10]。

1.2 本书的主要内容

本书将围绕模拟前端集成电路的设计，系统介绍基本放大器理论与电路、锁相环(phase-locked loop, PLL)理论与电路、时钟占空比校准原理、ADC 原理与电路、数模转换器(digital-to-analog converter，DAC)原理与电路等基础内容，并以设计项目为例，重点介绍了高速数据接口、生命体征监测模拟前端集成电路、激光雷达接收器模拟前端电路、宽带电力线通信收发机等电路系统及设计技术。

本书将讨论高效模拟前端集成电路设计的相关问题。第 1 章为绪论，主要介绍本书的研究背景和进展以及主要内容。第 2 章主要介绍放大器理论与电路，包括跨导放大器、可变增益放大器、跨阻放大器和仪表放大器。第 3 章主要介绍锁相环和片上时钟，包括模拟锁相环、延迟锁相环(delay locked loop，DLL)、数字锁相环(digital phase-locked loop，DPLL)等理论和电路以及片上高精度时钟电路。第 4 章介绍 ADC 和 DAC 的基本结构、理论和电路结构，包括奈奎斯特 ADC、奈奎斯特 DAC、基于压控振荡器(voltage controlled oscillator，VCO)的新型 ADC、噪声整形 ADC、Σ-Δ ADC 等，其中噪声整形及基于压控振荡器的新型 ADC 是目前业界最新的结构和技术。第 5 章介绍高速数据接口收发机电路，是高速数据传输的必要接口，包括 LVDS 高速接口、Serdes 高速接口与数据恢复电路。第 6 章介绍传感器前端接口电路，包括生物传感器前端、激光雷达传感器前端，均以工程项目为例进行系统介绍，是国际先进的研究成果。第 7 章介绍宽带电力线通信收发机电路，以千兆电力线通信为应用需求，系统介绍宽带电力线通信标准、系统架构、接收器电路、发射器电路等。

参 考 文 献

[1] Konijnenburg M, Stanzione S, Yan L, et al. A multi (bio) sensor acquisition system with integrated processor, power management, 8×8 LED drivers, and simultaneously synchronized ECG, BIO-Z, GSR, and two PPG readouts[J]. IEEE Journal of Solid-State Circuits, 2016, 51 (11) :2584-2595.

[2] Shahdoost S, Frost S, Guggenmos D, et al. A miniaturized brain-machine-spinal cord interface (BMSI) for closed-loop intraspinal microstimulation[C]. 2016 IEEE Biomedical Circuits and Systems Conference, Shanghai, 2016: 364-367.

[3] Chandrakumar H, Markovi D. An 80-mVpp linear-input range, 1.6-G input impedance, low-power chopper amplifier for closed-loop neural recording that is tolerant to 650-mVpp common-mode interference[J]. IEEE Journal of Solid-State Circuits, 2017, 52 (11) :2811-2828.

[4] Park S Y, Cho J, Na K, et al. Modular 128-channel Δ-ΔΣ analog front-end architecture using spectrum equalization scheme for 1024-channel 3-D neural recording microsystems[J]. IEEE Journal of Solid-State Circuits, 2017, 53 (2) :501-514.

[5] Bai W B, Zhu Z M, Li Y, et al. A 64.8μW >2.2GΩ DC-AC configurable CMOS front-end IC for wearable ECG monitoring[J]. IEEE Sensors Journal, 2018, 18 (8) : 3400-3409.

[6] Aull B F, Duerr E, Frechette J, et al. Large-format geiger-mode avalanche photodiode arrays and readout circuits[J]. IEEE Journal of Selected Topics in Quantum Electronics, 2018, 24 (2) : 3800510.

[7] Kameyama S, Hirai A, Imaki M, et al. Demonstration on range imaging of 256×256 pixels and 30 frames per second using short wavelength infrared pulsed time-of-flight laser sensor with linear array receiver[J]. Optical Engineering, 2017, 56 (3) :031214.

[8] Kurtti S, Nissinen J, Kostamovaara J. A wide dynamic range CMOS laser radar receiver with a time-domain walk error compensation scheme[J]. IEEE Transactions on Circuits and Systems I: Regular Papers, 2017, 64 (3) :550-561.

[9] Zheng H, Ma R, Liu M, et al. High sensitivity and wide dynamic range analog front-end circuits for pulsed TOF 4-D imaging LADAR receiver[J]. IEEE Sensors Journal, 2018, 18 (8) :3114-3124.

[10] McLaurin D J, Grad K G, Schubert R P, et al. A highly reconfigurable 65nm CMOS RF-to-bits transceiver for full-band multicarrier TDD/FDD 2G/3G/4G/5G macro base stations[C]. IEEE International Solid - State Circuits Conference, San Francisco, 2018: 162-164.

第 2 章　放大器理论与电路

在大多数模拟电路和数字电路中，放大是一个基本的功能。放大一个模拟或数字信号是因为这个信号太小而不能驱动负载，不能克服后继的噪声干扰或者不能为数字电路提供逻辑电平。放大电路在反馈系统中也起着重要的作用。本章将在研究基本 CMOS 模拟放大器的基础上，介绍若干专用新型放大器的基本设计思路和方法，进而为研究者提供重要的理论依据与实践参考。

2.1　基本 CMOS 模拟放大器

本节主要介绍基本 CMOS 模拟放大器[1-5]，包括共源、共漏、共栅、Cascode 放大器、差分放大器和两级运算放大器，并分析放大器的小信号模型以及大信号模型。

2.1.1　共源放大器

共源放大器是将 MOS 晶体管的栅源电压转换成小信号漏电流，小信号漏电流流过负载电阻产生输出电压。图 2.1(a)为共源放大器电路，图 2.1(b)为输入-输出电压关系曲线。当输入电压 V_{in} 小于 NMOS 的阈值电压 V_{TN} 时，M_1 截止，输出电压 V_{out} 约等于电源电压 V_{DD}；当输入电压 $V_{in}\geqslant V_{TN}$ 时，M_1 导通，输出电压 V_{out} 减小，输出电压为

$$V_{out}=V_{DD}-R_D\frac{1}{2}\mu_n C_{ox}\frac{W}{L}(V_{in}-V_{TN})^2 \tag{2-1}$$

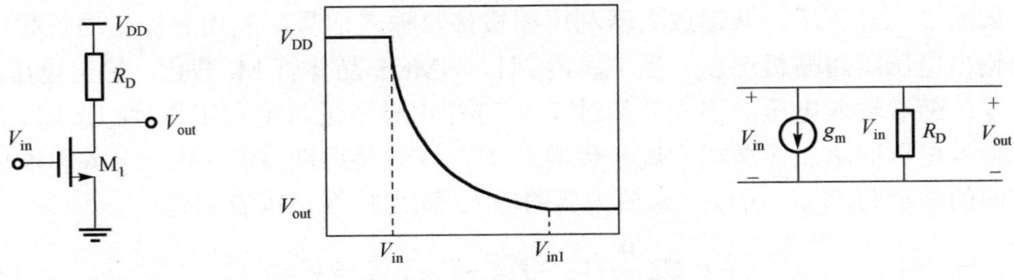

(a) 共源放大器电路　(b) 输入-输出特性　(c) 饱和区小信号模型

图 2.1　共源放大器

进一步增加 V_{in}，当 $V_{in}\geqslant V_{in1}=V_{out}+V_{TN}$ 时，M_1 工作在线性区，输出电压为

$$V_{\mathrm{out}}=V_{\mathrm{DD}}-R_{\mathrm{D}}\frac{1}{2}\mu_{\mathrm{n}}C_{\mathrm{ox}}\frac{W}{L}\left[2(V_{\mathrm{in}}-V_{\mathrm{TN}})V_{\mathrm{out}}-V_{\mathrm{out}}^{2}\right] \tag{2-2}$$

如果 V_{in} 足够高，使 M_1 进入深线性区，则输出电压为

$$V_{\mathrm{out}}=\frac{R_{\mathrm{on}}}{R_{\mathrm{on}}+R_{\mathrm{D}}}=\frac{V_{\mathrm{DD}}}{1+\mu_{\mathrm{n}}C_{\mathrm{ox}}\dfrac{W}{L}R_{\mathrm{D}}(V_{\mathrm{in}}-V_{\mathrm{TN}})} \tag{2-3}$$

其中，R_{on} 为 NMOS 深线性区等效电阻。

由于 NMOS 在线性区的跨导会下降，所以必须保证 NMOS 工作在饱和区。图 2.1(c)所示为饱和区共源放大器的小信号模型，其小信号增益为

$$A_{\mathrm{V}}=-R_{\mathrm{D}}\mu_{\mathrm{n}}C_{\mathrm{ox}}\frac{W}{L}(V_{\mathrm{in}}-V_{\mathrm{TN}})=-g_{\mathrm{m}}R_{\mathrm{D}} \tag{2-4}$$

如果考虑 NMOS 的输出电阻，则

$$A_{\mathrm{V}}=-g_{\mathrm{m}}\frac{r_{\mathrm{o}}R_{\mathrm{D}}}{r_{\mathrm{o}}+R_{\mathrm{D}}} \tag{2-5}$$

由式(2-4)和式(2-5)可知，增加 NMOS 的 W/L 或减小源漏电流或增大 R_{D} 的压降都可以提高共源放大器的小信号增益。虽然式(2-4)和式(2-5)是为小信号工作而推出的，但是在一定程度上也适用于大信号工作状态。

图 2.1(a)的共源放大器是将电阻作为负载，在实际集成电路设计中，常采用有源负载或电流源作为负载，以增加等效电阻值，增加输出电压摆幅。

2.1.2 共漏放大器

对于共源放大器来说，要获得高电压增益，必须提高负载电阻。当共源放大器驱动低阻抗负载工作时，为了减小信号电平的损失，必须在共源放大器后级引入缓冲器，一般采用共漏放大器作为缓冲器，所以共漏放大器又称为源极跟随器。

如图 2.2(a)所示，共漏放大器利用栅极接收输入信号，利用源极驱动负载，使源极输出电压跟随栅极电压。当 $V_{\mathrm{in}}<V_{\mathrm{TN}}$ 时，NMOS 晶体管 M_1 截止，输出电压 V_{out} 等于零；随着输入电压的增大并超过 V_{TN}，M_1 由导通进入饱和工作状态，V_{out} 开始随着输入电压的增加而增加；进一步增大 V_{in}，V_{out} 将跟随 V_{in} 变化，输入和输出电压之间的差值为 V_{GS}。所以共漏放大器的输入-输出特性可以表示为

$$\frac{1}{2}\mu_{\mathrm{n}}C_{\mathrm{ox}}\frac{W}{L}(V_{\mathrm{in}}-V_{\mathrm{TH}}-V_{\mathrm{out}})^{2}R_{\mathrm{S}}=V_{\mathrm{out}} \tag{2-6}$$

将式(2-6)对 V_{in} 的微分，则

$$\mu_{\mathrm{n}}C_{\mathrm{ox}}\frac{W}{L}(V_{\mathrm{in}}-V_{\mathrm{TH}}-V_{\mathrm{out}})\left(1-\frac{\partial V_{\mathrm{TN}}}{\partial V_{\mathrm{in}}}-\frac{\partial V_{\mathrm{out}}}{\partial V_{\mathrm{in}}}\right)R_{\mathrm{S}}=\frac{\partial V_{\mathrm{out}}}{\partial V_{\mathrm{in}}} \tag{2-7}$$

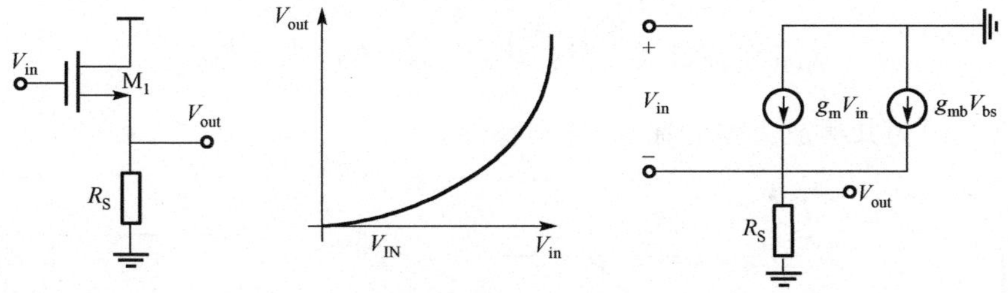

(a) 电路　(b) 输入-输出特性　(c) 小信号等效电路

图 2.2　共漏放大器

化简，可得

$$\frac{\partial V_{\text{out}}}{\partial V_{\text{in}}}=\frac{\mu_{\text{n}}C_{\text{ox}}\dfrac{W}{L}(V_{\text{in}}-V_{\text{TH}}-V_{\text{out}})R_{\text{S}}}{1+\mu_{\text{n}}C_{\text{ox}}\dfrac{W}{L}(V_{\text{in}}-V_{\text{TH}}-V_{\text{out}})R_{\text{S}}} \tag{2-8}$$

所以共漏放大器的小信号增益为

$$A_{\text{V}}=\frac{g_{\text{m}}R_{\text{S}}}{1+(g_{\text{m}}+g_{\text{mb}})R_{\text{S}}} \tag{2-9}$$

其中

$$g_{\text{m}}=\mu_{\text{n}}C_{\text{ox}}\frac{W}{L}(V_{\text{in}}-V_{\text{TH}}-V_{\text{out}}) \tag{2-10}$$

图 2.2(b)为共漏放大器的输入-输出特性，图 2.2(c)为共漏放大器电路的小信号等效模型。图 2.2(a)所示的共漏放大器电路中，M_1 的漏电流受输入信号幅值的影响很大，使输入-输出特性呈现显著的非线性。在实际集成电路设计中，会采用一个电流源来替代 R_S，即采用工作在饱和区的 NMOS 晶体管来实现。

2.1.3　共栅放大器

在共源放大器和共漏放大器电路中，输入信号都是加在 MOS 晶体管的栅极，根据 MOS 晶体管的特性，将输入信号加在源极也是可以实现放大功能的，而共栅放大器就是利用这个特性实现的。

图 2.3(a)是直接耦合的共栅放大器电路。当输入电压 V_{in} 较大时，即 $V_{in}\geqslant V_b-V_{TN}$ 时，NMOS 晶体管 M_1 处于关断状态，输出电压 V_{out} 等于 V_{DD}；当 $V_{in}<V_b-V_{TN}$ 时，M_1 开始进入饱和工作状态，其源漏电流为

$$I_{\text{D}}=\frac{1}{2}\mu_{\text{n}}C_{\text{ox}}\frac{W}{L}(V_{\text{b}}-V_{\text{in}}-V_{\text{TN}})^2 \tag{2-11}$$

进一步减小 V_{in}，V_{out} 逐渐减小，M_1 开始进入线性区，即

$$V_{DD}-\frac{1}{2}\mu_n C_{ox}\frac{W}{L}(V_b-V_{in}-V_{TN})^2 R_D=V_b-V_{TN} \tag{2-12}$$

图 2.3(b)为共栅放大器的输入–输出特性。

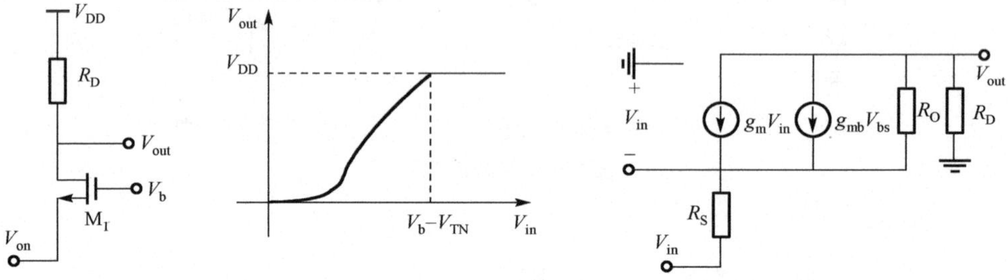

(a) 电路　　(b) 输入–输出特性　　(c) 小信号等效电路

图 2.3　共栅放大器

如果 M_1 工作在饱和区，则输出电压为

$$V_{out}=V_{DD}-\frac{1}{2}\mu_n C_{ox}\frac{W}{L}(V_b-V_{in}-V_{TN})^2 R_D \tag{2-13}$$

微分可得小信号增益：

$$A_V=\frac{\partial V_{out}}{\partial V_{in}}=\mu_n C_{ox}\frac{W}{L}\left(V_b-V_{in}-V_{TN}\right)\left(1+\frac{\partial V_{TN}}{\partial V_{in}}\right)R_D \tag{2-14}$$

化简，可得

$$A_V=g_m R_D \tag{2-15}$$

图 2.3(c)为共栅放大器的小信号等效电路。如果采用理想电流源替代电阻 R_D，则共栅放大器的输入阻抗将趋于无穷大，所以在实际集成电路设计中，也采用电流源替代电阻 R_D，以获得高输入阻抗。

2.1.4　Cascode 放大器

共栅放大器将输入电流信号转换成输出电流，而共源放大器则将输入电流信号转换成输出电压，如将共源放大器和共栅放大器级联使用则组成共源共栅放大器，即级联三极管(Cascode)放大器。图 2.4(a)为 Cascode 放大器结构：NMOS 晶体管 M_1 产生与输入电压 V_{in} 成正比的小信号漏电流，M_2 将漏电流转换成输出电压 V_{out}，所以 M_1 为输入器件，M_2 为共源共栅器件。

为了保证输入器件 M_1 工作在饱和区，必须满足 $V_X \geqslant V_{in}-V_{TH1}$，假如 M_1 和 M_2 都处于饱和区，则 V_X 主要由偏置电压 V_b 决定：$V_X=V_b-V_{GS2}$，所以必须保证 $V_b-V_{GS2} \geqslant V_{in}-V_{TH1}$，即 $V_b \geqslant V_{in}-V_{TH1}+V_{GS2}$。为了保证共源共栅器件 M_2 工作在饱和区，

必须满足 $V_{out} \geq V_b - V_{TH2}$，为了保证 M_1 和 M_2 都处于饱和区，则必须满足 $V_{out} \geq V_{in} - V_{TH1} + V_{GS2} - V_{TH2}$，但是 M_2 的增加会使放大器的输出电压摆幅减小。

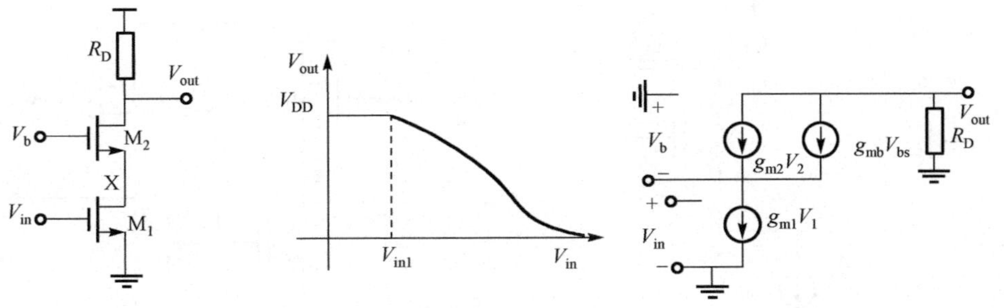

(a) Cascode放大器结构　(b) 输入-输出特性　(c) 小信号等效电路

图 2.4　Cascode 放大器

图 2.4(b) 为 Cascode 放大器的输入-输出特性。当 $V_{in} < V_{TH1}$ 时，M_1 和 M_2 处于截止状态，$V_{out} = V_{DD}$，$V_X \approx V_b - V_{TH2}$；当 $V_{in} \geq V_{TH1}$ 时，M_1 将输入电压转换成漏电流，并使输出电压 V_{out} 下降，但漏电流的增加使 M_2 的栅源电压 V_{GS2} 也随着增加，从而导致 V_X 下降；当 V_{in} 继续增加时，将导致两个结果：① 当 V_X 降到比 V_{in} 低一个阈值电压 V_{TH1} 时，M_1 将进入线性区；② 当 V_{out} 降到比偏置电压 V_b 低一个阈值电压 V_{TH2} 时，M_2 将进入线性区。如果 V_b 比较低，则 M_1 会先进入线性区；如果 M_2 进入深线性区，V_X 和 V_{out} 将近似相等。

图 2.4(c) 为 Cascode 放大器的小信号等效电路，其小信号增益为

$$A_V = -g_{m1}R_D \tag{2-16}$$

即 Cascode 放大器的小信号增益与 M_2 的跨导及体效应无关。Cascode 放大器的一个重要特性就是输出阻抗很高，M_2 将 M_1 的输出阻抗提高至原来的 $(g_{m2}+g_{mb2})R_{O2}$ 倍，其中 R_{O2} 为 M_2 的输出阻抗。如果要得到比 Cascode 放大器更高的输出阻抗，则可以将三个或更多的 MOS 器件级联，但是这对电源电压有更高的要求。

2.1.5　CMOS 差分放大器

CMOS 差分放大器只对两个不同电压的差进行放大而不管其共模值，是广泛应用的电路单元。在 CMOS 差分放大器中，最严重的是电压失调，其主要由 MOS 晶体管尺寸的不匹配性及工艺偏差等因素造成。如果将 CMOS 差分放大器的两个输入端连在一起，在输出端所测到的电压为输出失调电压。如果将这个电压除以放大器的差分电压增益，所得到的失调电压称为输入失调电压。在实际集成电路设计中，一般将直接测到的输出失调电压称为失调电压，CMOS 差分放大器的失调电压一般为 2～20mV。本节将基于图 2.5 的 CMOS 差分放大器，分析 NMOS 输入 CMOS 差分放大器的大信号特性和小信号特性。

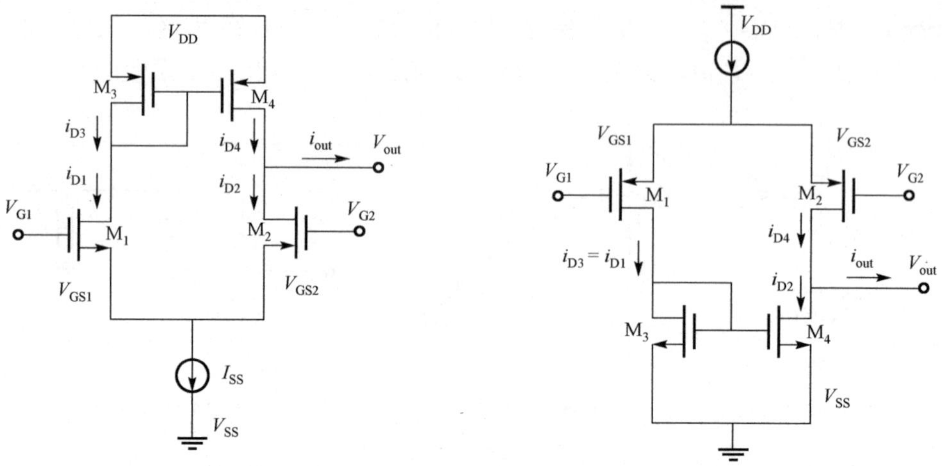

(a) NMOS输入CMOS差分放大器　　(b) PMOS输入CMOS差分放大器

图 2.5　差分放大器电路

1. CMOS 差分放大器的大信号特性

图 2.5(a)是一个 NMOS 输入 CMOS 差分放大器电路，NMOS 晶体管 M_1 和 M_2 作为差分放大器的输入器件，I_{SS} 是电流沉，PMOS 晶体管 M_3 和 M_4 构成电流镜分别作为 M_1 和 M_2 的负载。如果 M_3 和 M_4 完全匹配，则 M_1 的源漏电流大小就决定了 M_3 电流的大小，并将电流镜像到 M_4。如果 $V_{GS1}=V_{GS2}$，则 M_1 和 M_2 的电流相等，输出电流 $i_{out}=0$；如果 $V_{GS1}>V_{GS2}$，由于 $I_{SS}=i_{D1}+i_{D2}$，i_{D1} 相对 i_{D2} 要增大，i_{D1} 的增大意味着电流 i_{D3} 和 i_{D4} 也增大，根据基尔霍夫电流定律(Kirchhoff current law, KCL)，i_{D2} 应小于 i_{D4}，即输出电流 $i_{out}>0$；如果 $V_{GS1}<V_{GS2}$，同样输出电流 $i_{out}<0$。图 2.5(b)为一个 PMOS 输入 CMOS 差分放大器电路，工作原理与图 2.5(a)相同，只是在体效应的影响方面有差别。

假设 M_1 和 M_2 工作在饱和状态，且 M_1 和 M_2 的尺寸完全匹配，则大信号性能的关系式为

$$V_{ID}=V_{GS1}-V_{GS2}=\left(\frac{2i_{D1}}{\beta}\right)^{1/2}-\left(\frac{2i_{D2}}{\beta}\right)^{1/2} \tag{2-17}$$

$$I_{SS}=i_{D1}+i_{D2} \tag{2-18}$$

结合式(2-17)和式(2-18)，可以解出 i_{D1} 和 i_{D2}。

$$i_{D1}=\frac{I_{SS}}{2}+\frac{I_{SS}}{2}\left(\frac{\beta V_{ID}^2}{I_{SS}}-\frac{\beta^2 V_{ID}^4}{4I_{SS}^2}\right)^{1/2} \tag{2-19}$$

$$i_{D2}=\frac{I_{SS}}{2}-\frac{I_{SS}}{2}\left(\frac{\beta V_{ID}^2}{I_{SS}}-\frac{\beta^2 V_{ID}^4}{4I_{SS}^2}\right)^{1/2} \tag{2-20}$$

图 2.6 为归一化的 CMOS 差分放大器的大信号转移特性曲线，该曲线显示了 M_1 和 M_2 的漏电流与归一化差分输入电压的关系。

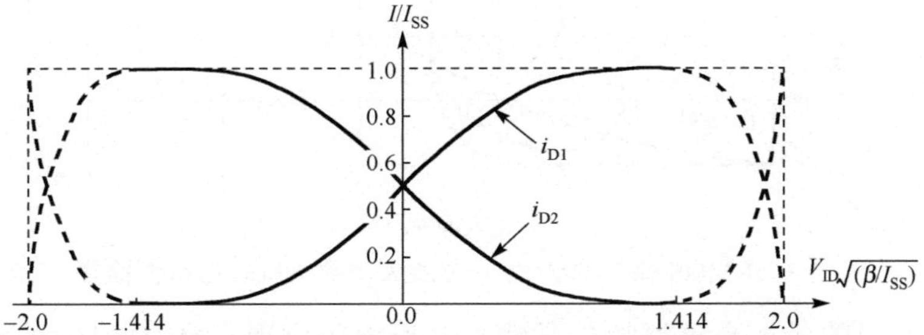

图 2.6　归一化的 CMOS 差分放大器的大信号转移特性曲线

以上分析中采用差分输入电压 V_{ID} 来表示 i_{D1} 和 i_{D2}，为电压–电流转移函数，但它和电压转移函数一样是很有用处的，所以 CMOS 差分放大器也是差分跨导运算放大器(operational transconductance amplifier，OTA)，图 2.6 所示曲线的斜率为 CMOS 差分放大器的跨导。将式(2-20)对 V_{ID} 取导数，并令 V_{ID}=0，求得 CMOS 差分放大器的单边差分跨导为

$$g_m=\left.\frac{\partial i_{D1}}{\partial V_{ID}}\right|_{V_{ID}=0}=\left(\frac{\beta I_{SS}}{4}\right)^{1/2}=\left(\frac{K_1' I_{SS}W_1}{4L_1}\right)^{1/2} \tag{2-21}$$

当 I_{SS} 增大时，差分跨导也增大，即直流参数可以控制小信号特性。

差分输入、差分输出的双边跨导 g_{md} 为

$$g_{md}=\frac{\partial i_{out}}{\partial V_{ID}}(V_{ID}=0)=\left(\frac{K_1' I_{SS}W_1}{L_1}\right)^{1/2} \tag{2-22}$$

所以当 $I_D=I_{SS}/2$ 时，双边跨导等于单边跨导的两倍。

如果差分放大器的负载电阻为 R_L，则输出电压为

$$V_{out}=(i_{D1}-i_{D2})R_L=I_{SS}\left(\frac{\beta V_{ID}^2}{I_{SS}}-\frac{\beta^2 V_{ID}^4}{4I_{SS}^2}\right)^{1/2}R_L \tag{2-23}$$

其特性与图 2.6 所示的转移特性曲线相似。

图 2.7 为 NMOS 输入 CMOS 差分放大器的电压转移特性曲线，其中 V_{DD}=5V，V_{SS}=−5V，输入晶体管 M_1 的栅电压 V^+，M_2 的栅电压 V^- 分别为−1V、0V 和 1V。由

图 2.7 所示的曲线可得，当输入器件都处于饱和特性时，曲线近似为线性，此时的 V_{ID} 较小；共模输入电压对转移特性，特别是输出信号摆幅有明显的影响。

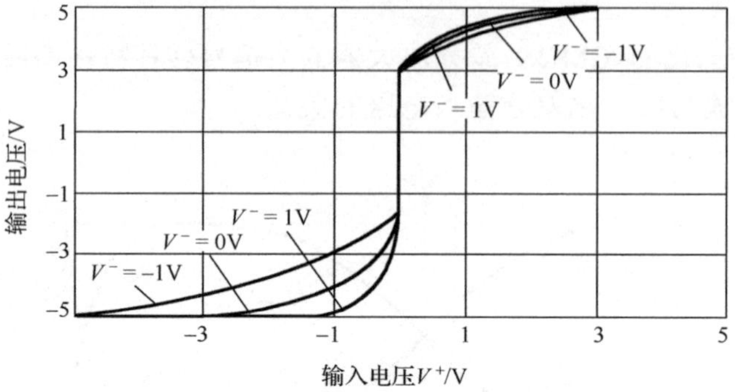

图 2.7　NMOS 输入 CMOS 差分放大器的电压转移特性曲线

差分放大器的另一个重要特性是输入共模电压范围，M_1 或 M_2 的最小输入电压为

$$V_{G1(\min)} = V_{SS} + V_{GS3} - V_{DS1} - V_{GS1} \tag{2-24}$$

当 M_1 饱和时，V_{DS1} 的最小绝对值为

$$\left|V_{DS1}\right|_{\min} = V_{GS1} + V_{T1} \tag{2-25}$$

将式(2-25)代入式(2-24)，得

$$V_{G1(\min)} = V_{SS} + V_{GS3} + V_{GS1} + V_{T1} - V_{GS1} = V_{SS} + V_{GS3} + V_{T1} \tag{2-26}$$

将 V_{GS3} 代入式(2-26)中，可得到

$$V_{G1(\min)} = V_{SS} + \left(\frac{I_{SS}}{\beta_3}\right)^{1/2} + V_{T3} + V_{T1} \tag{2-27}$$

模拟集成电路设计者决定式(2-27)中的前两项，而工艺因素决定 MOS 晶体管的阈值电压。采用同样的方法分析得到 M_1 的最大输入电压，即

$$V_{G1(\max)} = V_{DD} + V_{DS5} + V_{GS1} = V_{DD} + V_{DS5} + \left(\frac{I_{SS}}{\beta_1}\right)^{1/2} + V_{T1} \tag{2-28}$$

结合式(2-27)和式(2-28)可得，要获得最大的共模输入电压范围，应尽可能增加 M_1 和 M_3 的宽长比，并尽量减小 V_{DS5} 的绝对值。所以，I_{SS} 变得越小，输入共模电压范围就越大。以上分析方法，同样适用于 NMOS 输入 CMOS 差分放大器共模电压分析。

2. CMOS 差分放大器的小信号特性

图 2.8 为 NMOS 输入 CMOS 差分放大器的小信号等效电路，用于器件完全匹配

的差分放大器分析，其中输入 NMOS 晶体管的 M_1 和 M_2 的源极是交流地电位。如果假设差分放大器没有负载，则当输出级和交流地短路时，其差分跨导增益为

$$i_{out} = \frac{g_{m1}g_{m4}r_{p1}}{1+g_{m3}r_{p1}}V_{GS1} - g_{m2}V_{GS2} \tag{2-29}$$

其中

$$r_{p1} = r_{DS1}//r_{DS3} \tag{2-30}$$

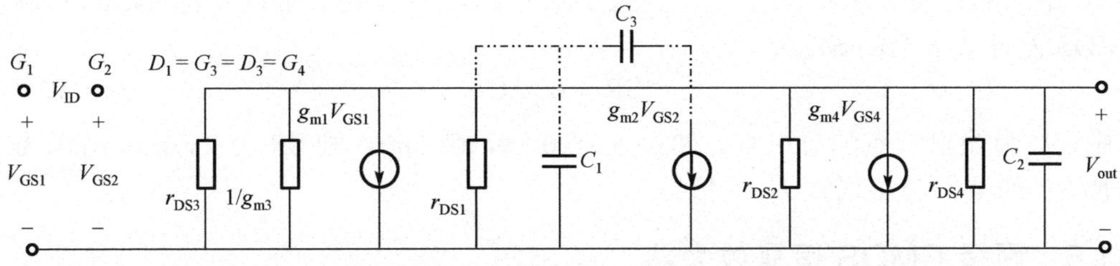

图 2.8　NMOS 输入 CMOS 差分放大器的小信号等效电路

无负载差分电压增益可以由差分放大器的小信号输出电阻 r_{out} 决定：

$$r_{out} = \frac{1}{g_{DS2}+g_{DS4}} \tag{2-31}$$

所以电压增益为

$$A_V = \frac{V_{out}}{V_{ID}} = \frac{g_{md}}{g_{DS2}+g_{DS4}} \tag{2-32}$$

其中，$g_{md}=g_{m1}=g_{m2}$。假设 $(W/L)_{1,2}=10/10\mu m$，$I_{SS}=10\mu A$，则 NMOS 输入 CMOS 差分放大器的小信号电压增益约为 87，而 PMOS 输入 CMOS 差分放大器的小信号增益为 60，两者的差别是由电子和空穴的不同迁移率造成的。

CMOS 差分放大器的频率响应主要由电路各节点的寄生电容所决定，图 2.8 中的虚线电容为等效寄生电容，其中 C_1 包括 C_{GD1}、C_{BD1}、C_{BD3}、C_{GS3} 和 C_{GS4}，C_2 包括 C_{BD2}、C_{BD4}、C_{GD2} 和负载电容 C_L，C_3 只包括 C_{GD4}。为了简化分析，假设 C_3 为零。在差分放大器的许多实际设计中，这个假设是成立的。所以电压转移函数可以写成

$$V_{out}(s) \approx \frac{g_{m1}}{g_{DS2}+g_{DS4}}\left[\left(\frac{1}{g_{m3}+sC_1}\right)V_{GS1}(s) - V_{GS2}(s)\right]\left(\frac{\omega_2}{s+\omega_2}\right) \tag{2-33}$$

其中

$$\omega_2 = \frac{g_{DS2}+g_{DS4}}{C_2} \tag{2-34}$$

假设

$$\frac{g_{m3}}{C_1} >> \frac{g_{DS2}+g_{DS4}}{C_2} \tag{2-35}$$

所以 CMOS 差分放大器的频率响应可以简化为

$$\frac{V_{\text{out}}(s)}{V_{\text{ID}}(s)} \approx \left(\frac{g_{\text{m1}}}{g_{\text{DS2}}+g_{\text{DS4}}}\right)\left(\frac{\omega_2}{s+\omega_2}\right) \tag{2-36}$$

差分放大器的频率响应一级分析表明，放大器在输出端有一个由$(g_{\text{DS2}}+g_{\text{DS4}})/C_2$决定的单极点。CMOS 差分放大器的压摆率(slew rate，SR)与 I_{SS} 值和输出端到交流地之间的电容有关。SR 定义为最大输出电压的变化率。由于差分放大器的 SR 是由输出/补偿电容能提供或接收的电流大小决定的，所以我们可以获得 NMOS 输入 CMOS 差分放大器的 SR 为

$$\text{SR} = I_{\text{SS}} / C \tag{2-37}$$

其中，C 为输出节点的总电容。如果 I_{SS}=10μA，C=5pF，则 SR 为 2V/μs。所以为了增加 SR 的值，必须增加 I_{SS} 的值。

2.1.6　两级 CMOS 运算放大器

前面所介绍的差分放大器可以称为一级运算放大器，其电路的增益由输入对管的跨导与输出电阻的乘积决定，因而一般都无法达到高的增益。共源共栅结构虽然在一定程度上提高了电路增益，但是却限制了电路的输出摆幅。通常的 CMOS 运算放大器的设计，主要采用两级放大的电路形式，如图 2.9 所示，这样可以使电路在具有高增益的同时具有较大的输出摆幅。两级放大电路结构简单，而且设计技术已趋成熟，可以满足一般的设计要求。但两级 CMOS 运算放大器中的补偿电容 C_{C} 限制了其单位增益带宽，通常只有 1～2MHz，从而限制了运算放大器的速度。

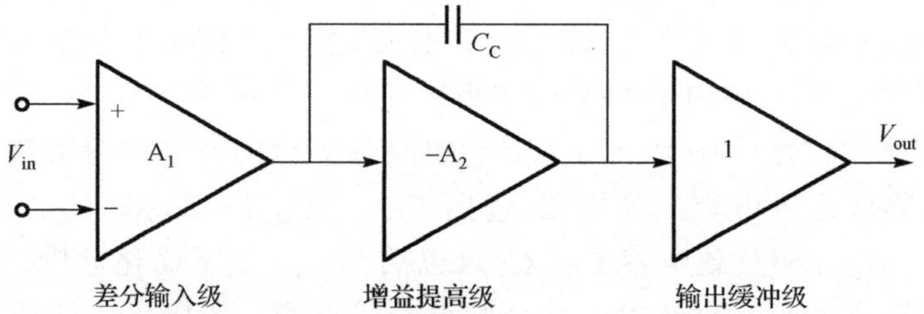

图 2.9　两级 CMOS 运算放大器结构框图

1. 两级 CMOS 运算放大器的基本电路结构

图 2-10 为最简单的两级 NMOS 输入 CMOS 运算放大器电路的基本结构，这个结构通常用来介绍运算放大器的一些主要参数及设计原理，其中 M_1 和 M_2 的宽长比相等，M_3 和 M_4 的宽长比相等，所以有

$$g_{\text{mI}} = g_{\text{m1}} = g_{\text{m2}}，\quad g_{\text{mII}} = g_{\text{m6}} \tag{2-38}$$

$$G_{\text{I}} = g_{\text{DS2}} + g_{\text{DS4}}，\quad G_{\text{II}} = g_{\text{DS6}} + g_{\text{DS7}} \tag{2-39}$$

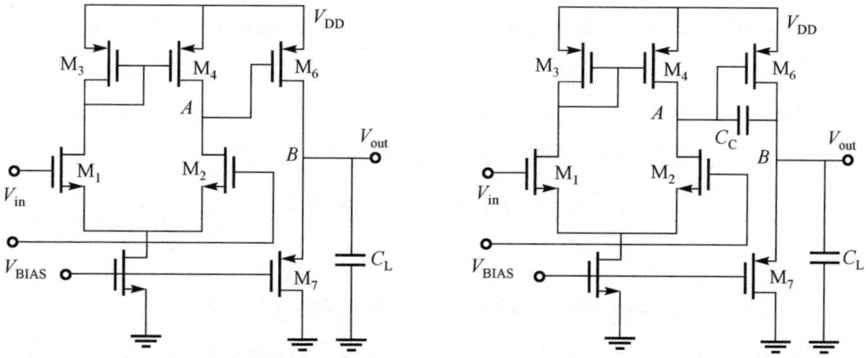

(a) 无补偿运算放大器　　　　(b) 有补偿运算放大器

图 2.10　两级 NMOS 输入 CMOS 运算放大器电路的基本结构

由图 2.10 可知，两级运算放大器的电路具有两个高阻节点 A 和 B，这就是说电路存在两个主极点，因而降低了运算放大器的相位裕度。因此在实际应用中，为了使运算放大器稳定工作，通常在两级运算放大器的第一级和第二级之间加入补偿电容(图 2.10(b))，即在 A 点和 B 点之间加入补偿电容 C_C(Miller 电容)，通过补偿电容的反馈作用，把两个极点拉开。对应于 A 点的极点称为主极点，B 点的极点被拉到 GB(单位增益带宽)以外。要注意，如果运算放大器的负载电容很大，则容易使 B 处的极点又退回到原来的位置，从而减小相位裕度。下面将详细介绍运算放大器的补偿过程。

2. 两级 CMOS 运算放大器电路的补偿

运算放大器一般用在负反馈结构中，在这种结构中，相当高而又不确定的前向增益和反馈一起作用，可以获得一个很准确的转移函数，它仅是反馈元件的函数。图 2.11 表示一种通用的负反馈系统，图中 A 是放大器增益，通常是运算放大器的开环差分电压增益，F 是从运算放大器的输出通过外反馈回到输入的转移函数，这种系统的回路增益为

$$L(s) = -A(s)F(s) \tag{2-40}$$

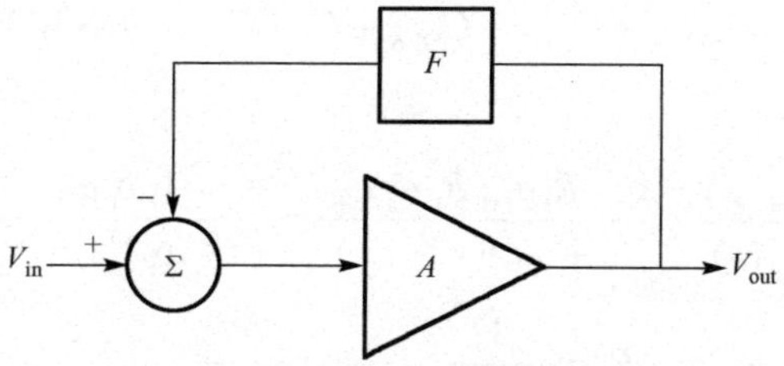

图 2.11　负反馈系统

如果直流开环增益 $A(0)$ 为 1000～2000，而 F=1，则前向增益在 0.9995～0.9999 变化。如果回路增益很高，则可用反馈网络来精确控制前向转移函数。这就是运算放大器的应用原理。反馈信号必须满足一定的相位和幅值条件，以避免信号再生现象，如果出现了再生现象，就可能使运算放大器产生振荡，所以系统必须满足：

$$\left|A(\mathrm{j}w_0)F(\mathrm{j}w_0)\right| = \left|L(\mathrm{j}w_0)\right| < 1 \tag{2-41}$$

其中

$$\mathrm{Arg}\left[-A(\mathrm{j}w_0)F(\mathrm{j}w_0)\right] = \mathrm{Arg}\left[L(\mathrm{j}w_0)\right] = 0 \tag{2-42}$$

只要满足以上条件，运算放大器应用系统就是稳定的。由于稳定程度由 $\left|A(\mathrm{j}w)F(\mathrm{j}w)\right|$ 为 1 时的相位值决定，即由相位裕度决定，所以系统稳定性的重要体现就是运算放大器的相位裕度较大，一般运算放大器的相位裕度要求为 60° 左右。

现在来看图 2.12 所示无补偿两级运算放大器的小信号模型，为使结果通用，用角标Ⅰ表示第一级的元件，角标Ⅱ代表第二级的元件，式(2-43)给出两个极点的位置：

$$P_{\mathrm{I}}' = -\frac{1}{R_{\mathrm{I}}C_{\mathrm{I}}}, \quad P_{\mathrm{II}}' = -\frac{1}{R_{\mathrm{II}}C_{\mathrm{II}}} \tag{2-43}$$

其中，R_{I} (R_{II}) 是从运算放大器的第一(二)级的输出端“看到的”与地之间的电阻，C_{I} (C_{II}) 是从运算放大器的第一(二)级的输出端“看到的”与地之间的电容。

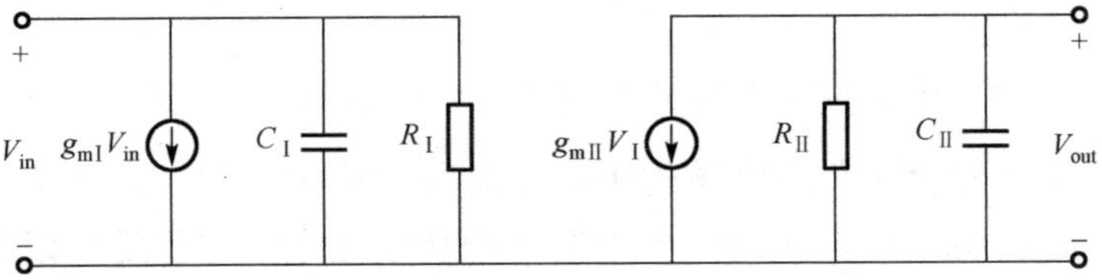

图 2.12　无补偿两级运算放大器的小信号模型

$$R_{\mathrm{I}} = r_{\mathrm{DS2}} // r_{\mathrm{DS4}}, \quad R_{\mathrm{II}} = r_{\mathrm{DS5}} // r_{\mathrm{DS6}} \tag{2-44}$$

$$C_{\mathrm{I}} = C_{\mathrm{GD2}} + C_{\mathrm{GD4}} + C_{\mathrm{GS5}} + C_{\mathrm{DB2}} + C_{\mathrm{DB4}} \tag{2-45}$$

$$C_{\mathrm{II}} = C_{\mathrm{GD6}} + C_{\mathrm{DB5}} + C_{\mathrm{DB6}} + C_{\mathrm{L}} \ (C_{\mathrm{L}}\text{为负载电容}) \tag{2-46}$$

传输函数为

$$\frac{V_{\mathrm{out}}(s)}{V_{\mathrm{in}}(s)} = \frac{g_{\mathrm{mI}} R_{\mathrm{I}} g_{\mathrm{mII}} R_{\mathrm{II}} \omega_{\mathrm{I'}} \omega_{\mathrm{II'}}}{(s+\omega_{\mathrm{I'}})(s+\omega_{\mathrm{II'}})} = \frac{A_0 \omega_{\mathrm{I'}} \omega_{\mathrm{II'}}}{(s+\omega_{\mathrm{I'}})(s+\omega_{\mathrm{II'}})} \tag{2-47}$$

其中 $\omega_{\mathrm{I'}} = -P_{\mathrm{I}}' = \dfrac{1}{R_{\mathrm{I}}C_{\mathrm{I}}}$，$\omega_{\mathrm{II'}} = -P_{\mathrm{II}}' = \dfrac{1}{R_{\mathrm{II}}C_{\mathrm{II}}}$。

一般情况下，这两个极点相距比较近，使运算放大器的相位裕度小于 45°，从而导致运算放大器工作不稳定，因此在应用中必须进行补偿。

图 2.13 是有补偿两级运算放大器的小信号模型，补偿电容 C_C 的作用是削弱主极点的影响而扩大运算放大器的频宽，由于补偿电容 C_C 的引入，运算放大器的传输函数变为

$$\frac{V_{out}(s)}{V_{in}(s)}=\frac{g_{mI}g_{mII}R_I R_{II}(1-sC_C/g_{mII})}{1+s\left[R_I(C_I+C_C)+R_{II}(C_{II}+C_C)+g_{mII}R_I R_{II}C_C\right]+s^2R_I R_{II}(C_I C_{II}+C_I C_C+C_{II}C_C)} \tag{2-48}$$

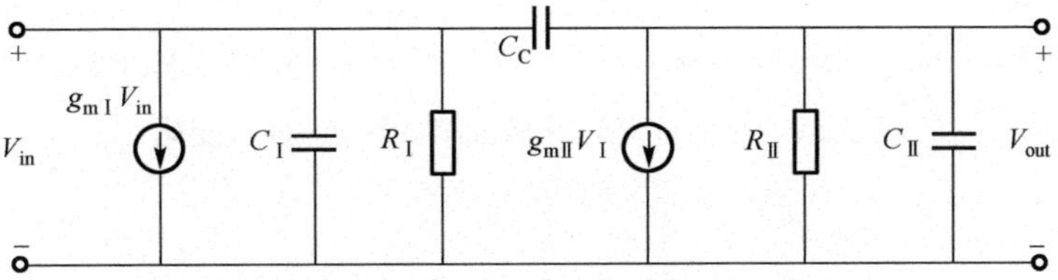

图 2.13　有补偿两级运算放大器的小信号模型

将式(2-48)的分母变化后可得到引入补偿电容 C_C 后运算放大器的两个极点：

$$p_I \cong \frac{-1}{g_{mII}R_I R_{II}C_C} \tag{2-49}$$

$$p_{II} \cong \frac{-g_{mII}C_C}{C_I C_{II}+C_I C_C+C_{II}C_C} \tag{2-50}$$

若 $C_{II}>>C_I$，且 $C_C>C_I$，则式(2-49)可近似为

$$p_{II} \cong \frac{-g_{mII}}{C_{II}} \tag{2-51}$$

由于 C_C 的引入，电路产生了通过 C_C 的正向通路，由式(2-48)可知，运算放大器的传输函数在右平面(right half plane，RHP)产生了一个零点 Z，且

$$Z=\frac{g_{mII}}{C_C} \tag{2-52}$$

图 2.14 是补偿前后运算放大器的极点-零点变化图，说明运算放大器的极点在补偿前后的位置移动情况。由于 C_C 的补偿作用，两个极点 P_I' 和 P_{II}' 分别移到了 P_I 和 P_{II} 的位置。同时，补偿电容 C_C 在右平面引入了一个零点 Z。

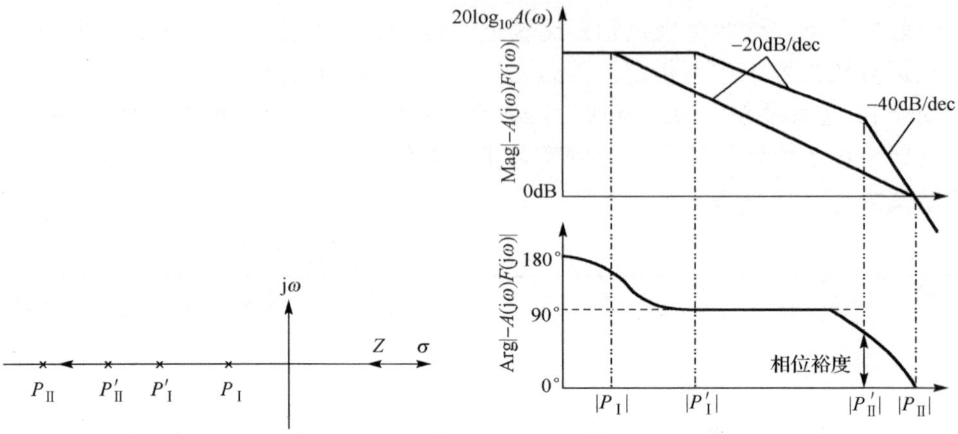

(a) 由补偿电容引C_C起的极点的移动　　(b) 补偿前后的相频特性

图 2.14　补偿前后运算放大器的极点-零点变化

2.2　高速 CMOS 跨导放大器

OTA 是模拟电路的基本单元，可用于带隙基准、低压差线性稳压器、高速缓冲器等基本电路单元。随着无线通信技术的快速发展，人们对应用于这类系统的 OTA 带宽提出了更高的要求。

本节主要介绍一种基于 65nm 1.2V CMOS 工艺的 100dB 330MHz 的四级 OTA 设计。在分析单级高速共源共栅 OTA 和多级 OTA 的频率补偿技术后，提出一种适合于纳米级 CMOS 工艺的四级高速 OTA 频率补偿结构。研究该频率补偿技术的小信号模型，给出电路的具体实现方法，并对该四级 OTA 的电路进行了仿真验证。

2.2.1　单级共源共栅 OTA

理论上，单级 OTA 只具有一个极点，即输出极点，不存在稳定性问题，因此是实现高速 OTA 的一个良好选择。常见的五管 OTA 增益较低，而共源共栅结构的 OTA 能通过增大输出电阻来提高增益[6]。图 2.15(a)给出了套筒式 OTA 的原理图。M_1、M_2、M_3 和 M_4 构成了共源共栅输入级，M_5、M_6、M_7 和 M_8 构成了共源共栅有源电流镜。很容易可以得到输出电阻为

$$R_{\text{out}} = (g_{\text{m4}} r_{\text{DS4}} r_{\text{DS2}}) // (g_{\text{m6}} r_{\text{DS6}} r_{\text{DS8}}) \tag{2-53}$$

这意味着输出电阻增加了近两个数量级，也就意味着增益提高了近两个数量级。

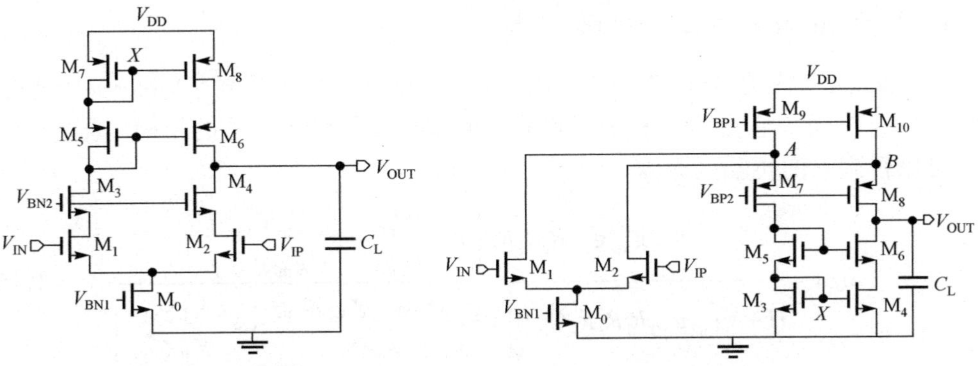

(a) 套筒式共源共栅结构　　　　(b) 折叠式共源共栅结构

图 2.15　单级共源共栅 OTA 原理图

尽管套筒式共源共栅 OTA 是一个单级 OTA，但它在点 X 处存在镜像极点。为了减小镜像极点对 OTA 稳定性的影响，可以通过采用更小沟长的 MOS 管来减小寄生电容，使得镜像极点远离主极点。但该做法会导致整体 OTA 的增益减小，这是因为 MOS 管的本征增益会随沟长减小而减小。此外，套筒式共源共栅 OTA 也存在输入范围较小的问题，这使其不能构成单位增益缓冲器。而折叠式共源共栅 OTA 很好地解决了该问题。图 2.15(b) 给出了 NMOS 管作为输入管的折叠式共源共栅 OTA 原理图。由于输入管 M_1 和 M_2 上方不需要再层叠同类型的 MOS 管，输入电压可以超过电源电压。同样地，可以得到它的输出电阻为

$$R_{out} = \left[g_{m8} r_{DS8} (r_{DS2} // r_{DS10})\right] // (g_{m6} r_{DS6} r_{DS4}) \tag{2-54}$$

相较于套筒式共源共栅 OTA 的输出电阻略有减小。此外，折叠点 A 和 B 处会引入折叠极点，该极点比镜像极点更靠近原点，因此折叠式共源共栅 OTA 的速度特性不如套筒式共源共栅 OTA。

2.2.2　多级 OTA 的频率补偿技术

随着电源电压持续降低，沟道长度持续减小，MOS 管的跨导和本征增益不可避免地减小，因而高增益高速 OTA 的设计变得越来越困难。另外，2.2.1 节所阐述的共源共栅结构存在多个 MOS 管纵向层叠的情况，意味着难以在低电源电压下保证每个 MOS 管处于正常的工作状态，故也不适合现代集成电路工艺的演进路线。因此多级 OTA 成为研究热点。但是放大器每增加一级都将引入新的低频极点，故多级 OTA 的带宽相较于单级 OTA 会严重减小且稳定性降低。为解决这一难题，人们提出了很多频率补偿结构来改进运算放大器的带宽，以保证在满足 OTA 高增益的前提下，实现 OTA 的大带宽。

1. 基于 Miller 补偿的频率补偿技术

由于Miller效应的提出[7-9]，首先应用于多级OTA补偿的就是嵌套Miller补偿结构[6]，如图2.16(a)所示。它是一种利用极点分离的方法进行频率补偿的结构。通过小信号分析可以得到它的传输函数为

$$A(s)=\frac{g_{m1}g_{m2}g_{m3}R_1R_2R_L\left(1-s\frac{C_{m2}}{g_{m3}}-s^2\frac{C_{m1}C_{m2}}{g_{m2}g_{m3}}\right)}{(1+sg_{m2}g_{m3}R_1R_2R_LC_{m1})\left[1+s\frac{(g_{m3}-g_{m2})C_{m2}}{g_{m2}g_{m3}}+s^2\frac{C_LC_{m2}}{g_{m2}g_{m3}}\right]} \tag{2-55}$$

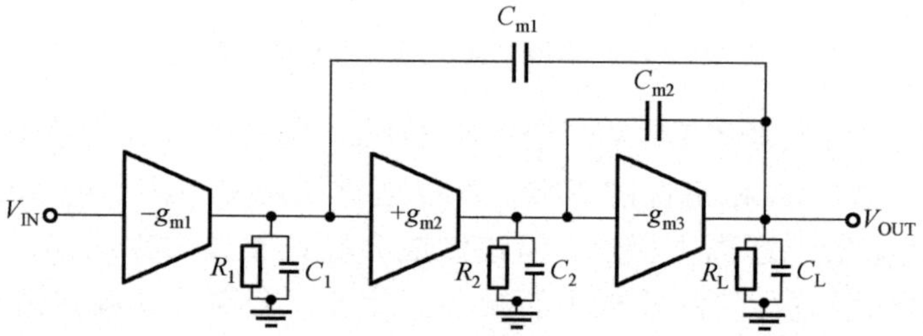

(a) 应用Miller嵌套补偿的三级OTA

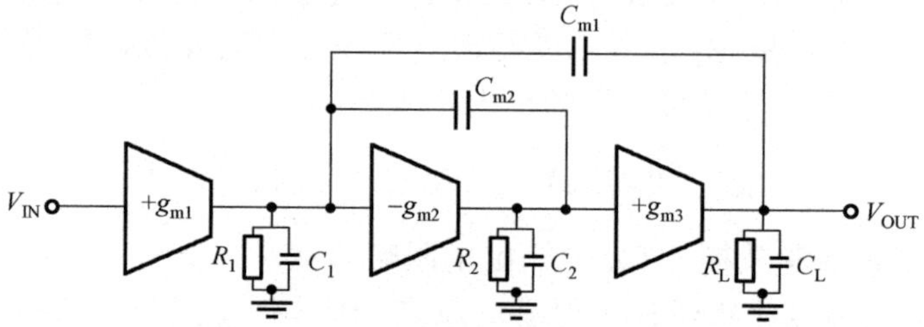

(b) 应用反向Miller嵌套补偿的三级OTA

图 2.16　应用基于 Miller 补偿技术的三级 OTA 框图

为保证极点均落在左半平面(left half plane，LHF)，一定要满足 $g_{m3}>g_{m2}$，若暂不考虑零点影响并保证稳定性，采用极点分离方法，将非主极点的位置依次放在增益带宽积(gain bandwidth，GBW)的 2 倍和 4 倍处，可以得到

$$\mathrm{GBW}=\frac{g_{m1}}{C_{m1}}=\frac{g_{m2}g_{m3}}{2(g_{m3}-g_{m2})C_{m2}}=\frac{1}{4}\frac{g_{m3}-g_{m2}}{C_L} \tag{2-56}$$

故输出级的有效跨导减少了，变为 $g_{m3}-g_{m2}$。将式(2-56)代入传输函数中，得到低频主极点 $p_{-3dB}=1/(g_{m2}g_{m3}R_1R_2R_LC_{m1})$ 和非主复极点：

$$p_{2,3}=\frac{g_{m3}-g_{m2}}{2C_L}\pm j\frac{g_{m3}-g_{m2}}{2C_L} \tag{2-57}$$

为使频率响应为巴特沃思(Butterworth)响应，令二阶系统的阻尼因子 ζ 为 $1/\sqrt{2}$，可以解出 RHP 零点和 LHP 零点分别为

$$z_{\mathrm{RHP}}=\frac{g_{\mathrm{m2}}}{2C_{\mathrm{m1}}}\left(1-\sqrt{\frac{4C_{\mathrm{m1}}g_{\mathrm{m3}}}{C_{\mathrm{m2}}g_{\mathrm{m2}}}+1}\right) \tag{2-58}$$

$$z_{\mathrm{LHP}}=\frac{g_{\mathrm{m2}}}{2C_{\mathrm{m1}}}\left(1+\sqrt{\frac{4C_{\mathrm{m1}}g_{\mathrm{m3}}}{C_{\mathrm{m2}}g_{\mathrm{m2}}}+1}\right) \tag{2-59}$$

因为式(2-55)中分子的 s 项系数为负，所以 RHP 零点比 LHP 零点离原点近。为保证电路稳定，RHP 零点需要比非主极点远，因此可以得到

$$g_{\mathrm{m3}}\geqslant 4g_{\mathrm{m1}}+(\sqrt{2}+1)g_{\mathrm{m2}} \tag{2-60}$$

根据以上条件，可计算出相位裕度为

$$\mathrm{PM}\approx 60^{\circ}-\arctan\left(\frac{\mathrm{GBW}}{|z_{\mathrm{RHP}}|}\right)+\arctan\left(\frac{\mathrm{GBW}}{z_{\mathrm{LHP}}}\right) \tag{2-61}$$

由于$|z_{\mathrm{RHP}}|<z_{\mathrm{LHP}}$，所以相位裕度小于 60°，不利于稳定。且随着 OTA 级数的增多，带宽会急剧减小。

为了改善这一不足，文献[7]提出了反向 Miller 嵌套补偿结构，应用了该补偿技术的三级 OTA 框图如图 2.16(b)所示。同样可以得到它的传输函数为

$$A(s)=-\frac{g_{\mathrm{m1}}g_{\mathrm{m2}}g_{\mathrm{m3}}R_1R_2R_{\mathrm{L}}\left(1-s\dfrac{g_{\mathrm{m3}}R_2C_{\mathrm{m1}}+C_{\mathrm{m2}}}{g_{\mathrm{m2}}g_{\mathrm{m3}}R_2}-s^2\dfrac{C_{\mathrm{m1}}C_{\mathrm{m2}}}{g_{\mathrm{m2}}g_{\mathrm{m3}}}\right)}{(1+sg_{\mathrm{m2}}g_{\mathrm{m3}}R_1R_2R_{\mathrm{L}}C_{\mathrm{m2}})\left(1+s\dfrac{g_{\mathrm{m2}}C_{\mathrm{m1}}C_{\mathrm{L}}-g_{\mathrm{m3}}C_{\mathrm{m1}}C_{\mathrm{m2}}+g_{\mathrm{m2}}C_{\mathrm{m2}}^2}{g_{\mathrm{m2}}g_{\mathrm{m3}}C_{\mathrm{m2}}}+s^2\dfrac{C_{\mathrm{L}}C_{\mathrm{m1}}}{g_{\mathrm{m2}}g_{\mathrm{m3}}}\right)} \tag{2-62}$$

与嵌套 Miller 补偿结构相比，主极点 $p_{-3\mathrm{dB}}$ 和 GBW 略有变化，分别为

$$p_{-3\mathrm{dB}}=\frac{1}{g_{\mathrm{m2}}g_{\mathrm{m3}}R_1R_2R_{\mathrm{L}}C_{\mathrm{m2}}} \tag{2-63}$$

$$\mathrm{GBW}=\frac{g_{\mathrm{m1}}}{C_{\mathrm{m2}}} \tag{2-64}$$

之所以反向 Miller 嵌套补偿结构的带宽比 Miller 嵌套补偿结构的带宽宽，是因为反向 Miller 嵌套补偿结构只让第一级的输出极点移向原点。对于 Miller 嵌套补偿结构而言，除输出级的极点之外的其他级的极点均会因 Miller 电容的加入而靠近原点。因此，反向 Miller 嵌套补偿结构的极点对带宽的影响更小，更适合于高速多级 OTA 的设计。

上述两种基于 Miller 补偿结构的补偿电容都正比于负载电容，当驱动大容性负载时，补偿电容将会随之增大，造成芯片面积增大。为此提出了用较小的补偿电容就能完成补偿的单 Miller 电容补偿结构[10]，如图 2.17 所示。单 Miller 电容补偿技术是利用单个 Miller 电容来分离第一级输出端和第三级输出端的极点。其传输函数为

$$A(s)=\frac{g_{\mathrm{m1}}g_{\mathrm{m2}}g_{\mathrm{m3}}R_1R_2R_{\mathrm{L}}\left(1+s\dfrac{g_{\mathrm{mf}}R_2C_2-C_{\mathrm{m}}}{g_{\mathrm{m2}}g_{\mathrm{m3}}R_2}-s^2\dfrac{C_{\mathrm{m}}C_2}{g_{\mathrm{m2}}g_{\mathrm{m3}}}\right)}{(1+sg_{\mathrm{m2}}g_{\mathrm{m3}}R_1R_2R_{\mathrm{L}}C_{\mathrm{m}})\left(1+s\dfrac{C_{\mathrm{L}}}{g_{\mathrm{m2}}g_{\mathrm{m3}}R_2}+s^2\dfrac{C_{\mathrm{L}}C_2}{g_{\mathrm{m2}}g_{\mathrm{m3}}}\right)} \tag{2-65}$$

通过直流增益和主极点可以得到 GBW 为 $g_{\mathrm{m1}}/C_{\mathrm{m}}$。

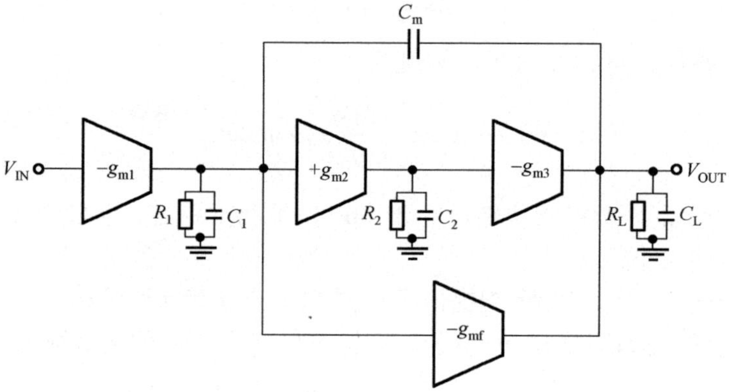

图 2.17　应用单 Miller 电容补偿技术的三级 OTA 框图

稳定性是在闭环时考量的，因此推导出其闭环(closed-loop，CL)传输函数，见式(2-66)。此时，零点在高频处，不再考虑。

$$A(s)_{\mathrm{CL}}\approx\frac{1}{1+\left(s\dfrac{C_{\mathrm{m}}}{g_{\mathrm{m1}}}\right)\left(1+s\dfrac{C_{\mathrm{L}}}{g_{\mathrm{m2}}g_{\mathrm{m3}}R_2}+s^2\dfrac{C_{\mathrm{L}}C_2}{g_{\mathrm{m2}}g_{\mathrm{m3}}}\right)} \tag{2-66}$$

根据劳斯-赫尔维茨判据(Routh-Hurwitz criterion)，当满足式(2-67)时，系统一定稳定。

$$\frac{1}{R_2C_2}>\frac{g_{\mathrm{m1}}}{C_{\mathrm{m}}}=\mathrm{GBW} \tag{2-67}$$

由传输函数可知，非主极点位于 LHP。当 p_2 和 p_3 均为实极点时，利用极点分离法，可得

$$C_{\mathrm{m}}=\frac{1}{2A_{\mathrm{v2}}}\times4\frac{g_{\mathrm{m1}}}{g_{\mathrm{m3}}}C_{\mathrm{L}} \tag{2-68}$$

其中，A_{v2} 表示第二级的直流增益，为 $g_{\mathrm{m2}}R_2$。与 Miller 嵌套补偿相比，补偿电容因

为第二级的增益可以减小很多。C_m 越小，零点离原点越远，因此可以忽略其对系统稳定性的影响。

同样能有效减少补偿电容值的还有有源反馈频率补偿结构[11]。它是在补偿电容的基础上串联一个同相增益级来构成有源电容，从而有效地减小补偿电容。图 2.18 是应用有源反馈频率补偿的三级 OTA 框图。第二级和第三级共同构成高增益模块；高速度模块则包含两条并联的支路：一条支路是反相前馈级支路，另一条支路是由同相反馈级和补偿电容 C_a 串联而形成的支路。

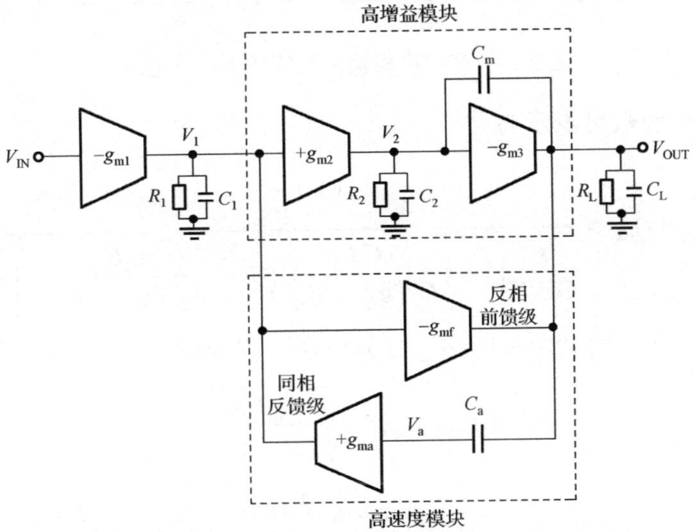

图 2.18　应用有源反馈频率补偿技术的三级 OTA 框图

图 2.19 给出了高速度模块内的等效小信号电路。高频时，在高速度模块内任何输出信号 V_{OUT} 的改变都能通过同相反馈级的输入电阻 r_a 传回 V_a 处，以至于 V_a 几乎与输出信号 V_{OUT} 相同，如式(2-69)所示。V_a 处的信号将被同相反馈级放大并反馈到第一级的输出端，同时经由反向前馈级前馈到输出端，用来减小信号的改变量。也就是说高速度模块自身形成了一个负反馈。而高增益模块则是慢通路，因此不会对高速度模块的高频特点产生影响。因为插入了同相反馈级，所以补偿电容 C_a 可以很小。最终使 OTA 的带宽增大。

$$\frac{V_a}{V_{OUT}}=\frac{r_a}{r_a+1/sC_a}\approx 1 \tag{2-69}$$

求出系统的传输函数为

$$A(s)=\frac{g_{m1}g_{m2}g_{m3}R_1R_2R_L\left(1+s\dfrac{C_a}{g_{ma}}\right)}{(1+sg_{m2}g_{m3}R_1R_2R_LC_a)\left[1+s\dfrac{C_1C_L}{C_a(g_{mf}-g_{m2})}+s^2\dfrac{C_1C_L}{g_{ma}(g_{mf}-g_{m2})}\right]} \tag{2-70}$$

可以看出，直流增益为 $g_{m1}g_{m2}g_{m3}R_1R_2R_L$，主极点 p_{-3dB} 为 $1/(g_{m2}g_{m3}R_1R_2R_LC_a)$，所以 GBW 为 g_{m1}/C_a。也应注意到由同相反馈级和补偿电容 C_a 组成的支路引入 LHP 零点，这可以很好地提高电路的稳定性和改善瞬态建立特性。

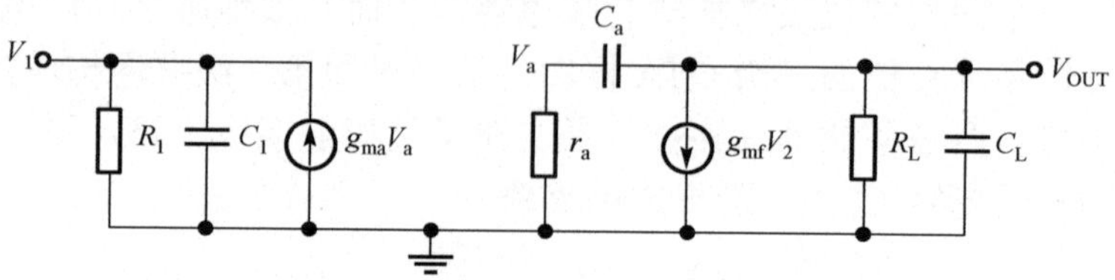

图 2.19　高速度模块内的等效小信号电路

其闭环传输函数可表示为

$$A(s)_{CL} \approx \frac{1+s\dfrac{C_a}{g_{ma}}}{\dfrac{s}{\mathrm{GBW}}\left[1+s\dfrac{C_1C_L}{C_a\left(g_{mf}-g_{m2}\right)}+s^2\dfrac{C_1C_L}{g_{ma}\left(g_{mf}-g_{m2}\right)}\right]} \tag{2-71}$$

若将非主复极点对的阻尼因子 ζ 设为 $1/\sqrt{2}$，此时有

$$C_{a(\mathrm{Butterworth})} = \sqrt{\frac{2g_{m1}C_1C_L}{g_{mf}-g_{m2}}} \tag{2-72}$$

$$g_{ma(\mathrm{Butterworth})} = 4g_{m1} \tag{2-73}$$

由式(2-72)可以看出补偿电容不是正比于负载电容，而是正比于负载电容和寄生电容的几何平均值，故带宽可以得到很大的提高。此条件下的相位裕度约为 74°。

然而该巴特沃思零极点放置法下的功耗较大，因此需要进行改进。在保证稳定性的前提下，将非主极点对移至 GBW 附近，即

$$\mathrm{Re}(p_{2,3}) \geqslant \mathrm{GBW} \tag{2-74}$$

其中，

$$p_{2,3} = \frac{g_{ma}}{2C_a} \pm \mathrm{j}\frac{g_{ma}}{2C_a}\sqrt{\frac{4C_a^2(g_{mf}-g_{m2})}{g_{ma}C_1C_L}-1} \tag{2-75}$$

重新得到补偿电容和同相反馈级的跨导分别为

$$C_{a(\text{low-power})} = \sqrt{\frac{1.16g_{m1}C_1C_L}{g_{mf}-g_{m2}}} \tag{2-76}$$

$$g_{ma(\text{low-power})} = 2g_{m1} \tag{2-77}$$

且阻尼因子 ζ 增加到 1，相位裕度约为 60°。尽管这一结果会造成瞬态特性变差，

但这种设计方式能有效降低功耗，相较于巴特沃思零极点放置法，能大约降低 40% 的功耗。

2. 前馈型频率补偿技术

尽管 Miller 补偿能十分有效地解决多级 OTA 的稳定性问题，但补偿电容的引入会大大增加 OTA 的版图面积，这显然是人们所不希望看到的。因此，存在一类不借助补偿电容进行的频率补偿技术。文献[10]提出了一种无电容前馈补偿技术，如图 2.20(a)所示。利用类似于信号流图的方式可得到其传输函数为

$$
\begin{aligned}
A(s) &= \left[\left(\frac{A_1}{1+sR_1C_1}+1\right)\frac{A_2}{1+sR_2C_2}+1\right]\frac{A_3}{1+sR_\mathrm{L}C_\mathrm{L}} \\
&\approx \frac{A_\mathrm{DC}\left[1+s\dfrac{(A_2A_3+A_3)R_1C_1+A_3R_2C_2}{A_\mathrm{DC}}+s^2\dfrac{A_3}{A_\mathrm{DC}}R_1C_1R_2C_2\right]}{(1+sR_1C_1)(1+sR_2C_2)(1+sR_\mathrm{L}C_\mathrm{L})}
\end{aligned} \tag{2-78}
$$

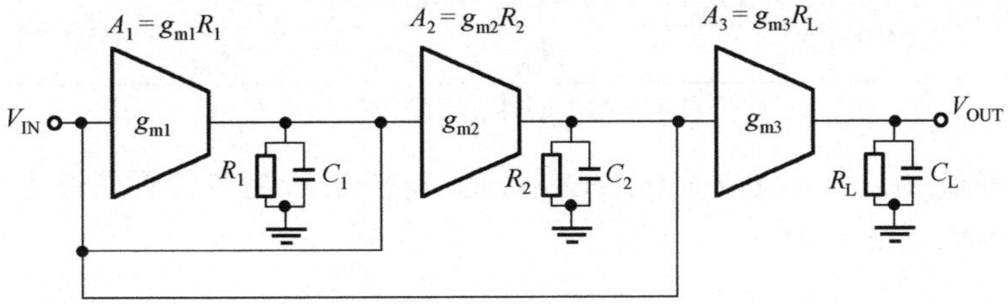

(a) 应用无电容前馈补偿的三级OTA

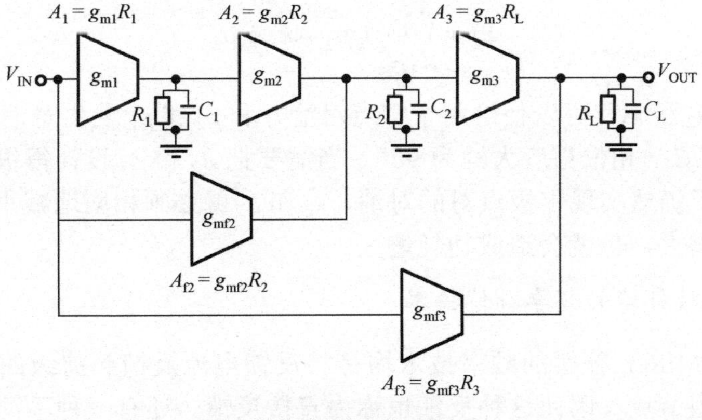

(b) 应用前馈跨导补偿的三级OTA

图 2.20 应用前馈型补偿技术的三级 OTA 框图

其中，直流增益 A_DC 为 $A_1A_2A_3+A_2A_3$，而 A_i(i=1，2，3)为各级增益，已在图 2.20(a)中标出。极点显而易见，为 $p_i=1/(R_iC_i)$ (i=1,2)和 $p_\mathrm{L}=1/(R_\mathrm{L}C_\mathrm{L})$。故先分析零点的位

置，可以得到

$$z_1 \approx A_1 p_1 \tag{2-79}$$

$$z_2 \approx A_2 p_2 \tag{2-80}$$

如果能通过调整前两级的增益大小，使两个零点对恰好分别和 p_2、p_L 发生对消，则 GBW 大约为 $A_2A_3g_{m1}/C_1$，相位裕度大约为 90°，所以这一结构适合运用于大带宽情况。但也应注意到随着增益级数的增加，将产生更多的零极点对，它们对于瞬态响应的影响也越发明显。

前两级增益与零极点对的对消息息相关，设计过程中各参数的制约变得严重，因此通过前馈跨导通路产生合适的 LHP 零点更方便。根据图 2.20(b)所示的系统结构可以得到该 OTA 的传输函数为

$$\begin{aligned} A(s) &= \left[\left(\frac{A_1}{1+sR_1C_1}A_2 + A_{f2}\right)\frac{A_3}{1+sR_2C_2} + A_{f3}\right]\frac{1}{1+sR_LC_L} \\ &\approx \frac{A_{DC}\left[1+s\dfrac{(A_{f2}A_3+A_{f3})R_1C_1+A_{f3}R_2C_2}{A_{DC}}+s^2\dfrac{A_{f3}}{A_{DC}}R_1C_1R_2C_2\right]}{(1+sR_1C_1)(1+sR_2C_2)(1+sR_LC_L)} \end{aligned} \tag{2-81}$$

其中，直流增益 A_{DC} 为 $A_1A_2A_3+A_{f2}A_3+A_{f3}$，而 $A_{fi}(i=2,3)$ 为各前馈级增益。仍然先近似求出零点的值，分别为

$$z_1 \approx \frac{g_{m2}}{g_{mf2}}A_1p_1 = k_2A_1p_1 \tag{2-82}$$

$$z_2 \approx \frac{g_{m3}}{g_{mf3}}A_2p_2 = k_3A_2p_2 \tag{2-83}$$

通过调整 k_2 和 k_3，可以使这两个零点对恰好和 p_2 和 p_L 发生对消。这时，GBW 大约为 $A_2A_3g_{m1}/C_1$，相位裕度大约为 90°。当需要把 A_2 和 A_3 设计得很大以满足高增益需求时，为了仍然实现零极点对的对消，k_2 和 k_3 就必须相应地减小，这意味着前馈级的跨导将增大，也就会造成功耗增大。

3. 基于间接补偿的频率补偿技术

各种基于 Miller 补偿的频率技术均是将反馈电流反馈到前级的输出节点，该节点是一个高阻节点，因此这种反馈也称为直接反馈。还有一种不同于此的补偿技术——间接补偿[11]，它是将反馈电流直接反馈到前级低阻节点，或者说是将反馈电流间接反馈到前级的高阻输出节点，而大幅提高带宽和转换速率。图 2.21 给出了间接反馈补偿的示意框图，其中 C_C 表示补偿电容，R_c 表示低阻节点处的有效阻值。

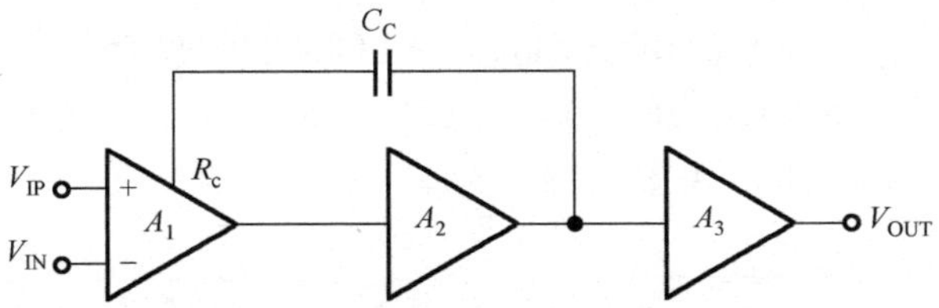

图 2.21 间接反馈补偿的示意框图

1) 沟长拆分型晶体管

为适应不断降低的电源电压，我们将通过沟长拆分型晶体管(split-length transistor)来实现间接补偿。图 2.22 给出了 NMOS 类型的沟长拆分型晶体管，其中 $L=L_1+L_2$。连接到同一输入的两个串联 MOS 管只能一个处于饱和区，另一个处于线性区，否则无法正常工作。对于 NMOS 管而言，上管处于饱和区，而下管则是线性的；同样地，PMOS 管则是上管为线性区，下管为饱和区。这就意味着尽管存在两个 MOS 管的堆叠，但由于处于线性区的 MOS 管的源漏电压可以很小，相当于只存在一个 MOS 管的源漏电压，进而降低了低压下多管堆叠的实现难度。

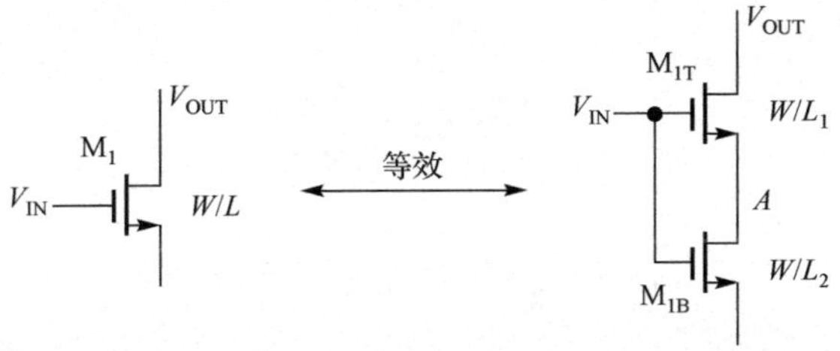

图 2.22 NMOS 类型的沟长拆分型晶体管

显然，低阻节点 A 处的电阻约为 $1/g_{mn}$，是一个比 r_{ds} 低得多的电阻。以 NMOS 管为例来具体分析沟长对等效跨导的影响。因为

$$g_m=\sqrt{2\mu C_{ox}\frac{W}{L}i_D}\propto\sqrt{\frac{1}{L}} \tag{2-84}$$

若 $L_2=nL_1$，可以得到沟长拆分型晶体管 M_1 的等效跨导与 M_{1T} 跨导的关系

$$g_{m,eff}=\sqrt{\frac{1}{n+1}}g_{m1T} \tag{2-85}$$

所以当 $L_1=L_2$ 时，有

$$g_{m,eff}=g_{m1T}/\sqrt{2} \tag{2-86}$$

2) 基于沟长拆分型晶体管的间接补偿技术

介绍两种使用沟长拆分型晶体管的间接补偿技术，分别是沟长拆分型晶体管作

电流源负载(split-length current mirror load，SLCL)的间接补偿和沟长拆分型晶体管作差分对(split-length differential pair，SLDP)的间接补偿。这里仅给出运用这两种技术的两级 OTA 的原理图，如图 2.23 所示。

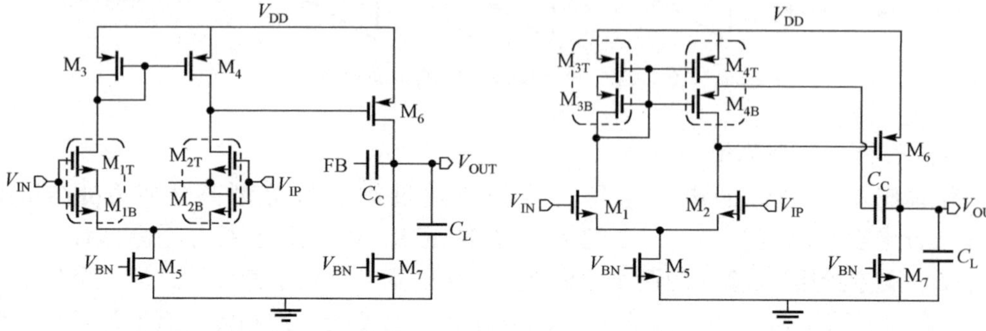

(a) 沟长拆分型晶体管作电流源负载　　(b) 沟长拆分型晶体管作差分对

图 2.23　基于沟长拆分型晶体管的间接补偿原理图

通过求解小信号电路，得到沟长拆分型晶体管作电流源负载的间接补偿结构的 GBW 和零点分别为

$$\mathrm{GBW}_{\mathrm{SLCL}}=\frac{g_{\mathrm{m1}}}{2C_{\mathrm{C}}} \tag{2-87}$$

$$z_{\mathrm{SLCL}}\approx\frac{8\sqrt{2}}{3}\mathrm{GBW}_{\mathrm{SLCL}}=\frac{4\sqrt{2}}{3}\frac{g_{\mathrm{m1}}}{C_{\mathrm{C}}} \tag{2-88}$$

同样地，可以得到沟长拆分型晶体管作差分对的间接补偿的 GBW 和零点分别可以表示为

$$\mathrm{GBW}_{\mathrm{SLDP}}=\frac{2g_{\mathrm{m1}}}{C_{\mathrm{C}}} \tag{2-89}$$

$$z_{\mathrm{SLDP}}\approx\frac{2\sqrt{2}}{3}\mathrm{GBW}_{\mathrm{SLDP}}=\frac{4\sqrt{2}}{3}\frac{g_{\mathrm{m1}}}{C_{\mathrm{C}}} \tag{2-90}$$

如果第一级的跨导 g_{m1} 和补偿电容 C_{C} 都取相同值，沟长拆分型晶体管作差分对的间接补偿结构所具有的 GBW 是沟长拆分型晶体管作电流源负载的间接补偿结构的 4 倍，即具有更大的带宽。但也要注意到，由于零极点对可能发生对消，沟长拆分型晶体管作电流源负载的间接补偿结构发生零极点对消的位置相对它的 GBW 更远，因此相位裕度和大信号的瞬态特性更具有优势。

图 2.24 给出了应用反向嵌套 Miller 间接补偿的三级 OTA 的结构框图。补偿电流经过补偿电容 C_{C1} 和 C_{C2} 从各自的输出节点间接反馈到第一级的低阻节点。可以

得到该系统的传输函数为

$$A(s)=\frac{-g_{m1}g_{m2}g_{m3}R_1R_2R_L(1+sR_{C1}C_{C1})(1+sR_{C2}C_{C2})}{(1+sg_{m2}g_{m3}R_1R_2R_LC_{C2})\left(1+\frac{a_2}{a_1}s+\frac{a_3}{a_1}s^2\right)\left(1+\frac{a_4}{a_3}s+\frac{a_5}{a_3}s^2\right)} \tag{2-91}$$

其中，$R_{C1}=1/g_{m1}+R_1$，$R_{C2}=1/g_{m1}+R_2$。

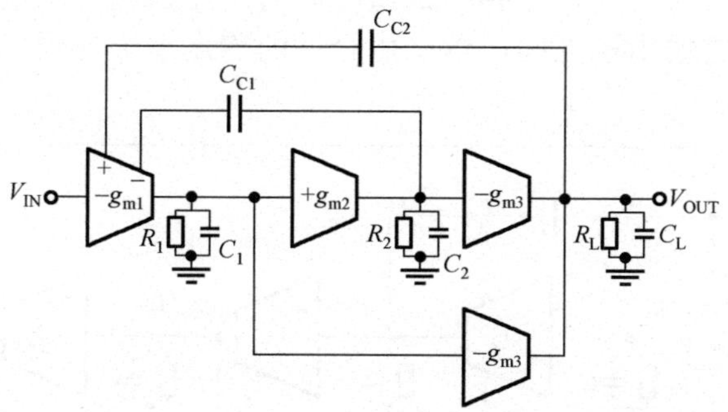

图 2.24　应用反向嵌套 Miller 间接补偿技术的三级 OTA 框图

从式(2-91)中可以得到主极点为

$$p_{-3dB}=\frac{1}{g_{m2}g_{m3}R_1R_2R_LC_{C2}} \tag{2-92}$$

结合直流增益的值，可以得到单位增益带宽表示为

$$\mathrm{GBW}=\frac{g_{m1}}{C_{C2}} \tag{2-93}$$

同时，零点很容易得到，分别为

$$z_1=\frac{1}{R_{C1}C_{C1}} \tag{2-94}$$

$$z_2=\frac{1}{R_{C2}C_{C2}} \tag{2-95}$$

由于在间接补偿中电流通过补偿电容反馈到低阻节点，得到的零点会有很高的频率，其影响也会减弱。在此前提下，通过适当增加 g_{m1} 就可以增大 GBW，因此间接补偿结构的带宽可以做得很高。

2.2.3　四级高速 OTA

1. 四级高速 OTA 结构

四级高速 OTA 的电路框图如图 2.25 所示。本次设计中各增益级均为反相放大级，各级跨导值为 G_{mi}(i=1, 2, 3, 4)。R_i 和 C_i(i=1, 2, 3, 4)为各级输出端的输出电阻和寄生电容，但 C_L 为 OTA 的负载。补偿电容 C_{C1} 和 C_{C3} 分别从第二级输出端和第四级的输出端反馈回第一级的反相低阻节点，第三级输出经 C_{C2} 反馈回第一级的正相低阻节点，而 C_{C4} 则连接了第三级输出端和第二级有源负载的低阻节点。这 4 个补偿电容均利用间接补偿技术。间接补偿技术可以在不影响多数极点位置的前提下，移动零点的位置，进而提高带宽和相位裕度。同时，增加一个前馈跨导级 G_{mf} 跨接在输入端和第三级的输出端之间，以产生合适的零点用于补偿。

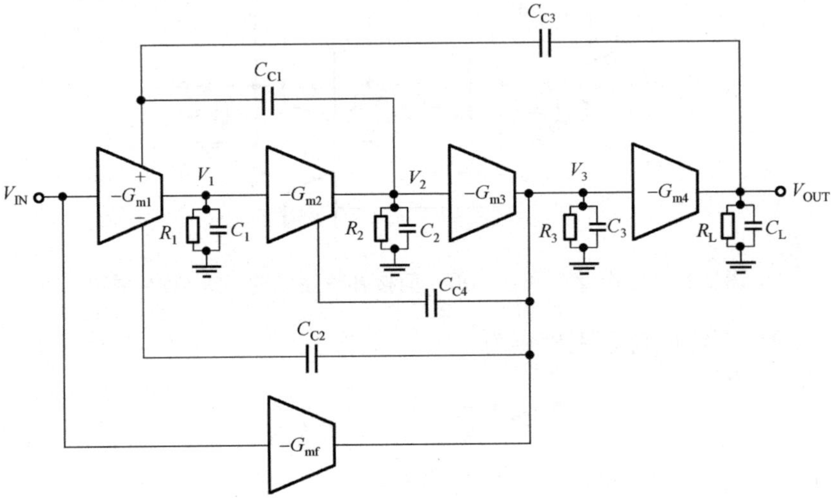

图 2.25　四级高速 OTA 的电路框图

2. 小信号分析

根据文献[11]提到的方法对四级运算放大器的小信号等效电路进行一定的化简，得到如图 2.26 所示的小信号电路，图中 $i_{C1}=V_2/(C_{C1}+R_{C1})$，$i_{C2}=V_3/(C_{C2}+R_{C2})$，$i_{C3}=V_{OUT}/C_{C3}+R_{C3}$ 和 $i_{C4}=V_3/(C_{C4}+R_{C4})$，$R_{Ci}$ 则是各补偿电容 C_{Ci} 所连接的低阻节点的对应阻值(i=1, 2, 3, 4)。

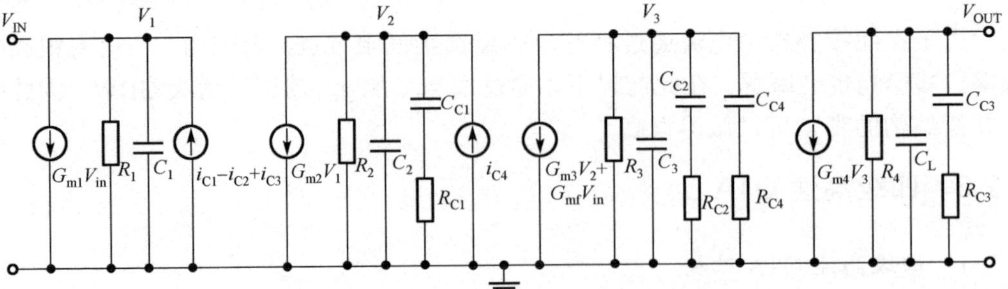

图 2.26　四级 OTA 的简化小信号电路

为了方便进行小信号分析，给出以下假设：

(1) 各级增益均远大于 1，即 $G_{m1}R_1$、$G_{m2}R_2$、$G_{m3}R_3$、$G_{m4}R_L$ 和 $G_{mf}R_3$ 均远大于 1；

(2) 各级寄生电容均远小于负载电容，即 C_1、C_2、C_3 和 C_4 均远小于 C_L。

可以得到直流增益和主极点分别为

$$\begin{aligned} A_{DC} &= (G_{m1}R_1G_{m2}R_2G_{m3}R_3 + G_{mf}R_3)G_{m4}R_4 \\ &\approx G_{m1}G_{m2}G_{m3}G_{m4}R_1R_2R_3R_4 \end{aligned} \tag{2-96}$$

$$p_{-3dB} = -\frac{1}{G_{m2}G_{m3}G_{m4}R_1R_2R_3R_4C_{C3}} \tag{2-97}$$

故该四级 OTA 的 GBW 为 G_{m1}/C_{C3}。

通过观察原始传输函数的表达式，可以发现存在三对能直接进行对消的零极点对，分别是

$$z_{01} = p_{02} = -\frac{1}{R_{C1}C_{C1}} \tag{2-98}$$

$$z_{02} = p_{03} = -\frac{1}{R_{C2}C_{C2}} \tag{2-99}$$

$$z_{03} = p_{04} = -\frac{1}{R_{C3}C_{C3}} \tag{2-100}$$

由于 C_{C1} 和 C_{C2} 的反馈节点均为输入级的低阻节点且输入对管尺寸一致，因此 R_{C1}、R_{C2} 和 R_{C3} 相等。本次设计中沟长拆分型晶体管中两个单管尺寸也相同，即 $G_{m1} = g_{m1T}/\sqrt{2}$，也就是 $1/R_{C1} = \sqrt{2}G_{m1}$。故有

$$p_{02} = z_{01} = \sqrt{2}G_{m1}/C_{C1} \tag{2-101}$$

$$p_{03} = z_{02} = \sqrt{2}G_{m1}/C_{C2} \tag{2-102}$$

若取 C_{C1}=0.075C_{C3}，C_{C2}=0.9C_{C3}，可得到 p_{02}=z_{01}=18.9GBW 和 p_{03}=z_{02}=1.6GBW。而 C_{C4} 的反馈节点均为第二级电流源负载的低阻节点。若电路设计时有 R_{C4}=0.3R_{C1} 且取 C_{C4}=1.65C_{C3}，可得到这一零极点对的位置大约在 2.9GBW 处。

此时，将得到传输函数表达为

$$A(s) = \frac{A_{DC}(1+sR_{C3}C_{C3})\left[1+\dfrac{G_{mf}(R_1C_1+R_2C_2)}{G_{m1}G_{m2}G_{m3}}s\right]}{\left(1+\dfrac{s}{p_{-3dB}}\right)\left[1+\dfrac{C_L}{G_{m4}}s+\dfrac{R_{C3}C_L(G_{m2}R_{C4}C_3+G_{m3}R_{C1}C_1)}{G_{m2}G_{m3}G_{m4}R_{C1}R_{C4}}s^2\right]\left(1+\dfrac{R_{C1}R_{C4}C_2C_3}{R_{C1}C_2+R_{C4}C_2+R_{C4}C_3}s\right)} \tag{2-103}$$

再对传输函数进行深入的分析，得到 LHP 零点 z_1 和 z_2 分别为

$$z_1 = -\frac{1}{R_{C3}C_{C3}} \tag{2-104}$$

$$z_2 = -\frac{G_{m1}G_{m2}G_{m3}}{G_{mf}(R_1C_1 + R_2C_2)} \tag{2-105}$$

对于系统传输函数分母中 $1+\frac{C_L}{G_{m4}}s+\frac{R_{C3}C_L(G_{m2}R_{C4}C_3+G_{m3}R_{C1}C_1)}{G_{m2}G_{m3}G_{m4}R_{C1}R_{C4}}s^2$ 这一项，可得到两个 LHP 极点分别为

$$p_2 = -\frac{G_{m4}}{C_L} \tag{2-106}$$

$$p_3 = -\frac{0.3G_{m2}G_{m3}}{0.3G_{m2}C_3 + G_{m3}C_1} \tag{2-107}$$

根据假设，负载电容远大于寄生电容，因此 $p_2<p_3$。通过调整输出级的跨导，可使得 $p_2=z_1$ 成立，从而得到 G_{m4} 为

$$G_{m4} = \frac{C_L}{R_{C3}C_{C3}} = \sqrt{2}\frac{C_L}{C_{C3}}G_{m1} \tag{2-108}$$

针对分母中最后一项可得到极点为

$$p_4 = -\frac{1.3C_2 + 0.3C_3}{0.3R_{C1}C_2C_3} \tag{2-109}$$

如果可以使 $p_3 \approx z_2$ 成立，即

$$\frac{0.3G_{m2}G_{m3}}{0.3G_{m2}C_3 + G_{m3}C_1} \approx \frac{G_{m1}G_{m2}G_{m3}}{G_{mf}(R_1C_1 + R_2C_2)} \tag{2-110}$$

将会得到

$$G_{mf} = \frac{0.3G_{m2}C_3 + G_{m3}C_1}{0.3(R_1C_1 + R_2C_2)}G_{m1} \tag{2-111}$$

完成以上的电路设计之后，如果设计的各个零极点可以较好地抵消，那么可以得到该四级 OTA 的相位裕度为

$$\begin{aligned}\text{PM} &= 180^\circ - \arctan\left(\frac{\text{GBW}}{p_{-3\text{dB}}}\right) - \arctan\left(\frac{\text{GBW}}{p_2}\right) - \arctan\left(\frac{\text{GBW}}{p_3}\right) \\ &\quad - \arctan\left(\frac{\text{GBW}}{p_4}\right) + \arctan\left(\frac{\text{GBW}}{z_1}\right) + \arctan\left(\frac{\text{GBW}}{z_2}\right) \\ &\approx 90^\circ - \arctan\left(\frac{\text{GBW}}{p_4}\right)\end{aligned} \tag{2-112}$$

为了得到较好的相位裕度和较快的建立时间应合理设计各个零点和极点的位置。

3. 电路结构

四级 OTA 的晶体管原理图如图 2.27 所示，其中各个晶体管 M_i 的跨导为 g_{mi}。V_{BN} 和 V_{BP} 是直流偏置电压。

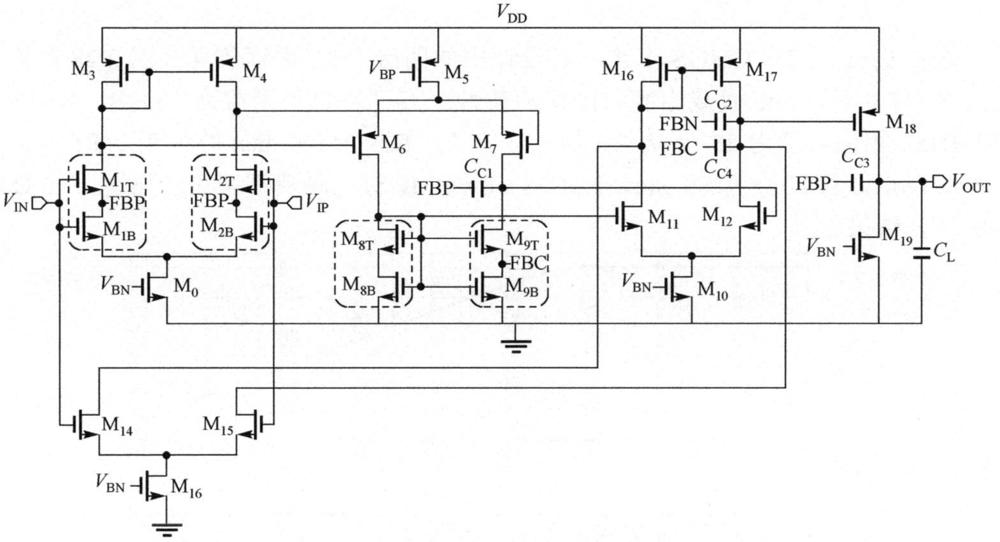

图 2.27 四级 OTA 的晶体管原理图

输入级由 M_0、M_{1T}、M_{1B}、M_{2T}、M_{2B}、M_3 和 M_4 共同构成。输入级中的 NMOS 差分对是由沟长拆分型晶体管构成的，因为 M_{1T}、M_{1B}、M_{2T} 和 M_{2B} 尺寸完全相同，因此输入级跨导 G_{m1} 为 $g_{m1T}/\sqrt{2}$。M_5、M_6、M_7、M_{8T}、M_{8B}、M_{9T} 和 M_{9B} 则构成第二级，跨导 $G_{m2}=g_{m6}=g_{m7}$。M_{8T}、M_{8B}、M_{9T} 和 M_{9B} 是该级的有源电流镜负载，也是由沟长拆分型晶体管构成的，沟长拆分型晶体管中的低阻节点 FBC 是补偿电容 C_{C4} 间接反馈的节点，补偿电流经过 C_{C4} 反馈到低阻节点处。第三级包含晶体管 M_{10}、M_{11}、M_{12}、M_{16} 和 M_{17}，且 $G_{m3}=g_{m11}=g_{m12}$。第四级则有共源放大管 M_{18} 和由 V_{BN} 偏置的 M_{19} 共同构成，且有 $G_{m4}=g_{m18}$。M_{13}、M_{14}、M_{15}、M_{16} 和 M_{17} 作为运算放大器的前馈通路，前馈跨导 $G_{mf}=g_{m14}=g_{m15}$。

补偿网络包括补偿电容 C_{C1}、C_{C2}、C_{C3} 和 C_{C4}，以及各补偿电容所连接的 MOS 管。前三个补偿电容均采用沟长拆分型晶体管作差分对结构反馈回输入管的低阻节点 FBN 或者 FBP，而 C_{C4} 则利用沟长拆分型晶体管作电流源负载结构反馈到第二级的低阻节点 FBC。

放大器的建立时间包含两部分，分别是恒定斜率的转换阶段和小信号建立阶

段。转换速率表征对运算放大器负载电容充放电的速度，在此 OTA 中转换速率可表达为

$$SR = \min\left(\frac{I_{SS1}}{C_{C1}}, \frac{I_{SS1}}{C_{C2}}, \frac{I_{SS1}}{C_{C3}}, \frac{I_{SS2}}{C_{C4}}, \frac{I_L}{C_L}\right) \tag{2-113}$$

其中，I_{SS1} 和 I_{SS2} 分别是第一级和第二级的尾电流；I_L 是对 C_L 充放电的总电流。

4. *仿真结果*

基于 65nm 1.2V CMOS 工艺，对设计出的四级 OTA 进行仿真。图 2.28 给出了该四级 OTA 驱动 5pF 负载电容时的交流特性，其开环直流增益为 100dB，GBW 为 330MHz，相位裕度为 58°。表 2.1 给出了在 FF（fast NMOS fast PMOS）、TT（typical NMOS typical PMOS）及 SS（slow NMOS slow PMOS）三种典型工艺角情况下的 OTA 交流仿真结果。

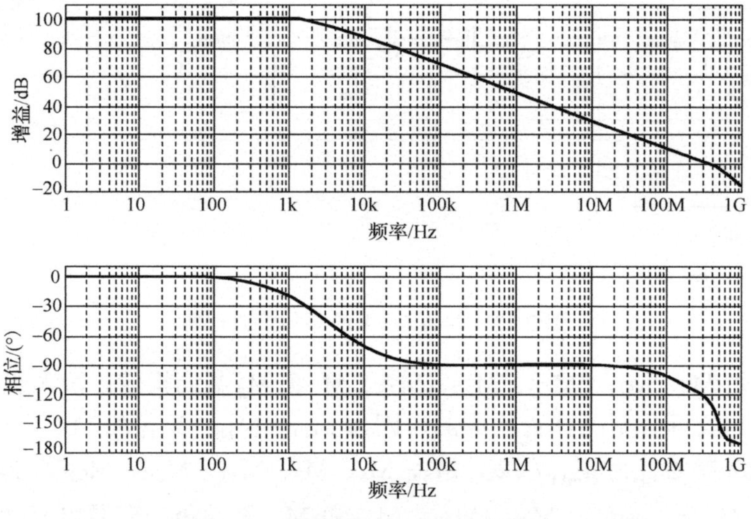

图 2.28　该四级 OTA 的交流特性

表 2.1　不同工艺角下交流仿真结果

参数指标 \ 工艺角	FF	TT	SS
直流增益/dB	93.0	101.1	105.0
增益带宽积/MHz	430.0	330.0	234.7
相位裕度/(°)	58.4	58.0	53.5

图 2.29 为四级 OTA 接成单位增益负反馈形式的瞬态波形，平均转换速率为 266.25V/μs，平均 1%建立时间为 9.25ns。整个 OTA 在 1.2V 电源电压下的功耗为 1.56mW，对应的 FOM_S、FOM_L、$IFOM_S$ 和 $IFOM_L$ 分别为 1057.7（MHz·Pf）/mW、853.4[V/（μs·pF）]/mW、1269.2（MHz·pF）/mA 和 1024.0[V/（μs·pF）]/mA。

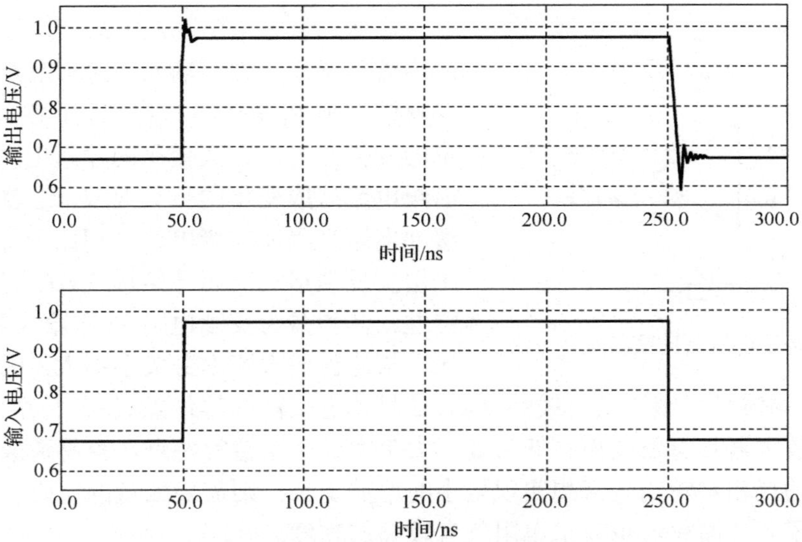

图 2.29　四级 OTA 的瞬态响应

2.3　CMOS 可变增益放大器

可变增益放大器的研究一直是 CMOS 模拟前端设计领域的重要课题之一，该电路对信号提供合适的放大倍数进而调节信号动态范围。本节将首先列举介绍可变增益放大器(variable gain amplifier，VGA)的常见结构及其工作原理。然后介绍自动增益控制(auto gain control, AGC)环路的基础知识，说明 AGC 环路恒定稳定时间的要求与 VGA 的指数增益控制特性之间的关系。

2.3.1　VGA 常见结构和工作原理

增益的可变性是 VGA 的特点，通过采取一系列改变增益的措施，可以在普通的开环和闭环放大器的基础上实现不同形式的 VGA。在闭环放大器中[12,13]，增益可以通过改变反馈系数来调节；开环放大器的增益一般可表示为等效跨导与输出电阻的乘积，即 $A_V= -G_m R_{out}$，因此可通过调节跨导或输出电阻来改变增益。

1. 闭环结构的 VGA

图 2.30 所示为一个基于电阻负反馈的闭环 VGA，若运算放大器是理想的，则其增益可表示为

$$A_V = -\frac{R_f}{R_{in}} \tag{2-114}$$

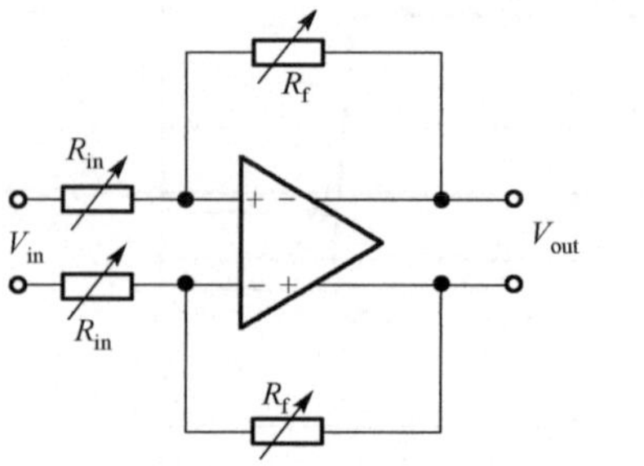

图 2.30　基于电阻负反馈的闭环 VGA

显然，调节电阻 R_f 和 R_{in} 可以改变 VGA 的增益。但是一方面输入、输出节点的极点会受反馈电阻 R_f 变化的影响，进而造成放大器带宽的变化；另一方面变化的输入电阻 R_{in} 会对前级电路造成变化的负载效应，这就需要增加缓冲电路来隔离前级电路。相比于开环结构，采用负反馈形式的闭环结构 VGA 有更好的稳定性，其增益为反馈电阻 R_f 与输入电阻 R_{in} 之比，与运算放大器本身关系不大，因此能达到较高精度，同时负反馈还具有线性度高、信号动态范围大等优点。但此种结构的 VGA 要求运算放大器具有低噪声、低失真、大带宽、高增益等特点，容易造成电路设计复杂化，功耗相对较高。若想实现更小的增益步长，则需要大量的电阻，这样不仅大大增加了芯片面积，也要求电阻具有较高的精度。

2. 基于负载可变的 VGA

改变开环结构 VGA 增益的一种方法就是改变输出电阻，即改变其负载以实现增益变化。见图 2.31，电路结构是一种常见的改变负载的方法。二极管连接的 M_3 和 M_4 作为电路的负载，其电阻为 $1/g_{m3,4}$。跨导 $g_{m3,4}$ 可通过调节尾电流来调节，进而改变负载电阻的大小，从而改变增益。VGA 的增益可表示如下：

$$A_V = -\frac{g_{m1,2}}{g_{m3,4}} = -\sqrt{\frac{(W/L)_{1,2} I_a}{(W/L)_{3,4} I_b}} \tag{2-115}$$

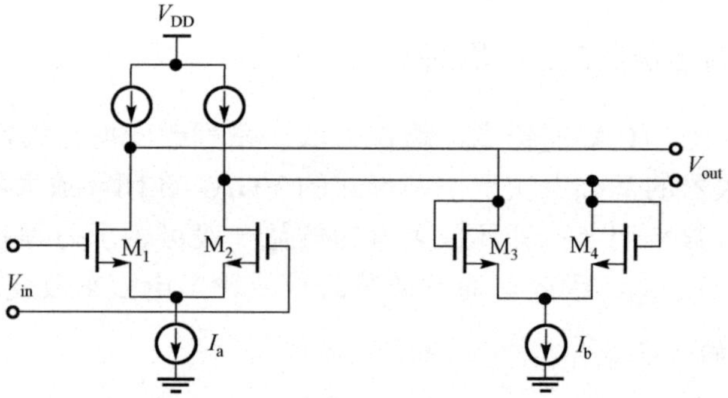

图 2.31　基于二极管连接负载可变的 VGA

从式(2-115)可以看出，若想实现更大的增益动态范围，可同时向相反方向变化 I_a 和 I_b，进而对增益进行控制。

3. 基于跨导可变的 VGA

改变等效输入跨导 G_m 是改变开环结构 VGA 增益的另一种方法，根据调节方式的不同，电路结构分为不同类型。第一种 VGA 的输入跨导随着尾电流的变化而变化，如图 2.32(a)所示。根据 $g_m = \sqrt{2\mu_n C_{ox}\dfrac{W}{L}I_D} = \sqrt{I_D C_{ox}\dfrac{W}{L}I_{SS}}$ 可知，放大器的输入跨导正比于偏置电流的平方根，因此输入对 M_1、M_2 的跨导可通过尾电流源 I_{SS} 调节。但这种 VGA 的不足之处在于线性工作范围和增益变化范围均较小。

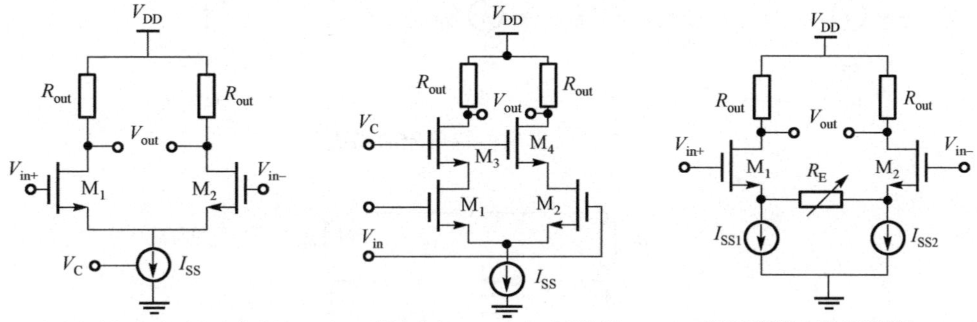

(a) 通过改变尾电流源来改变跨导　(b) 通过改变M_3、M_4来改变跨导　(c) 基于源简并电阻负反馈的VGA

图 2.32　开环可变增益放大器

第二种 VGA 采用了共源共栅差分对结构，如图 2.32(b)所示。控制电压 V_C 控制共栅管 M_3、M_4，进而通过调整 M_1、M_2 工作在饱和区或深线性区来改变跨导，但该结构的 VGA 增益难以精确控制，增益控制范围受限。

第三种 VGA 的跨导通过加入源简并电阻来改变，如图 2.32(c)所示，其等效跨导为

$$G_m = \frac{1}{1/g_m + R_S} \tag{2-116}$$

VGA 的增益为

$$A_V = -\frac{R_D}{1/g_m + R_S} \tag{2-117}$$

输入管的跨导 g_m 越大，增益越趋向 R_D/R_S。源简并电阻技术可以改善 VGA 的线性度，但代价是跨导的降低和较小的增益变化范围。

第四种 VGA 基于吉尔伯特(Gilbert)单元，按图 2.33(c)的方式将图 2.33(a)和(b)两个输出互为反相的差分对组合起来，就构成了图 2.34 中的吉尔伯特单元。

VGA 的增益推导过程为

$$G_m = g_{m1,2} - g_{m3,4} = \sqrt{\beta}(\sqrt{I_{D5}} - \sqrt{I_{D6}}) \tag{2-118}$$

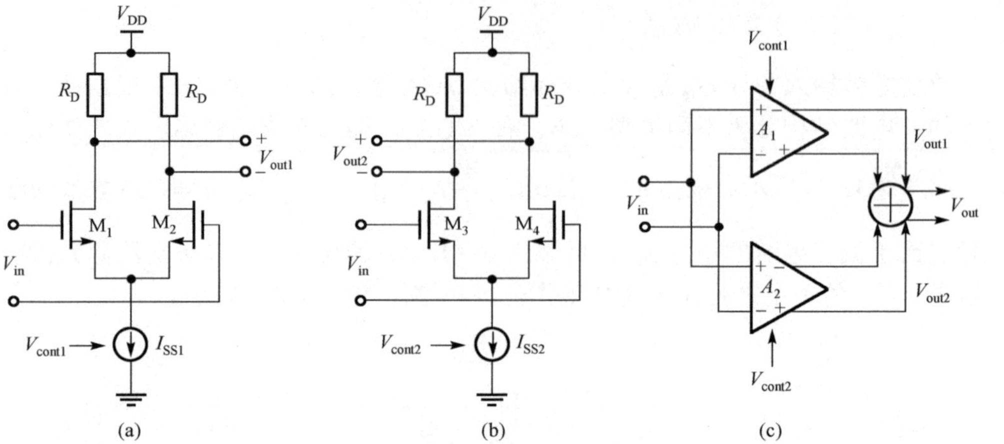

图 2.33　吉尔伯特单元的构成

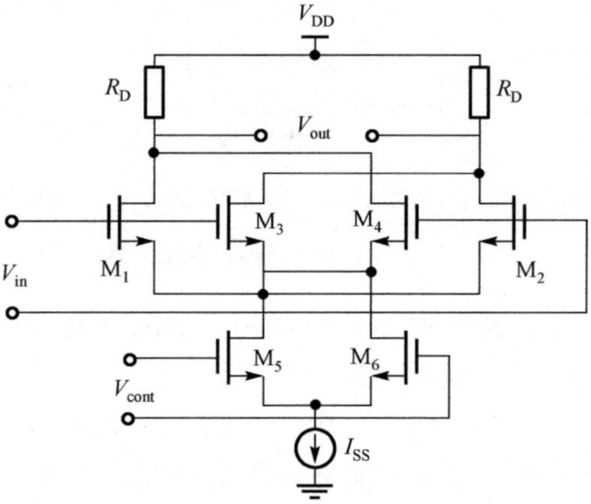

图 2.34　基于吉尔伯特单元的 VGA

$$\sqrt{I_{D5}}-\sqrt{I_{D6}}=\sqrt{\frac{1}{2}\beta'(V_{GS5}-V_{TH})^2}-\sqrt{\frac{1}{2}\beta'(V_{GS6}-V_{TH})^2}=\sqrt{\frac{1}{2}\beta'}V_{cont} \tag{2-119}$$

联立式(2-118)和式(2-119)得

$$G_m=\sqrt{\frac{1}{2}\beta\beta' V_{cont}} \tag{2-120}$$

其中，$\beta=\mu_n C_{ox}(W/L)_{1\sim4}$，$\beta'=\mu_n C_{ox}(W/L)_{5,6}$ ①。可以得到 VGA 增益表达式为

$$A_V=-\sqrt{\frac{1}{2}\beta\beta'}R_D V_{cont} \tag{2-121}$$

显然，增益与控制电压 V_{cont} 呈线性关系。

---

① 下标 1～4 表示 $(W/L)_1$～$(W/L)_4$，下标 5，6 表示 $(W/L)_5$，$(W/L)_6$。

2.3.2 基于 CMOS 工艺的指数函数实现方法

为了满足 AGC 环路恒定稳定时间的要求，即环路建立时间与输入信号的大小无关，可变增益放大器 VGA 的增益需满足 dB 线性或指数控制规律。由于 CMOS 工艺中没有本征指数特性的器件，因此需要构造专门的指数函数来实现增益 dB 线性变化的 VGA 电路。

CMOS 工艺下实现指数函数主要有以下三种技术，其在各类 VGA 中得到广泛应用。

1. 寄生双极型晶体管技术

双极型晶体管又称为三极管，当集电结反偏、发射结正偏时，晶体管工作在放大状态，其电流方程为

$$i_{\mathrm{E}} = I_{\mathrm{S}} \mathrm{e}^{\frac{u_{\mathrm{BE}}}{U_{\mathrm{T}}}} \tag{2-122}$$

其中，i_E 为晶体管发射极电流；I_S 为反向饱和电流，与半导体材料、温度和制造工艺等因素有关。$U_T=kT/q$ 称为热电压(在室温 27℃即 300K 时，U_T=26mV)。标准 CMOS 工艺能够制造纵向和横向的双极型晶体管，因此可以利用其电流与电压的指数关系，构造出具有指数规律的增益控制特性。利用寄生 PNP 三极管，实现控制电压与输出电流的指数关系，电路的指数特性不依赖于温度和工艺参数。

但该技术会受到晶体管电流放大倍数 β_F、截止频率 f_T 等因素的限制，无法同 BiCMOS/Bipolar 工艺相比较。

2. 弱反型区的 MOS 管技术

在分析 MOSFET 时，我们一直假设：当栅源电压 V_{GS} 下降到低于阈值电压 V_{TH} 时，器件会突然关断。实际上，当 $V_{GS}\approx V_{TH}$ 时，硅表面会产生一个“弱”的反型层，并有一些漏电流 I_D，甚至当 $V_{GS}<V_{TH}$ 时，I_D 也并非无限小，而是与 V_{GS} 呈现指数关系，这种效应称为“亚阈值导电”，此时器件工作在亚阈值区(sub-threshold)或弱反型区(weak-inversion)。当漏源电压 V_{DS} 超过几个 V_{TH} 时，这一效应可用公式表示为

$$I_{\mathrm{D}} = I_0 \exp\left(\frac{V_{\mathrm{GS}}}{\zeta V_{\mathrm{T}}}\right) \tag{2-123}$$

其中，非理想因子 $\zeta>1$，热电势 $V_T=kT/q$，常温下为 26mV。除了 ζ，式(2-123)类似于双极型晶体管的指数关系。指数函数的产生电路可利用工作在弱反型区的 MOS 管来实现，通过主从控制技术得到控制电压与输出电流的指数关系，但这种晶体管由于特征频率相对较低，大大限制了其应用范围。

3. CMOS 伪指数函数

寄生双极型和弱反型区 MOS 管技术均能实现增益 dB 线性变化的电路，但由于输出信号范围的限制和稳定性的欠缺，上述两种技术在 CMOS 工艺中并没有得到普遍应用。目前更主流的方法是在饱和区 MOS 管平方律特性的基础上，利用泰勒(Taylor)级数近似或有理式近似，实现 VGA 的指数功能。

在 x=0 处，指数函数 e^{2ax} 的泰勒级数展开如下：

$$\begin{aligned}\mathrm{e}^{2ax} &= 1+\frac{2a}{1!}x+\frac{(2a)^2}{2!}x^2+\cdots+\frac{(2a)^n}{n!}x^n+\cdots \\ &\approx 1+\frac{2a}{1!}x+\frac{(2a)^2}{2!}x^2 \\ &= \frac{1}{2}[1+(1+2ax)^2]\end{aligned} \tag{2-124}$$

同理，指数函数 e^{2ax} 的有理式近似可表示为

$$\mathrm{e}^{2ax} \approx \frac{1+ax}{1-ax} \tag{2-125}$$

当 $|2ax| \ll 1$ 时，式(2-123)、式(2-125)成立，其中包括独立变量 x 和常数 a。如图 2.35 所示，式(2-124)、式(2-125)分别对应图中的短虚线和长虚线，此时 a=0.1。容易看出，式(2-124)提供了一个 12dB 的线性增益范围，式(2-125)提供了一个 15dB 的线性增益范围，同时它们的线性误差的绝对值均小于 0.5dB。由于具备更大的线性增益范围，有理式近似相对于泰勒级数近似得到了更广泛的应用。

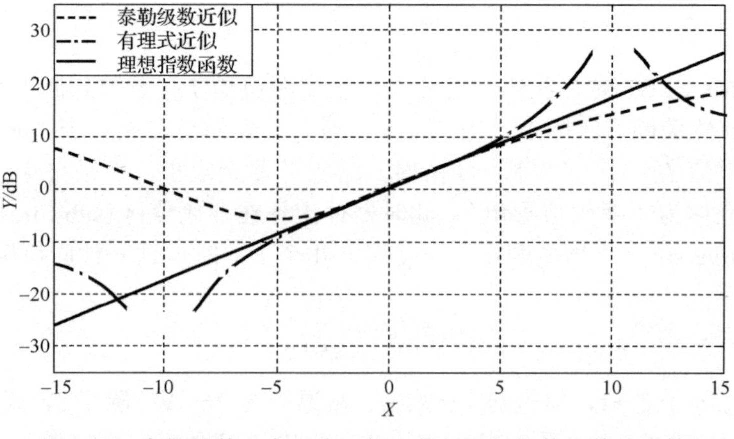

图 2.35　泰勒级数、有理式近似函数与理想指数函数的比较

最近研究者提出了一种新的指数近似函数，相比于式(2-125)能提供更大的线性增益范围，其表达式如下：

$$e^{2ax}=\frac{k+(1+ax)^2}{k+(1-ax)^2} \tag{2-126}$$

其中，k 为一个常数。当 k 小于 1 时，式(2-124)的线性增益范围大大拓展，且当 k=0.12 时达到最大值。见图 2.36，可以看出，当 k=0.12 时，线性增益范围超过 60dB，增益误差小于 ±0.5dB，与式(2-122)、式(2-123)相比有了较大的改善。

工作在饱和区的长沟道 MOS 管，其电流与电压为平方律关系，且式(2-124)中分子、分母均为独立变量 x 的二次函数，所以该指数近似函数能很容易地在 CMOS 工艺中实现。采用该指数近似函数的 VGA 可在单级实现更大的线性增益范围，同时减少功耗和芯片面积。

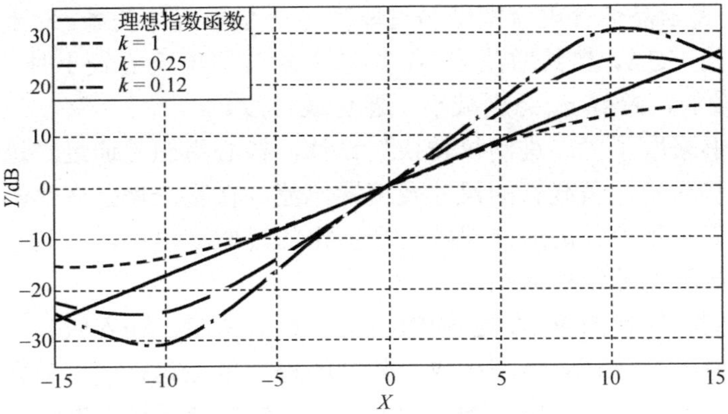

图 2.36　不同 k 值下的曲线图

2.3.3　二进制权重可配置可编程增益放大器

按照增益变化方式的不同，可变增益放大器可分为增益连续变化型 VGA 和增益步进变化型 VGA。前者的控制信号是模拟信号，后者的控制信号是数字信号，增益是离散的，也称为可编程增益放大器(programmable gain amplifier，PGA)。虽然 VGA 增益连续可变，但为了实现指数增益特性，需要专门构造一个外加控制电路。相比之下，PGA 可以简化相应的控制电压转换电路，且增益步长(gain step)调节简单，因此本节最后一部分以二进制可配置可编程增益放大器作为例子进行分析介绍。

这里设计的 PGA 指标要求是：40dB 的线性增益动态范围，增益误差<1dB，3dB 带宽>40MHz，此外 PGA 的线性度应尽可能高，噪声和功耗应尽可能小。

2.3.2 节中提到的基于二极管连接的负载可变的 VGA，其增益可通过调节尾电流来变化。容易得到，工作在饱和区的长沟道晶体管，其漏电流 I_D 与栅源电压 V_{GS} 呈平方律关系，以 NOMS 为例，表达式如下：

$$I_{\mathrm{D}} = \frac{1}{2}\mu_{\mathrm{n}} C_{\mathrm{ox}} \frac{W}{L}(V_{\mathrm{GS}} - V_{\mathrm{TH}})^2 \tag{2-127}$$

若器件尺寸，即宽长比 W/L 不变，过驱动电压 $V_{\mathrm{GS}}-V_{\mathrm{TH}}$ 随着电流 I_D 的变化而变化。电流密度 I_{density} 的定义为

$$I_{\mathrm{density}} = \frac{I_{\mathrm{D}}}{W/L} \tag{2-128}$$

将式(2-127)、式(2-128)联立可得

$$I_{\mathrm{density}} = \frac{1}{2}\mu_{\mathrm{n}}(V_{\mathrm{GS}} - V_{\mathrm{TH}})^2 \tag{2-129}$$

式(2-129)表示晶体管电流密度与过驱动电压呈平方律关系。对于基于二极管连接的负载可变的VGA，当其增益较小，即输入对管尾电流 I_{a} 较小时，输入对管的电流密度 I_{density} 较低，跨导 g_{m} 急剧减小，恶化线性度。

因此，本书采取了“二进制权转换”设计，核心思想是通过二进制权晶体管阵列，同时改变输入管、负载管的尺寸及偏置电流。在整个增益变化范围内，晶体管的电流密度可保持不变，因此能保持一个恒定的过驱动电压，有利于克服因晶体管电流密度变化导致的非线性问题。

基于二进制权转换的 PGA 主体电路如图 2.37 所示。输入级和二极管连接的负载均由一个并联的晶体管对阵列构成，阵列的每个单元包括一个晶体管对、一个尾电流源和一个选择开关，其中倍增系数 k 的单元始终导通接入电路。

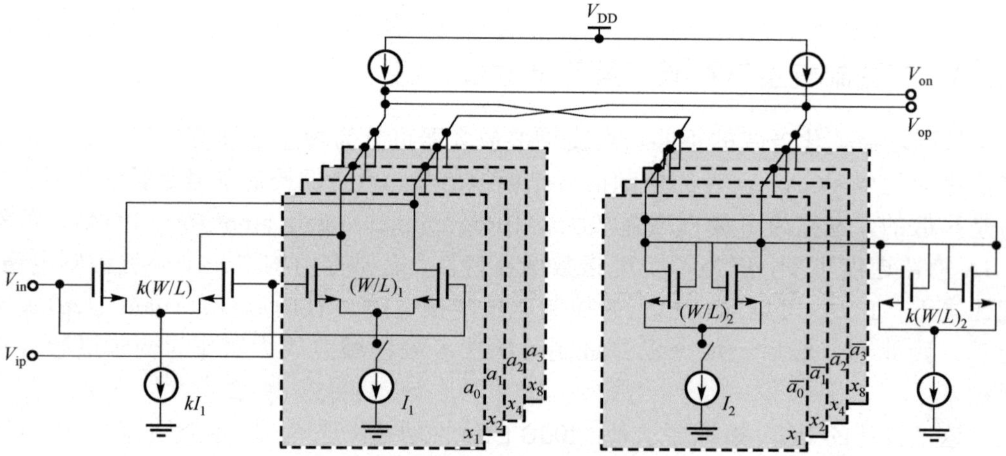

图 2.37　基于二进制权转换的 PGA

其他倍增系数为 $i\,(i$=1, 2, 4, 8$)$ 的单元，因为开关的数字控制信号互为反相，所以输入/负载两个阵列中倍增系数相同的单元无法同时选通或关断。因此，通过改变

数字信号(a_0, a_1, …)，输入和负载的跨导 g_m 向相反方向变化，可表示为

$$g_{\text{m-input}} = \sqrt{\mu_n C_{ox} (W/L)_1 I_1} \times (2^0 a_0 + 2^1 a_1 + 2^2 a_2 + 2^3 a_3 + k) \tag{2-130}$$

$$g_{\text{m-load}} = \sqrt{\mu_n C_{ox} (W/L)_2 I_2} \times (2^0 \overline{a_0} + 2^1 \overline{a_1} + 2^2 \overline{a_2} + 2^3 \overline{a_3} + k) \tag{2-131}$$

以上两式联立可得 PGA 的增益为

$$\begin{aligned} A_V &= \frac{g_{\text{m-input}}}{g_{\text{m-load}}} \\ &= \beta \frac{2^0 a_0 + 2^1 a_1 + 2^2 a_2 + 2^3 a_3 + k}{2^0 \overline{a_0} + 2^1 \overline{a_1} + 2^2 \overline{a_2} + 2^3 \overline{a_3} + k} \\ &= \beta \frac{x+k}{2^4 - 1 - x + k} \end{aligned} \tag{2-132}$$

其中，数字控制字 $x=2^0a_0+2^1a_1+2^2a_2+2^3a_3$，$\beta = \sqrt{(W/L)_1 I_1} \Big/ \sqrt{(W/L)_2 I_2}$ 为一个常数。设 $t=(x-7.5)/(k+7.5)$，当 x 从 0($a_0a_1a_2a_3$=0000)变化到 15($a_0a_1a_2a_3$=1111)，PGA 的增益呈平方伪指数函数关系：

$$A_V = \beta \frac{1+t}{1-t} \approx \beta e^{2t} \tag{2-134}$$

不同于通过调节尾电流 I_1/I_2 实现了增益 $e^t=[(1+t)/(1-t)]^{1/2}$，与之相比，在相同变化范围内，式(2-134)的增益动态范围扩大了一倍。

当 β=1 时，对于不同的 k(k=3,5,7,10)，式(2-134)中增益 A_V 随控制字 x 的变化关系如图 2.38 所示。显然，增益的 dB 线性范围与 k 有关，k 越小，增益动态范围越大，但增益误差也越大，如表 2.3 所示。当 k=3 时，增益动态范围可达 31dB，增益误差小于 ± 0.85dB。

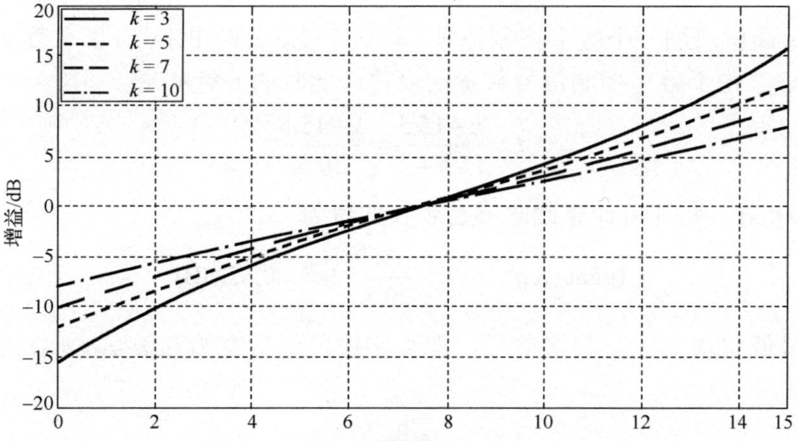

图 2.38　不同 k 值下增益与控制字的关系

表 2.3　不同 k 值下的增益范围和增益误差

k	增益范围/dB	增益误差/dB
3	31	< ±0.85
5	24	< ±0.45
7	20	< ±0.25
10	16	< ±0.25

调节 β 的值能使 PGA 的增益上下浮动。二进制权转换设计的另一个优势是增益步长调节简单。为了将增益步长减半，有的增益控制技术需要将开关的数量加倍，这不仅增加了电路实现的复杂度，而且数量众多的开关所引入的寄生效应会使得系统的性能退化。采用本节所提的转换技术，通过在输入/负载阵列中加入一个或多个相同倍增系数的单元及相同数量的数字控制信号，很容易减小 PGA 的增益步长，且 PGA 的性能不会受到影响。

不妨设 PGA 有 4 个数字控制信号 $(a_0a_1a_2a_3)$，k=5，则增益步长的计算如下：

$$\begin{aligned}\text{gain step} &= A_{\text{V1}} - A_{\text{V2}} = 20\lg(\beta e^{2t_1} - \beta e^{2t_2}) \\ &= 20\lg\frac{e^{2t_1}}{e^{2t_2}} = 40(t_1 - t_2)\lg e\end{aligned} \tag{2-135}$$

其中，$t_1=(x_1-7.5)/12.5$，$t_2=(x_2-7.5)/12.5$，所以

$$t_1 - t_2 = \frac{1}{12.5} \tag{2-136}$$

将式(2-135)代入式(2-136)，可得此时增益步长的值为

$$\text{gain step} = 40\times\frac{1}{12.5}\times\lg e \approx 1.39(\text{dB}) \tag{2-137}$$

若在最高位增加一个数字控制信号，其他不变，此时 PGA 有 5 个数字控制信号 $(a_4a_3a_2a_1a_0)$。由于数字控制信号数量的变化，此时的 t 变为

$$t = \frac{x-15.5}{15.5+5} = \frac{x-15.5}{20.5} \tag{2-138}$$

其中，$0\leqslant x\leqslant 31$。同理可计算此时增益步长的值为

$$(\text{gain step})_1 = 40\times\frac{1}{20.5}\times\lg e \approx 0.85(\text{dB}) \tag{2-139}$$

若在最低位增加一个数字信号，即数字控制信号变为 $(a_3a_2a_1a_0a_{-1})$，此时增益步长的值为

$$(\text{gain step})_2 = 40\times\frac{0.75}{12.75}\times\lg e \approx 1.02(\text{dB}) \tag{2-140}$$

不难看出，为了将增益步长减少一半，该 PGA 需增加 1 位控制字及相应的单元即可实现。

2.3.4　自动增益控制环路基础

VGA 作为 AGC 环路的重要组成部分，VGA 的设计性能决定了 AGC 的灵敏度和稳定性，因此有必要了解 AGC 的工作原理和基本结构。

当输入的信号幅度变化很大时，AGC 可随信号的强弱自动调整增益，使输出信号幅度保持恒定或变化范围很小，避免信号被噪声淹没或系统发生过载或饱和，从而减小对下一级电路动态范围的要求。AGC 系统广泛应用在广播电视、雷达系统和光纤通信、移动通信、卫星通信等通信系统中。AGC 环路的典型结构如图 2.39 所示，主要组成部分是 VGA、检测器(detector)、误差积分器(error integrator)或环路滤波器(loop filter)。

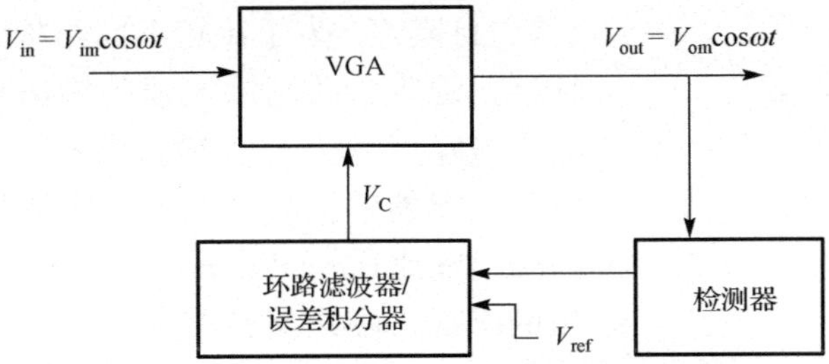

图 2.39　AGC 环路典型结构

输出信号的大小被检测器检测，检测器的输出与参考电压 V_{ref} 作比较后输入环路滤波器，环路滤波器产生控制信号 V_C 控制 VGA 的增益。当输出信号变小时，检测器的输出电平变小，导致控制信号 V_C 变大，使得 VGA 的增益升高，输出信号也因此变大，当输出信号增加到和参考电压 V_{ref} 相同时，AGC 环路达到稳定状态，反之亦然。控制信号 V_C 在环路稳定时保持不变，VGA 的增益也因此保持恒定。

2.4　CMOS 跨阻放大器理论与电路

2.4.1　跨阻放大器基本原理

根据输入、输出信号是电压信号还是电流信号，放大器分为四种基本类型，即电压放大器、电流放大器、跨导放大器和跨阻放大器。其中跨阻放大器的功能是将输入电流信号转换为输出电压信号，典型应用于光接收器前端。尽管为了能够提高跨阻放大器带宽、降低噪声，传统的跨阻放大器常采用双极、BiCMOS 甚至锗硅工艺设计，然而，CMOS 工艺技术随着成本降低、特征尺寸的缩小、速度的提高，跨阻放大器采用 CMOS 工艺技术设计成为一种趋势，本节将主要关注 CMOS 跨阻放大器设计。

在光接收器中，光电检测器件主要用于将光信号转换为电流信号，然后跨阻放大器将其电流信号转换为电压信号。为了能够将电流信号转换为电压信号，最简单的电路结构如图 2.40 所示。输出电压可简单计算得到

$$V_{out} = I_D R_T \tag{2-141}$$

如图 2.40 所示，尽管电路结构简单，但电阻 R_T 和光电检测器寄生电容 C_D 恶化了带宽，限制了其应用范围。

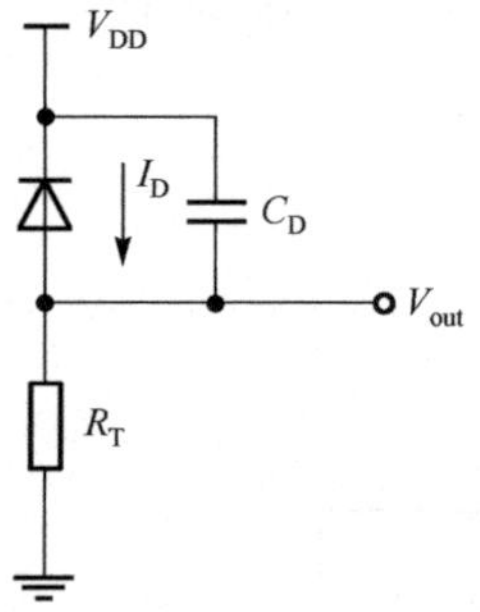

图 2.40　电阻将光电流转换为电压

跨阻放大器的主要参数包括噪声、带宽、增益、输出阻抗等。为了方便后续电路分析，下面对这些主要参数进行简要介绍。

(1) 噪声。为了比较不同结构跨阻放大器的噪声性能，通常将跨阻放大器的输出噪声等效为输入端的参考噪声电流 $I_{n,in}$。输入参考噪声电流不仅决定跨阻放大器能够检测到的最小电流信号，而且影响电路的信噪比(singal to noise ratio, SNR)。随着电源电压的降低，噪声问题将变得更加严重，并为电路的设计和优化带来挑战。

(2) 带宽。为了保证输入信号的波形不失真，跨阻放大器的带宽越大越好，然而，带宽越大，更多的噪声也会进入放大器，因此更宽的带宽对放大器的噪声抑制是不利的，为了减小输出噪声，常常要求其带宽较小。通常，跨阻放大器为了在带宽和噪声之间取得平衡，对于脉冲电流信号，放大器带宽(bandwith, BW)与脉冲上升时间 t_r 满足如下关系：

$$BW = \frac{0.35}{t_r} \tag{2-142}$$

(3) 增益。跨阻放大器的增益必须足够大，以便将微弱电流信号放大到足够大的电压幅度，使后级电路对信号进行处理时具有更大的 SNR。跨阻增益定义为

$$Z_T = \frac{\Delta u_O}{\Delta i_I} \tag{2-143}$$

跨阻增益的单位为欧姆(Ω)。

(4) 输出阻抗。跨阻放大器作为一个独立的电路单元，通常需要与后级电路进行电气连接，由于高速电路中常采用 50Ω 或者 75Ω 的传输线进行通信连接，跨阻放大器的输出端需集成具有 50Ω 或者 75Ω 负载驱动能力的缓冲器。然而，这会导致增益、

功率消耗、带宽之间的权衡难题。因此在一些应用中，跨阻放大器常与其他功能电路集成在一块芯片上，避免各级电路之间专门设计具有大驱动能力的电路。

2.4.2　前端跨阻放大器

前端跨阻放大器主要用于将输入电流信号放大，并转换为电压信号。由于前端跨阻放大器处于跨阻放大器的最前端，直接影响跨阻放大器的输出噪声和带宽。因此前端跨阻放大器的带宽和噪声性能是关注的重点，目前常用的前端跨阻放大器，从结构上主要分为开环放大器和闭环放大器。本节将对常见的前端跨阻放大器进行详细分析。

1. 开环放大器

考虑到光电检测器存在的固有寄生电容，可以通过减小跨阻放大器的输入阻抗来增大带宽。对于 CMOS 电路设计来讲，三种基本的放大电路中，共栅极放大电路的输入电阻最小，因此，在开环跨阻放大器中，常常以共栅极放大电路作为最基本的电路结构进行分析。采用共栅极放大电路作为跨阻放大器的电路结构如图 2.41 所示。

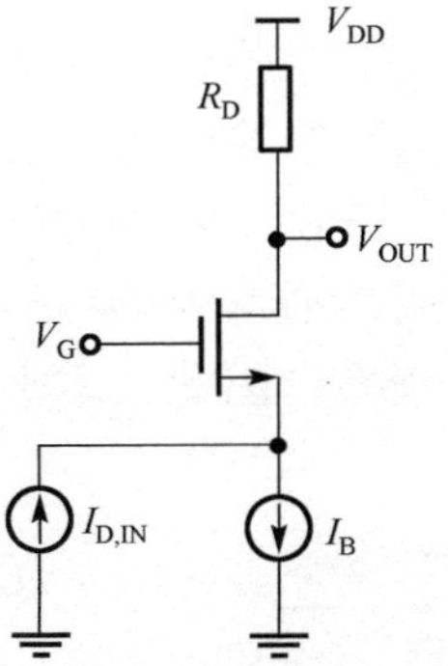

(a) 电路图原理图

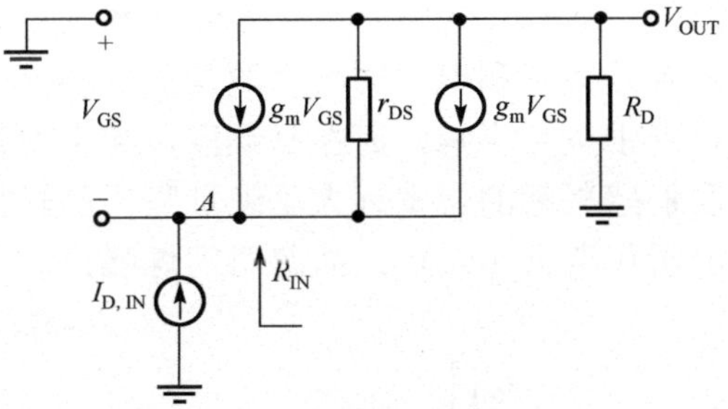

(b) 小信号等效电路模型

图 2.41　共栅极放大电路

为了简化下述分析，我们对图 2.41(a)中的电路作如下假设：偏置电流源 I_B 理想，利用电流源 $I_{D,IN}$ 代替光电检测器，首先对共栅极放大电路的低频参数进行分析。图 2.41(b)给出图 2.41(a)共栅极放大电路小信号等效电路模型。由于 I_B 为恒流源，故光电检测器电流 $I_{D,IN}$ 的变化全部会在电阻 R_D 上产生相应的变化电压，跨阻增益为

$$Z_T = R_D \tag{2-144}$$

由图 2.41 的小信号等效模型，容易求得共栅极放大电路的输入电阻，输入电阻定义为

$$R_{\text{IN}} = \frac{-V_{\text{GS}}}{I_{\text{D,IN}}} \tag{2-145}$$

在图 2.42 的电路中节点 A，利用 KCL 可以得到

$$I_{\text{D,IN}} + (g_{\text{m}} + g_{\text{mb}})V_{\text{GS}} + \frac{V_{\text{OUT}} + V_{\text{GS}}}{r_{\text{DS}}} = 0 \tag{2-146}$$

其中，r_{DS} 是沟道电阻，$V_{\text{OUT}}=I_{\text{D,IN}}R_{\text{D}}$，联立方程可以求得

$$R_{\text{IN}} = \frac{R_{\text{D}} + r_{\text{DS}}}{1 + (g_{\text{m}} + g_{\text{mb}})r_{\text{DS}}} \tag{2-147}$$

考虑到一般情况下，$(g_{\text{m}} + g_{\text{mb}})r_{\text{DS}} \gg 1$，故式(2-147)可简化为

$$R_{\text{IN}} = \frac{1}{g_{\text{m}} + g_{\text{mb}}} + \frac{R_{\text{D}}}{(g_{\text{m}} + g_{\text{mb}})r_{\text{DS}}} \tag{2-148}$$

从式(2-148)可以看到，第二项由于沟道电阻 r_{DS} 有限，实际上增大了输入阻抗，为了能够减小输入阻抗，需要使用长沟道器件，然而长沟道器件将导致输入端的寄生电容增加，影响共栅极放大电路的高频特性。

为了分析共栅极放大电路的低频噪声性能，图 2.41 电路中电流源需要使用实际晶体管电路代替，见图 2.42(a)。把输入端电流信号置零，包括噪声源的电路模型如图 2.42(b)所示。为了简化分析，在分析共栅极放大电路的输出噪声之前，作如下假设：首先，各晶体管和电阻的噪声源是相互独立的；其次，考虑到闪烁噪声主要在低频范围内产生重要影响，而在高频段，起主要作用的通常为热噪声。在光接收器应用中，我们感兴趣的带宽远大于闪烁噪声的转折频率，因此，本小节对跨阻放大器的噪声分析仅考虑热噪声，而忽略闪烁噪声。

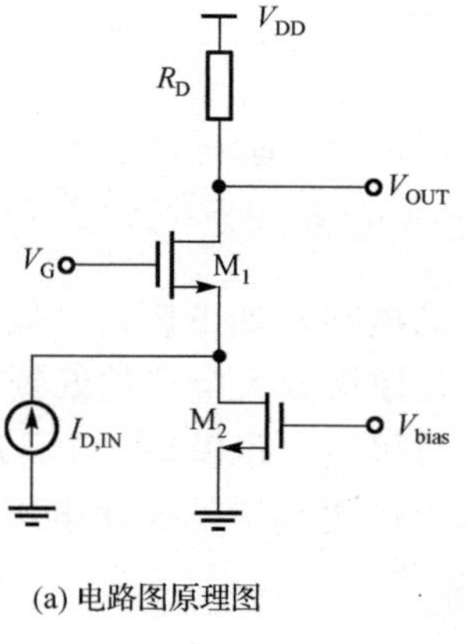

(a) 电路图原理图

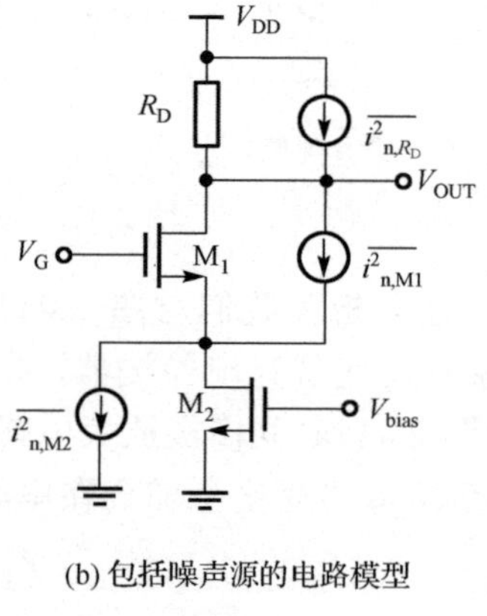

(b) 包括噪声源的电路模型

图 2.42 共栅极放大电路具体电路

在图 2.42 中，噪声源有三个，根据前面的分析，三个噪声源相互独立，为了获

得电路输出噪声电压，可以分别计算出每一个噪声源对输出端的贡献。然而，各个噪声源对输出的贡献是不相等的，特别是 M_1 的噪声对输出端的贡献可以忽略不计，原因在于从 M_1 的漏极看进去，其输入电阻为无穷大，因此，噪声电流 $\overline{i_{n,R_D}^2}$ 全部都流过 R_D，产生输出噪声电压为 $\overline{i_{n,R_D}^2}R_D^2$；其次，噪声源 $\overline{i_{n,M_2}^2}$ 流过 R_D，产生输出噪声电压为 $\overline{i_{n,M_2}^2}R_D^2$；因此，可以得到共栅极电路的输出噪声为

$$\overline{V_{n,OUT}^2} = 4kT\left(\frac{1}{R_D} + \gamma g_{m2}\right)R_D^2 \tag{2-149}$$

$$\overline{V_{n,OUT}^2} = \left(\overline{i_{n,R_D}^2} + \overline{i_{n,M_2}^2}\right)R_D^2 \tag{2-150}$$

两边除以跨阻增益即可得输入端参考电流为

$$\overline{i_{n,in}^2} = 4kT\left(\frac{1}{R_D} + \gamma g_{m2}\right) \tag{2-151}$$

$$\overline{i_{n,in}^2} = \overline{i_{n,R_D}^2} + \overline{i_{n,M_2}^2} \tag{2-152}$$

式(2-151)的结果说明，共栅极放大电路的等效输入参考噪声电流直接等于负载电阻 R_D 的热噪声和 M_2 沟道的噪声之和，因此，共栅极放大电路的噪声难以降低，这也限制了共栅极放大电路在低噪声电路中的应用。

为了获得共栅极放大电路的频率特性，下面将分析共栅极放大电路的高频性能。图 2.43 给出共栅极放大电路的高频分析电路图，其中在输入端使用 C_{in} 表示节点 A 的总寄生电容，包括 M_1 的源级寄生电容 C_{S,M_1}，M_2 的漏极寄生电容 C_{D,M_2} 以及光电检测器件的寄生电容 C_D。同时 C_{OUT} 包括 M_1 的漏极电容 C_{D,M_1} 和输出端负载电容 C_L。而 A 点到地的阻抗可以近似为 $1/(g_{m,M_1} + g_{mb,M_1})$，因此，共栅极放大器高频跨阻增益可以推导为

$$Z_{TIA} = \frac{V_{OUT}}{I_{IN}}(s) \tag{2-153}$$

$$= (g_{m,M_1} + g_{mb,M_1})\left(\frac{1}{sC_{in}} /\!/ \frac{1}{g_{m,M_1} + g_{mb,M_1}}\right)\left(R_D /\!/ \frac{1}{sC_{OUT}}\right) \tag{2-154}$$

$$= \frac{R_D}{\left(1 + \dfrac{sC_{in}}{g_{m,M_1} + g_{mb,M_1}}\right)(1 + sR_D C_{OUT})} \tag{2-155}$$

根据跨阻增益表达式可以得到放大器存在两个极点，即输入电容 C_{in} 与节点 A 的等效阻抗 $1/(g_{m,M_1} + g_{mb,M_1})$ 所决定的极点，以及输出端电容 C_{OUT} 和输出阻抗所决

定的极点。通常情况下，输入端电容主要由光电检测器的寄生电容决定，并且比较大(0.1～2.0pF)，因此，主极点由$(g_{m,M_1}+g_{mb,M_1})/C_{in}$决定。为了能够增加放大器的带宽，通常可增加偏置电流或者M_1的尺寸来增加M_1的跨导，以及采用长沟道器件来减小M_1的背栅效应。然而，上述方法将导致电路消耗更多功耗、输入端寄生电容增加、电阻消耗更多的电压裕度。因此，在电源电压越来越低的CMOS工艺中，共栅极放大电路要想在低功耗条件下获得更高的带宽，电路设计的挑战也越来越大。

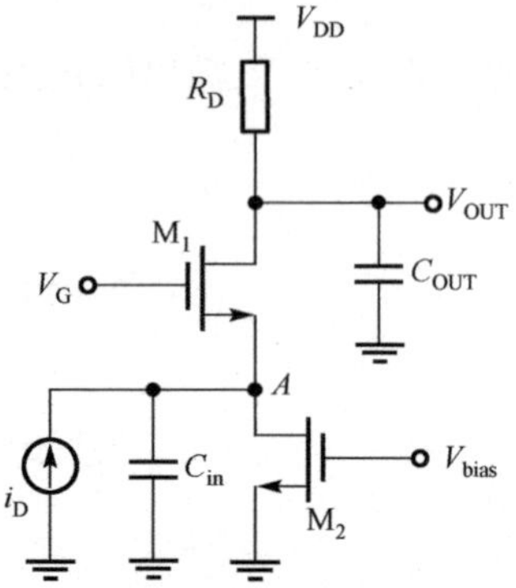

图 2.43　共栅极放大电路

为了获得图 2.43 的高频噪声性能，下面给出电路的高频噪声分析，图 2.44 给出图 2.43 的高频噪声模型。由于M_2的噪声电流与输入端是并联关系，可以直接和输入端电流噪声相加，在计算输出噪声时，可以先不考虑M_1的噪声电流。因此，输出噪声电压为

$$V_{n,OUT}=\frac{-sR_DC_{in}I_{n,M_1}}{(sC_{in}+g_{m,M_1}+g_{mb,M_1})(1+sC_{OUT}R_D)}+\frac{R_DI_{n,R_D}}{1+sC_{OUT}R_D} \tag{2-156}$$

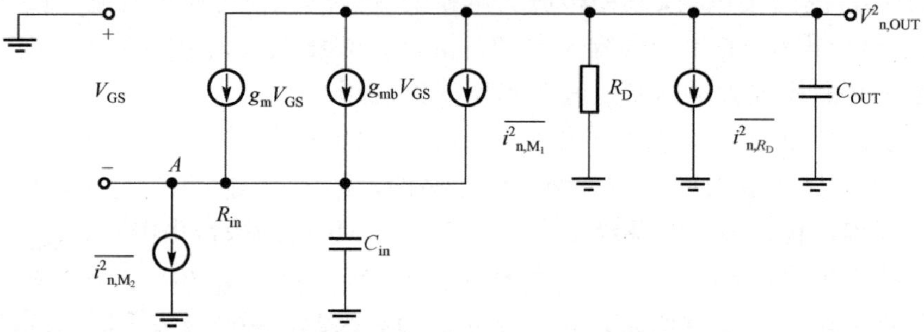

图 2.44　共栅极放大电路高频噪声模型

等号两端同时除以式(2-155)得到的跨阻增益，可得输入端等效参考噪声电流为

$$I_{n,in}=-\frac{sC_{in}}{g_{m,M_1}+g_{mb,M_1}}I_{n,M_1}+\left(1+\frac{sC_{in}}{g_{m,M_1}+g_{mb,M_1}}\right)I_{n,R_D} \tag{2-157}$$

从式(2-157)可以获得两方面的信息：首先，M_1的噪声电流对输入噪声电流的贡献随频率的增加而变得显著；其次，R_D贡献到输入端的噪声电流也随频率的增加而增加，其本质原因在于频率增加后放大器的跨阻增益快速降低。

2. 反馈型结构跨阻放大器

图 2.45 给出了跨阻放大器前端采用反馈型电路结构的电路图，光电检测器连接

到反相放大器的输入端，反馈电阻 R_F 跨接于反相放大器的输入和输出端，组成电压并联负反馈。光电流通过反馈电阻转换为电压信号，假设反相放大器的电压放大倍数和输入电阻足够大，因此反相放大电路的输入端可以当作虚地点，输出端电压 V_{OUT} 的表达式可表示为

$$Z_{TIA}=\frac{V_{OUT}}{I_{IN}}=\frac{R_F}{1+\dfrac{1}{A}} \tag{2-158}$$

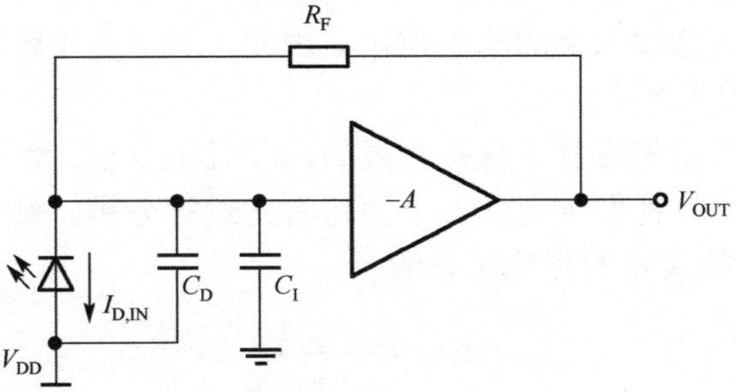

图 2.45　反馈型跨阻放大器前端

A 为反相放大器电压放大倍数，若 $A \gg 1$，则跨阻增益近似为 R_F。通常情况下，上述条件容易得到满足。

同理，可以推导出图 2.45 电路的输入电阻 R_{in}，表示为

$$R_{in}=\frac{V_{IN}}{I_{D,IN}}=\frac{R_F}{1+A}\bigg/\!\!\bigg/ r_D \tag{2-159}$$

其中，r_D 为光电检测器等效交流阻抗。假设反相放大器放大倍数很大，因此，$R_F/(1+A) \ll r_D$，故式(2-159)可以近似为

$$R_{in}\approx\frac{V_{IN}}{I_{A,IN}}=\frac{R_F}{1+A} \tag{2-160}$$

考虑到图 2.45 电路的输入端采用并联负反馈，其输入端等效电阻被大幅降低，因此有利于将跨阻放大器输入端主极点推向高频段，增加跨阻放大器的带宽。

下面分析图 2.45 电路的频率响应。电容 C_D 表示光电检测器件的寄生电容，C_I 表示反相放大器的输入端寄生电容，并且假设反相放大器的带宽为无穷大。在反相放大器的输入节点根据 KCL，容易推导出跨阻增益的频率响应为

$$Z_{TIA}(s)=\frac{A}{1+A}R_F\cdot\frac{1}{1+s\dfrac{R_F(C_D+C_I)}{1+A}} \tag{2-161}$$

假设定义

$$\omega_{\mathrm{p}} = 1 \Big/ \frac{R_{\mathrm{F}}(C_{\mathrm{D}} + C_{\mathrm{I}})}{1 + A} \tag{2-162}$$

则

$$Z_{\mathrm{TIA}}(s) = \frac{A}{1 + A} R_{\mathrm{F}} \cdot \frac{1}{1 + s/\omega_{\mathrm{p}}} \tag{2-163}$$

式(2-163)表明反馈型跨阻放大器的主极点频率增加 1+A 倍,原因在于并联负反馈的引入减小了放大器输入端的输入阻抗。因此，对于宽带跨阻放大器，反馈型跨阻放大器是一种优选结构。

然而，反相放大器的带宽本身是有限的，并且至少有一个极点，这个极点会导致跨阻放大器的频率特性发生变化，下面将对此进行分析。假设反相放大器的极点频率为 ω_0，则反馈放大器的传输函数为

$$A(s) = -\frac{A}{1 + s/\omega_0} \tag{2-164}$$

因此，整个反馈型跨阻放大器前端具有两个极点，一个位于反相放大器输入端，另一个位于反相放大器的输出端，为了能够更加清晰地了解这两个极点之间的关系，需要推导出图 2.45 的跨阻增益：

$$Z_{\mathrm{TIA}}(s) = \frac{A}{1 + A} R_{\mathrm{F}} \cdot \frac{1}{1 + s\left(\dfrac{1}{\omega_{\mathrm{p}}} + \dfrac{1}{\omega_0}\right) \Big/ (1 + A) + s^2 \dfrac{1}{(1 + A)\omega_{\mathrm{p}}\omega_0}} \tag{2-165}$$

下面就式(2-165)分两种情况进行讨论。第一种情况，假设上述表达式产生的两个极点频率相距较远，即 $\omega_{\mathrm{p1}} \ll \omega_{\mathrm{p2}}$，则

$$\left(1 + \frac{s}{\omega_{\mathrm{p1}}}\right)\left(1 + \frac{s}{\omega_{\mathrm{p2}}}\right) \approx 1 + \frac{s}{\omega_{\mathrm{p1}}} + \frac{s^2}{\omega_{\mathrm{p1}}\omega_{\mathrm{p2}}} \tag{2-166}$$

可以求出第一个极点频率为

$$\omega_{\mathrm{p1}} \approx (1 + A) \Big/ \left(\frac{1}{\omega_{\mathrm{p}}} + \frac{1}{\omega_0}\right) \tag{2-167}$$

第二个高频极点为

$$\omega_{\mathrm{p2}} \approx \omega_{\mathrm{p}} + \omega_0 \tag{2-168}$$

然后根据上面的假设，即 $\omega_{\mathrm{p1}} \ll \omega_{\mathrm{p2}}$，式(2-169)成立，即

$$(\omega_p + \omega_0)^2 \gg (1+A)\omega_p\omega_0 \tag{2-169}$$

假设 $\omega_0 \gg \omega_p$，则要求

$$\omega_0 \gg (1+A)\omega_p \tag{2-170}$$

式(2-170)表明反相放大器开环带宽要求远远大于闭环极点的 1+A 倍。这给开环放大器设计带来极大挑战。

下面将讨论更一般的情形，对于上述二阶系统，需要讨论其频率域的峰值，可以把式(2-165)重新表示为

$$Z_{\mathrm{TIA}}(s) = \frac{A}{1+A}R_{\mathrm{F}} \cdot \frac{1}{1+s/(Q\omega_n)+s^2/\omega_n^2} \tag{2-171}$$

其中

$$\omega_n = \sqrt{(1+A)\omega_p\omega_0} \tag{2-172}$$

$$Q = \frac{\sqrt{(1+A)\omega_p\omega_0}}{\omega_p + \omega_0} \tag{2-173}$$

Q 为品质因子，Q 值的大小决定了跨阻放大器增益在频域的峰值和时域的振铃大小。通常为了使跨阻增益的幅频特性曲线比较平坦，选择 Q 值小于 0.707(即巴特沃思频率响应)；如果选择较大的 Q 值，获取比较大的带宽，跨阻放大器前端电路的输出可能在时域产生过冲和振铃现象。

下面将分析反馈结构跨阻放大器前端电路的噪声性能，图 2.46 给出典型反馈型跨阻放大器前端电路噪声源，同样仅考虑电路中的热噪声，而忽略 $1/f$ 噪声部分。首先，研究输入参考噪声电流($\overline{I_{n,in,TIA}^2}$)的功率谱，然后讨论怎样优化跨阻放大器的噪声性能。

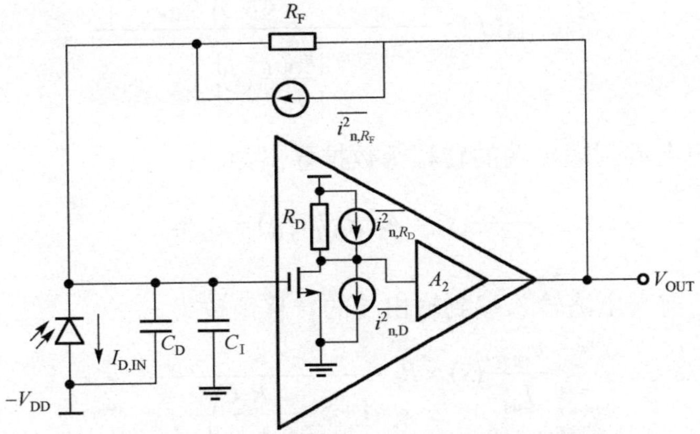

图 2.46　反馈型跨阻放大器前端电路噪声源

对于反馈型跨阻放大器前端，其输入参考噪声电流主要包括两项：反馈电阻产生的噪声以及反相放大器前端噪声。由于上述两项噪声是非相关的，因此

$$I_{\mathrm{n,in,TIA}}^2(f)=I_{\mathrm{n},R_\mathrm{F}}^2(f)+I_{\mathrm{n,front\text{-}end}}^2(f) \tag{2-174}$$

通常，在高速电路中，式(2-174)中第二项对噪声的贡献量大于第一项反馈电阻对噪声的贡献，然而在低速电路中，第一项反馈电阻对噪声的贡献量较大。反馈电阻通常是与频率无关的白噪声，具有如下形式：

$$I_{\mathrm{n},R_\mathrm{F}}^2(f)=\frac{4kT}{R_\mathrm{F}} \tag{2-175}$$

从式(2-174)中可以看到反馈电阻的噪声直接等效到跨阻放大器的输入端。在反馈型跨阻放大器前端电路中，为了能够获得较小的噪声电流，高值反馈电阻常常是一种必要的方式。

下面讨论反相放大器对输入噪声电流的贡献，为了能够使反相放大器具有较大的开环增益，反相放大器通常采用多级放大电路，而对于多级放大电路，其输入级对噪声的贡献最大，而后级放大电路对输出噪声的贡献可以忽略不计。下面以输入级采用基本的共源级放大电路为例，如图 2.46 所示，分析反相放大器对整个跨阻放大器前端电路的噪声的贡献量。输入级噪声源包括 NMOS 晶体管沟道噪声和电阻 R_D 的热噪声，其中，沟道噪声电流 $\overline{I_{\mathrm{n,D}}^2}=4kT\gamma g_\mathrm{m}$，漏极负载电阻热噪声电流 $\overline{I_{\mathrm{n},R_\mathrm{D}}^2}=4kT/R_\mathrm{D}$，$g_\mathrm{m}$ 是 MOS 晶体管的跨导，γ 是沟道噪声系数，对于长沟道硅器件 $\gamma\approx 2/3$。为了把反相放大器的输入级噪声等效到跨阻放大器前端电路的输入端，我们需要计算沟道噪声电流到输出端的转移函数，然后除以跨阻放大器前端电路输入端到输出端的转移函数，如式(2-176)所示。

$$I_{\mathrm{n,front\text{-}end}}^2(f)=\frac{\left(4kT\gamma g_\mathrm{m}+\dfrac{4kT}{R_D}\right)\left|\dfrac{V_\mathrm{OUT}}{I_\mathrm{n,D}}(s)\right|^2}{\left|\dfrac{V_\mathrm{OUT}}{I_\mathrm{IN}}(s)\right|^2} \tag{2-176}$$

其中，沟道噪声电流到输出端的转移函数推导出如下：

$$\frac{V_\mathrm{OUT}}{I_\mathrm{n,D}}(s)=A_2(R_\mathrm{D}/\!/r_\mathrm{o,D})\approx A_2R_\mathrm{D} \tag{2-177}$$

跨阻放大器前端电路输入端到输出端的转移函数为

$$\frac{V_\mathrm{OUT}}{I_\mathrm{IN}}(s)\approx R_\mathrm{F}\cdot\frac{1}{1+s\dfrac{R_\mathrm{F}C_\mathrm{T}}{1+g_\mathrm{m,D}R_\mathrm{D}A_2}} \tag{2-178}$$

经推导得到

$$I_{\mathrm{n,front\text{-}end}}^{2}(f)=\frac{\left(4kT\gamma g_{\mathrm{m}}+\dfrac{4kT}{R_{\mathrm{D}}}\right)R_{\mathrm{D}}^{2}A_{2}^{2}}{R_{\mathrm{F}}^{2}}\left[1+\frac{R_{\mathrm{F}}^{2}C_{\mathrm{T}}^{2}\omega^{2}}{(1+g_{\mathrm{m}}R_{\mathrm{D}}A_{2})^{2}}\right] \tag{2-179}$$

因此，反馈型跨阻放大器前端电路的等效输入噪声电流为

$$I_{\mathrm{n,in,TIA}}^{2}(f)=\frac{4kT}{R_{\mathrm{F}}}+\frac{\left(4kT\gamma g_{\mathrm{m}}+\dfrac{4kT}{R_{\mathrm{D}}}\right)R_{\mathrm{D}}^{2}A_{2}^{2}}{R_{\mathrm{F}}^{2}}\left[1+\frac{R_{\mathrm{F}}^{2}C_{\mathrm{T}}^{2}\omega^{2}}{\left(1+g_{\mathrm{m}}R_{\mathrm{D}}A_{2}\right)^{2}}\right] \tag{2-180}$$

通常情况下，$1+g_{\mathrm{m}}R_{\mathrm{D}}A_{2}\gg 1$，因此，式(2-180)可以简化为

$$I_{\mathrm{n,in,TIA}}^{2}(f)=\frac{4kT}{R_{\mathrm{F}}}+\frac{4kT\gamma g_{\mathrm{m}}+\dfrac{4kT}{R_{\mathrm{D}}}}{g_{\mathrm{m}}^{2}R_{\mathrm{F}}^{2}}(g_{\mathrm{m}}^{2}R_{\mathrm{D}}^{2}A_{2}^{2}+R_{\mathrm{F}}^{2}C_{\mathrm{T}}^{2}\omega^{2}) \tag{2-181}$$

其中，设反相放大器开环增益 $A_{\mathrm{open,front\text{-}end}}=-g_{\mathrm{m}}R_{\mathrm{D}}A_{2}$，故式(2-181)可重写为

$$I_{\mathrm{n,in,TIA}}^{2}(f)=\frac{4kT}{R_{\mathrm{F}}}+\frac{4kT\gamma g_{\mathrm{m}}+\dfrac{4kT}{R_{\mathrm{D}}}}{g_{\mathrm{m}}^{2}R_{\mathrm{F}}^{2}A_{\mathrm{open,front\text{-}end}}^{2}}\left(1+\frac{R_{\mathrm{F}}^{2}C_{\mathrm{T}}^{2}\omega^{2}}{A_{\mathrm{open,front\text{-}end}}^{2}}\right) \tag{2-182}$$

第二项噪声分量与反相放大器的开环增益和跨阻放大器反馈电阻值有关，并且随频率的增加而增加；另外，为了尽可能减小第二项的噪声贡献，可以增加反相放大器的开环增益，然而在实际设计时，开环增益的增加往往会导致放大电路带宽的降低。

2.4.3　后级放大器和输出缓冲级

首先，跨阻放大器的输出端为了能够获得足够大的电压幅度，前端跨阻放大器的输出信号需要进一步放大，如图 2.47 所示，我们称为后级放大器 A_{post}。后级放大器的电路设计关键在于不能降低整个跨阻放大器的带宽。因此，在理想情况下，要求后级放大器的带宽要远大于跨阻放大器前端电路；另外，后级放大器电路本身产生的噪声对跨阻放大器的输出噪声影响较小。

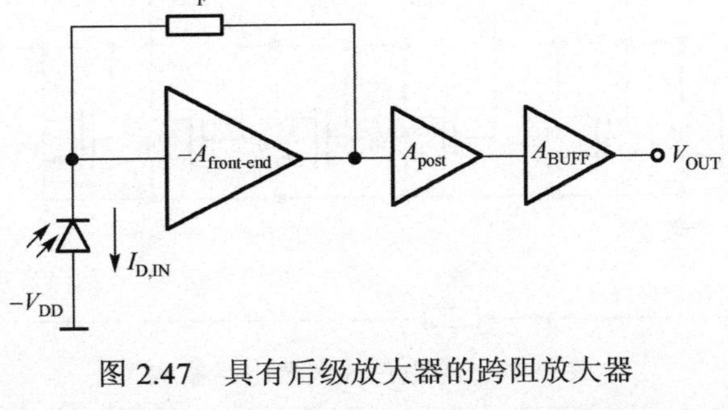

图 2.47　具有后级放大器的跨阻放大器

其次，高速跨阻放大器常常需要使用 50Ω 传输线连接负载，因此，跨阻放大器的输出端需要专门设计匹配 50Ω 负载阻抗的输出级电路，我们常称为跨阻放大器的输出缓冲级(A_{BUFF})。

根据上述分析，整个跨阻放大器的直流跨阻增益为

$$Z_{TIA,total} = \frac{A_{front\text{-}end}}{1+A_{front\text{-}end}} R_F A_{post} A_{BUFF} \tag{2-183}$$

其中，A_{post} 是后级放大器电压增益；A_{BUFF} 为输出缓冲级电压增益。因此，为了能够获得足够大的跨阻增益，对于反馈型跨阻放大器有两种方式：①增加反馈电阻；②增加后级放大器和输出缓冲级的电压放大倍数。这两种方式的区别在于，前者可以减小整个跨阻放大器的噪声，而后者对噪声的抑制作用微乎其微。因此，在容许的前提下，尽量使用大的反馈电阻来减小噪声。

2.4.4 CMOS 跨阻放大器电路实现

本节将给出一款具体跨阻放大器的电路，跨阻放大器简化的系统结构如图 2.47 所示，预放大器采用反馈结构，将光电路转换为电压信号，后级放大器将预放大器的电压信号进一步放大，最后通过电压缓冲器连接外部负载。下面将对每一部分的电路进行设计和优化。

1. 跨阻预放大器

图 2.48 给出跨阻预放大器的电路结构，开环放大器由三个具有推挽输出结构的反相放大器级联而成。为了能够使每级放大器具有最大跨导，同时增加放大器的增益带宽积，反相器结构放大器中的晶体管 M_{P1}～M_{P3} 和 M_{N1}～M_{N3} 设置工作于放大状态，二极管连接的晶体管 M_{D1}～M_{D3} 用于设置各级反相放大器的输出端直流电平；电阻 R_F 连接在开环放大器的输出端和输入端，引入电压并联负反馈，降低开环放大器的输入端电阻。

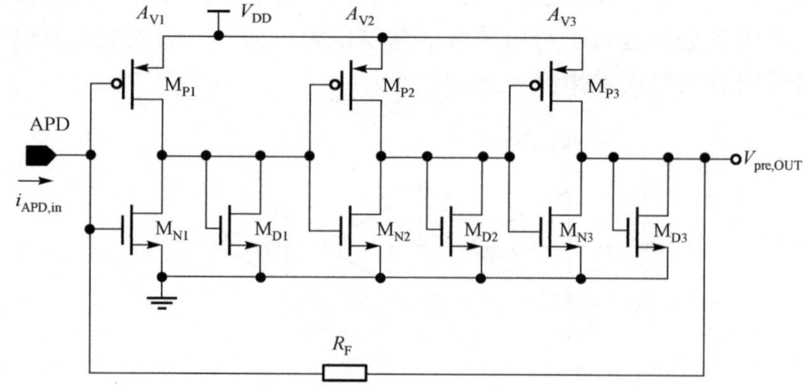

图 2.48 跨阻预放大器电路结构

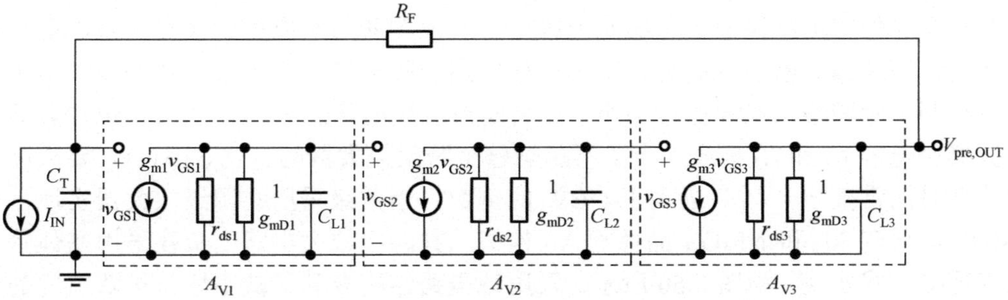

图 2.49　跨阻预放大器交流小信号电路

图 2.49 给出了图 2.48 所示跨阻预放大器交流小信号电路，推导出输出电压与输入电流之间的小信号传输函数为

$$\frac{V_{OUT}}{I_{IN}}(s) = R_F A_{post}\frac{A_{pre}}{1 + A_{pre} + sC_T R_F} \approx R_F A_{post}\frac{1}{1 + sC_T R_F / A_{pre,open}} \tag{2-184}$$

其中，R_F 为反馈电阻；C_T 为开环放大器输入端寄生电容(C_A)和光电检测器寄生电容(C_D)之和，即 $C_T=C_A+C_D$，在图 2.48 所示电路中，$C_A \approx C_{GS,M_{N1}} + C_{GS,M_{P1}}$；$A_{pre,open}$ 为开环放大器开环增益，表示为

$$\begin{aligned}A_{pre,open} &= A_{V1}A_{V2}A_{V3}\\ &= \frac{g_{m,M_1}g_{m,M_2}g_{m,M_3}}{g_{m,M_{D1}}g_{m,M_{D2}}g_{m,M_{D3}}}\frac{1}{(1+sC_{L1}/g_{m,M_{D1}})(1+sC_{L2}/g_{m,M_{D2}})(1+sC_{L3}/g_{m,M_{D3}})}\end{aligned} \tag{2-185}$$

其中，g_{m,M_1} 为 M_{N1} 和 M_{P1} 的跨导之和，即 $g_{m,M_1} = g_{m,M_{N1}} + g_{m,M_{P1}}$；$g_{m,M_{D1}}$ 为二极管连接晶体管 M_{D1} 的跨导；g_{m,M_2} 为 M_{N2} 和 M_{P2} 的跨导之和，即 $g_{m,M_2} = g_{m,M_{N2}} + g_{m,M_{P2}}$；$g_{m,M_{D2}}$ 为二极管连接晶体管 M_{D2} 的跨导；g_{m,M_3} 为 M_{N3} 和 M_{P3} 的跨导之和，即 $g_{m,M_3} = g_{m,M_{N3}} + g_{m,M_{P3}}$；$g_{m,M_{D3}}$ 为二极管连接晶体管 M_{D3} 的跨导；C_{L1}、C_{L2} 和 C_{L3} 分别为开环放大器第一、二、三级放大器输出端的寄生电容。为了能够使跨阻预放大器的带宽更大，要求开环放大器的带宽远远大于 $\omega_p=1/C_T R_F$。根据式(2-185)可知，增大开环放大器带宽的条件为：减小寄生电容 C_{L1}、C_{L2} 和 C_{L3}；增大二极管连接晶体管的跨导。然而，二极管连接晶体管跨导的增加会减小开环放大器的开环增益，因此，在跨阻预放大器电路实现中，开环放大器的增益和带宽需要平衡。

2. 后级电压放大器

后级电压放大器级联于跨阻预放大器的输出端，用来进一步放大输出的电压信号。图 2.50 给出后级电压放大器电路结构，该电路主要由高通滤波器、增益级、源级跟随器和偏置电路组成。考虑到前级电压放大器和后级电压放大器的直流电平难以匹配，高通滤波器(high pass filter，HPF)用于隔离前后两级放大器的直流电平，同时有利于衰减输入级的低频噪声，提高模拟前端电路的 SNR。在图 2.50 中，高通滤波器由电容 C_1 和 R_2 构成，为了不影响整个跨阻放大器的带宽(GBW)，要求高通滤波器时间常数 $\tau = C_1R_2$ 远大于 GBW 的倒数。增益级采用共源级放大器实现，由 PMOS 晶体管 M_4 和 NMOS 晶体管 M_5 构成，共源级放大电路的负载采用晶体管二极管连接方式实现，如图 2.50 所示。采用该电路结构有利于减小增益级随温度的变化，同时共源级放大电路输出与输入之间相位相反，可以用来调整输出信号与输入信号之间的相位。M_7 和 M_8 组成源级跟随器，用来调整后级电压放大器输出端的直流电平和提供较大的驱动能力。假设源级跟随器的电压增益近似为 1，因此，后级电压放大器的增益容易推导，并表示为

$$A_{\text{post}} \approx \sqrt{\frac{\mu_{\text{p}}(W/L)_{\text{M4}}}{\mu_{\text{n}}(W/L)_{\text{M5}}}} \tag{2-186}$$

其中，μ_{p} 和 μ_{n} 分别为 M_4 和 M_5 的迁移率；$(W/L)_{\text{M4}}$ 和 $(W/L)_{\text{M5}}$ 分别为 M_4 和 M_5 的晶体管宽长比。式(2-186)表明，后级放大器的电压放大倍数与 M_4 和 M_5 晶体管之间宽长比的平方根成正比。因此，可以选择合适的宽长比值来设置后级放大器的电压放大倍数。

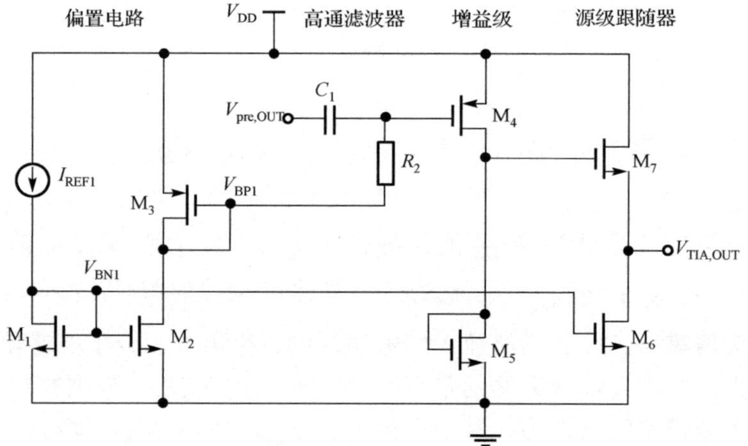

图 2.50　后级电压放大器电路

同时，图 2.50 给出后级电压放大器的偏置电路，该偏置电路为增益级和源级跟随器电路提供合适的静态工作点。

3. 噪声分析以及优化

跨阻放大器的噪声性能直接决定光电检测器模拟前端电路的灵敏度，本小节将

对上述跨阻放大器电路进行噪声分析，同时讨论怎样设计跨阻放大器的晶体管尺寸来优化跨阻放大器的噪声性能。噪声分析中我们应用 Ziel 晶体管噪声模型，图 2.51 给出了跨阻放大器简化的噪声模型。由于电路工作于高频域，闪烁噪声是可以忽略的，我们仅考虑晶体管和反馈电阻的热噪声。同时，在跨阻预放大器中，各部分电路对跨阻放大器输出端噪声贡献不同，由于跨阻放大器的输入级经过后面每一级放大电路放大，输入级对跨阻放大器输出噪声贡献最大，开环放大器 A_{V2} 和 A_{V3}，以及后级电压放大器和输出缓冲器对跨阻放大器输出端的噪声贡献较小，因此这些电路的噪声可以忽略不计。在噪声分析时，可以当成无噪声的理想放大器处理。

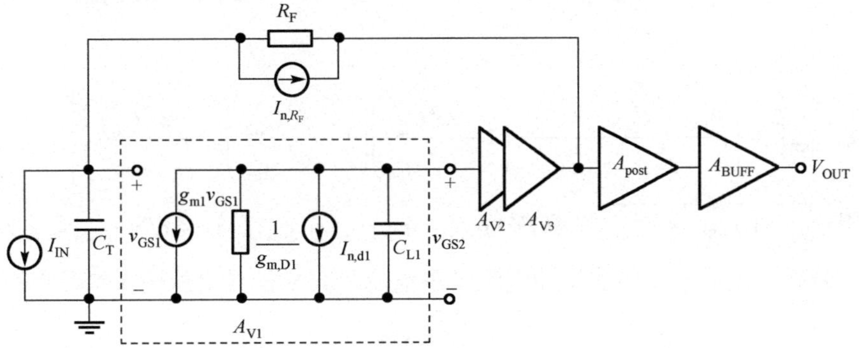

图 2.51　跨阻放大器简化的噪声模型

在图 2.51 中，主要考虑以下四个噪声源：M_{P1}、M_{N1} 和 M_{D1} 沟道热噪声电流，以及反馈电阻 R_F 的热噪声电流。假设上述噪声源相互独立，因此利用叠加原理，可以分别推导出每一个噪声源在跨阻放大器输出端产生的噪声电压。首先，在图 2.51 中，三个晶体管 M_{P1}、M_{N1} 和 M_{D1} 沟道噪声电流的传输函数为

$$\frac{V_{OUT}}{I_{n,d1}}(s)=-\frac{1}{g_{m,M_1}}\frac{1+sC_TR_F}{1+(1+sC_TR_F)/A_{pre,open}}A_{post}A_{BUFF} \tag{2-187}$$

其中，$I_{n,d1}$ 表示三个晶体管沟道噪声电流之和，且 $I_{n,d1}$ 与 M_{P1}、M_{N1} 和 M_{D1} 沟道噪声电流具有如下关系：

$$\overline{I_{n,d1}^2}=\overline{I_{n,M_{N1}}^2}+\overline{I_{n,M_{P1}}^2}+\overline{I_{n,M_{D1}}^2} \tag{2-188}$$

其中，$I_{n,M_{N1}}$、$I_{n,M_{P1}}$ 和 $I_{n,M_{D1}}$ 分别为 M_{N1}、M_{P1} 和 M_{D1} 沟道噪声电流。

同理，可以推导出反馈电阻噪声电流到输出端的传输函数，表示如下：

$$\frac{V_{OUT}}{I_{n,R_F}}(s)\approx\frac{R_F}{1+sC_TR_F/A_{pre,open}}A_{post}A_{BUFF} \tag{2-189}$$

尽管输出参考噪声较为直观，然而由于输出噪声与跨阻放大器的增益有关，因此输出参考噪声无法对不同跨阻放大器电路的噪声性能提供合理的比较。因此我们

常计算电路“输入参考噪声”来评价跨阻放大器的噪声性能。通常平均输入参考噪声电路可以使用式(2-190)进行计算。

$$\overline{I_{\mathrm{n,in,d1}}^2}=\overline{I_{\mathrm{n,d1}}^2}\left|\frac{V_{\mathrm{OUT}}}{I_{\mathrm{n,d1}}}(s)\right|^2\Big/\left|\frac{V_{\mathrm{OUT}}}{I_{\mathrm{IN}}}(s)\right|^2 \tag{2-190}$$

根据上述传输函数，输入参考噪声电流为

$$\overline{I_{\mathrm{n,in,d1}}^2}=\left(\overline{I_{\mathrm{n,M_{N1}}}^2}+\overline{I_{\mathrm{n,M_{P1}}}^2}+\overline{I_{\mathrm{n,M_{D1}}}^2}\right)\cdot\frac{1+\omega^2C_{\mathrm{T}}^2R_{\mathrm{F}}^2}{g_{\mathrm{m,M_1}}^2R_{\mathrm{F}}^2}\cdot\frac{1+\omega^2C_{\mathrm{T}}^2R_{\mathrm{F}}^2\Big/\left|A_{\mathrm{pre,open}}\right|^2}{1+(1+\omega^2C_{\mathrm{T}}^2R_{\mathrm{F}}^2)\Big/\left|A_{\mathrm{pre,open}}\right|^2} \tag{2-191}$$

其中

$$\left|A_{\mathrm{pre,open}}\right|^2=\left[\frac{g_{\mathrm{m,M_{D1}}}^2g_{\mathrm{m,M_{D2}}}^2g_{\mathrm{m,M_{D3}}}^2}{g_{\mathrm{m1}}^2g_{\mathrm{m2}}^2g_{\mathrm{m3}}^2}\left(1+\frac{\omega^2C_{\mathrm{L1}}^2}{g_{\mathrm{m,M_{D1}}}^2}\right)\left(1+\frac{\omega^2C_{\mathrm{L2}}^2}{g_{\mathrm{m,M_{D2}}}^2}\right)\left(1+\frac{\omega^2C_{\mathrm{L3}}^2}{g_{\mathrm{m,M_{D3}}}^2}\right)\right]^{-1} \tag{2-192}$$

使用$\overline{I_{\mathrm{n,M_{N1}}}^2}+\overline{I_{\mathrm{n,M_{P1}}}^2}+\overline{I_{\mathrm{n,M_{D1}}}^2}=4kT\gamma\left(g_{\mathrm{m,M_{N1}}}+g_{\mathrm{m,M_{P1}}}+g_{\mathrm{m,M_{D1}}}\right)=4kT\gamma g_{\mathrm{m,eff}}$，$\gamma$为沟道噪声因子。最后，在输入端增加反馈电阻噪声电流，容易推导出总输入参考噪声电流为

$$\begin{aligned}\overline{I_{\mathrm{n,in,tot}}^2}=&\frac{4kT}{Z_{\mathrm{pre,STF}}}+4kT\gamma g_{\mathrm{m,eff}}\cdot\frac{1+\omega^2C_{\mathrm{T}}^2Z_{\mathrm{pre,STF}}^2}{g_{\mathrm{m1}}^2Z_{\mathrm{pre,STF}}^2}\\&\cdot\frac{1+\omega^2C_{\mathrm{T}}^2R_{\mathrm{F}}^2\dfrac{g_{\mathrm{m,M_{D1}}}^2g_{\mathrm{m,M_{D2}}}^2g_{\mathrm{m,M_{D3}}}^2}{g_{\mathrm{m1}}^2g_{\mathrm{m2}}^2g_{m3}^2}\left(1+\dfrac{\omega^2C_{\mathrm{L1}}^2}{g_{\mathrm{m,M_{D1}}}^2}\right)\left(1+\dfrac{\omega^2C_{\mathrm{L2}}^2}{g_{\mathrm{m,M_{D2}}}^2}\right)\left(1+\dfrac{\omega^2C_{\mathrm{L3}}^2}{g_{\mathrm{m,M_{D3}}}^2}\right)}{1+(1+\omega^2C_{\mathrm{T}}^2R_{\mathrm{F}}^2)\dfrac{g_{\mathrm{m,M_{D1}}}^2g_{\mathrm{m,M_{D2}}}^2g_{\mathrm{m,M_{D3}}}^2}{g_{\mathrm{m1}}^2g_{\mathrm{m2}}^2g_{\mathrm{m3}}^2}\left(1+\dfrac{\omega^2C_{\mathrm{L1}}^2}{g_{\mathrm{m,M_{D1}}}^2}\right)\left(1+\dfrac{\omega^2C_{\mathrm{L2}}^2}{g_{\mathrm{m,M_{D2}}}^2}\right)\left(1+\dfrac{\omega^2C_{\mathrm{L3}}^2}{g_{\mathrm{m,M_{D3}}}^2}\right)}\end{aligned} \tag{2-193}$$

为了简化分析，假设在较高频域内，跨阻放大器具有足够高的跨阻增益，故满足条件$\omega^2C_{\mathrm{T}}^2R_{\mathrm{F}}^2\gg 1$，因此式(2-193)可近似计算为

$$\overline{I_{\mathrm{n,in,tot}}^2}\approx\frac{4kT}{R_{\mathrm{F}}}+4kT\gamma g_{\mathrm{m,eff}}\frac{1+\omega^2C_{\mathrm{T}}^2R_{\mathrm{F}}^2}{g_{\mathrm{m,M_1}}^2R_{\mathrm{F}}^2} \tag{2-194}$$

设条件$V_{\mathrm{eff}}=\left|V_{\mathrm{GS,M_{N1}}}-V_{\mathrm{TH,M_{N1}}}\right|=\left|V_{\mathrm{GS,M_{P1}}}-V_{\mathrm{TH,M_{P1}}}\right|$，并忽略跨阻放大器中晶体管的交叠电容，定义图 2.51 中的跨导为

$$\begin{aligned}g_{\mathrm{m,eff}}&=g_{\mathrm{m,M_{N1}}}+g_{\mathrm{m,M_{P1}}}+g_{\mathrm{m,M_{D1}}}\\&=\frac{3}{2L^2}V_{\mathrm{eff}}(\mu_{\mathrm{n}}C_{\mathrm{GS,M_{N1}}}+\mu_{\mathrm{p}}C_{\mathrm{GS,M_{P1}}}+\mu_{\mathrm{n}}C_{\mathrm{GS,M_{D1}}})\end{aligned} \tag{2-195}$$

$$g_{\mathrm{m,M_1}} = g_{\mathrm{m,M_{N1}}} + g_{\mathrm{m,M_{P1}}} = \frac{3}{2L^2} V_{\mathrm{eff}} (\mu_{\mathrm{n}} C_{\mathrm{GS,M_{N1}}} + \mu_{\mathrm{p}} C_{\mathrm{GS,M_{P1}}}) \tag{2-196}$$

通常，对于长沟道器件，γ=2/3，于是有

$$\overline{I_{\mathrm{n,in,tot}}^2} \approx \frac{4kT}{R_{\mathrm{F}}} + \frac{16kT}{9} \frac{L^2 \omega^2 C_{\mathrm{T}}^2}{V_{\mathrm{eff}} (\mu_{\mathrm{n}} C_{\mathrm{GS,M_{N1}}} + \mu_{\mathrm{p}} C_{\mathrm{GS,M_{P1}}})} \left(1 + \frac{\mu_{\mathrm{n}} C_{\mathrm{GS,M_{D1}}}}{\mu_{\mathrm{n}} C_{\mathrm{GS,M_{N1}}} + \mu_{\mathrm{p}} C_{\mathrm{GS,M_{P1}}}} \right) \tag{2-197}$$

在标准 0.18μm CMOS 工艺技术中，$\mu_{\mathrm{n}} \approx 2.5\mu_{\mathrm{p}}$，为减小跨阻放大器的输入端寄生电容，在图 2.47 的电路中，晶体管 M_{P1}、M_{N1} 和 M_{D1} 采用最小沟道长度，且令 M_{P1}、M_{N1} 和 M_{D1} 晶体管的宽度满足下面的条件：$W_{\mathrm{GS,M_{P1}}} = 2.5W_{\mathrm{GS,M_{N1}}}$ 和 $W_{\mathrm{GS,M_{N1}}} = W_{\mathrm{GS,M_{D1}}}$。故 $C_{\mathrm{GS,M_{P1}}} = 2.5C_{\mathrm{GS,M_{N1}}}$，因此噪声表达式可以近似计算为

$$\overline{I_{\mathrm{n,in,tot}}^2} = \frac{4kT}{Z_{\mathrm{pre,STF}}} + \frac{4kT}{3} \frac{L^2 \omega^2 (C_{\mathrm{D}} + 3.5C_{\mathrm{GS,M_{N1}}})^2}{V_{\mathrm{eff}} \mu_{\mathrm{n}} C_{\mathrm{GS,M_{N1}}}} \tag{2-198}$$

输入参考噪声电流与输入晶体管尺寸有关，为了能够获得最小输入参考噪声电流，可以计算式(2-198)关于 $C_{\mathrm{GS,M_{N1}}}$ 的导数，并令其结果为零，获得跨阻放大器输入端晶体管优化的尺寸，即 $C_{\mathrm{GS,M_{N1}}}$ 等于 $2C_{\mathrm{D}}/7$ 时，式(2-198)有最小值，表示为

$$\overline{I_{\mathrm{n,in,tot,min}}^2} = \frac{4kT}{R_{\mathrm{F}}} + \frac{196}{3} kT \frac{L^2 \omega^2 C_{\mathrm{GS,M_{N1}}}}{V_{\mathrm{eff}} \mu_{\mathrm{n}}} \tag{2-199}$$

2.5　CMOS 仪表放大器

仪表放大器的功能是将输入微弱的电压信号放大，以提高后级电路信号处埋的 SNR。仪表放大器一般作为信号采集电路的输入级，其决定了整体电路的输入阻抗、共模抑制比(common mode rejection ratio，CMRR)、SNR、电源抑制比(power supply rejection ratio，PSRR)等性能[14]。另外，在生物医学、精密检测等实际应用中仪表放大器需处理输入信号中存在的干扰信号，以避免干扰信号造成电路饱和。典型的仪表放大器拓扑结构主要有四种类型：传统的三运放结构、电容耦合反馈结构、电流模结构和电流反馈型结构。本节主要介绍仪表放大器理论与优化技术，对比了几种仪表放大器的优缺点，并给出了仪表放大器低噪声、低功耗的优化技术。

2.5.1　仪表放大器简介

1. 三运放仪表放大器

图 2.52 给出了三运放仪表放大器的电路原理。该电路使用了 3 个运算放大器和

7 个电阻，其中运放 A_1、A_2 和电阻 R_1、R_2、R_G 形成了全差分型放大器结构，实现了对输入差分信号放大和双端输入到单端输出的转化，电路差模增益可表示为

$$A_{\text{diff}} = \frac{V_{\text{OUT}}}{V_{\text{ip}} - V_{\text{in}}} = \left(1 + \frac{2R_1}{R_G}\right)\frac{R_3}{R_2} \tag{2-200}$$

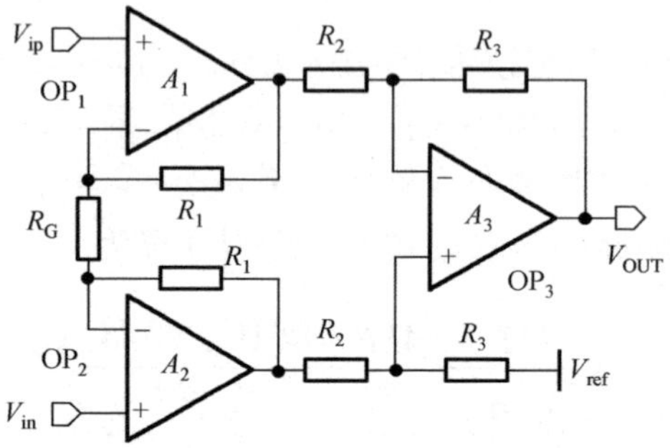

图 2.52　三运放仪表放大器的电路原理

通常电阻 R_G 在片外实现以调整放大器增益。运算放大器 OP_3 和电阻 R_2、R_3 用来提供第二级增益。假设电阻无失配，则电路共模增益为 0，电路能够获得高 CMRR。另外，三运放仪表放大器的信号直接连接到运算放大器输入端，电路等效输入阻抗非常高。综上，三运放仪表放大器具有输入摆幅大、输入阻抗高、增益可调等优点。但该结构使用了 3 个运算放大器，电路功耗大、噪声大，并且电路的 CMRR 依赖于电阻的匹配精度，实际中很难获得非常高的共模抑制性能。

2. 电容耦合反馈型仪表放大器

图 2.53 给出了电容耦合反馈型仪表放大器。该仪表放大器由一个 OTA 和输入电容 C_1、反馈电容 C_2 构成。MOS 管伪电阻 R_P 与电容 C_2 形成一个超低频截止点来抑制信号的直流分量，从而消除生物电信号的电极直流失调与基线漂移。假设 OTA 开环增益无穷大，该放大器提供的增益为

$$A = \frac{V_{\text{OUT}}}{V_{\text{ip}} - V_{\text{in}}} = \frac{C_1}{C_2} \tag{2-201}$$

由于该放大器采用交流(alternating current, AC)耦合形式，能够隔离信号中的直流量，并且其电路结构简单、所需器件少、功耗低、噪声小，能够获得非常优良的噪声暴露预报(noise exposure forecast，NEF)。然而，电路增益由 C_1 与 C_2 的比值关系确定，大的增益会导致 C_1 面积过大，并且差分输入端的寄生电容与漏电流会导致等效输入阻抗变低。

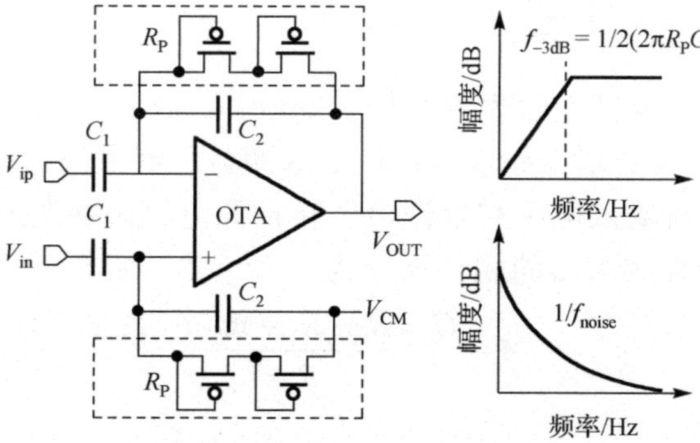

图 2.53　电容耦合反馈型仪表放大器

3. 电流模结构的仪表放大器

图 2.54 给出了电流模结构的仪表放大器，该放大器利用跨导放大器将输入电压通过电阻 R_1 转换为电流信号 I_1，再将输入电流 I_1 精确镜像到输出端，则在输出电阻 R_2 上得到的电压为 I_1R_2，放大器增益为

$$A = \frac{V_{OUT}}{V_{ip} - V_{in}} = \frac{R_2}{R_1} \tag{2-202}$$

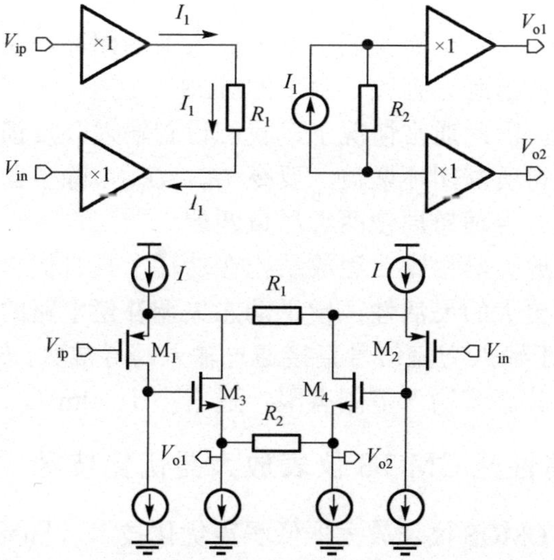

图 2.54　电流模结构的仪表放大器

电流模型放大器直接由 MOS 栅极做输入端，其等效阻抗极高，电路结构简单、器件少，可获得较好的 NEF。该电路的 CMRR 由 MOS 的匹配度决定，需要用 Ping-Pong 结构提升 CMRR[15]，但会增加电路功耗与实现难度。

4. 电流反馈型仪表放大器

图2.55所示为电流反馈型仪表放大器(current feedback instrumentation amplifier, ACFIA)，该结构的放大器基本原理为：在 G_{m3} 增益足够大的前提下，输入跨导 G_{m1} 和反馈跨导 G_{m2} 分别将输入电压和反馈电压转换为电流，并在虚地点 A、B 完成电流负反馈[16]。整个运算放大器的闭环增益为

$$A = \frac{G_{m1}}{G_{m2}} \frac{R_1 + R_2 + R_G}{R_G} \tag{2-203}$$

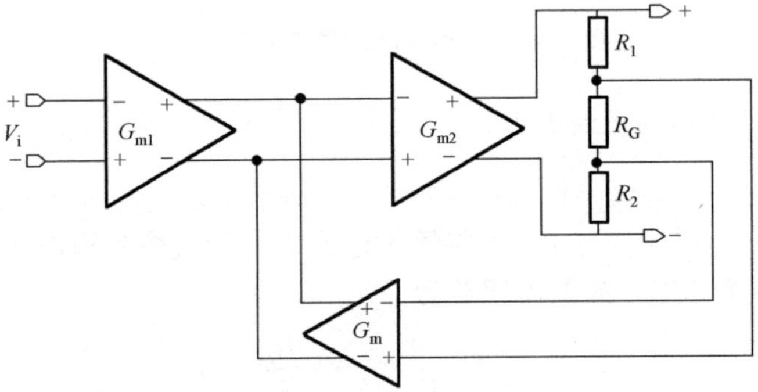

图 2.55　电流反馈型仪表放大器

由式(2-203)可以知道，电流反馈型仪表放大器的闭环增益主要与反馈网络的电阻比值、输入跨导、输出跨导有关。由于 CMOS 工艺中，一个运算放大器的 G_m 值易受到工艺角的影响，因此通常情况下，我们设置输入、反馈跨导相同，只通过调整反馈电阻比值来获得所需闭环增益。要令 $G_{m1}=G_{m2}$，除了器件参数上的一致性，还应在版图设计时通过合理布局使两者尽量匹配。

电流反馈型仪表放大器相比三运放结构在功耗上具有优势。另外电流反馈的形式相比电压反馈具有更大的灵活性，便于动态失调补偿电路的设计。电流反馈型的缺点主要表现在：由于输入交流信号直接通过输入跨导放大，输入信号摆幅较大时，输出失真较为严重，其交流输入范围有限，通常小于 50mV。

2.5.2　低功耗、高性能 CMOS 仪表放大器优化技术

本节将深入分析CMOS仪表放大器低噪声优化技术，讨论低电压、低功耗CMOS仪表放大器的实现方案，介绍输入阻抗、CMRR、电源抑制比提升的电路技术。

1. 低电压电路实现技术

随着手持设备、可穿戴设备需求的不断增加，低功耗、能量获取集成电路技术成为信号处理电路的研究热点。同时，CMOS 工艺尺寸的不断缩减、晶体管阈值电

压的不断降低为低功耗集成电路的实现提供了良好的技术依托。本节给出低功耗 CMOS 仪表放大器电路的几种实现方案。

由于 MOS 管阈值电压的限制，采用低电源电压供电时会限制 MOS 管的源-漏过驱动电压和偏置电流，尤其对于 Cascode 结构的 MOS 管低电压会显著降低输出信号带宽、摆幅、线性度、摆率等，低压亚阈值电路通常会采用多级级联结构或采用衬底驱动技术。

当 MOS 管工作在亚阈值状态时，有 $V_{GS}<V_{TH}$，MOS 管沟道电流以扩散电流为主，MOS 管的漏电流对漏-源电压 V_{DS} 以及温度 T 较为敏感，亚阈值漏电流表达式为

$$I_{D}=\eta\mu_{n}C_{ox}\left(\frac{W}{L}\right)\left(\frac{kT}{q}\right)^{2}\left\{\exp\left[\frac{q}{nkT}\left(V_{GS}-V_{TH}\right)\right]\right\}\left[1-\exp\left(-\frac{qV_{DS}}{kT}\right)\right] \quad (2\text{-}204)$$

其中，η 为亚阈值斜率因子；q 为单位电荷量。由式(2-204)可知，V_{DS} 和 V_{GS} 以指数形式影响 MOS 管漏极电流造成亚阈值 MOS 管的漏极阻抗降低，因此亚阈值偏置不适用于电流源、电流镜等具有高输出阻抗的 MOS 管。在纳米级 CMOS 工艺中，由于 MOS 管本征增益很低，通常采用级联结构实现大增益和大摆幅，然而级联数增多会造成相位域度难补偿，对电路稳定性造成很大影响。

衬底偏置技术是通过在半导体硅衬底上加偏置电压 V_B 来降低 MOS 管的阈值电压 V_{TH}，MOS 管阈值电压表达式为

$$V_{TH}=V_{TH0}+\gamma\left(\sqrt{2f_{F}-V_{BS}}-\sqrt{2f_{F}}\right) \quad (2\text{-}205)$$

其中，V_{TH0} 为参考阈值电压。若利用衬底驱动使 MOS 晶体管工作在饱和区，可推导出此时 MOS 管栅驱动跨导为

$$g_{m}=\sqrt{\frac{kW}{L}I_{D}\left(1+\lambda V_{DS}\right)} \quad (2\text{-}206)$$

由此看出，衬底偏置技术可使 MOS 管不受阈值电压的限制，其适用于低电压、低功耗电路设计。

2. 晶体管级噪声优化技术

半导体工艺所存在的热噪声、MOS 管 $1/f$ 噪声会严重降低低频模拟系统的信号质量。通常用等效输入噪声来衡量电路总噪声对信号产生的影响，等效输入噪声表示为

$$\overline{V}^{2}_{\text{noise,input-referred}}=\frac{\overline{V}^{2}_{1,\text{out}}}{A_{1}^{2}}+\frac{\overline{V}^{2}_{2,\text{out}}}{A_{1}^{2}A_{2}^{2}}+\cdots+\frac{\overline{V}^{2}_{N,\text{out}}}{A_{1}^{2}A_{2}^{2}\cdots A_{N}^{2}} \quad (2\text{-}207)$$

其中，A_1～A_N 分别是第 1～N 级电路的增益；$V_{1\sim N,\text{out}}$ 是各级电路输出噪声电压。由

此可以看出前端电路的第一级增益与噪声对系统噪声贡献最大。由于模拟前端电路的第一级通常是低噪声跨导放大器，所以，式(2-207)可写成

$$\overline{V}^2_{\text{noise,input-referred}} = \frac{\overline{i}^2_{\text{noise,total}}}{g_m^2} \tag{2-208}$$

晶体管级噪声优化的主要方法是增大输入级跨导放大器的跨导 g_m，同时减小跨导放大器的噪声电流 i_{noise}。采用高电压供电、增大输入偏置电流、增大输入管尺寸等方法能够达到增大运算放大器输入跨导并减小噪声电流的效果，但会引起功耗和面积的显著增加。为了获得更优的电流跨导效率，可以通过优化跨导放大器中晶体管的偏置状态、增大有效跨导等方式在小电流下获得更高的跨导，从而达到优化噪声性能的效果。当跨导放大器的输入管处于亚阈值偏置状态时，其跨导 g_m 可表示为

$$g_m = \frac{I_D}{\lambda U_T}\frac{1}{1+\sqrt{1+4I_C}} \tag{2-209}$$

其中，U_T 为热电势 26mV；λ 为亚阈值斜率因子；I_C 为反型系数。当输入 MOS 管被偏置在深亚阈值区($I_C \approx 0$)时，可获得最大的跨导为

$$g_m = \frac{I_D}{2\lambda U_T} \tag{2-210}$$

折中考虑电路功耗与噪声，通常会选择较小的偏置电流 I_D 并将输入 MOS 管偏置在深亚阈值区，从而提升跨导效率。当 MOS 管偏置于深亚阈值区时，MOS 管的栅电压远小于阈值电压，MOS 管阈值电压与沟道电荷浓度 n_i、耗尽区电荷 Q_{dep} 等有关，阈值电压可表示为

$$V_{TH} = f_{MS} + 2f_F + \frac{Q_{dep}}{C_{ox}} \tag{2-211}$$

其中，f_{MS} 为硅和二氧化硅功函数之差；表面电势 $f_F=(kT/q)\ln(N_{sub}/n_i)$；$C_{ox}$ 为单位面积栅电容。图 2.56 给出了 MOS 管的示意图。增大 MOS 管的 W/L 可以提升 MOS 管耗尽层的比例，增加耗尽区电荷 Q_{dep}，从而提升阈值电压。低噪声放大器(low noise amplifier, LNA)输入 MOS 管一般取非常大的 W/L 值，从而偏置在深亚阈值区以增大输入管的跨导。同时，增大栅极面积能够有效减小 MOS 管的 $1/f$ 噪声。

MOS 跨导放大器中不同管子贡献的噪声不同，由上面的分析可知，增大输入管跨导能够有效降低等效输入噪声电压。然而，放大器中的尾电流管、电流镜管的噪声电流与其跨导呈正相关，可表示为

$$\overline{i_n^2} = 4kT\gamma g_m + \frac{k_{fp}}{C_{ox}WL}\frac{1}{f} \tag{2-212}$$

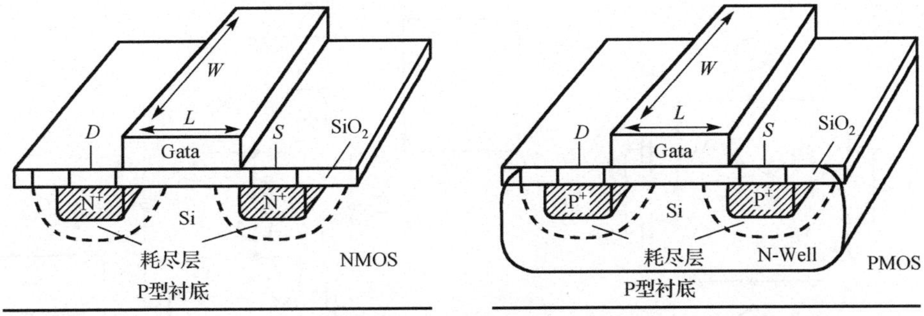

图 2.56　MOS 管示意图

由此看出，通过降低尾电流管以及电流镜管的跨导 g_m 能够减小电路噪声。为保证较大输出阻抗，放大器电路的尾电流管与电流镜管一般偏置在饱和区，其 g_m 可描述为

$$g_m = \sqrt{2\mu_n C_{ox} \frac{W}{L} I_D} = \frac{2I_D}{V_{GS} - V_{TH}} \tag{2-213}$$

因此，在相同漏极电流偏置 I_D 下，增大 $V_{GS}-V_{TH}$ 能够有效减小 MOS 管跨导，将尾电流管和电流镜管偏置在深饱和区有助于电路噪声性能的优化。此外，通过减小电流源 MOS 管的漏极偏置电流 I_D 也可以有效降低电路噪声，同时减小电流能够优化电路功耗。

3. 输入有效跨导提升技术

在小电流偏置下为了实现输入有效跨导的提升，电路中可采用 PMOS-NMOS 共用的互补输入电路结构实现电流复用。通常跨导放大器采用 PMOS 或 NMOS 作为输入器件，运算放大器的输入跨导为单一的 P 型或 N 型 MOS 管跨导值 $g_{m,P}$ 或 $g_{m,N}$，若同时采用两种晶体管形成互补型输入级可有效提升输入跨导。图 2.57 给出了两种互补输入型电流复用电路。图 2.57(a)中电路采用 PMOS 和 NMOS 堆叠形成互补输入，偏置电流 $I_P=I_B$，该电路的有效跨导可表示为

$$g_{m,eff} = g_{m,P} + g_{m,N} \tag{2-214}$$

图 2.57(b)中 PMOS 折叠输入与 NMOS 折叠输入共用电流源 I_B，PMOS 输入电流折叠到第一级共源共栅电路(Cascode stage 1)，NMOS 输入电流折叠到第二级共源共栅电路(Cascode stage 2)。因此，在单一电流 I_B 偏置下，该放大器能够获得更大的有效跨导。

此外，可以通过在放大器电路中加入正反馈自举环路来提升放大器输入管的有效跨导。图 2.58 给出了跨导自举电路基本原理。

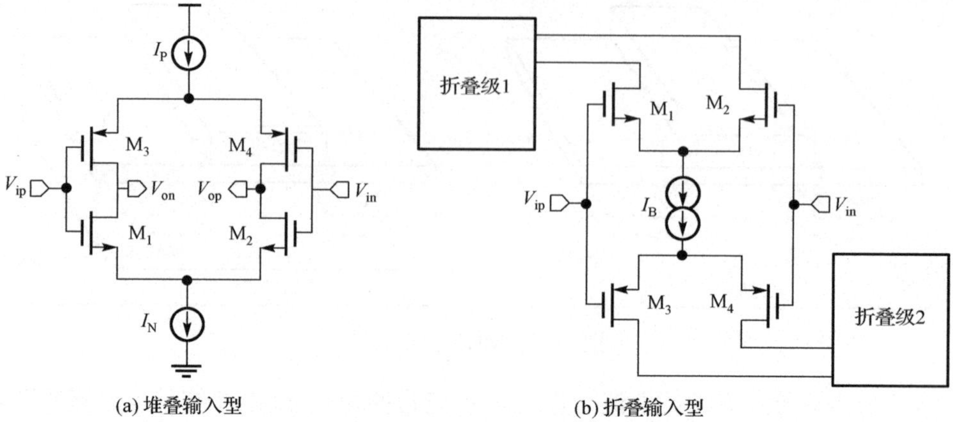

图 2.57　两种互补输入型电流复用电路

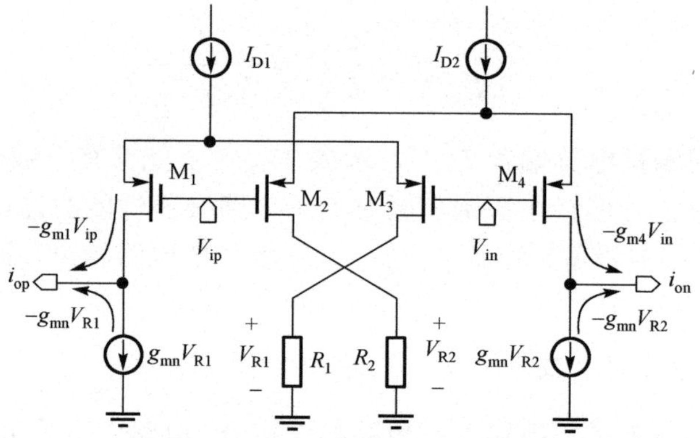

图 2.58　输入跨导自举电路原理

放大器中差分输入管为 M_1 和 M_4，M_2 和 M_3 为跨导自举管。V_{ip} 信号由 M_1 跨导后转换为电流 $i_1=g_{m1}V_{ip}$，M_3 将 V_{in} 信号转换为电流 $i_3=g_{m3}V_{in}$，i_3 在电阻 R_1 上的压降为 V_{R1}，则 $V_{R1}=(g_{m3}V_{in})R_1$，通过跨导 g_{mn} 将 V_{R1} 转换成电流输出，因此输出电流 i_{op} 为

$$i_{op}=-(g_{m1}+g_{m3})(V_{ip}-V_{in}) \tag{2-215}$$

同理，可推出输出电流 i_{on} 为

$$i_{on}=-(g_{m4}+g_{m2})(V_{in}-V_{ip}) \tag{2-216}$$

输入管 M_1 和 M_4 尺寸相等，M_2 和 M_3 尺寸相等，并假设输入对管没有失配，则等效输入跨导可推导为

$$g_{m,eff}=\frac{i_o}{V_i}=\frac{i_{op}-i_{on}}{V_{ip}-V_{in}}=g_{m1,4}+g_{m2,3} \tag{2-217}$$

由此，通过自举电路提升了输入管的等效跨导。但由于 M_2 与 M_3 消耗一定电流，跨导自举技术对能效因子 NEF 的贡献主要是通过降低电路的等效输入噪声获得的。

4. 源极退化技术

源极退化技术是通过在电流源 MOS 管源极加上较大的电阻，用于衰减 MOS 管的有效跨导，并利用电阻负反馈作用降低 MOS 管 $1/f$ 噪声。图 2.59 给出了源极退化技术原理电路。

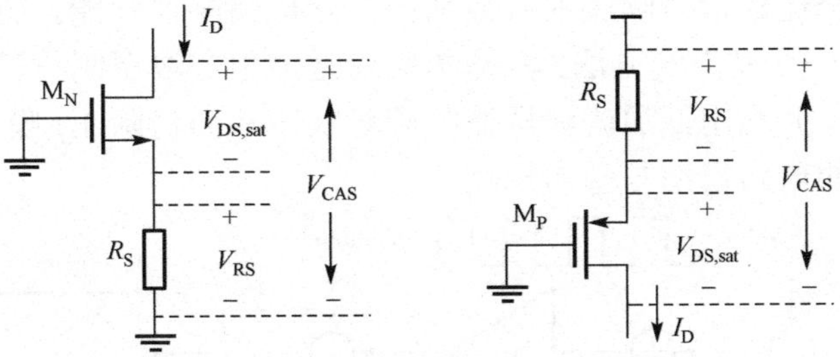

图 2.59　源极退化技术原理电路

直观上，MOS 管的噪声电流 i_{noise} 在 R_S 上会产生额外电压，该电压在 MOS 管源极负反馈电阻 R_S 作用下调节漏极电流 I_D 从而抵消噪声电流。为保证电流源 MOS 管处于饱和区，MOS 管漏极最小电压 $V_{D,min}$ 为

$$V_{D,min} = V_{DS,sat} + V_{RS} \tag{2-218}$$

其中，$V_{DS,sat}$ 为 MOS 管的饱和漏-源电压；V_{RS} 为电阻 R_S 的压降。通过加入源极退化电阻 R_S，MOS 晶体管的有效跨导 $g_{m,eff}$ 等效为

$$g_{m,eff} = \frac{g_m}{1+g_m R_S} = \frac{1}{R_S}\frac{2V_{RS}}{2V_{RS}+V_{DS,sat}-2U_T} \tag{2-219}$$

因此，MOS 管与电阻 R_S 等效的热噪声电流功率谱密度可以表达为

$$S_{i,thermal} = 4kT\left[\frac{\gamma g_m}{(1+g_m R_S)^2} + \frac{1}{R_S}\left(\frac{g_m R_S}{1+g_m R_S}\right)^2\right] \tag{2-220}$$

由式(2-220)可看出，电阻 R_S 可以有效衰减 MOS 管的热噪声电流(中括号内第一项)，但由于电阻本身也引入了热噪声电流(中括号内第二项)，因此源极负反馈技术对热噪声改善效果不明显。

由于电阻 R_S 衰减了 MOS 管的跨导，则 MOS 管 $1/f$ 噪声电流可表达为

$$\overline{i_{1/f}^2} = \frac{k_p g_{m,eff}}{C_{ox}(WL)}\frac{1}{f} = \frac{k_p}{C_{ox}(WL)}\frac{g_m}{1+g_m R_S}\frac{1}{f} \tag{2-221}$$

其中，k_p为工艺因子。源极电阻R_S通过衰减MOS的g_m可以降低MOS管$1/f$噪声，并且源极电阻R_S本身不产生$1/f$噪声，因此电路整体噪声可以得到优化。为了最大限度地优化电路噪声性能，源极退化电阻R_S与MOS管的跨导g_m须满足$R_S g_m \gg 1$。

5. 斩波调制技术

通常的低频噪声消除方法有自归零技术和斩波调制技术。自归零技术是基于开关电容的采样与放大原理实现的，其适用于离散信号处理过程。对于连续时间信号处理的放大器电路，自归零技术须引入Ping-Pang技术，并且自归零的采样过程引入的噪声折叠等会造成信号噪底的升高从而恶化电路噪声性能。斩波调制是一种常见的消除MOS管$1/f$噪声的方法，其基本原理是采用方波调制与解调的方法，将$1/f$噪声调制到高频，并利用低通滤波器滤除高频噪声从而消除$1/f$噪声。图2.60给出了斩波调制技术的电路模型与基本原理。

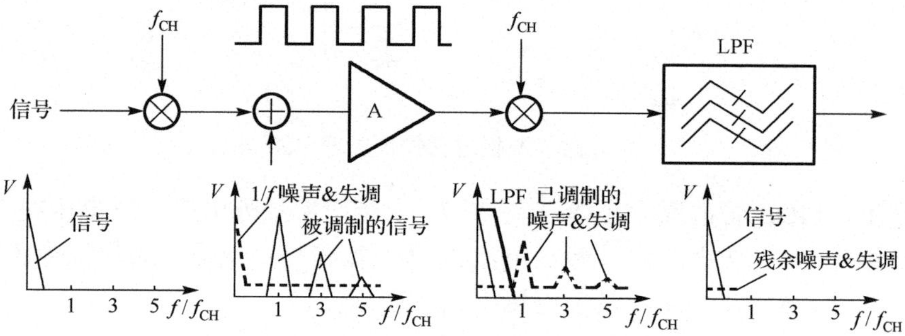

图2.60　斩波调制技术的电路模型与基本原理

斩波调制的基本过程为：低频信号被斩波调制器调制到斩波频率上，斩波频率一般远远高于$1/f$转角频率，调制到高频的信号与放大器中的$1/f$噪声以及失调电压(offset)相加，得到低频$1/f$噪声与高频有用信号的混合信号，该混合信号经过第二个调制器后，高频信号被解调重新回到信号基频，而低频的$1/f$噪声与失调电压被调制到高频，将解调后的信号经过低通滤波器去除高频噪声，滤波器输出得到消除噪声后的纯净信号。

斩波技术采用方波作为调制信号，方波的频谱$S_{CH}(f)$可表示为

$$S_{CH}(f)=\sum_{n=-\infty}^{n=+\infty}C(n)\delta(f-nf_{CH}),\quad |C(n)|=\begin{cases}\dfrac{2}{n\pi}, & n\in \text{odd}\\ 0, & n\in \text{even}\end{cases} \tag{2-222}$$

假设斩波放大器的输入信号频谱为$X(f)$，则低频信号与方波信号混频后得到调制到高频的信号频谱为

$$S_M(f)=\left(\frac{2}{\pi}\right)\sum_{n=-\infty}^{n=+\infty}\frac{1}{n}X(f-nf_{CH}),\ n\in \text{odd} \tag{2-223}$$

经过第二次斩波解调器，信号输出的频谱 $Y(f)$ 可表示为

$$Y(f)=\left(\frac{2}{\pi}\right)^2\sum_{n=-\infty}^{n=+\infty}\sum_{m=-\infty}^{m=+\infty}\frac{1}{n}\frac{1}{m}X[f-(n+m)f_{\mathrm{CH}}],\quad \begin{cases}n\in \mathrm{odd}\\ m\in \mathrm{odd}\end{cases} \tag{2-224}$$

斩波调制只作用于放大器的 $1/f$ 噪声与失调电压，热噪声基本不受影响。假设运算放大器的带宽远大于斩波频率 f_{CH}，放大器经过斩波调制器作用后其等效输入噪声功率谱可表示为

$$S_{\text{input-referred}}(f)=\left(\frac{2}{\pi}\right)^2\sum_{n=-\infty}^{n=+\infty}\frac{1}{n^2}S_{\mathrm{vn}}(f-nf_{\mathrm{CH}}) \tag{2-225}$$

假设热噪声功率谱基本不变，且 $1/f$ 噪声与热噪声相等的点为 $1/f$ 噪声转角频率 $f_{1/f}$，则等效输入 $1/f$ 噪声功率谱密度为

$$S_{1/f}=\frac{8}{\pi^2}S_0\frac{f_{1/f}}{f_{\mathrm{CH}}}\times 0.8525S_0\frac{f_{1/f}}{f_{\mathrm{CH}}} \tag{2-226}$$

则热噪声与 $1/f$ 噪声等效到电路输入端的总噪声功率谱密度之和为

$$S_{\text{input-referred}}(f)=S_0\left(1+0.8525\frac{f_{1/f}}{f_{\mathrm{CH}}}\right) \tag{2-227}$$

由式(2-227)可看出，当斩波频率 f_{CH} 远大于 $1/f$ 噪声转角频率时，低频 $1/f$ 噪声基本被消除。同时，斩波调制技术能够有效消除运算放大器的输入端失调电压、降低输入 MOS 管的匹配要求。另外，斩波调制技术对电源电压、功耗、面积等没有要求，为可穿戴应用的模拟信号处理提供了一种可靠的低功耗、低噪声解决方案。

然而，由于运算放大器的有限增益带宽、MOS 开关的噪声等非理想因素，斩波调制技术会引入额外的噪声以及干扰。图 2.61 给出了斩波调制器的晶体管级电路，斩波调制器主要由 4 个 MOS 管构成，φ_1 和 φ_2 为非交叠时钟。在时钟 φ_1=“1”和 φ_2=“0”时 M_1/M_2 导通，M_3/M_4 关断，当时钟 φ_1=“1”和 φ_2=“0”时，M_3/M_4 导通，M_1/M_2 关断。开关的通断切换会出现尖峰、毛刺，并且 MOS 管噪声、电阻非线性等会引入噪声。

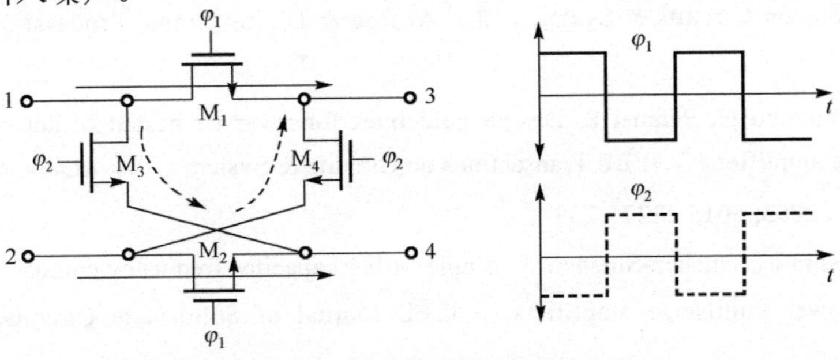

图 2.61　斩波调制器电路结构

在斩波时钟高电平阶段，放大器将信号放大。然而，放大器的有限增益、带宽、摆率会影响信号的建立。假设放大器的输出摆率满足要求，放大器的有效增益 A_{eff} 可表示为

$$A_{\text{eff}} = A_0\left(1 - \frac{4.3}{2\pi f_{-3\text{dB}} T_{\text{CH}}}\right) \tag{2-228}$$

其中，A_0 为无斩波作用时放大器增益；$f_{-3\text{dB}}$ 为放大器的−3dB 带宽频率；T_{CH} 为斩波高电平持续时间。因此，放大器的−3dB 带宽应大于两倍的斩波频率，以减小放大器增益损失。

此外，放大器输入 MOS 管的失配会引入输入失调电压，该失调电压在斩波调制器的作用下在运算放大器输出端引入高频纹波电压。输入失调引入的输出纹波会严重影响信号波形，并可能导致运算放大器输出饱和、运算放大器不稳定的问题。因此，需要在放大器内部实现负反馈环路来抑制输出纹波。

参 考 文 献

[1] Gray P R. Basic MOS Operational Amplifier Design-An Overview[M]. New York: IEEE Press, 1980: 28-49.

[2] Gray P R. Analysis and Design of Analog Integrated Circuits[M]. 3rd ed. New York: Wiley, 1993.

[3] Tsividis Y P. Design considerations in single-channel MOS analog integrated circuits-a tutorial[J]. IEEE Solid-State Circuits, 1978, 13(3): 383-391.

[4] Gray P R. Advances in monolithic operational amplifier design[J]. IEEE Transactions on Circuits Systems, 1974, 21: 317-327.

[5] Jeng M C. Design and modeling of deep-submicrometer MOSFETs, memorandum No. UCB/ERL M90/90[R]. Berkeley: University of California, 1990.

[6] Leung K N, Mok P K T. Nested Miller compensation in low-power CMOS design[J]. IEEE Transactions on Circuits & Systems Ⅱ: Analog & Digital Signal Processing, 2001, 48(4): 388-394.

[7] Mita R, Palumbo G, Pennisi S. Design guidelines for reversed nested Miller compensation in three-stage amplifiers[J]. IEEE Transactions on Circuits & Systems Ⅱ: Analog & Digital Signal Processing, 2003, 50(5):227 - 233.

[8] Fan X, Mishra C, Sanchez-Sinencio E. Single Miller capacitor frequency compensation technique for low-power multistage amplifiers[J]. IEEE Journal of Solid-State Circuits, 2005, 40(3): 584-592.

[9] Lee H, Mok P K T. Active-feedback frequency-compensation technique for low-power multistage amplifiers[J]. IEEE Journal of Solid-State Circuits, 2003, 38(3): 511-520.

[10] Kumar-Thandri S B, Silva-Martinez J, Maloberti F. A feedforward compensation scheme for high gain wideband amplifiers[C]. IEEE International Conference on Electronics, Circuits & Systems, 2001:1115 - 1118.

[11] Saxena V, Baker R J. Compensation of CMOS op-amps using split-length transistors[C]. IEEE International Symposium on Circuits & Systems, 2008:109 - 112.

[12] Elwan H O, Ismall M. Digitally programmable decibel-linear CMOS VGA for low-power mixed-signal applications[J]. IEEE Transactions on Circuits & Systems Ⅱ: Analog & Digital Signal Processing, 2000, 47(5): 388-398.

[13] Yamaji T, Kanou N, Itakura T. A temperature-stable CMOS variable-gain amplifier with 80-dB linearly controlled gain range[J]. IEEE Journal of Solid-State Circuits, 2002, 37(5): 553-558.

[14] Pertijs M A P, Kindt W J. A 140 dB-CMRR current-feedback instrumentation amplifier employing ping-pong auto-zeroing and chopping[J]. IEEE Journal of Solid-State Circuits, 2010, 45(10): 2044-2056.

[15] Spinelli E M, Pallàs-Areny R, Mayosky M A. AC-coupled front-end for biopotential measurements[J]. IEEE Transactions on Biomedical Engineering, 2003, 50(3):391-395.

[16] Da He D, Sodini C G. A 58nW ECG ASIC with motion-tolerant heartbeat timing extraction for wearable cardiovascular monitoring[J]. IEEE Transactions on Biomedical Circuits and System, 2015, 9(3): 370-376.

第 3 章　锁相环和片上时钟

3.1　模拟锁相环理论和电路

锁相环电路是一个闭环的相位误差控制系统，通过负反馈特性使得输出信号与输入信号在频率和相位上保持一个恒定的关系，从而实现频率倍增、频率合成、减小时钟偏移和抖动等功能。一直以来，锁相环由于其结构简单，性能出色，在很多领域得到广泛应用。

3.1.1　锁相环基本工作原理

目前应用最广泛的锁相环结构是电荷泵锁相环[1]，其特点是在鉴相器(phase detector, PD)与滤波器之间加入电荷泵模块。相比于其他类型的锁相环电路，电荷泵锁相环主要有三个优势：一是锁相环的锁定范围较宽，等于 VCO 的输出频率范围，且不存在误锁现象；二是系统的输入输出信号相位差会通过电荷泵无限放大，在系统锁定时可以实现零静态相差；三是通过调节电荷泵充放电电流大小，可以方便地控制锁相环带宽，从而进一步控制环路锁定时间。本书研究的主要对象是电荷泵锁相环，如果没有特别说明，下面所讲锁相环皆默认为电荷泵锁相环。

图 3.1 所示为常见的电荷泵锁相环结构图，它包含五个基本的模块：鉴频鉴相器、电荷泵(charge pump, CP)、环路滤波器(loop filter, LF)、VCO 以及分频器。下面将逐一进行分析。

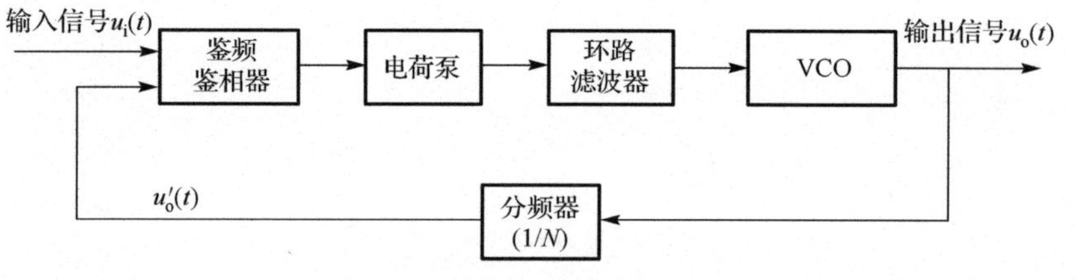

图 3.1　电荷泵锁相环结构图

3.1.2　鉴频鉴相器

电荷泵锁相环电路中的鉴频鉴相器由数字电路实现，用于检测外部参考信号和分频器反馈信号之间的相位差和频率差。如图 3.2 所示，基本的鉴频鉴相器结构可由两个 D 边缘触发器和一个与门构成。这种鉴频鉴相器可以输出三种逻辑状态，也称三态鉴相器。

鉴频鉴相器工作时，两个 D 触发器的 D 端都被置为高电平“1”，输入信号 A 和 B 作为 D 触发器的时钟。在锁相环系统中，信号 A 为外部参考信号，信号 B 为分频器的反馈信号。RESET 信号是由两个 D 触发器的输出经过与门后产生的。

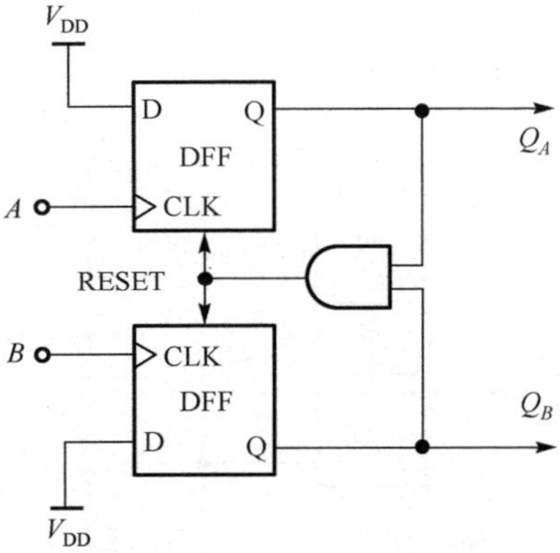

图 3.2　鉴频鉴相器原理图

设鉴频鉴相器初始状态 A、B 为“0”，且 Q_A、Q_B 也为“0”。当 A 的上升沿到来时，输出信号 Q_A 首先变为高电平，之后 B 的上升沿到来时，输出信号 Q_B 也变为高电平。这时，在 Q_A 和 Q_B 都为高电平的作用下，RESET 信号有效，促使 D 触发器复位，将 Q_A 和 Q_B 信号同时置零。即当 A 和 B 的上升沿对齐时，Q_A 和 Q_B 都恢复“0”的状态。

图 3.3 为鉴频鉴相器输入信号存在固定相差和固定频差的波形图，这种鉴相器可以很好地实现鉴相、鉴频的功能。因为此类鉴频鉴相器是边沿触发器件，只检测两输入信号的上升沿，对输入信号的占空比没有要求。

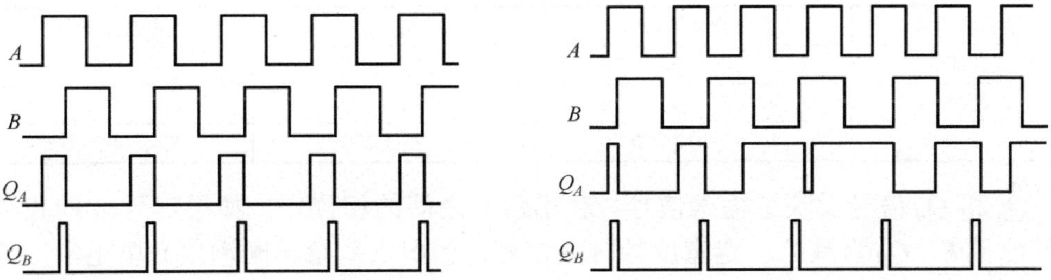

(a) $Q_A>Q_B$　　(b) $f_A>f_B$

图 3.3　PFD 输出波形图

鉴频鉴相器的性能指标主要有鉴相灵敏度、鉴相器线性范围、输出纹波大小、“死区”时间等。其中“死区”时间代表鉴相精度，是鉴频鉴相器最重要的指标。

3.1.3　电荷泵

电荷泵的主要功能是将鉴频鉴相器输出的代表相位差信息的逻辑电平转化为电流信号，在控制开关的作用下对环路滤波器进行充放电，使得滤波器电容上的电压 V_{CTRL} 升高或者降低。传统类型电荷泵的基本原理如图 3.4 所示，电荷泵包含两个恒定的电流源(I_1、I_2)和两个控制开关(K_1、K_2)。开关 K_1、K_2 一般由 MOS 管实现，并由鉴频鉴相器的输出信号 Q_A、Q_B 控制。

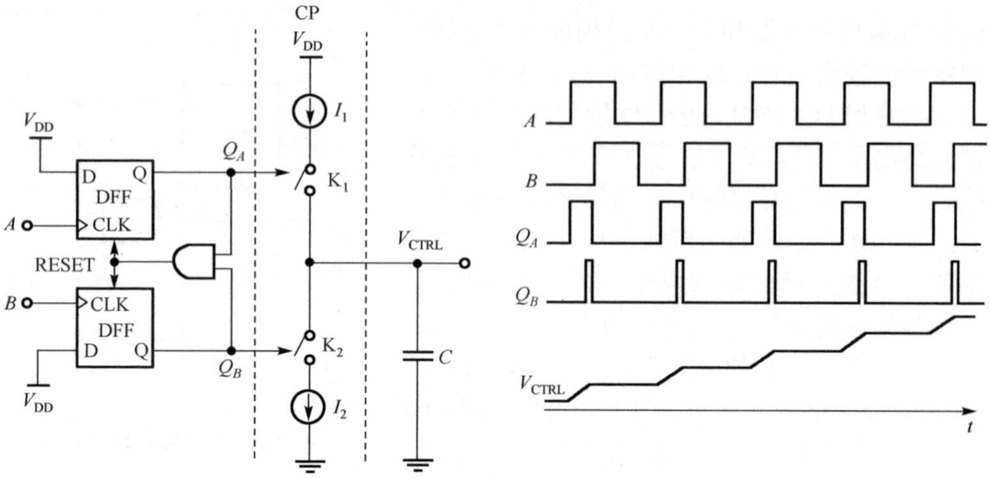

图 3.4　电荷泵结构图及波形图

电荷泵的输入信号 Q_A、Q_B 有三种逻辑状态，对应电荷泵有充电、放电和保持三种工作状态，如表 3.1 所示。

表 3.1　电荷泵的三种工作状态

鉴相器输入	电荷泵输入	控制开关	电荷泵输出
A 超前 B	Q_A 为“1”、Q_B 为“0”	K_1 导通、K_2 断开	充电，V_{CTRL} 上升
B 超前 A	Q_B 为“1”、Q_A 为“0”	K_1 断开、K_2 导通	放电，V_{CTRL} 下降
A、B 同步	Q_A、Q_B 均为“0”	K_1、K_2 都断开	V_{CTRL} 保持不变

Q_A 和 Q_B 信号反映了输入信号与输出信号之间的相位差。如果信号 A 的相位超前于信号 B，Q_A 为具有一定宽度的方波信号，使得电荷泵不断输出充电电流，进而使得 V_{CTRL} 值呈阶梯形逐渐升高；反之若信号 A 的相位落后于信号 B，则 V_{CTRL} 呈阶梯形下降。如果 Q_A 和 Q_B 都为低电平“0”，则说明输入输出信号相位差等于 0，此时环路锁定。I_1 和 I_2 为电荷泵的上拉电流和下拉电流，也就是电荷泵充电电流和放电电流，在电路设计时应尽量使 I_1=I_2。

假设电路工作时参考信号的周期为 T_{REF}，相位差为 $\Delta\phi$，电荷泵的充放电电流为 I_{CP}，则一个周期内的平均电流为

$$\overline{I_{CP}}=\frac{\Delta T}{T_{REF}}\cdot I_{CP}=\frac{\Delta\phi}{2\pi}\cdot I_{CP} \tag{3-1}$$

所以鉴频鉴相器和 CP 的整体增益为

$$K_D=\frac{I_{CP}}{2\pi} \tag{3-2}$$

实际的电荷泵工作工程中不可避免地会出现输入信号不同步、电荷泄漏、时钟

馈通、过冲注入电流、充放电电流不匹配等非理想情况。这些非理想情况会引起 VCO 的控制电压出现纹波或者抖动，并进一步调制 VCO 的输出频率，造成频率偏差，恶化锁相环系统的相位噪声性能[2]。因此在电荷泵电路设计时应尽量减少或消除这些非理想因素的影响。

3.1.4　环路滤波器

锁相环中使用的环路滤波器为低通滤波器(low-pass filter, LPF)，该滤波器仅由电容和电阻组成，也称无源滤波器。低通滤波器用于滤除电荷泵输出信号的高频分量，输出一个近似直流值 $V_C(t)$，作为 VCO 的控制信号。滤波器的引入使电荷泵的输出脉冲电流转变为 VCO 的控制电压，并抑制了控制电压的纹波和毛刺，提高了系统的稳定性。

环路滤波器的频域表达式可以写为

$$Z_{LF}(s)=\frac{V_C(s)}{V_D(s)} \tag{3-3}$$

其中，$V_C(s)$、$V_D(s)$ 分别为滤波器输出信号 $V_C(t)$ 和输入信号 $V_D(t)$ 的频域变换。

图 3.5 列举了常见的几种低通无源滤波器结构，最简单的低通滤波器可以由单个电容实现，如图 3.5(a)所示，其传输函数如式(3-4)所示。此时的锁相环闭环传输函数的两个极点都位于虚轴上，锁相环的相位裕度过小，系统稳定性较差，需要增加额外的零点来调整相位裕度。

$$Z_{LF}(s)=1/(sC_p) \tag{3-4}$$

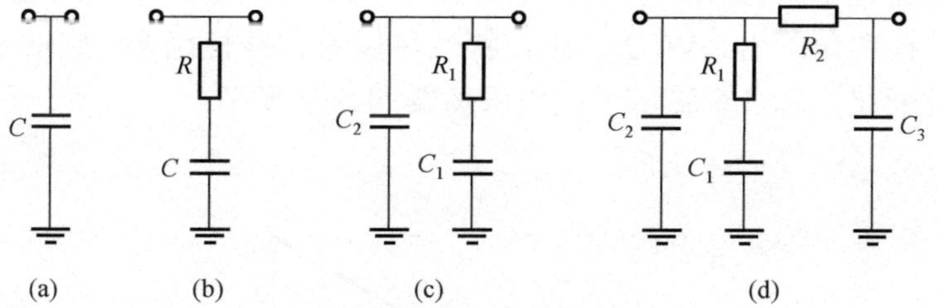

图 3.5　几种低通无源滤波器结构

在图 3.5(b)中，滤波器引入一个电阻，电路中增加了一个零点。其传输函数如式(3-5)所示。通过调整零点位置可以使系统稳定。图中由于电阻的存在，每次电荷泵充电或者放电时，连接到 VCO 的控制电压会发生一个大的电平跳跃，这种现象的存在会增加锁相环的相位噪声。

$$Z_{LF}(s)=R+1/(sC_p) \tag{3-5}$$

为了避免电压的突变，可以在滤波器电路中再并联一个电容，如图 3.5(c)所示。

电容 C_2 的引入能有效抑制控制电压的毛刺和突变，此时滤波器传输函数中存在两个极点，称为二阶滤波器，构成的锁相环称为三阶锁相环。滤波器传输函数如式(3-6)所示。

$$Z_{\mathrm{LF}}(s)=\frac{1+sR_1C_1}{s^2R_1C_1C_2+s(C_1+C_2)} \tag{3-6}$$

当系统需要滤波器在高频有更好的噪声抑制性能时，可以在滤波器中再次引入一个极点，构成三阶滤波器。此时滤波器的增益在高频时可达到–40dB 每 10 倍频程。其传输函数为

$$Z_{\mathrm{LF}}(s)=\frac{1}{s}\frac{\dfrac{1+s\tau_1}{C_1+C_2+C_3}}{1+s\dfrac{C_1\tau_2+C_2(\tau_1+\tau_2)+C_3\tau_1}{C_1+C_2+C_3}+s^2\tau_1\tau_2\dfrac{C_2}{C_1+C_2+C_3}} \tag{3-7}$$

其中，$\tau_1=R_1C_1$，$\tau_2=R_2C_3$。此时构成的锁相环称为四阶锁相环。环路滤波器的主要指标有带宽、低频增益、高频增益等，它们主要由滤波器中的电阻、电容值决定。滤波器的设计决定了锁相环的零极点个数以及所处的相对位置。

3.1.5　压控振荡器

VCO 就是通过电压控制信号振荡频率的电路模块，最常见的 VCO 有电感电容谐振 VCO 和环形振荡 VCO 两种。VCO 通过自激振荡的方式，将直流电能转换为交流电能，源源不断地产生交流信号。在输出端的交流信号称为 VCO 的输出信号，它的频率值由压控电压控制。

从数学建模的角度看，VCO 的压控特性可以看作线性函数。它的输出频率随着控制电压线性变化。图 3.6 展示了理想振荡器的数学模型。

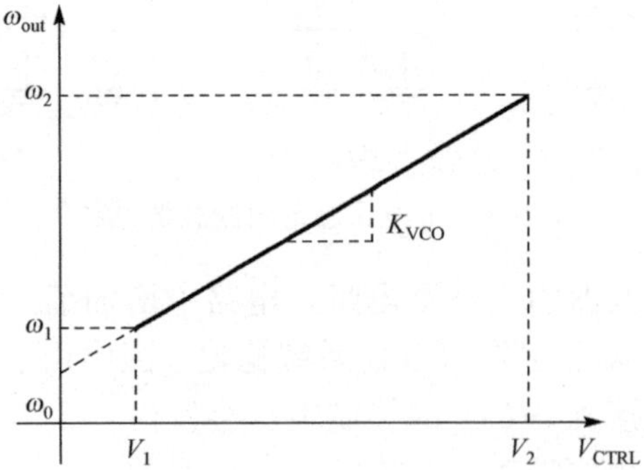

图 3.6　压控振荡器的特性

如图 3.6 所示，理想情况下 VCO 的特性曲线是一条直线，当控制电压 V_{CTRL} 从

V_1 变化到 V_2 时，输出频率 ω_{out} 从 ω_1 变化到 ω_2。ω_0 表示控制电压为 0 时 VCO 的振荡频率，曲线斜率 K_{VCO} 代表 VCO 的压控增益。VCO 压控特性可以用数学公式表示为

$$\omega_{out} = \omega_0 + K_{VCO}V_{CTRL} \tag{3-8}$$

从反馈理论的角度看，VCO 可以认为是一个设计拙劣的负反馈电路。由于反馈路径上的相移较大，负反馈变成了正反馈，电路开始振荡。为了克服反馈路径上的损耗，保证振荡持续下去，VCO 需要足够的增益以及较大的相移。图 3.7 给出了反馈振荡模型。

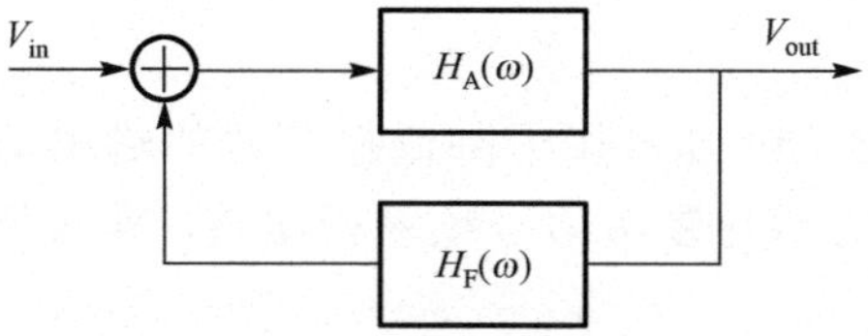

图 3.7　反馈振荡模型

图 3.7 中 $H_A(\omega)$ 为前向通路的传输函数，$H_F(\omega)$ 为反馈通路的传输函数。根据反馈系统理论可以得到 V_{out} 与 V_{in} 的关系式如下：

$$\frac{V_{out}}{V_{in}} = \frac{H_A(\omega)}{1 - H_A(\omega)H_F(\omega)} \tag{3-9}$$

$$H(\omega) = H_A(\omega)H_F(\omega) \tag{3-10}$$

式(3-9)与式(3-10)分别列出了此反馈系统的开环增益和闭环增益。为了从理论角度分析一个反馈系统能否起振，德国物理学家 Barkhausen 给出了两个判断依据，也称 Barkhausen 判据，如式(3-11)与式(3-12)所示。

$$|H(s = j\omega_0)| \geqslant 1 \tag{3-11}$$

$$\angle H(s = j\omega_0) = 180^\circ \tag{3-12}$$

式(3-11)要求环路增益大于等于 1，满足这个条件可以使一个微弱的噪声信号无限放大。式(3-12)要求在环路的每个周期内，输入信号和输出信号的相位都发生 180° 翻转，使电路出现振荡现象而不是锁定现象。当满足这两个条件时，振荡器经历起振、振荡平衡、振荡稳定三个阶段后可以输出稳定的交流信号。

VCO 的主要性能指标有如下几个。

(1) 中心频率：指 VCO 的最高输出频率与最低输出频率的平均值，一般根据应用需求或通信协议决定。

(2) 调谐范围：指 VCO 的最高输出频率与最低输出频率的差。其值由两个因素决定：一方面根据实际需要，VCO 的输出频率范围需要满足指标要求；另一方面工

艺和温度的变化会导致 VCO 的中心频率发生变化，调节范围需要留有一定裕度，确保在工艺存在偏差时仍能满足系统要求。

(3) 调谐增益：指 VCO 的压控增益 K_{VCO}，代表电路的灵敏度，单位为 rad/(s·V)。实际的 VCO 调谐过程是非线性的，即增益 K_{VCO} 不是常数。

(4) 输出电压摆幅：指振荡器的振荡幅度。振荡幅度越大，代表信号功率越大，抗噪声能力越强，适当增加信号摆幅可以提高振荡器噪声性能。

(5) 相位噪声：指 VCO 的输出信号相位与理想相位的偏离情况，VCO 相位噪声很大程度上决定了 PLL 的相位噪声，在设计时应尽可能降低 VCO 的相位噪声。

3.1.6　分频器

在锁相环中，分频器(divider)用于降低振荡器的输出信号频率，方便振荡器输出频率缩小到 N 分之一之后与参考信号频率相比较，实现锁相环倍频功能。它的传输函数为

$$H(s)=1/N \tag{3-13}$$

简单的分频器电路可用计数器实现，改变计数值可以改变分频系数，实现不同的分频比。分频器的引入使锁相环电路多了一个噪声源。如果使用小数分频器，其噪声随频率增大而增加，对锁相环相位噪声在较远频偏处的影响更为严重，所以在使用小数分频器时，一般会采用更高阶的滤波器，以压制分频器在带外的噪声影响。另外，分频比与环路增益成反比，使用分频器后会降低整个系统的环路增益，分频系数 N 增大会恶化参考源、电荷泵等锁相环其他模块的带内噪声。同时，分频比会影响锁相环系统的稳定性和锁定速度，一般设计时，在满足系统功能的前提下，尽量使用较小的分频系数 N。

3.1.7　锁相环线性模型

本质上而言，电荷泵型锁相环是一个离散的非线性系统。鉴频鉴相器的周期性采样和电荷泵周期性充放电，决定了锁相环是一个离散系统，而锁相环的动态锁定过程是一个非线性过程。但是，当系统处于锁相状态，而且当鉴频鉴相器的采样频率远远大于环路带宽时，可以将锁相环环路等效为一个线性的连续系统[3]。对于线性系统，采用傅里叶变换或者拉普拉斯变换，可以将复杂的时域关系转换为较清晰简洁的频域关系。通过频域的传输函数，可以清晰描述线性电路的输入输出关系，这是分析和设计锁相环频率合成器极其有用的工具。值得注意的是，锁相环被认为是处理信号相位的系统，所关注的量是信号的相位而不是电压或者电流值。这里将根据锁相环输入输出的相位关系，建立锁相环频率合成器的线性模型，得出系统的传输函数。

结合前面对锁相环各模块的分析，图 3.8 给出了锁相环相位传输关系的 S 域线性时不变(linear time-invariant，LTI)模型。这里可以将鉴频鉴相器和电荷泵看作一个整体模块，首先检测参考信号和反馈信号的相位差 $\Delta\phi$ ，相位差与鉴频鉴相器增益 1/2 π 相乘，并通过电荷泵将其转换为误差电流 $I_{\mathrm{CP,out}}$。它们的总体增益可用 K_{PFD} 来表示。

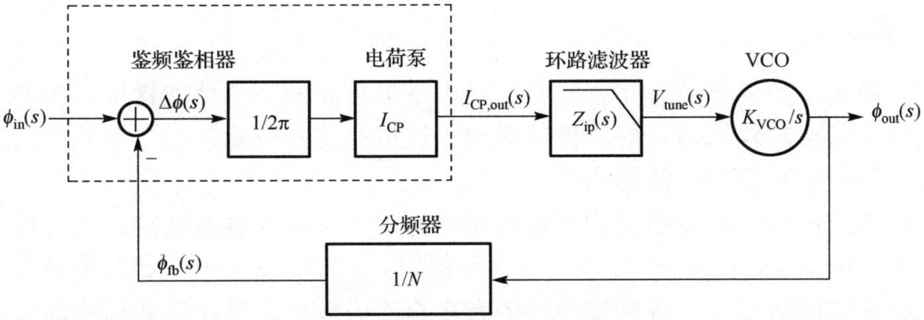

图 3.8　锁相环的 S 域 LTI 模型

低通环路滤波器用于将误差电流转化为控制 VCO 振荡频率的直流电压 V_{CTRL}，通常用跨阻 $Z_{\mathrm{ip}}(s)$ 模型来描述环路滤波器的特性。

VCO 的数学模型为一个积分器，输入电压 V_{CTRL} 的增益为 K_{VCO}(单位：rad/V)，振荡频率受 V_{CTRL} 的控制，并在积分器的作用下转换为输出相位 ϕ_{out} ，所以 VCO 的 S 域模型可表示如下：

$$\frac{\phi_{\mathrm{out}}(s)}{V_{\mathrm{CTRL}}(s)}=\frac{K_{\mathrm{VCO}}}{s} \tag{3-14}$$

分频器对 VCO 输出相位 ϕ_{out} 进行 N 分频，并反馈到鉴频鉴相器的输入端，其 S 域模型可用 1/N 来表示。经过上述分析，可以得出锁相环频率合成器的开环传输函数为

$$G(s)=\frac{I_{\mathrm{CP}}Z_{\mathrm{ip}}(s)K_{\mathrm{VCO}}}{2\pi Ns}=\frac{K_{\mathrm{PFD}}Z_{\mathrm{ip}}(s)K_{\mathrm{VCO}}}{Ns} \tag{3-15}$$

通过反馈的理论知识，闭环传递函数可以由开环传递函数导出为

$$H(s)=\frac{NG(s)}{1+G(s)} \tag{3-16}$$

锁相环系统的性能很大程度上取决于环路滤波器的结构，滤波器的种类和阶数的选取决定了系统零极点的位置。在锁相环电路中的滤波通常为电阻电容构成的无源滤波器。由于 VCO 的积分特性，已经在锁相环开环传输函数中引入了一个位于虚轴上的极点，一般认为锁相环的阶数为滤波器阶数加一。一阶滤波器的输出电压会有较大抖动，会带来环路稳定性方面的问题；高阶数的滤波器可以得到较好的噪

声特性，但是高阶滤波器设计复杂，且更多的极点也会带来系统稳定性方面的问题。基于折中考虑，通常应用于锁相环系统的滤波器为二阶或者三阶，对应的锁相环频率合成器为三阶或者四阶。

3.1.8　锁相环的性能指标

1. 相位噪声

对于锁相环频率合成器而言，相位噪声是最重要的一个性能指标，相位噪声的大小反映了频率源输出信号的频谱纯净度。这里介绍相位噪声的定义并讨论其对无线收发机接收端和发射端的影响。

如图 3.9 所示，理想的锁相环输出频谱为一个单独的频谱脉冲，其时域表达式为$V(t)=A_0\sin(2\pi f_c t)$，其中 A_0 为信号的振幅值，f_c 为信号频率，它们都是不变的常数。但是在实际情况下，各种噪声源的存在会造成输出信号相位和幅值的变化，锁相环的输出频谱中存在频率杂散，并且单独的频谱脉冲附近呈现出连续的频谱边带。此时信号的时域表达式为

$$V(t)=A_0[1+A(t)]\sin[2\pi f_c t+\phi(t)] \tag{3-17}$$

其中，$A(t)$和$\phi(t)$分别为幅度扰动项和相位扰动项。通常幅值的扰动可以通过限幅机制滤除，对系统性能影响不是很大。但是$\phi(t)$的存在会改变信号过零点的相位，并且难以消除，在设计时怎样减小$\phi(t)$是设计的难点和决定频率合成器性能的关键。

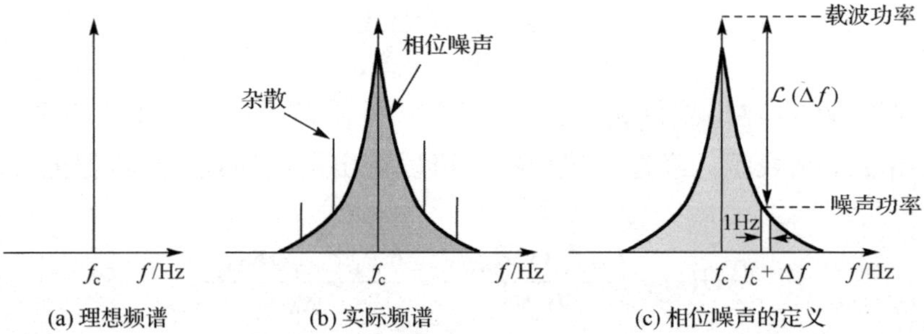

图 3.9　锁相环输出的频谱

相位扰动项$\phi(t)$中存在周期性和随机性的两种分量。如图 3.9(b)所示，周期性扰动在频谱中表现为离散的频谱脉冲，即下面将讨论的频谱杂散；随机性扰动在频谱中表现为载波频谱脉冲附近扩展出连续的频率边带，即相位噪声。

为了定量描述锁相环输出信号的相位噪声值，引入单边带(single sideband, SSB)相位噪声函数$\mathcal{L}(\Delta f)$。$\mathcal{L}(\Delta f)$定义为距离载波频率f_c一定频偏Δf处，单位带宽内的噪声功率与载波信号功率的比值[4]，单位为 dBc/Hz，其计算公式为

$$\mathcal{L}(\Delta f)=10\lg\left[\frac{P_{\text{noise}}(f_{\text{c}}+\Delta f)}{p_{\text{carrier}}(f_{\text{c}})}\right] \tag{3-18}$$

在计算相位噪声双边带功率谱密度时，人们引入双边带功率谱密度函数 $S_\phi(\Delta f)$。$\mathcal{L}(\Delta f)$、$S_\phi(\Delta f)$ 都可以表征相位扰动项 $\phi(t)$ 中的随机噪声。两者的转换关系为

$$\mathcal{L}(\Delta f)=10\lg\left[\frac{S_\phi(\Delta f)}{2}\right] \tag{3-19}$$

如果忽略频谱杂散，只考虑随机相位噪声对信号相位的影响，根据式(3-18)和式(3-19)就可以导出相位噪声的双边带功率谱密度表达式：

$$\frac{S_\phi(\Delta f)}{2}=\frac{\phi_{\text{rms}}^2(\Delta f)}{2}=\frac{A_{\text{sb}}(\Delta f)}{A_0}=10^{\mathcal{L}(\Delta f)/10}(\text{rad}^2/\text{Hz}) \tag{3-20}$$

其中，$\phi_{\text{rms}}^2(\Delta f)$ 表示载波频偏 Δf 处，1Hz 带宽内相位噪声功率的均方根值。由式(3-20)可知单边带相位噪声 $\mathcal{L}(\Delta f)$ 与双边带功率谱密度 $S_\phi(\Delta f)$ 可以相互转化，是描述相位噪声的两个重要指标。$\mathcal{L}(\Delta f)$ 值主要通过软件仿真或者仪器测量得到，$S_\phi(\Delta f)$ 值主要用于计算所关心的带宽范围内相位噪声的积分值。

2. 杂散

杂散(spur)是锁相环频率合成器的另一个指标，如图 3.9(b)所示，杂散表现为频谱图中距离载波一定频偏处离散的频谱尖峰。在锁相环频率合成器中，杂散一般来源于子电路模块的非理想性或者周期性的频率信号耦合到输出端。例如，电荷泵开关进行周期性的开启和闭合，其频率与外部参考时钟频率一致。由于充放电电流的不一致，电荷分享等非理想因素，造成 VCO 控制电压出现周期性的波动，其中所包含的频率分量为参考时钟频率及其整数倍频率。波动电压进一步调制 VCO 的输出频率，造成 VCO 的输出频谱中出现杂散，分布在参考时钟频率的整数倍频偏处[5]。

杂散对射频收发机的影响类似于相位噪声的影响。在接收机中，通过与载波频率附近的强干扰信号混频，可能会使得杂散信号变频到信道内，从而降低接收机输出 SNR。在发射机中，杂散会影响发射功率谱。无线通信系统中，一般都会对杂散值作出规定。为了降低锁相环频率合成器中的杂散，一般可以减小环路带宽或者使用高阶滤波器的方法，但是环路带宽的减小会影响锁定时间，高阶滤波器会带来系统稳定性方面的问题，所以优化杂散这一指标，需要在设计时考虑各指标的折中以及电路模块的优化设计。

3. 频率调谐范围

频率调谐范围是指锁相环频率合成器输出频率所能覆盖的范围，其值基本由

VCO 的输出范围决定，表征了系统的调谐宽度。一般情况下，通信协议或者收发机系统会对这个指标有明确要求。在设计时应当考虑工艺、电源电压、温度等非理想因素的影响，并留有余量。对于电感电容谐振 VCO 而言，其噪声特性会比较好，但是其输出频率范围一般较窄。设计较宽的输出频率范围一直是电感电容谐振 VCO 设计者所面对的一个难点。

4. 频率分辨率

锁相环频率合成器的输出频谱是一系列离散的频率，两个邻近的离散频率之间的间隔称为频率分辨率。对于整数锁相环频率合成器而言，锁定状态下 VCO 的输出频率 $F_{\text{VCO}}=NF_{\text{REF}}$，最小的输出频率间隔为外部参考频率。无线通信系统中，通常希望频率分辨率越小越好，那么需要较小的参考频率。而为了使锁相环具有较大的环路带宽，以获得快的响应速度，希望外部参考频率越大越好。因而，频率分辨率的设计也存在折中考虑。如果使用分数型锁相环频率合成器，可以释放分辨率对参考频率的限制，分数型频率合成器也是目前的一个应用趋势。

5. 锁定时间

锁定时间是指频率合成器从上电到环路锁定，或者指频率合成器的输出频率从一个稳定的频率点跳转到另一个频率点并稳定下来所需要的时间，也称为捕获时间。对于一些跳频通信系统，如蓝牙(bluetooth)通信系统，需要作为本振源的频率合成器在规定的时间内以特定的频率精度切换频率，这就对频率合成器的锁定时间提出严格要求。对于常见的三阶二型锁相环，当频率变化量较小时，可以通过经验公式来估计环路的锁定时间：

$$t_{\text{lock}}=\ln\left(\frac{\Delta f}{f_{\text{err}}}\right)\Big/(f_{\text{bw}}\zeta_{\text{e}}\phi_{\text{m}}) \tag{3-21}$$

其中，Δf 为频率变化量；f_{err} 为系统锁定时所要求的频率精度；f_{bw} 为系统的闭环带宽；ϕ_{m} 为系统的相位裕度；$\zeta_e(\phi_{\text{m}})$ 为特定的 ϕ_{m} 值下系统的等效阻尼因子。由式(3-21)可知，增大环路带宽有利于环路快速响应，减小锁定时间。但是环路带宽的设计需要和相位噪声、杂散、频率分辨率以及环路稳定性等问题折中考虑，单一的增大环路带宽的方法并不可取。当环路带宽设计过小，或者频率跳变量过大时，上述公式对锁定时间的计算会出现较大偏差，而且锁相环可能会发生周期滑移(cycle slipping)现象，严重恶化锁相环的锁定性能，增加环路锁定时间。

3.2　延迟锁相环理论和电路

与锁相环相比，DLL 不改变输出信号的频率，仅对输入信号和输出信号的相位进行比较，当输出信号的相位与输入信号的相位之差小于某个值后，认为 DLL 实现锁定，输出信号比输入信号延迟了整数个周期[6]。

3.2.1　延迟锁相环的工作原理

DLL 的主结构与锁相环类似，只是将其中的 VCO 换成了压控延迟线(voltage controlled delay line，VCDL)。DLL 通过控制 VCDL 来调节延迟，使输出信号与输入信号的相位相同，从而实现输出信号锁定。图 3.10 给出了 DLL 的原理框图，主要包含四个基本单元，它们分别是鉴相器、电荷泵、环路滤波器以及 VCDL。

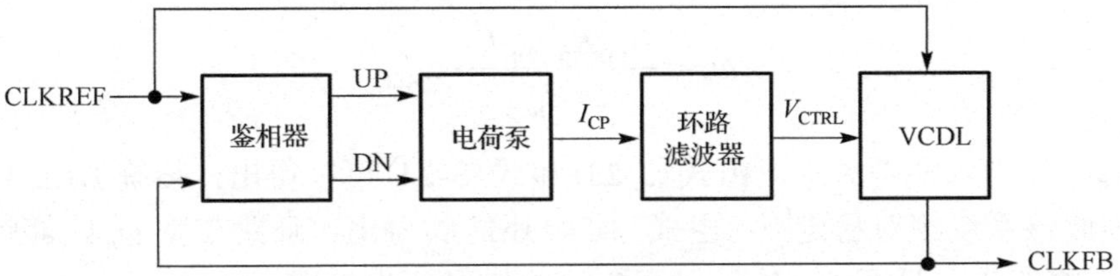

图 3.10　DLL 的原理框图

DLL 的工作原理是鉴相器检测输入信号(CLKREF)与输出反馈信号(CLKFB)两者间的相位差，若两信号间具有相位差，鉴相器会产生与相位差值同宽度的 UP 或是 DN 脉冲信号，以控制电荷泵电流 I_{CP} 对环路滤波器的电容进行充电或放电，改变控制电压 V_{CTRL} 的大小，进而调节 VCDL 的延迟时间。VCDL 由一系列压控延迟单元级联而成，输入信号经过 VCDL 后再反馈回鉴相器，开始下一次比较。重复此动作，直到输出反馈信号与输入信号两者间的相位差为零，此时 DLL 锁定。

3.2.2　延迟锁相环的小信号模型分析

不同于锁相环，DLL 只有环路滤波器引入极点，所以相对更加稳定。图 3.11 所示为 DLL 的小信号模型图。图 3.11 中的参数包括：鉴相器增益 K_{PD}(s/rad)、电荷泵电流 I_{CP}(A)、环路滤波器传输函数 $F(s)$ 以及与延迟单元个数成正比的 VCDL 增益 K_{VCDL} (rad/V)。输入相位与输出相位分别为 $\phi_{in}(s)$ 与 $\phi_{out}(s)$。输入参考时钟的周期为 T_{REF}。

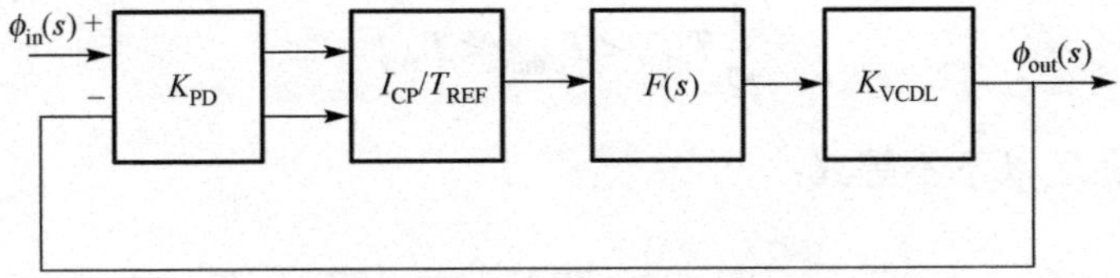

图 3.11　DLL 的小信号模型图

在许多情况中，环路滤波器中仅仅包含一个单电容，因此它的传输函数可以表示为

$$F(s)=\frac{1}{sC_{\mathrm{loop}}} \tag{3-22}$$

因此，在稳定的锁定状态，DLL 的闭环特性可以描述为一阶传输函数：

$$\frac{\phi_{\mathrm{out}}(s)}{\phi_{\mathrm{in}}(s)}=\frac{1}{1+s/\omega_n} \tag{3-23}$$

如前所述，ω_n 为固有频率，即闭环带宽(3dB 频率下)：

$$\omega_n=\frac{K_{\mathrm{PD}}K_{\mathrm{VCDL}}I_{\mathrm{CP}}}{2\pi C_{\mathrm{loop}}}\omega_{\mathrm{REF}} \tag{3-24}$$

其中，ω_{REF} 为输入参考频率。由式(3-23)和式(3-24)可以得出，传统 DLL 只有一个极点，因此该系统绝对稳定[7]。由式(3-24)还能够得出，环路带宽 ω_n 能够跟随工作频率 ω_{REF} 的变化，只要 $K_{\mathrm{PD}}K_{\mathrm{VCDL}}I_{\mathrm{CP}}/C_{\mathrm{loop}}$ 的值保证为常数。

3.2.3　延迟锁相环的锁定范围

理想情况下，DLL 锁定后相位差为零，但绝对延迟可能为一个或多个周期。对于仅要求时钟同步的系统来说，绝对延迟为一个或多个周期都是可行的。然而，在多相位时钟应用中，我们期望 VCDL 只产生一个周期的延迟。锁定后绝对延迟大于一个周期的情况，称为谐波锁定。另一种错误锁定情况称为无法锁定。以参考文献中的 DLL 结构[7,8]为例，如果 VCDL 的最大延迟小于参考时钟的半个周期 $1/2T_{\mathrm{REF}}$，鉴相器将判定 VCDL 的输出时钟落后于输入参考时钟，并减少 VCDL 的延迟。然而，由于 VCDL 的延迟不可能为零，VCDL 输出时钟的边沿永远无法与输入时钟锁定，因此称为无法锁定。

基于上述的讨论，对于有着一个周期延迟的 DLL，其 VCDL 的最大延迟为

$$T_{\mathrm{REF}}<T_{\mathrm{Dmax}}<\frac{3}{2}T_{\mathrm{REF}} \tag{3-25}$$

其中，T_{REF} 为输入参考周期，而 VCDL 的最小延迟为

$$\frac{1}{2}T_{\mathrm{REF}}<T_{\mathrm{Dmin}}<T_{\mathrm{REF}} \tag{3-26}$$

T_{REF} 需要满足以下不等式：

$$\max\left\{T_{\mathrm{Dmin}},\frac{2}{3}T_{\mathrm{Dmax}}\right\}<T_{\mathrm{REF}}<\min\left\{2T_{\mathrm{Dmin}},T_{\mathrm{Dmax}}\right\} \tag{3-27}$$

3.2.4　DLL 的相位噪声分析

相位噪声是对某时钟信号的噪声特性在频域内的表示形式，图 3.12 表示了从中心频率 ω_0 偏离的失调频率为 $\Delta\omega$ 的振荡频谱。相位噪声表示了时钟信号频率的稳定度，符号为 $L(f)$，单位为 dBc/Hz。如果相位噪声不存在，总功率应该可以集中在中心频率 ω_0 处。然而相位噪声会将振荡功率扩展到邻近的频率上，从而形成边带。信号的小幅度不稳定性在频谱中通常描述为一系列的单边带噪声谱密度，并定义为

$$L_{\text{total}}\{\Delta\omega\}=10\lg\left[\frac{P_{\text{sideband}}(\omega_0+\Delta\omega,1\text{Hz})}{P_{\text{carrier}}}\right] \tag{3-28}$$

其中，$P_{\text{sideband}}(\omega_0+\Delta\omega,1\text{Hz})$ 表示偏离中心频率 $\Delta\omega$ 处且带宽测量值为 1Hz 内的单边带功率，这一定义既包含了幅值波动的影响，也包含了相位波动的影响。然而在实际中，幅值噪声可以通过在输出信号处加入限制器来消除，所以在两者中相位噪声会显得更加重要。

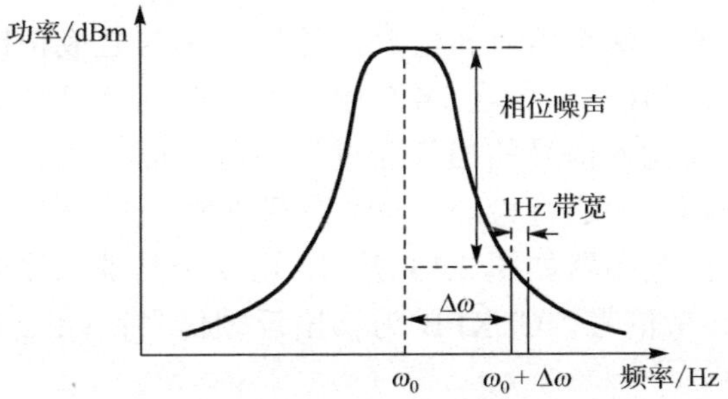

图 3.12　从中心频率 ω_0 偏离的失调频率为 $\Delta\omega$ 的振荡频谱

3.2.5　DLL 的抖动值分析

抖动值是 DLL 设计的一个非常重要的参数指标。抖动值是指输出时钟节点处的随机性变化，它表征了输出时钟在时域上的不确定性。假设 t_n 是时钟第 n 次从低到高跳变的过零点时刻，则第 n 次时钟的周期可表示为 $T_n=t_{n+1}-t_n$。

假定时钟的理想周期为 $\overline{T}$，则 T_n 与 $\overline{T}$ 之差 $\Delta T_n=T_n-\overline{T}$ 可作为抖动值的一个体现[8]。一般有三种方式来体现抖动值大小。

第一种称为完全抖动值，其定义如下：

$$\Delta T_{\text{abs}}(N)=\sum_{n=1}^{N}\Delta T_n \tag{3-29}$$

完全抖动值 $\Delta T_{abs}(N)$ 表示在最初的 N 个时钟周期内的累加抖动值。

第二种定义方式称为周期抖动值，其定义如下：

$$\Delta T_c = \lim_{N\to\infty}\sqrt{\frac{1}{N}\sum_{n=1}^{N}\Delta T_n^2} \tag{3-30}$$

周期时钟表征了时钟波动的平均影响。

第三种定义方式称为周期间隔抖动值，其定义如下：

$$\Delta T_{cc} = \lim_{N\to\infty}\sqrt{\frac{1}{N}\sum_{n=1}^{N}(T_{n+1}-T_n)^2} \tag{3-31}$$

以上三种方式均可以用来表征抖动值的特性。通常，完全抖动值用来描述锁相环中的电路特性，而其他时序电路中，包括 DLL，另外两种抖动值定义用得比较多。

3.2.6 关键电路模块

1. 鉴相器

鉴相器的作用是检测两个信号相位差，输出一个与之成正比的电压，用这个电压去控制 VCO 或者 VCDL。其中在 DLL 中，由于输出信号频率与参考信号频率一致，所以鉴相器仅对其输入信号的相位差进行检测。而在锁相环应用中所使用的鉴相器不仅对输入信号相位差进行检测，同时检测频率误差，因此又称为鉴频鉴相器。

典型的静态逻辑门鉴相器如图 3.13 所示，由 9 个与非门及若干反相器构成。其中 CLKREF 为输入参考信号，CLKFB 为输出反馈信号；UP、DN 为输出信号，控制电荷泵充电或放电。

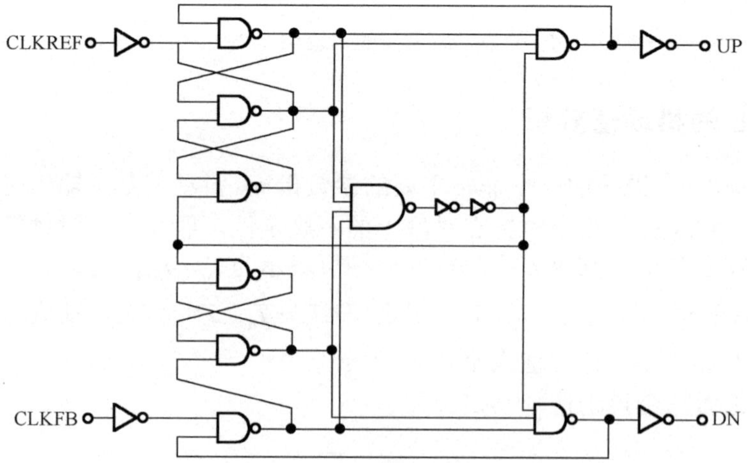

图 3.13 静态逻辑门鉴相器

该鉴相器是上升沿触发型鉴相器，输出状态如图 3.14(a)所示，共有三种状态，分别为 00、01、10。当输入信号 CLKREF 的相位落后反馈信号 CLKFB 的相位时，如图 3.14(b)所示，DN 信号控制的电流 I_{DN} 到环路滤波器的时间比 UP 信号控制的电流 I_{UP} 到环路滤波器的时间要长得多，则滤波器电容的电压下降；反之，如图 3.14(c)所示，滤波器电容的电压上升，UP 与 DN 信号宽度等于 CLKREF 与 CLKFB 的相位差。此外，还可以发现即使输入信号 CLKREF 与反馈信号 CLKFB 同相位，输出的 UP 和 DN 仍然会有短脉冲出现，这是由于鉴相器置位之前，有一段很小的时间，UP 和 DN 都有效。

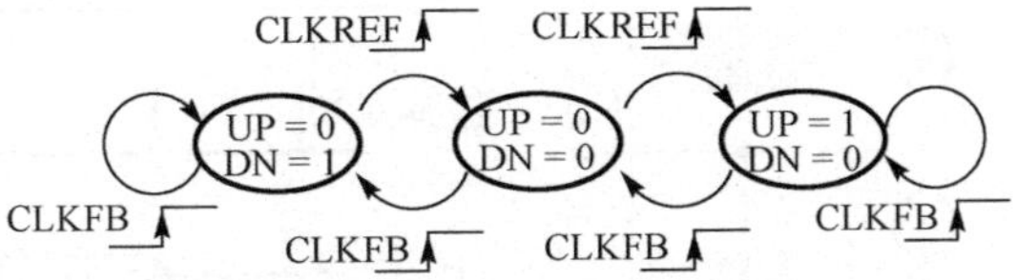

(a) 上升沿触发型鉴相器输出状态图

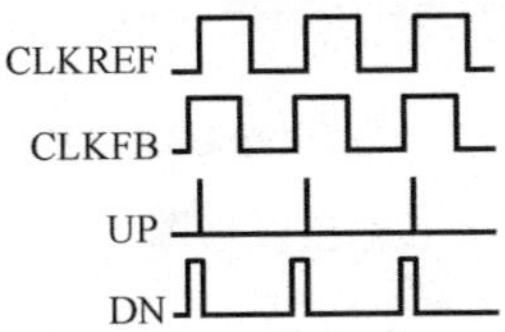

(b) CLKREF落后CLKFB的时序图

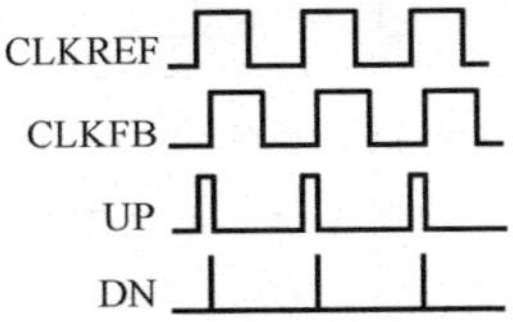

(c) CLKFB落后CLKRE的时序图

图 3.14　静态逻辑门鉴相器工作状态

这种由静态逻辑门构成的鉴相器结构较复杂，通常为克服死区(dead zone)效应，会在四输入与非门后加入额外的延迟。这样虽然可以改善死区效应，但也限制了鉴相器的最高工作频率。

2. 电荷泵的原理及结构分析

在 DLL 中，将鉴相器的输入信号 CLKREF 和反馈信号 CLKFB 之间的相位差等比例地转换成两个数字输出信号 UP 与 DN。但这两个数字信号无法直接提供一个表征两输入相位差的电压信号，因此，在 DLL 中，先将鉴相器输出的数字信号经电荷泵转成电流信号，再由滤波器将电流信号转换成电压信号，控制 VCDL 的延迟时间。因此电荷泵的主要作用是将鉴相器通过检测作用所输出的误差信号转变为相应的电流或电压信号输出。

图 3.15(a)为包含电荷泵和环路滤波器的电路模型，电荷泵包含两个控制开关 S_1、S_2 和两个电流源 I_{source}、I_{sink}。S_1 和 S_2 分别由鉴相器输出的 UP 与 DOWN 信号控制，让电荷从电流源流入或流出滤波器，电路时序图如图 3.15(b)所示。

鉴相器与电荷泵的整体增益 K_{PD} 与充放电电流的大小有关。取 T_{REF} 为输入信号的周期，ω_{REF} 为输入信号的频率，用 $\Delta\Phi$ 表示输入信号与输出反馈信号的相位差，电荷泵对环路滤波器电容 C_{LPF} 的充放电电流大小为 I_{CP}。因此，在一个比较周期内相位差 $\Delta\Phi$ 对应的电荷泵开关管的导通时间 t_{on} 为

$$t_{\mathrm{on}}=\frac{\Delta\Phi}{\omega_{\mathrm{REF}}} \tag{3-32}$$

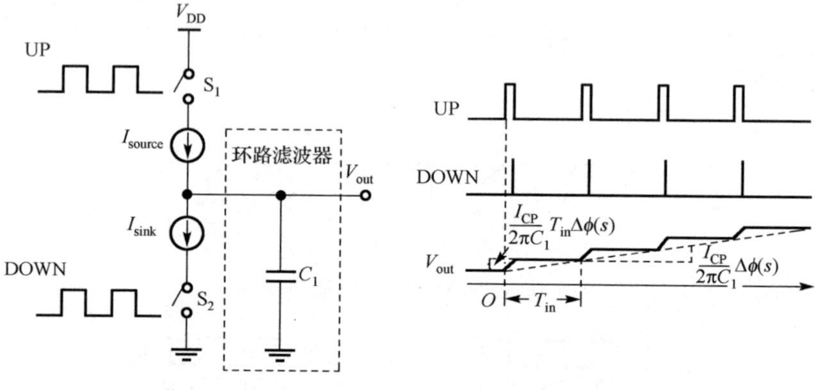

(a) 电荷泵的基本结构　　(b) 电荷泵输出波形图

图 3.15　电荷泵基本结构图及其输出波形图

由图 3.15(b)可以看到，鉴相器和电荷泵并不是严格意义上的线性系统，但是可以将阶梯的电压波形近似为斜线波形。这样我们可以采用线性模型进行分析。考虑到在电荷泵开关导通时间内电荷泵电流源对 C_{LPF} 充放电，所以在一个周期内，电荷泵对 C_{LPF} 充放电的平均电流 $\overline{i_{\mathrm{CP}}}$ 为

$$\overline{i_{\mathrm{CP}}}=I_{\mathrm{CP}}\frac{t_{\mathrm{on}}}{T_{\mathrm{REF}}}=I_{\mathrm{CP}}\frac{\Delta\Phi/\omega_{\mathrm{REF}}}{2\pi/\omega_{\mathrm{REF}}}=\frac{I_{\mathrm{CP}}\Delta\Phi}{2\pi} \tag{3-33}$$

式(3-33)中，充放电的平均电流与输入信号的频率无关。因此，鉴相器与电荷泵级联使用时总增益为

$$K_{\mathrm{PD}}=\frac{\overline{i_{\mathrm{CP}}}}{\Delta\Phi}=\frac{I_{\mathrm{CP}}}{2\pi} \tag{3-34}$$

3. 环路滤波器

环路滤波器通常是通过低通滤波器实现的，主要作用是滤除鉴频鉴相器和电荷泵输出电压信号中的噪声与高频分量，得到近似的直流信号作为 VCO 的控制信号。环路滤波器的性能很大程度上决定着整个环路的特性，通过合理的设计，改善控制电压的频谱纯度、整个环路的跟踪性能和相位噪声性能，从而保证环路的稳定性。

环路滤波器种类很多，通常可分为有源滤波器和无源滤波器。无源低通滤波器的噪声较小，没有额外的功耗，无工作范围限制，设计大大地简化，经常用来作为锁相环和 DLL 中的环路滤波器。这里重点分析无源的 RC 滤波器。

图 3.16 给出了一种与电荷泵一起使用的典型的二阶低通滤波器的结构。一阶 RC 滤波器是电阻和电容的串联组合，当电荷泵每次向环路滤波器注入电流时，控制电压都会经历一个大的跳动。通常将一个较小的电容 C_2 与一阶 RC 滤波器并联就可以缓解这个问题，达到抑制控制电压跳动的目的，这样低通滤波器就变成了一个二阶的环路滤波器。引入小电容 C_2，增加了系统的极点，所以设计时，需要考虑整个锁相环的稳定性问题。

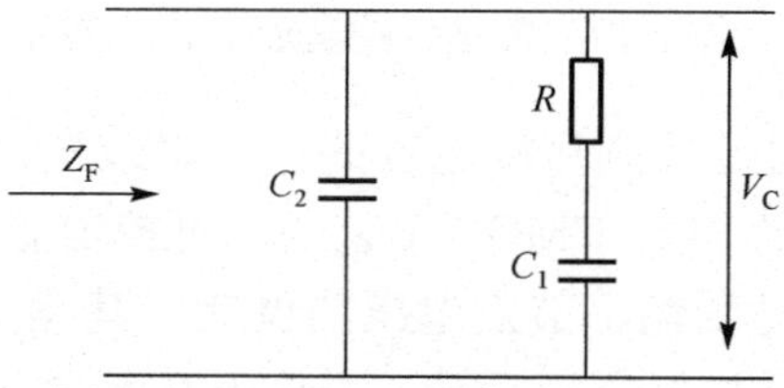

图 3.16 二阶低通滤波器

二阶滤波器实质是将电流转换到电压的一个积分电路，输入信号是电荷泵的电流，输出为 VCO 的振荡控制电压。其传输函数如下：

$$F(s)=\frac{1}{s}\cdot\frac{sR_1C_1+1}{sR_1C_1C_2+C_1+C_2} \tag{3-35}$$

在式中，一般取 C_2 远小于 C_1，通常为 C_1 的 1/10～1/5。

1. 压控延迟线的原理及结构分析

VCDL 由一系列相同结构的压控延迟单元构成，压控延迟单元电路中延迟产生的本质原因是后级电路输出的状态转换需要一定的时间，该过程可近似表示为

$$t_d=\frac{C_L\Delta V}{I_L} \tag{3-36}$$

其中，C_L 为电路输出端负载电容；ΔV 为压控延迟单元由电源电压 V_{DD} 或地电平 GND 状态到达翻转阈值电平的电压变化量，通常为 $V_{DD}/2$，I_L 为对负载电容 C_L 的充放电电流。

式(3-36)表明，改变等式右边三个参量 C_L、ΔV 以及 I_L 中的任意一个都可以改变延迟大小，这是设计压控延迟单元的基本思想。通常我们采用的方法是通过改变负载电容和充放电电流来改变延迟时间。图 3.17 给出了三种常见压控延迟电路结构。

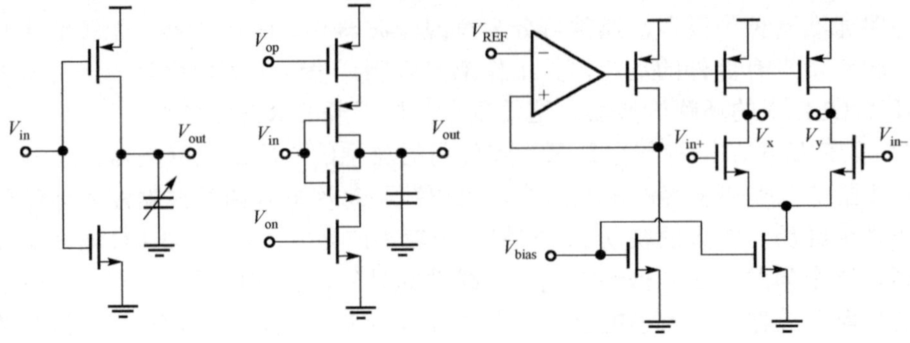

(a) 负载电容可变VCDL　(b) 受控电流源VCDL　(c) 差分电压VCDL

图 3.17　常见压控延迟电路结构

图 3.17(a)所示电路通过控制负载电容的大小来改变延迟时间。该电路的调节范围是三种电路中最小的，而且在 CMOS 工艺中，可控电容易受工艺等因素影响，当采用 MOS 电容时，其值易受输出节点电压的调制，其噪声特性复杂。

图 3.17(b)中，基于反相器原理设计，并在其中增加了受控的 NMOS 和 PMOS 电流源，通过改变电流源电流的大小就可以改变输出节点电容的充放电时间，从而达到调节输入到输出间延迟时间的目的。

图 3.17(c)是差分电压控制延迟电路，其中 PMOS 管为负载，且工作在深线性区。当 V_{bias} 控制的尾电流源电流变化时，输出节点 V_x、V_y 的充放电时间会随之改变，进而调节延迟时间。运算放大器提供负反馈作用，当 I_{s1} 与 I_{s2} 相等时，V_{in+} 与 V_{in-} 控制输入差分对管，并控制输出节点 V_x、V_y 从 V_{REF} 到 V_{DD} 变化。由于运算放大器负反馈作用强制使 V_x、V_y 等于 V_{REF}，该电路结构对工艺与温度变化有很好的抑制作用。第三种结构对电源和衬底噪声有一定的抑制作用，但其电路复杂，噪声和功耗也较高，并且还需要考虑在高速应用中运算放大器的稳定性问题。

3.3　数字锁相环理论和电路

随着数字电路技术的发展，数字锁相环在调制解调、频率合成、调频(frequency modulation，FM)立体声解码、彩色副载波同步、图像处理等各个方面得到了广泛的应用。数字锁相环不仅吸收了数字电路可靠性高、体积小、价格低等优点，还弥补了模拟锁相环的直流零点漂移、器件饱和及易受电源和环境温度变化影响等缺点[9,10]，此外还具有对离散样值的实时处理能力，已成为锁相技术发展的方向。

3.3.1　数字锁相环的基本结构和原理

数字锁相环的组成部分与模拟锁相环的组成部分基本相同，也主要由鉴相器、环路滤波器以及 VCO 组成，但是这三个部分都是由数字电路来实现的，即数字鉴相器(digital phase detector, DPD)、数字环路滤波器(digital loop filter, DLP)、数控振荡器(digital controlled oscillator, DCO)和数字分频器(divider, DIV)。图 3.18 给出了数字锁相环的基本框图。

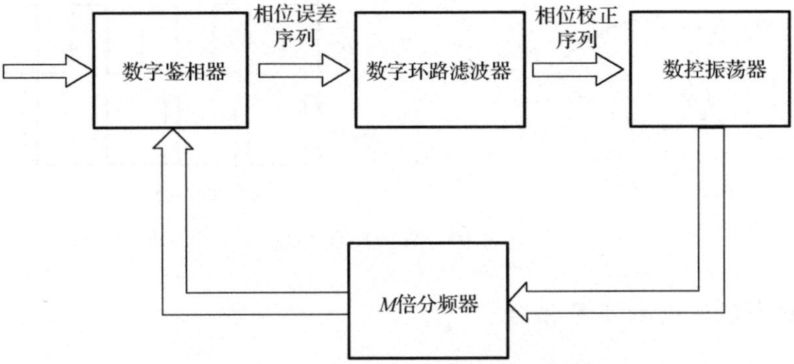

图 3.18　数字锁相环的基本结构框图

数字鉴相器通过比较环路系统的输入信号 $f_i(t)$ 与 DCO 反馈回来的输出信号 $f_o(t)$ 的相位，产生脉宽正比于输入信号与输出信号的相位差信号，以及对应的超前或滞后标志信号；环路滤波器对数字鉴相器的输出进行相应的运算操作，将相位误差信号转换为对应的控制信号；DCO 在数字环路滤波器输出的控制信号下自动调节输出信号的频率和相位；分频器把振荡器输出的信号按照一定模值分频后反馈给数字鉴相器。只要数字锁相环路设计得当，经过系统内部的不断反馈，将使 DCO 的输出信号与锁相环路的输入信号频率靠近，最终使数字锁相环路实现锁定。

3.3.2　数字鉴相器

数字鉴相器与模拟鉴相器一样，都是用来比较输入信号与输出信号之间的相位差，在数字锁相环路中决定着整个环路系统的锁相精度和稳定度。与模拟鉴相器相比，数字鉴相器由于采用了数字处理的方式，因此很好地弥补了模拟鉴相器存在的零点漂移、抗干扰能力弱等不足之处。数字鉴相器的结构类型不一样，输出信号的类型也不一样。

1. 异或门数字鉴相器

最简单的鉴相器就是一个异或门，如图 3.19(a)所示。图 3.19(b)为异或门的工作时序，其中 REF 为参考时钟信号，FBK 为反馈时钟信号，Phase 为鉴相器输出的相位差信号，当两个输入信号高低电平不同时，输出端的 Phase 就输出高电平，其他情况 Phase 都输出低电平。此结构鉴相器的缺点是捕获过程较慢，因此只适用于两个输入信号的相位误差在[−π/2, π/2]的范围内，并且两输入信号的波形占空比必须为 50%。

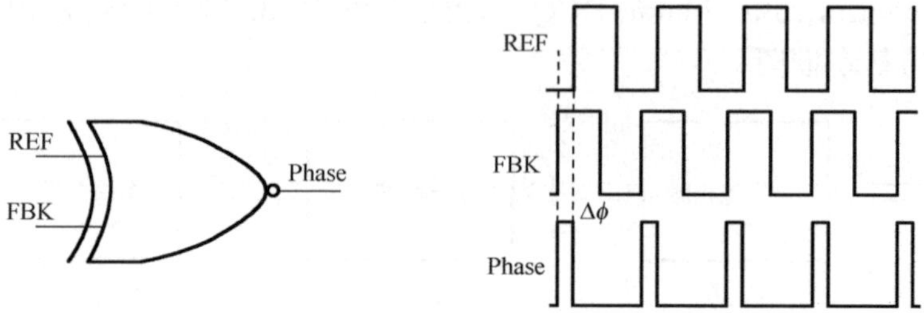

(a) 电路结构 (b) 工作时序

图 3.19 异或门鉴相器

2. 双稳态触发型数字鉴相器

如图 3.20(a)所示，双稳态触发型数字鉴相器主要由 SR 触发器和计数器构成，图 3.20(b)为相应的工作波形。U_1 为参考时钟信号，U_1 为 DCO 的输出时钟信号，用它们来控制 SR 触发器的复位和置位状态，SR 触发器的输出维持在“1”状态的时间长短就和相位误差 θ_e 成正比，而后面的计数器在 U_1 信号的正沿复位，在 SR 触发器输出为“1”的状态下进行计数。因此，计数器输出的计数值大小就等同于相位误差的大小。控制计数器的高频时钟频率通常为 Mf_0，其中，f_0 是输入参考时钟信号 U_1 的频率，此结构鉴相器的鉴相范围为[−π, π]。

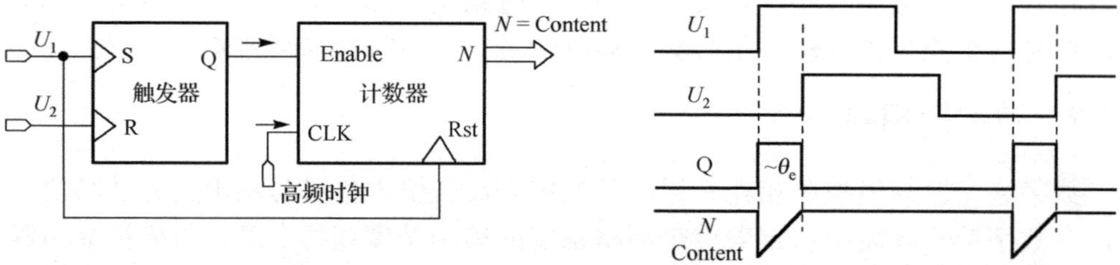

(a) 电路结构 (b) 工作波形

图 3.20 双稳态触发型数字鉴相器

3. 双 D 触发器数字鉴相器

双 D 触发器数字鉴相器不仅可以鉴相，还可以鉴频，如图 3.21(a)所示。它的输入为两个时钟信号，输出为 UP 和 DN，工作时一直在以下三种状态间进行翻转。

状态 1：DN = 1，UP = 0 → state = −1；

状态 2：UP = 0，DN = 0 → state = 0；

状态 3：UP = 0，DN = 0 → state = 1。

鉴相器的输出由输入信号 U_1、U_2 决定，其工作的状态转移图如图 3.21(b)所示。U_1 的上升沿控制鉴相器进入更高状态，U_2 的上升沿控制鉴相器进入更低的状态。输出信号 U_d 为鉴相器状态(State)的逻辑函数，鉴相器为 State=1 时，U_d 输出为正；当鉴相器为 State=−1 时，U_d 输出为负；如果鉴相器为 State=0，则 U_d 输出 0。

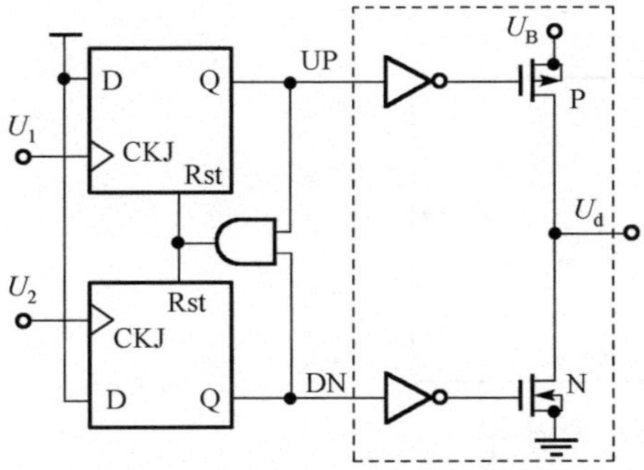

(a) 电路结构

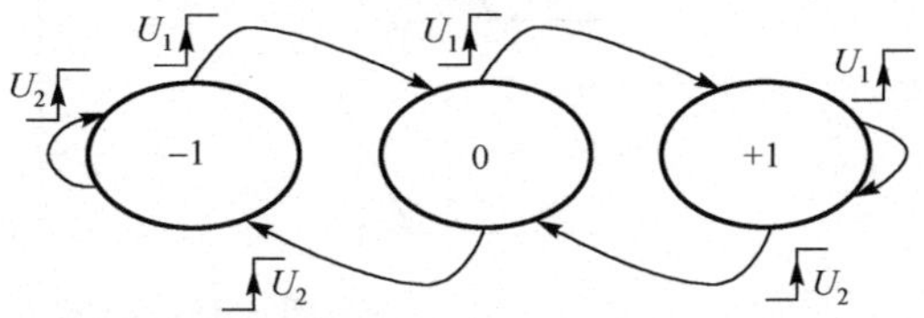

(b) 状态转移图

图 3.21　双 D 触发器数字鉴相器

从图 3.21(a)的虚线框内可以知道 U_d 是如何产生的，U_B 接电源。当 UP 为高电平时，P 沟道 MOS 管导通，U_d=1；当 DN 为高电平时，N 沟道 MOS 管导通，U_d=0；如果 UP、DN 都为低电平，则两个 MOS 管都截止，U_d 输出高阻值。如果输入信号 U_2 的频率小于 U_1，则在单位时间内，U_2 的上升沿比 U_1 少，鉴相器更多的时间处于状态 3 和状态 2，U_d 输出为高电平。如果 U_2 的频率远远小于 U_1，鉴相器处于状态 3 的时间就更多。反之，U_d 输出为低电平，因此，它有鉴频功能。此鉴相器的鉴相范围为[−2π, 2π]，其特性如图 3.22 所示。

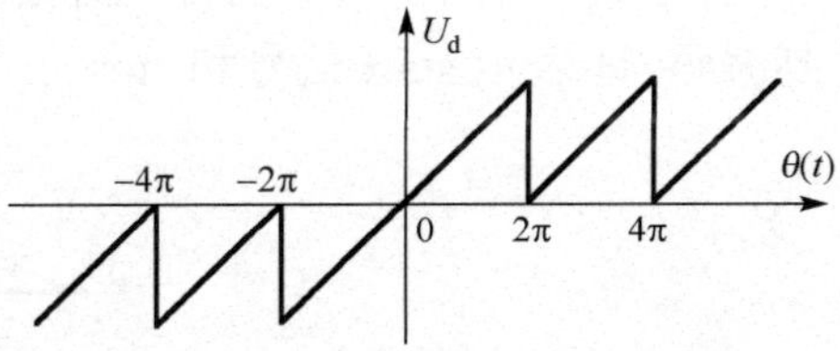

图 3.22　D 触发器数字鉴相器特性

3.3.3　时间数字转换器

时间数字转换器(time to digital converter, TDC)的作用是将携带时间信息的模拟信号转换为数字信号，是常用的时间间隔测量手段。在数字锁相环结构中，主要用来鉴别参考时钟和反馈时钟之间的相位差，并转换为数字形式输出，起到鉴频和鉴相的作用。

图 3.23 给出了 TDC 工作原理示意图，TDC 的输入信号为两个时钟信号 start 和

stop，这两个信号上升沿的时间间隔为 Δt，在 start 信号的上升沿，TDC 开始工作，在 stop 信号的上升沿，TDC 完成对时间间隔 Δt 的采样，并经过转换输出 n 位的数字信号。TDC 输入时间间隔 Δt 的最大值由 TDC 的测量范围决定，最小值由 TDC 的分辨率决定，TDC 的测量范围和最高分辨率共同决定了 TDC 转换输出的位数。

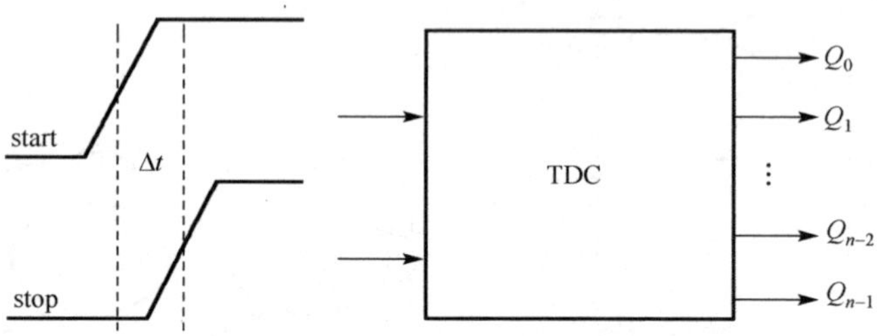

图 3.23　TDC 工作原理示意图

1. 基于门延时型 TDC

基于门延时型 TDC 由延时线和触发器构成，利用延时单元对信号进行延时操作，通过统计信号经过延时单元的个数来转换两路输入信号的时间间隔，时间间隔就等于一个延时单元的延时值乘以延时单元的个数。

如图 3.24 所示，start 信号经过延时链的传播，每个延时单元延时值均为 τ，每经过一个延时单元都将信号送入相对应的触发器的 D 端，stop 信号接在所有触发器的时钟端，触发器在 stop 信号的上升沿对 D 端进行采样，实现对时间间隔的量化。图 3.24(b)给出了一个 5bit 基于门延时型 TDC 的时序波形，其中 D_0～D_4 为 start 信号经过延时线后的波形，在 stop 信号的上升沿对 D_0～D_4 采样得到如“11000”的温度码，将温度码进行二进制编码，即表示 start 信号和 stop 信号之间的时间间隔 $\Delta\tau$ 介于 2τ 和 3τ 之间。

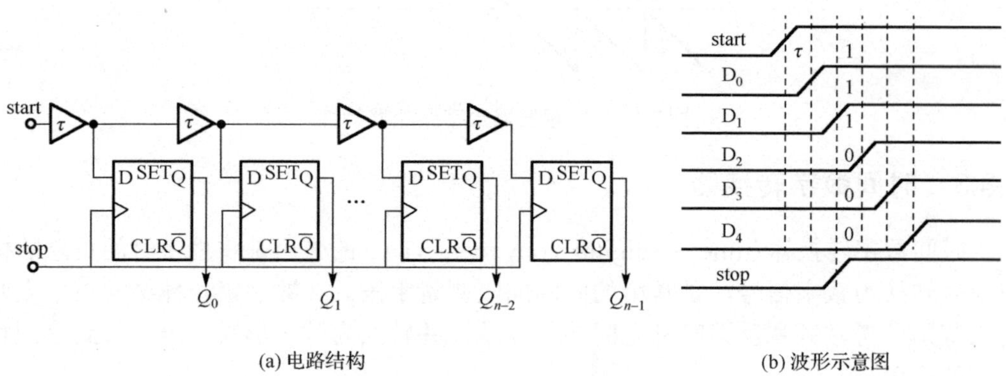

图 3.24　基于门延时型 TDC

2. 游标延时链 TDC

游标延时链(vernier delay line, VDL) TDC 又称为差分延时链 TDC，是实现分辨率低于门延时 TDC 的一种常用结构。其由两条单元延时差别很小的延时链组成，其工作原理与游标卡尺类似，所以称为游标延时链。

如图 3.25 所示，一条延时链用来传播 start 信号，另一条用来传播 stop 信号，两条延时链的延时单元延时不同，分别为 τ_1 和 τ_2，其中 τ_1 略大于 τ_2。最开始 start 信号领先 stop 信号，两路信号进入延时链后，由于 τ_1 略大于 τ_2，因此 stop 信号开始追赶 start 信号，直到赶上并超越 start 信号，两条延时链之间的触发器可以记录这个追赶过程，stop 信号对 start 信号采样，输出一个温度码。图 3.25(b)给出了 5bit 游标延时链 TDC 的时序波形示意图。

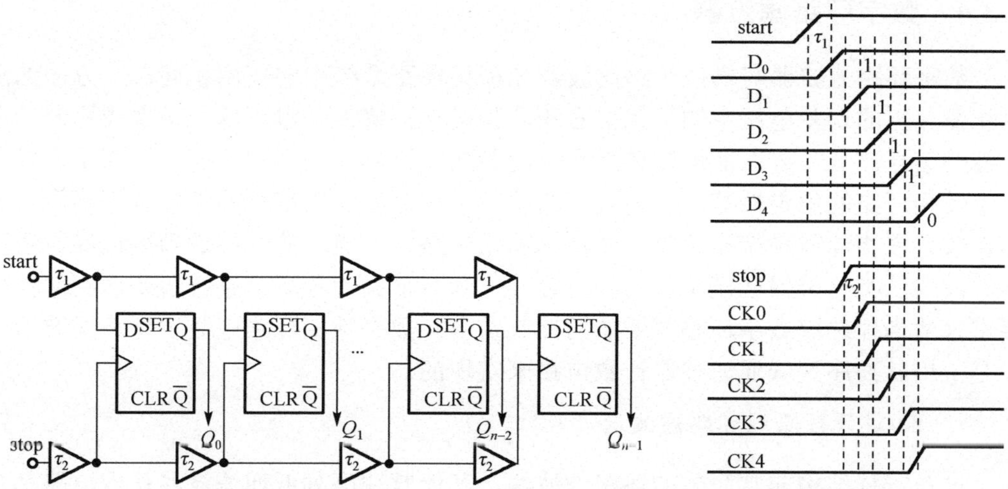

(a) 电路结构　　　　　　　　　　　　　　　　(b) 波形示意图

图 3.25　游标延时链 TDC

3. 层次型 TDC

以上 TDC 仅能够满足分辨率或者动态范围中的一项参数，如果 TDC 有较高要求，则需要采用层次型 TDC 进行解决。如图 3.26 所示，具有时间间隔的信号 start 和 stop 先经过一个低精度 TDC，通过低精度 TDC 的量化得到输出数字信号的高位，高位输出控制耦合复接器和控制器将时间间隔的余量取出再送入高精度 TDC，进行量化得到输出数字信号的低位。这样的结构可以使延时链的长度有效地变短，降低面积和功耗，保证分辨率足够高的同时不影响 TDC 的动态范围。

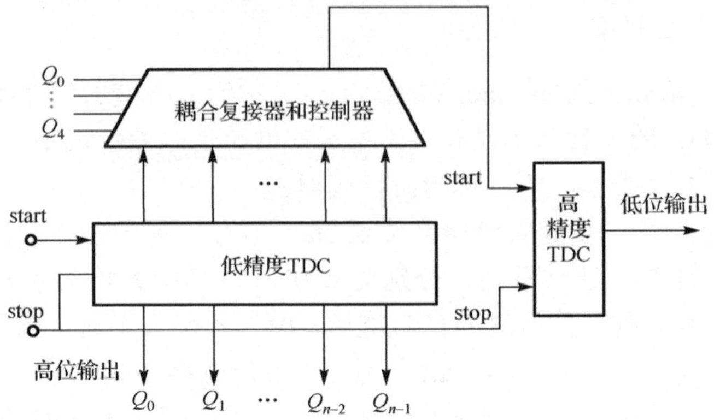

图 3.26　层次型 TDC

3.3.4　数字环路滤波器

数字环路滤波器与模拟环路滤波器在锁相环路系统中的作用相同：一方面滤除鉴相器输出的误差电压中的干扰信号和高频信号，将误差电压信号转换成稳定的电压控制信号；另一方面能调制环路系统的参数以控制环路锁相速度、锁相精度以及整个锁相环路的稳定性等。不同类型的数字鉴相器的输出信号的类型也不相同，因此在进行锁相环路系统设计时，要根据锁相环路各个模块的特性适当地选取数字环路滤波器的类型来保证模块之间的兼容性；同时根据锁相环路系统所要达到的性能要求来适当地选取数字环路滤波器的控制参数。数字锁相环路中数字环路滤波器一般是采用脉冲序列低通滤波器计数电路来实现的。

1. 加/减计数器型环路滤波器

这是一种结构非常简单的环路滤波器，其他脉冲序列低通滤波器计数电路都是在此基础上发展起来的。加/减计数器型环路滤波器模块图以及相应的工作波形图如图 3.27 所示。

由图 3.27 可以看出加/减计数器型环路滤波器的结构非常简单，由一个脉冲产生电路与一个加/减计数器组成。首先脉冲产生电路将前端鉴相器输出的 UP 脉冲以及 DN 脉冲转变成加/减计数器的计数时钟以及计数的方向信号，即相应的 UP/DN。当鉴相器每输出一个上脉冲，加/减计数器的计数值增加 1；相反，鉴相器每输出一个下脉冲，加/减计数器使计数值减少 1。这样计数器的 N 值就是向上脉冲与向下脉冲权值之和，数字环路滤波器的 n 比特并行输出 u_f 给定计数值 N。由上述分析可以看出，UP 和 DN 脉冲没有携带任何有关实际相位误差的信息，它们仅能反映出锁相环路输入信号的相位是超前还是滞后于环路的相位，所以在锁相环路设计时使用加/减计数器型环路滤波器会影响环路相位锁定的精度跟速度。

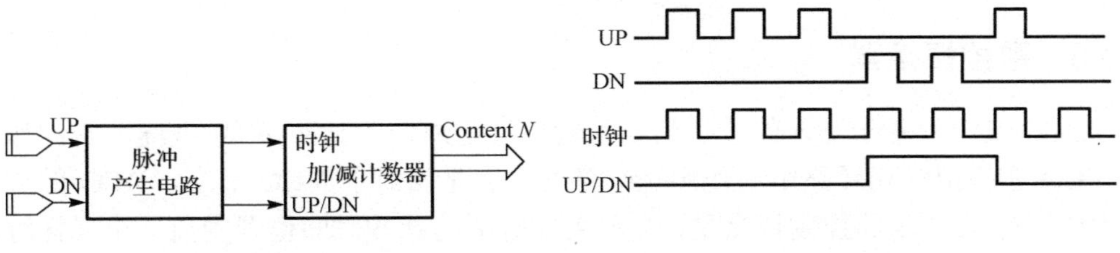

(a) 模块图　(b) 相应波形

图 3.27　加/减计数器型环路滤波器

2. *K* 计数器型环路滤波器

这是另一种很重要的数字环路滤波器，其模块图如图 3.28 所示。可以看出 *K* 计数器由一个加(UP)计数器与一个减(DN)计数器构成，这两个计数器是相互独立的。

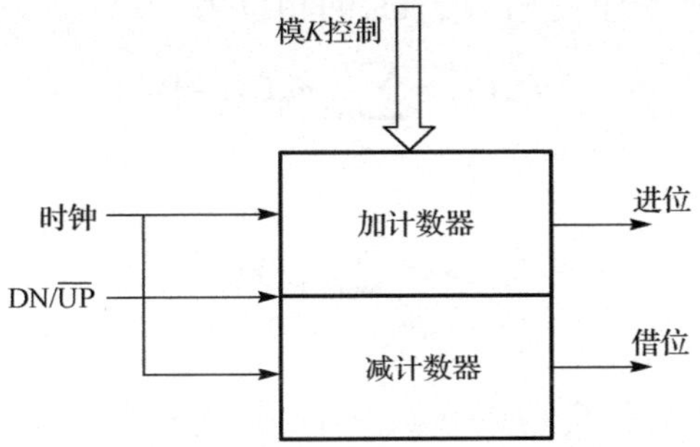

图 3.28　*K* 计数器型环路滤波器的模块图

K 计数器在工作的过程中，两个计数器都是向上计数的，它们的模值为 *K*。也就是说，加(UP)计数器与减(DN)计数器在[0, *K*–1]范围内计数，其中模值 *K* 是由模 *K* 控制端来控制的，通常为 2 的整数幂。时钟信号(*K* 时钟)的频率定义为数字锁相环路中心频率的 *M* 倍，*M* 通常取 8、16、32 等。DN/$\overline{\text{UP}}$ 信号控制两个计数器的运行：当 DN/$\overline{\text{UP}}$ 信号为高电平时，减计数器开始运行，而加计数器的计数值保持不变；相反，当 DN/$\overline{\text{UP}}$ 信号为低电平时，加计数器计数而减计数器保持计数值不变。当计数值超过*K*–1时，加(UP)计数器与减(DN)计数器的值都会重新回到 0。UP 计数器的最高位作为环路滤波器的进位输出，而 DN 计数器的最高位则作为环路滤波器的借位输出。这样，当 UP 计数器的值大于或等于 *K*/2 时，环路滤波器的进位输出为高电平；当 DN 计数器值大于或等于 *K*/2 时，环路滤波器的借位输出为高电平。最后环路滤波器输出的进位信号和借位信号的上升沿控制数字压控振荡器的输出信号的频率。

3.3.5 数控振荡器

DCO 是一种基于输入的数字信号来输出特定周期的脉冲序列的装置，它的作用与 VCO 在模拟锁相环路中的作用是一样的。但是相对于 VCO 而言，DCO 的抗干扰性能更好。DCO 的控制特点是：当前采样时刻的脉冲时间位置受前一个采样时刻获得的校正信号的控制。即数字钟序列的控制遵循下述递推关系：

$$T(i) = T_{\mathrm{O}} - C(i-1) \tag{3-37}$$

其中，$T(i)$ 为第 i 个采样时刻的数字时钟周期。$C(i-1)$ 为第 $i-1$ 个采样时刻 DCO 得到的校正信号所引起的对数字时钟序列的校正量。T_{O} 为校正信号为零时 DCO 的固有频率。数字钟序列的中心频率 ω_0 为

$$\omega_0 = 2\pi / T_{\mathrm{O}} \tag{3-38}$$

DCO 输出的数字时钟序列相对于 ω_0 的相位为

$$\theta_{\mathrm{V}}(j) = \sum_{i=1}^{j} \omega_0 C(i-1) \tag{3-39}$$

因此可得

$$\theta_{\mathrm{V}}(j-1) = \sum_{i=1}^{j-1} \omega_0 C(i-1) \tag{3-40}$$

将式(3-39)减去(3-40)可得

$$\theta_{\mathrm{V}}(j) - \theta_{\mathrm{V}}(j-1) = \omega_0 C(j-1) \tag{3-41}$$

将(3-41)两边进行 Z 变化可得

$$H_{\mathrm{V}}(z) = \frac{\theta_{\mathrm{V}}(z)}{c(z)} = \omega_0 Z^{-1} \frac{z}{z-1} \tag{3-42}$$

由式(3-42)可知 DCO 本身就存在一个积分因子，所以 DCO 是锁相环路系统中的一个固有的积分环节。由此可得出 DCO 的 Z 域模型如图 3.29 所示。

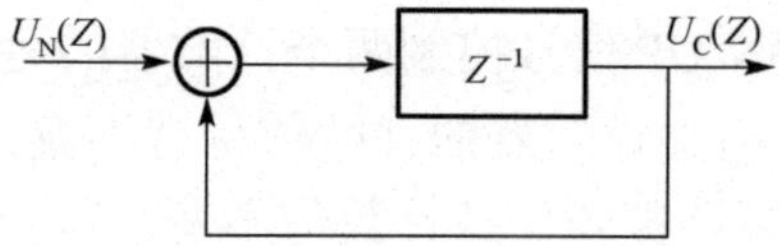

图 3.29 数控振荡器的 Z 域模型

1. N 分频计数型 DCO

实现 DCO 的最简单方案可能是 N 分频计数器 DCO，如图 3.30 所示。N 分频计数器把高频振荡器输出的高频时钟信号进行分频，其分频比控制字 N 来自于数字低通滤波器，此时 DCO 输出的频率为

$$f_{\mathrm{out}} = f_{\mathrm{o}} N \tag{3-43}$$

其中，f_{o} 为固定的高频时钟频率大小；N 为数字控制字，决定分频器的分频比。此结构的 DCO 输出频率精度由 f_{o} 决定；适当提高 f_{o}，可以提高 DCO 的精度，但是

也会出现功耗和成本等瓶颈效应。通过提高分频器的分频比精度同样能够提高 DCO 的精度。

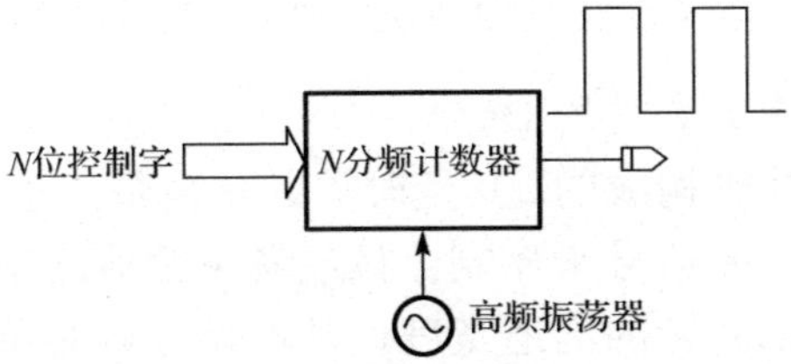

图 3.30　N 分频计数 DCO 结构

2. 基于 DAC 的 DCO

基于 DAC 的 DCO 实际上是 VCO 的一种扩展，其结构如图 3.31 所示。控制信号首先经过 DAC 转换成对应大小的电压，此电压可以控制 VCO 输出对应大小频率的时钟信号。

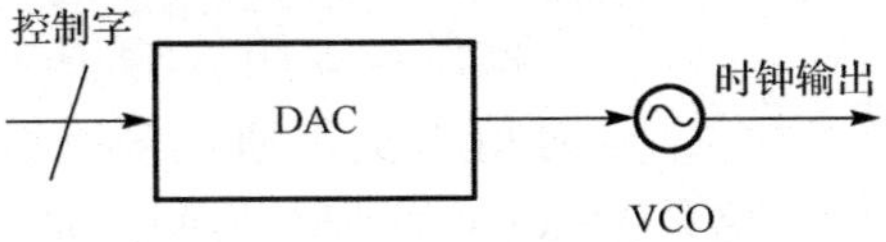

图 3.31　基于 DAC 的 DCO

此结构的 DCO 对 DAC 的依赖较大，并且如果应用于锁相环中，模拟信号到数字信号再到模拟信号的转换会引入较大的量化噪声。

3. 基于可控延时单元的环形振荡器

基于可控延时单元的环形振荡器，如图 3.32 所示，其输出信号的频率与环路中延时单元的级数 n 以及每级延时单元的延时值 τ_d 的关系可以表示为

$$f_{DCO} = \frac{1}{2\pi n\tau_d} \tag{3-44}$$

通过调节单元级数 n 和每级延时单元的延时值 τ_d 这两个参数，就可以调节环形振荡器的输出信号的频率。基于可控延时单元的 DCO 设计讨论可以围绕这两个参数展开。

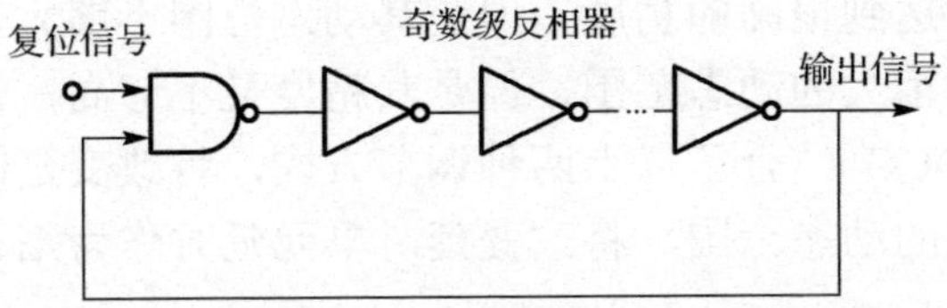

图 3.32　基于可控延时单元的环形振荡器

根据对延时单元的延时控制方式的不同，可以将此类的 DCO 结构再细分为基于改变晶体管沟道宽度的 DCO、基于改变延时单元驱动的 DCO、基于改变延时单元数目的 DCO 以及基于同时改变延时单元延时和数目的 DCO。

1)基于改变晶体管沟道宽度的 DCO

此结构是由可控晶体管构成的。其延时单元是由带上拉 MOS 管和下拉 MOS 管的反相器构成的，通过控制信号来控制上拉或者下拉通路中 MOS 管的开关来改变上拉或者下拉的等效 MOS 管的沟道宽度，从而调节延时单元的延时，沟道宽度越大，单个延时单元的延时越小，振荡频率越高。

2)基于改变延时单元驱动的 DCO

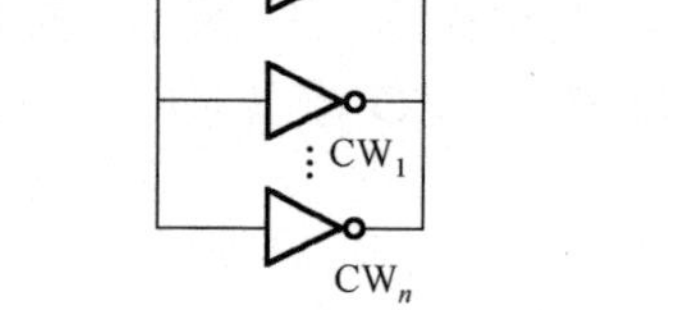

图 3.33　可变驱动能力的延时单元

此结构如图 3.33 所示，通过控制信号 CW 控制反相器的开关来改变下一级单元的驱动能力，从而改变延时单元的延时值。

3)基于改变延时单元数目的 DCO

此结构如图 3.34 所示，保持每个延时单元的延时值不变，通过多路选择器改变其数目来达到调节 DCO 输出频率的目的。这种 DCO 的分辨率为两级延时反相器的延时，并不能做到很小。同时此结构的延时也与多路选择器的延时有关。此结构的调节分辨率不高，因此常作为 DCO 的粗调谐阶段的结构。

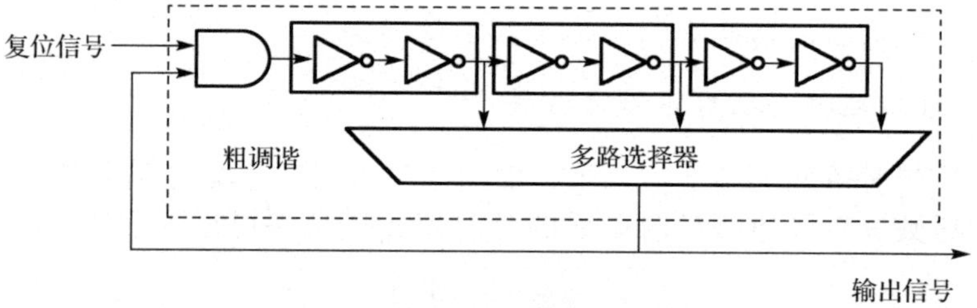

图 3.34　基于改变延时单元数目的 DCO

4)基于同时改变延时单元延时和数目的 DCO

此结构如图 3.35 所示。前面讨论的几种 DCO 的结构，其中通过改变延时单元延时的结构虽然可以达到很高的精度，但是其动态范围不够大，通过改变延时单元数目的结构可以达到很大的动态范围，但是其精度又不够高，而这种基于改变延时单元延时和数目的 DCO 结合了以上两种调节方式，将改变延时单元数目作为粗调谐方式，保证足够大的动态范围，将改变延时单元延时作为细调谐方式，保证足够高的精度。

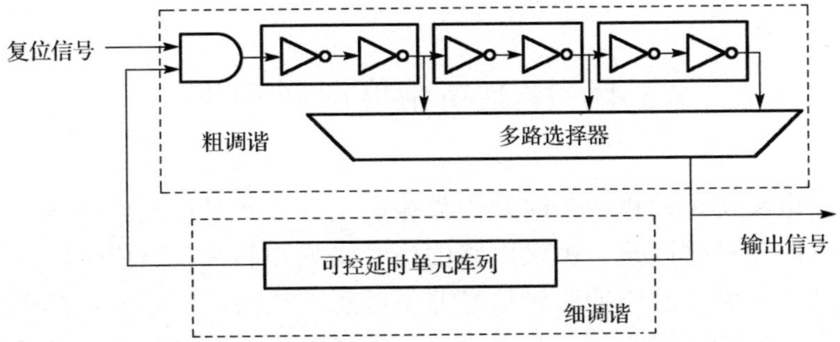

图 3.35　基于同时改变延时单元延时和数目的 DCO

在数字锁相环中，实现宽频高分辨率是设计的难点，其中限制因素为 TDC 的线性度和分数阶毛刺。文献[11]为实现高分辨率的检测范围，提出了一种二维游标式 TDC。该 TDC 利用分数-*N* 累加器产生的斜坡信号自动校准 TDC，以达到最佳线性度。为了进一步抑制分数阶毛刺信号，使用了一种数字相位毛刺消除技术，该方案同时兼容自动 TDC 增益跟踪功能。该数字锁相环架构还包括一种改进的多模除法器(multi-modulus divider，MMD)结构，以克服与现有技术 MMDS(multichannel multipoint distribution system)相关联的除法比切换中的问题，使载波合成能够在宽频率范围内连续进行。作为 802.11a/b/g/n 收发器的一部分，数字锁相环可以提供 2.4/5G WiFi 波段覆盖范围。在不使用Σ-Δ调制器的情况下，达到 55dBc 的最大分数毛刺电平，带内相位噪声为 107dBc/Hz(0.55ps 集成抖动)。其系统架构如图 3.36 所示。

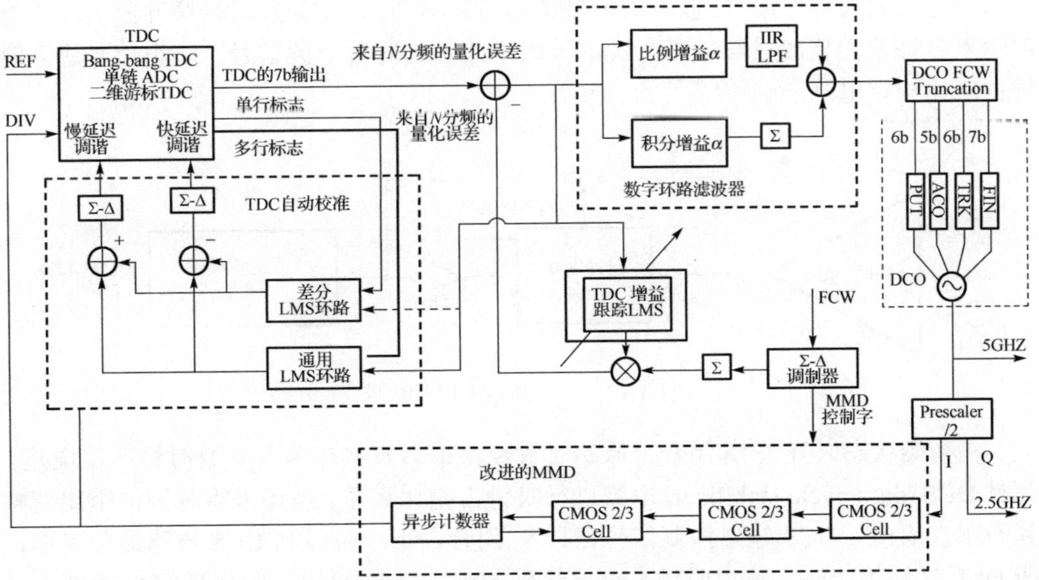

图 3.36　基于二维游标式 TDC 的数字锁相环

3.4 片上高精度时钟电路

在实际的电路实现过程中，时钟由晶振产生，并经过板级电路输入到芯片中，这时晶振本身的非理想因素、板级电路的信号损失和芯片自身引脚的寄生效应等因素，导致实际输入到芯片中的时钟信号并不理想。然而，在超大规模集成电路的高速度、低电压、低功耗趋势下，系统对时钟信号的要求越来越高，高速采集系统为了获得更大的数据吞吐量，往往采用如双数据率、双采样、流水线等结构。在这些系统中，50%占空比的时钟信号则是系统获得最佳性能与稳定性的保障。以流水线型 ADC 为例，在采样频率不高的情况下，相邻采样周期均保证足够的建立时间，当采样时钟周期频率提高到一定程度时，占空比的失配将造成建立时间的不对称，从而降低 ADC 的 SNR 和无杂波动态范围(spurious free dynamic range，SFDR)。因此，设计一款具有片上精确时钟产生与时钟脉宽调制功能的电路变得异常关键[12]。

脉冲宽度调制技术指的是对设计频率、占空比范围内的输入时钟信号按设计指标输出目标精度占空比与输入信号同频的输出时钟信号。目前流行的脉冲宽度调制电路基于 DLL 设计，采用压控延迟电路产生所需延迟进而实现对占空比的调制，根据电路的不同应用，脉冲宽度调制电路又可称为时钟稳定电路。

典型的片上高精度时钟电路如图 3.37 所示。外部输入小摆幅的差分时钟信号，可以为正弦波或者方波(处理时均按模拟信号来对待)，先经过时钟缓冲放大器将外部输入时钟放大整形成与后级时钟信号电平兼容的时钟方波信号。输出信号进入时钟占空比稳定电路。

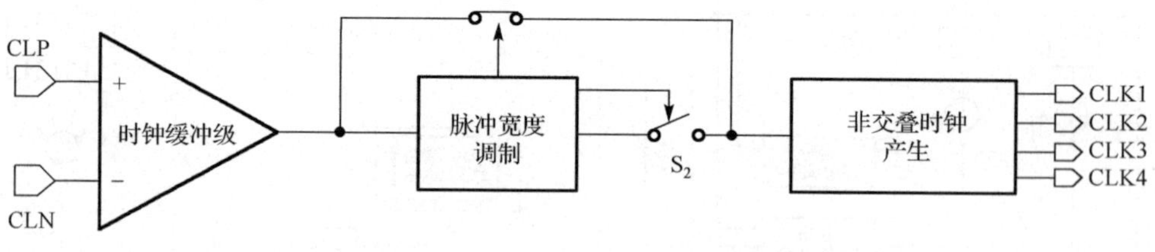

图 3.37　片上高精度时钟电路

在初始状态时开关 S_1 闭合，原始时钟经整形后直接进入非重叠时钟产生电路。此时 DCS(duty cycle stabilizer)电路进行时钟占空比调整，当还未将时钟占空比调整到 50%左右时，DCS 输出控制信号保持 S_1 闭合，下一阶段当 DCS 电路调整完毕，即 DLL 环路锁定时，输出时钟占空比达到 50%，DCS 输出控制信号使 S_1 关断，并且使 S_2 闭合，这一过程就完成了输出信号的转换，从此进入非重叠时钟产生电路的时钟信号占空比就锁定为 50%。最后经过非重叠时钟产生电路产生多相位非重叠时钟来满足 ADC 中余量放大电路、比较器对特定的相位控制时钟信号的要求。

3.4.1　时钟缓冲放大器

时钟缓冲放大器的结构框图如图 3.38 所示。其中，输入级在保证足够带宽的情况下对外部输入的差分信号进行第一次放大；然后中间级再次对输入级放大后的信号进行放大，同时调整信号的共模电平，以适应输出级的共模工作点；输出级将中间级的输出信号线性部分进一步放大，提高其输出幅度，整形为方波信号，提高输出信号的驱动能力，使输出信号的电平与后面的 DCS 电路需要的电平相匹配。

图 3.38　时钟缓冲放大器的结构框图

1. *差分输入级*

在设计差分输入级时，往往要求其具有零点漂移低、共模抑制能力强、对称性好等特点，典型结构如图 3.39 所示。电路中，M_1、M_2 和 M_3、M_4 分别为输入管，且与各自相同尺寸的尾电流源 M_5 和 M_6 交叉相连，保证电路的对称性，增强共模抑制能力。使用电阻 R_5、R_6 最大限度地降低负载引入的噪声，并且减小限制频率的因素，有效地提高电路的带宽。电阻 R_1、R_2(R_3、R_4)用于为差分输入对管提供合适的共输入模电平。

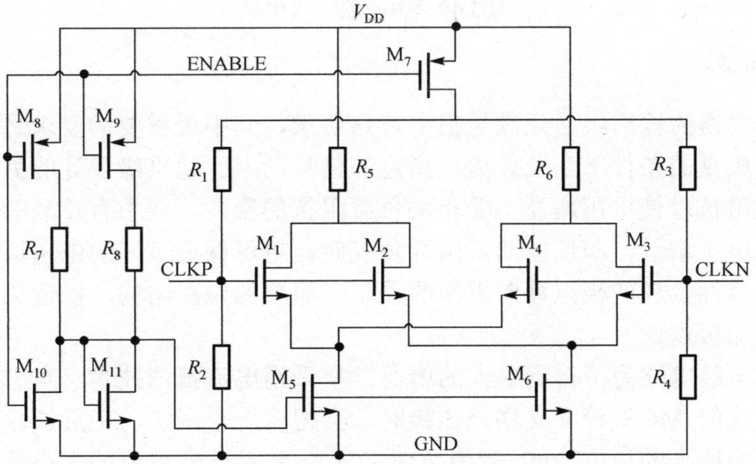

图 3.39　差分输入级

2. 中间放大级

图 3.40 为典型的中间放大级电路。该电路分成两级，其中 M_1 和 M_2 为第一级的输入，M_3 和 M_4 为第二级的输入。两级均采用电阻作负载，可以有效地降低噪声，保证足够的带宽。R_5～R_8 四个电阻在一定程度上起到对直流电平的平移作用，为下一级提供合适的输入共模电平。另外，M_7 和 M_8 两个 NMOS 管跨接在同相端输入与输出之间，以正反馈的形式大幅度提高中间级的增益，能够将输入的有效信号部分快速放大到能使后端 DCS 电路识别和工作的大摆幅电压。

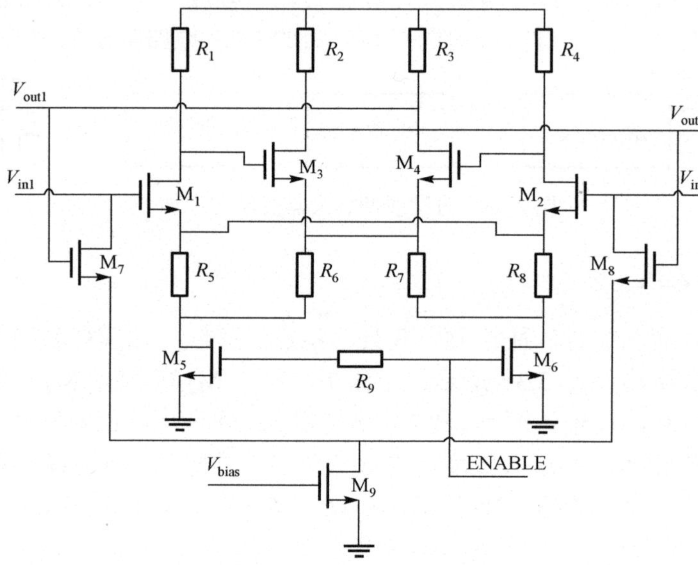

图 3.40　中间放大级电路

3. 输出级

一个放大器的输出级必须满足很多特殊要求，其中最重要的要求之一就是在可接受的信号失真的条件下为负载提供指定的信号功率。输出级设计的另一个目的就是减小输出阻抗以使电压增益不受相关负载阻抗的影响。要求有较高的电流驱动能力和较大的电压增益，即使驱动低阻性负载时，也可保证良好的电压增益，并且能够将依赖于容性负载的极点移向更高的频率；简单的电路结构，以避免由于寄生效应引起的附加极点。

常用输出级电路为了得到更大的增益，常采用电流抵消技术。当一组差分的二极管连接方式的 MOS 管交叉耦合连接时，会得到一个两级的正反馈放大器，其差分电阻也会由原来的正值 $2/g_m$ 变为负值$-2/g_m$，然后改变电流的大小就可以控制这个负阻的大小。因此将一组正向和负向的二极管连接起来，就可以实现 $1/g_m$ 到无穷大之间的任意阻值，如图 3.41 所示。

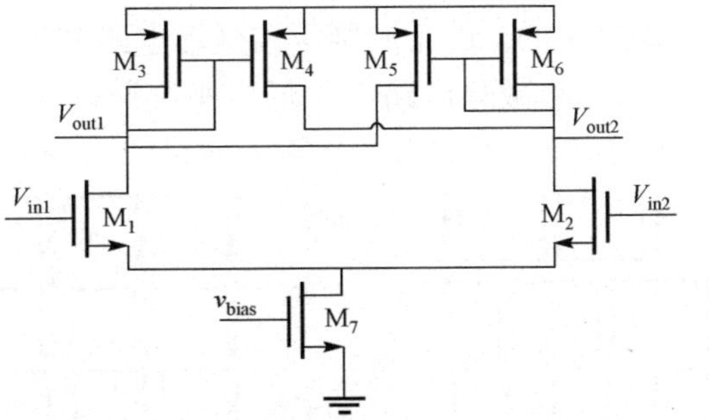

图 3.41　交叉耦合做负载的差分电路

3.4.2　典型时钟脉冲宽度调制电路结构

图 3.42 所示为典型时钟脉冲宽度调制电路原理框图[13]，基于电荷泵检测和伪 NMOS/PMOS 逻辑调整的脉宽调整电路，通过启动电路对电荷泵初始工作电压的设定，减少了电路的锁定时间；通过对时钟上升沿的调制来对占空比误差及抖动的主要来源电荷泵电路进行优化，从而极大地降低了时钟抖动及占空比误差。

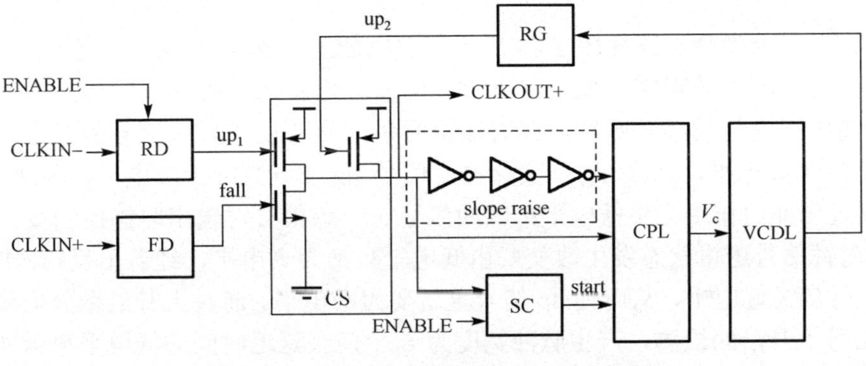

图 3.42　时钟脉冲宽度调制电路原理框图

电路主要由以下几部分组成：时钟下降沿微分电路(falling edge differentiator)、时钟上升沿微分电路(rising edge differentiator)、输出时钟控制级(control stage)、电荷泵环路(charge pump loop)、压控延迟电路(voltage control delay circuit)、启动电路(start-up circuit)。

整体电路可以工作在跟踪、调制两种模式下。模式选择由使能控制信号 ENABLE 完成，跟踪模式下，电荷泵环路、压控延迟电路、启动电路不工作，从而减少功耗，该模式下输出时钟信号跟随输入时钟信号变化，系统电路输出波形如图 3.43(a)所示。调制模式下，系统电路输出波形及其触发脉冲信号如图 3.43(b)所示。

其中，下降沿微分电路在输入时钟信号的每个上升沿产生脉宽固定为几个反相器传输延迟的脉冲信号，触发控制级产生下降沿。因此系统电路是在时钟下降沿固定的情况下，通过电荷泵环路产生的，进而控制压控延迟电路产生不同延迟的上升沿触发信号，该信号通过时钟上升沿微分电路产生低电平窄脉冲从而触发时钟上升沿的到来。通过对上升沿的延迟控制，对不同占空比输入时钟信号调制到精确的50%占空比。

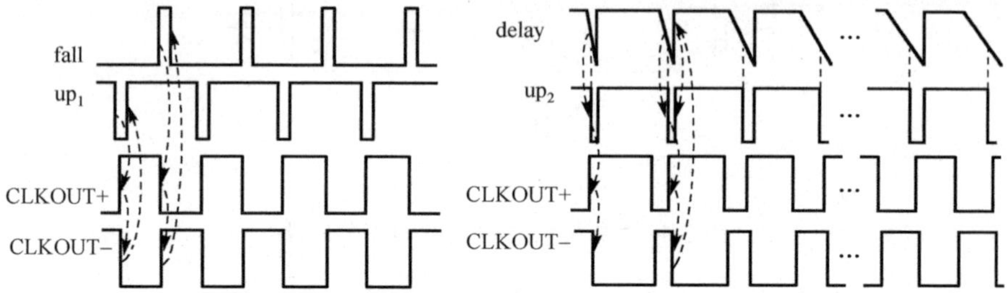

(a) 跟踪模式　(b) 调制模式

图 3.43　系统电路输出波形及其触发脉冲信号

3.4.3　关键模块电路

1. 上升沿产生电路

时钟上升沿微分电路如图 3.44 所示。ENABLE 信号为高电平，当 sig_1 信号由低电平变为高电平的瞬间，由于时钟上升沿微分电路用于提供使输出时钟信号由低电平到高电平变化的触发脉冲，此时输出时钟信号 CLKOUT+信号为低电平，所以 CLKOUT−为高电平，而在 sig_2 变化前，信号 sig_2 一直处于高电平，因此 sig_1 与 sig_2 通过与非门作用产生低电平窄脉冲信号 up，该信号对输出时钟控制级 M_2 作用，使输出时钟信号逻辑状态发生改变，由低电平转换为高电平，经若干反相器的延迟，sig_2 信号变为低电平，从而使 up 信号重新变为高电平。时钟上升沿微分电路实现对 sig_1 信号上升沿的检测，产生脉冲宽度为 6 个门级延迟时间的低电平窄脉冲信号。脉冲宽度计算方法与上节论述相同。时钟上升沿微分电路波形如图 3.45 所示。

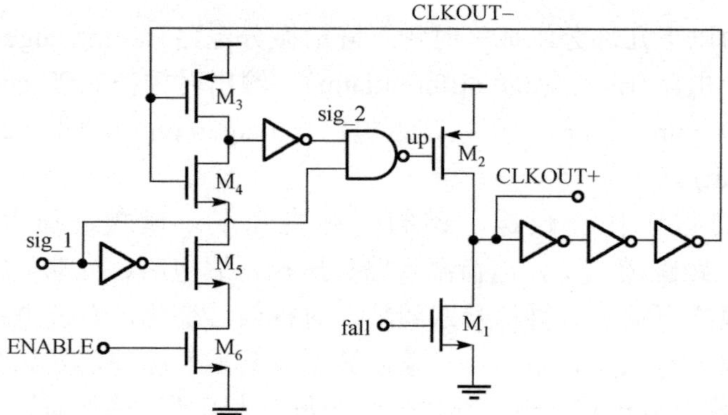

图 3.44　时钟上升沿微分电路

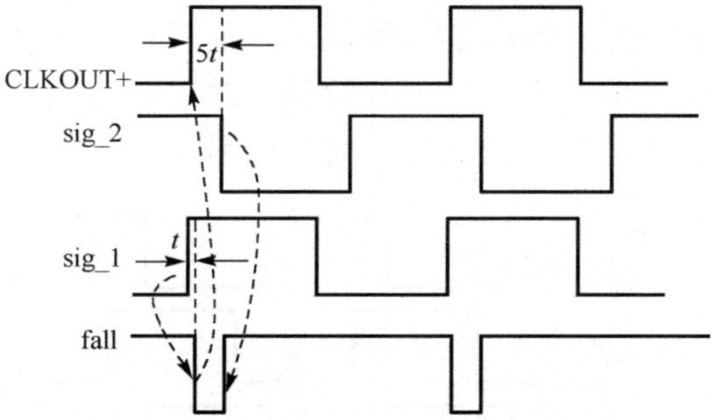

图 3.45　时钟上升沿微分电路波形图

2. 下降沿产生电路

时钟下降沿微分电路主要工作原理：输入信号与输出的时钟反馈信号经过或非门鉴相产生触发时钟，输出电平下拉的高电平窄脉冲控制电压信号，图 3.46 所示为时钟下降沿微分电路图，该电路提供触发输出时钟控制级产生下降沿的脉冲信号。

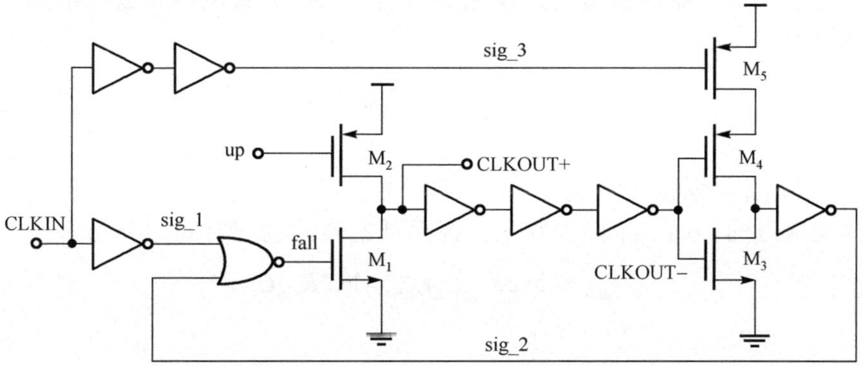

图 3.46　时钟下降沿微分电路图

电路具体工作过程如图 3.47 所示，当输入时钟信号 CLKIN 由低电平跳变至高电平时，或非门输入信号 sig_1 由高电平跳至低电平，sig_3 与 sig_1 相同，但两信号间存在一个反相器的延迟。因此当 sig_1 变化瞬间，sig_2 仍然为低电平。因此与非门输出信号 fall 产生高电平脉冲，并通过输出时钟控制级使输出时钟信号 CLKOUT+逻辑状态发生变化。由于 CLKOUT−与 CLKOUT+之间存在 3 个反相器的延迟，当 CLKOUT−逻辑状态发生转换时，伪反相器结构门级电路中 M_5 由于 sig_3 变化至高电平状态而关断。进而使 sig_2 信号变为高电平，或非门输出 fall 信号回归低电平，CLKOUT+被锁定在低电平，直至时钟上拉信号的到来，时钟下降窄脉冲信号仅维持数个反相器延迟时间，而且完全由数字电路实现，因此电路本身不会对输出时钟信号增加抖动。其中 M_3、M_4 以及 M_5 组成钟控反相器，它的存在使得

sig_2 信号脉宽始终维持低于 50%的占空比，从而保证了系统电路其他部分正常工作，整体电路对输入时钟信号上升沿进行检测，输出脉宽固定为设计延迟的高电平窄脉冲，该电路输出脉冲信号完全由输入时钟信号决定，与其他因素无关。

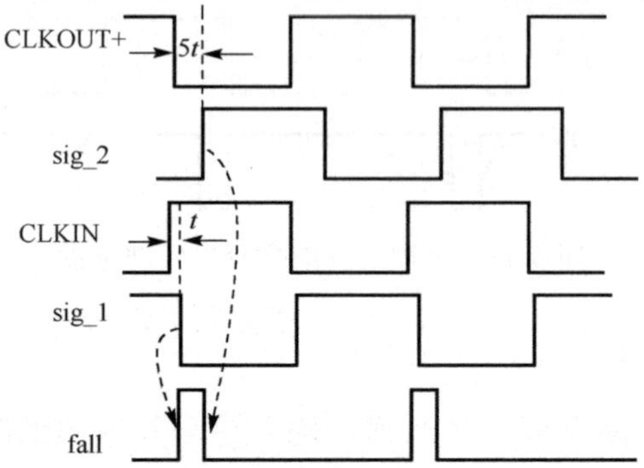

图 3.47　时钟下降沿微分电路波形图

又因为单个反相器传播延时为反相器对后级电路负载电容充放电电流的积分，由此得到表达式

$$t_{\mathrm{p}}=\frac{t_{\mathrm{pHL}}+t_{\mathrm{pLH}}}{2} \tag{3-45}$$

其中，t_{pHL}和 t_{pLH}分别按一阶线性 RC 电路分析，因此 t_{pLH}定义为门电路输出由低至高翻转的响应时间，而 t_{pHL}则为输出由高至低翻转的响应时间。分别为

$$t_{\mathrm{pHL}}=\ln 2R_{\mathrm{eqn}}C_{\mathrm{L}}t_{\mathrm{pLH}}=\ln 2R_{\mathrm{eqp}}C_{\mathrm{L}} \tag{3-46}$$

其中

$$R_{\mathrm{eq}}=\frac{1}{V_{\mathrm{DD}}/2}\int_{V_{\mathrm{DD}}/2}^{V_{\mathrm{DD}}}\frac{V}{I_{\mathrm{DSAT}}(1+\lambda V)}\mathrm{d}V\approx\frac{3}{4}\frac{V_{\mathrm{DD}}}{I_{\mathrm{DSAT}}}\left(1-\frac{7}{9}\lambda V_{\mathrm{DD}}\right) \tag{3-47}$$

$$I_{\mathrm{DSAT}}=k\frac{W}{L}\left[(V_{\mathrm{DD}}-V_{\mathrm{T}})V_{\mathrm{DSAT}}-\frac{V_{\mathrm{DSAT}}^{2}}{2}\right] \tag{3-48}$$

经计算单级门电路的传输延迟时间近似为 t_{p}，于是可得时钟下降沿微分电路脉冲宽度近似为 $t=6t_{\mathrm{p}}$。

3.4.4　电荷泵

图 3.48 所示为传统的单端电荷泵。图 3.48(a)所示是开关位于漏端的电荷泵，其特点是速度中等，结构简单，功耗低。这种结构有明显的缺点：开关直接与环路滤波器的电容相连，因而时钟馈通效应严重。当下拉开关导通后，$\mathrm{M_1}$ 的漏端将从

GND 开始上升，在达到最小饱和电压之前 M_1 处于线性区，这时，开关导通电阻上的电压差会产生一个大的尖峰电流，并且 PMOS 和 NMOS 两边的匹配十分困难。该结构的电荷共享效应也很严重，因为上下两个开关都关断，当开关导通时，两点电位的不同就会在 M_1、M_2 的漏端以及环路滤波器之间存在电荷重分配问题，造成输出抖动。尤其是在高频、宽带 PLL 应用中，环路滤波器的电容与器件寄生电容可相比拟，电荷共享是一个重要的误差源。

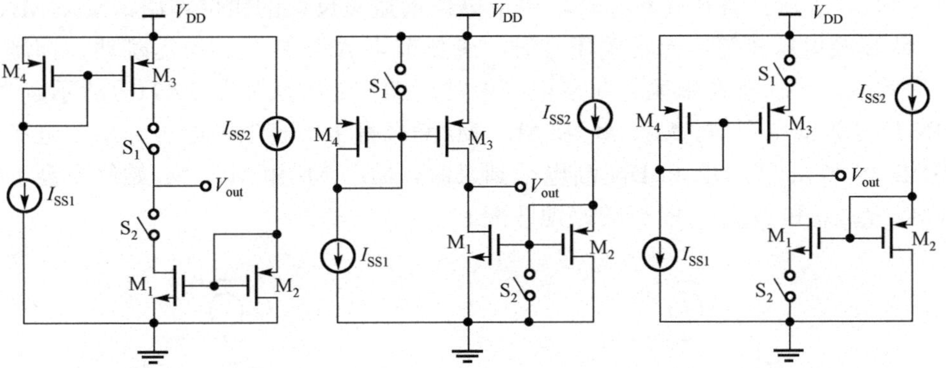

(a) 开关位于漏端的电荷泵　(b) 开关位于栅端的电荷泵　(c) 开关位于源端的电荷泵

图 3.48　传统的单端电荷泵

图 3.48(b)所示是开关位于栅端的电荷泵，其优点是电流镜可以很好地工作在截止区或饱和区，当电路放电时 M_3 和 M_2 截止，M_3 漏端的寄生电容不会充电，从而避免尖峰电流的产生。此种结构的缺点是 g_{m4} 和 g_{m2} 影响开关时间常数，要得到较好的开关速度，M_3 和 M_4 的偏置电流需要比较大，增加了功耗。当输出电流都很大且为提高电流匹配而使用长沟道器件时，跨接在开关两端的栅端寄生电容会对电荷泵性能产生很大的影响。

图 3.48(c)所示是开关位于源端的电荷泵，其特点是 M_1、M_3 始终处于饱和区，电荷共享效应减弱。开关只连接在单个管子上，寄生电容较小，开关速度较快；同时开关时间不受 g_{m2} 和 g_{m4} 的影响，即使在大输出电流情况下也可使用低电流偏置。因为此种结构的开关和环路滤波器的电容被隔离开，故时钟馈通效应大大减弱。这种开关适于高速应用，但电荷泵的操作速度仍然被电流镜时间所限制。

不仅仅是电荷泵操作速度的问题，图 3.48 所示的典型电荷泵都存在电荷注入、电荷共享、充放电电流失配等一系列非理想因素，这些非理想因素都会造成在环路滤波器上输出周期性的纹波电压。

首先，对于开关管电荷注入和时钟馈通，可以采用常用的如增加 dummy 开关、互补开关等方式减小它们的影响，还可以优化开关管的尺寸，其中一方面，减小开关管的尺寸会减小沟道电荷，引起的误差电压也就越小；另一方面，开关管的尺寸受开关的响应速度的限制，在高频工作时需要加大开关管的尺寸从而减小导通电阻。因此，电荷泵开关管的尺寸需要仔细地折中设计。

其次，对于充放电电流不匹配的问题，除了采用 Cascode 结构提高电流源的输出阻抗，一般还可以通过使用同一个偏置环路实现对充电电流源与放电电流沉的偏置，进而实现充放电电流的匹配。

最后，对于电荷共享效应，Chang 等提出了一个带跟随器的改进型电荷泵结构[14]，如图 3.49(a)所示。当开关断开时，由于单位增益负反馈的钳位作用，M_1、M_2、M_3 和 M_4 的漏极电压相等；当开关闭合时，避免节点 A 和 B 处的电压跳动，抑制了电荷共享效应。另一种在单端电荷泵电路中常用的抑制方法如图 3.49(b)所示。当 UP 和 DN 信号为低电平时，M_2、M_3 和 M_1、M_4 漏极寄生电容上的电压分别放电和充电到 GND 和 V_{DD}；当 UP 和 DN 高电平到来时，M_1、M_2 和 M_3、M_4 始终不会工作在线性区，I_{charge} 和 $I_{discharge}$ 能够较好地匹配。

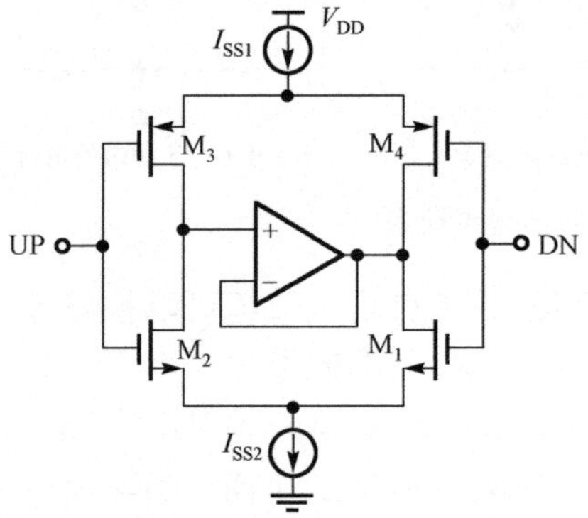

(a) 带跟随器的改进型电荷泵

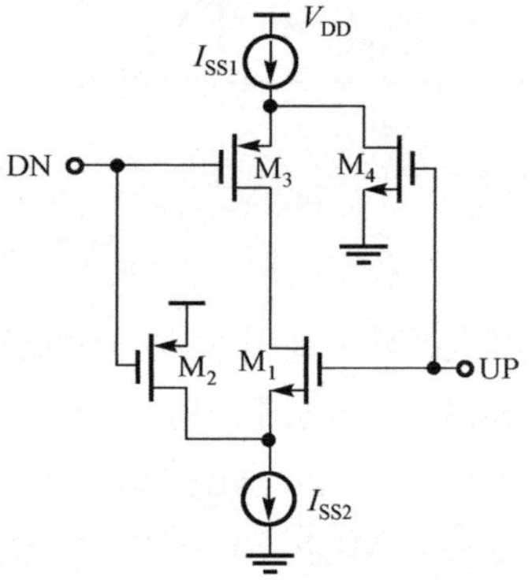

(b) 单端电荷泵

图 3.49　改进型电荷泵

3.4.5　抖动退化放大器、压控延迟电路和缓冲器

图 3.50 所示为抖动退化放大器、压控延迟电路和缓冲器。采用带源极负反馈的共源极电路作为抖动退化放大器，以电荷泵输出电压 V_{C1} 作为输入电压，产生反馈控制电压 V_C，V_C 通过控制压控延迟电路电容 C_1 的放电速度产生延迟从而调整占空比到目标值。该放大器的引入，对电荷泵输出起到缓冲和隔离的作用。为了加快脉冲宽度调制电路的响应速度，提高边沿增益，在压控延迟电路后面还加入了预充电正反馈缓冲电路。

由于电荷泵输出电压纹波的非理想纹波特性对输出时钟特性有直接影响，在电路设计中通过引入低通滤波器可以一定程度上消除高频杂散的影响，但是低通滤波电容的值不能很大，否则会造成面积的损失。通过使用源极再生放大器局部引入负反馈，从而减小输出控制电压的纹波，从而提高整体脉冲宽度，调制电路特性。

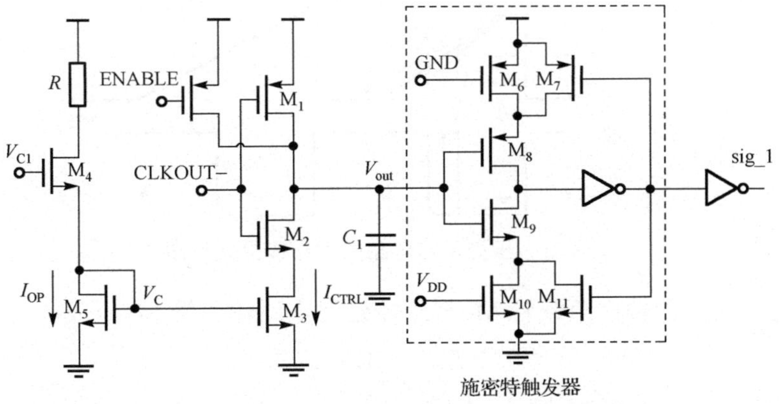

图 3.50　抖动退化放大器、压控延迟电路和缓冲器

出现延迟的基本原因是电路的输出从一个状态转移到另一个状态需要一定的时间，延迟时间 T_{delay} 可表示为

$$T_{delay} = \frac{\Delta Q}{I_{CTRL}} = \frac{V_{sw} C_1}{I_{CTRL}} \tag{3-49}$$

其中，C_1 为压控延迟电路充放电电容；V_{sw} 为压控延迟电路后级缓冲器的状态变化阈值电平，这里设计为输出摆幅的一半 ($V_{DD}/2$)；I_{CTRL} 为电荷泵输出电压经抖动退化放大器产生控制电压 V_C 所控制产生的放电电流。

基于压控延迟电路基本原理，压控延迟电路通过电荷泵输出控制电压来控制延迟时间进而调制时钟边沿到来的时间，最终实现对输出时钟占空比的调制。

图 3.50 所示压控延迟电路由一个带控制端的反相器和充放电电容组成。压控延迟电路输入信号为输出时钟信号 CLKOUT−与抖动退化放大器输出电压 V_C。当 CLKOUT−为低电平时，M_1 导通，处于线性区，M_2 截止，电路对电容 C_1 充电，当 CLKOUT−为高电平时，M_1 截止，M_2 先处于饱和区再进入线性区，而 M_3 处于饱和区，由 V_C 控制电容 C_1 放电速度的快慢，决定了 V_{out} 下降到翻转电平的时间进而产生延迟，确定了 sig_1 下降沿。

图 3.50 中 M_3 作为电流源使用，并且是一个受控电流源，其控制电压为 V_C，在设计晶体管尺寸时，应使 M_3 栅长取较大数值，从而减小沟道长度调制效应的影响。V_C 越大，则放电电流越大，V_{out} 变化的斜率越大，那么到达后级状态翻转阈值电平的时间越短，从而延时就越小，相反则延迟越大；具体工作原理如图 3.51 所示。

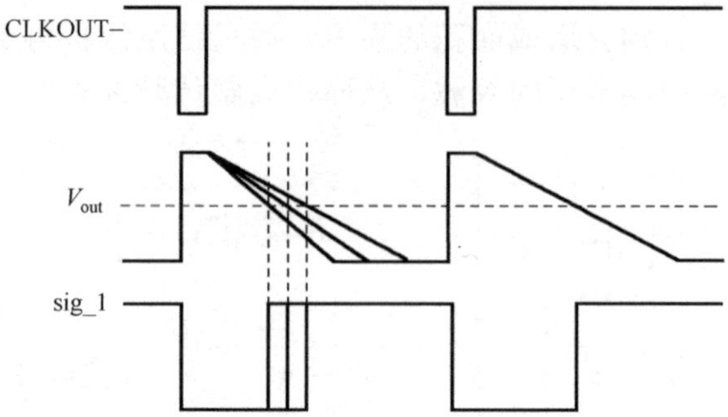

图 3.51　压控延迟电路的工作输出波形图

抖动退化放大器输出负载管 M_5 与压控延迟电路输入管 M_3 组成电流镜电路，有

$$\frac{I_{OP}}{I_{CTRL}}=\frac{W_5/L_5}{W_3/L_3} \tag{3-50}$$

其中，I_{CTRL}、I_{OP} 分别为压控延迟电路放电电流与放大器电流，当 M_4 与 M_5 的宽长比相同时有 $I_{CTRL}=I_{OP}$。对于放大器又有

$$GM=-\frac{g_{m4}}{1+R(g_{m4}+g_{mb4})} \tag{3-51}$$

于是 $I_{CTRL}=I_{OP}=V_{C1}GM$，求导有

$$\frac{dV_{C1}}{dI_{CTRL}}=GM<0 \tag{3-52}$$

所以 I_{CTRL} 与 V_{C1} 成反比，假设当压控延迟电路输出电压 V_{out} 变化 ΔV_{out} 时，产生输出时钟 CLKOUT−为上升沿触发信号，于是第 n 个周期内压控延迟电路产生的延迟为

$$t=\frac{2C_1\Delta V_{out}}{I_{CTRL}}=\frac{2C_1\Delta V_{out}}{V_{C1}GM}=\frac{2C_1\Delta V_{out}}{GM[V_{initial}+\Delta V_{C1}(n-1)+\Delta T(n)kI_{OP}]} \tag{3-53}$$

所以 $t\propto V_{C1}$。其中 $\Delta T(n)=T_1(n)-T_2(n)$，$T=T_1(n)+T_2(n)$，$T_1(n)$、$T_2(n)$ 分别为输出时钟信号第 n 个周期内高电平时间与低电平时间，$V_{initial}$ 为电荷泵电路的初始工作电压，$\Delta V_{CTRL}(n-1)$ 为前 $n-1$ 个周期内由于电荷泵充放电所造成 V_{C1} 的变化。

$$T_1(n)=T_2(n)=\frac{T}{2} \tag{3-54}$$

即占空比为 50%，$\Delta T(n)=0$，V_{C1} 保持恒定，这时压控延迟电路产生的延迟 $t=T/2$，电路保持锁定。

参考文献

[1] Best R E. 锁相环设计、仿真与应用[M]. 李永明, 等译. 北京：清华大学出版社, 2007.

[2] Gaied D, Hegazi E. Charge-pump folded noise cancelation in fractional-N phase-locked loops[J]. IEEE Transactions on Circuits and Systems II: Express Briefs, 2014, 61(6): 378-382.

[3] Kuo C C, Lee M J, Liu C N, et al. Fast statistical analysis of process variation effects using accurate PLL behavioral models[J]. IEEE Transactions on Circuits and Systems I: Regular Papers, 2009, 56(6): 1160-1172.

[4] Raazavi B. RF Microelectronics[M]. 2nd ed. New Jersey: Prentice Hall, 2011.

[5] Zhou J, Wang Z. A high-performance CMOS charge-pump for phase-locked loops[C]. International Conference on Microwave and Millimeter Wave Technology (ICMMT), Nanjing, 2008: 839-842.

[6] Cheng K H, Lo Y L. A fast-lock mixed-mode DLL with wide-range operation and multiphase outputs[C]. Proceedings of ESSCIRC, 2005:189-192.

[7] Chandrakasan A, Bowhill W J, Fox F. Design of High-Performance Microprocessor Circuit[M]. New York: IEEE Press, 2001.

[8] Shinagawa M, Akazawa Y, Wakimoto T. Jitter analysis of high-speed sampling systems[J]. IEEE Journal of Solid-State Circuits, 1990, 25(1): 220-224.

[9] Hekmat M, Aryanfer F, Wei J, et al. A 25GHz fast-lock digital LC PLL with multiphase output using a magnetically-coupled loop of oscillators[J]. IEEE Journal of Solid-State Circuits, 2015, 50(2):490-502.

[10] Gao X, Brug O, Wang H S, et al. 9.6A 2.7-to-4.3GHz, 0.16psrms-jitter, -246.8dB-FOM, digital fractional-N sampling PLL in 28nm CMOS[J]. IEEE Journal of Solid-State Circuits, 2016: 174-175.

[11] Liao D Y, Wang H C, Dai F F, et al. An 802.11a/b/g/n digital fractional-N PLL with automatic TDC linearity calibration for spur cancellation[J]. IEEE Journal of Solid-State Circuits, 2017, 52(5): 1210-1220.

[12] Lin T H, Chi C C, Chiu W H. A synchronous 50% duty-cycle clock generator in 0.35-μm CMOS[J]. IEEE Transactions on Very Large Scale Integrated Circuits System, 2011, 19(4): 585-591.

[13] Cheng K H, Su C W. A high linearity, fast-locking pulsewidth control loop with digitally programmable duty cycle correction for wide range operation[J]. IEEE Journal of Solid-State Circuits, 2008, 43(2): 399-413.

[14] Chang R C, Kuo L C. A new low-voltage charge pump circuit for PLL[C]. Proceedings of IEEE International Symposium on Circuits and Systems, 2000: 701-704.

第 4 章　数据转换器

现代通信技术、网络技术及电子技术的不断发展给人们的生活带来了日新月异的变化，既丰富了人们的生活，也使人们的生活逐步依赖现代信息技术。现代信息产品的控制及信号处理系统多为数字电路，但实际生活中的信号多为模拟信号，而电子产品之间的通信信号也为模拟信号。数据转换器的作用是将模拟信号和数字信号进行相互转换，是连接两者的核心模块，所以研究数据转换器对提高现在电子系统的性能具有重要的意义。根据转换信号的不同，数据转换器分为 ADC 和 DAC。本章介绍目前主流以及新型的数据转换器。

4.1　奈奎斯特模数转换器

常见的奈奎斯特 ADC 主要包括快闪式(FLASH) ADC、两步式 ADC、流水线(pipeline) ADC、逐次逼近型寄存器(successive approximation register, SAR) ADC 等，各自都有不同的特点。其中，流水线 ADC 由于其在速度、面积、功耗以及精度方面具有较好的折中，是高速高精度 ADC 的主要实现方式。然而，高性能的流水线 ADC 需要高性能的模拟模块，如高增益高带宽的运算放大器，会产生很大的功耗。另外，随着工艺特征尺寸的下降，以及低压、低功耗的需求，SAR ADC 进入人们的视野。由于数字模块较多，SAR ADC 正随着工艺发展逐渐趋近全数字化实现。但是，高速高精度的 SAR ADC 设计时，在功耗、面积、速度和精度上很难折中。因此，在高速高精度领域，SAR ADC 的设计并不多见。流水线-逐次逼近混合型(Pipeline-SAR) ADC 是一种结合流水线 ADC 和 SAR ADC 的新型 ADC 结构，其在速度、功耗、线性度和面积上有更好的折中，逐渐成为新的研究热点。本章首先介绍流水线 ADC 和 SAR ADC 的基本原理，并在此基础上详细介绍 Pipeline-SAR ADC 的基本原理和设计方法。

4.1.1　流水线模数转换器

流水线 ADC 采用流水线方式处理转换信号，由前端采样/保持(sample/hold, S/H)电路、子流水线级、后端 ADC 和数字编码电路组成，系统结构如图 4.1 所示。其中，每个子流水线级包含一个采样/保持电路、一个分辨率位数较低的 FLASH ADC、一个与 FLASH ADC 相同位数的 DAC、一个增益电路和一个求和电路。一般，将子流水线中的采样/保持电路、DAC、增益电路与求和电路称为乘法 DAC(multiplying

DAC, MDAC)。正常工作时，半个时钟相，本级转换级将采样上级转换级输出的剩余差值信号，同样下级转换级将输出剩余差值信号；另外半个时钟相，本级转换级将产生剩余差值信号，同时下级转换级采样本级所输出的剩余差值信号，这样实现输入信号流水线的转换处理。

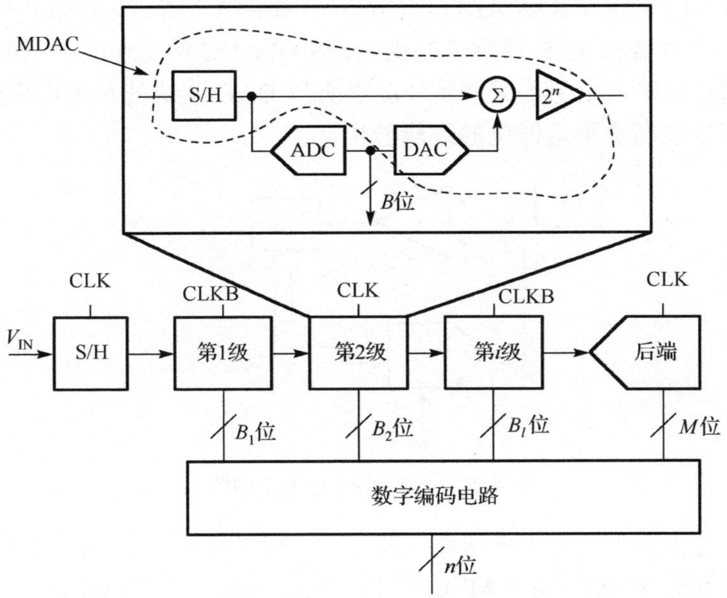

图 4.1　流水线 ADC

每级转换级的具体工作原理为：首先，在采样相，每级转换级将通过采样/保持电路和 FLASH ADC 对上级转换级的输出信号进行采样。采样完成之后进入保持相，这时 FLASH ADC 将产生相应的数字输出，DAC 将根据这个数字输出产生一个模拟量，再利用开关电容和运算放大器将输入信号与这个模拟量相减，输出放大后的差值也就是本级的剩余差值。

每个前端输入转换信号都要通过流水线中每级转换级的处理，前级输出的数字输出码要快于后级输出的数字输出码，所以在前级输出的数字码要通过寄存器进行相应的延时处理，这样使得处理同一个前端输入信号的每级转换级的输出数字码同步，通过数字编码电路产生最终的转换数字码。

流水线 ADC 的主要优点是：第一，其数据流速率很高，并且与 ADC 中的级数无关；第二，由于不同级 MDAC 具有放大功能，所以对后级电路的精度要求以及比较器的分辨率要求都降低了；第三，可以采用数字校准技术提高 ADC 的精度。它的缺点很明显：首先，从采样到完成整个数据转换的延时和 ADC 的级数成正比；其次，需要高速、高精度的级间放大器，这对设计要求较高。

基于以上的这些特点，流水线 ADC 在保持较高转换速率的同时，电路规模及功耗与分辨率接近线性关系而不是随分辨率的提高呈指数增长。

4.1.2 逐次逼近型模数转换器

相对于流水线 ADC，SAR ADC 结构简单，如图 4.2 所示，包括采样/保持(S/H)电路、DAC、比较器和 SAR 逻辑控制电路。SAR ADC 的工作原理是基于二进制搜索的方法，通过将输入信号的采样值 V_{IN} 依次与 DAC 生成的参考电压值 V_{DAC} 进行比较，逐次产生最高位至最低位的逻辑输出。

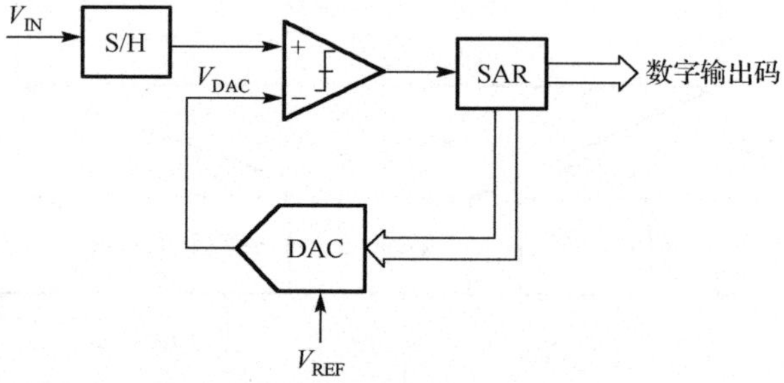

图 4.2 SAR ADC 基本结构图

具体工作过程如下：首先模拟输入信号 V_{IN} 被采样/保持，送入比较器的一端，其次数字控制部分 SAR 最高位 MSB 置 1，其他位都清零，DAC 在 V_{REF} 和 SAR 的控制下输出 $1/2V_{REF}$ 并送入比较器的另一端。如果 $V_{IN}> 1/2V_{REF}$，那么比较器输出 1，输出数字码最高位就为 1；如果 $V_{IN}< 1/2V_{REF}$，那么比较器输出 0，输出数字码最高位就为 0。然后确定次高位，把数字控制 SAR 次高位置为 1，如果 MSB=1，则此时 DAC 的输出为 3/4 V_{REF}，通过比较 V_{IN} 与 3/4 V_{REF} 的大小就可以确定次高位了；同理如果 MSB=0，那么此时 DAC 的输出为 1/4 V_{REF}，比较 V_{IN} 与 1/4 V_{REF} 的大小从而确定次高位。以此类推，直到 SAR ADC 的最低位确定为止。由于采用二进制搜索算法使 DAC 的输出逐次逼近模拟输入信号，因此对于 N 位的 SAR ADC 至少需要 N 个转换周期。最后全部确定的数字输出码就是 SAR ADC 的最终输出。

由于 SAR ADC 在一个时钟周期内只能完成 1 位转换，N 位转换需要 N 个时钟周期，故这种 ADC 的采样速率不高。它的优点是结构简单、面积小、功耗低，适用于中速、中等分辨率的场合。

4.1.3 流水线-逐次逼近型模数转换器

1. Pipeline-SAR ADC 的基本结构

流水线 ADC 在前端通常采用采样/保持电路作为系统的第一级。采样/保持电路为 MDAC 提供稳定的采样信号，以减小 MDAC 与 sub-ADC 的采样网络之间失配所带来的误差。然而由于它没有放大功能，其成为系统的失真和噪声的重要来源[1,2]。移除采样/保持电路，即文献中常见的无采样/保持放大器(SHA-less)结构是首先考虑到的措施。这样不仅节省功耗，且避免了它贡献的噪声。SHA-less 结构需要使 MDAC 采样开关与 ADC 的采样网络有较好的匹配。如图 4.3 所示，若 MDAC 的采样开关与 sub-ADC 的采样网络间存在 Δt 的偏差，则两条路径采样得到的值不同，将引入孔径误差。

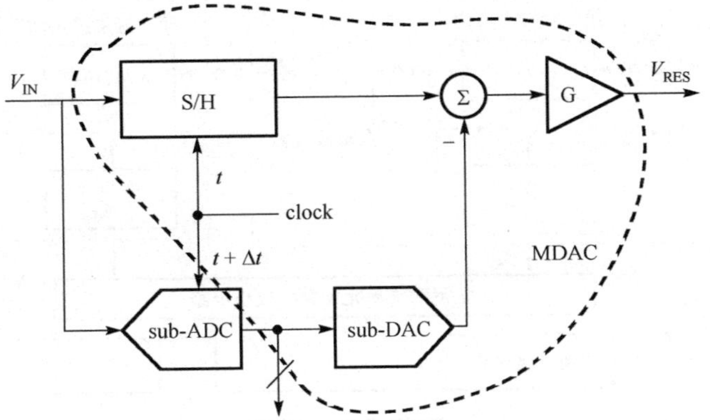

图 4.3　SHA-less 结构第一级子流水线级原理示意图

由于 SAR ADC 内嵌一个 DAC 电容阵列结构，可以尝试用 SAR ADC 取代传统流水线 ADC 中的 sub-ADC 和 sub-DAC 以解决上面的难题。我们将这类采用 SAR ADC 实现子流水线级的流水线 ADC 称为 Pipeline-SAR ADC。图 4.4 给出了 Pipeline-SAR ADC 的单端 SAR 辅助型 MDAC 结构框图(实际电路一般为全差分形式)，虚线框中为 SAR ADC 电路，从而构成了一个完整的子流水线级。其核心思想是将传统的子流水线级中的 sub-ADC 和 sub-DAC 替换为 SAR ADC，由 SAR ADC 完成采样和量化功能。SAR ADC 的差分二进制电容阵列既充当采样电容，也完成了流水线 ADC 中的 DAC 作差的功能。保证每一次 sub-ADC 在量化过程中，采样信号和余量信号已经建立完成，消除了因 MDAC 和 sub-ADC 采样网络不匹配而引入的孔径误差。

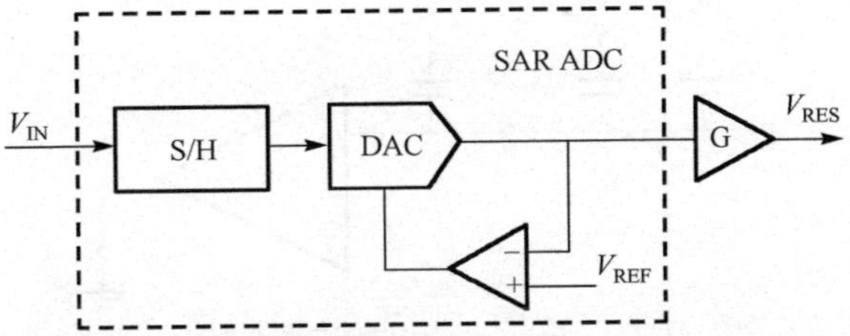

图 4.4　单端 SAR 辅助型 MDAC 的系统框图

Pipeline-SAR ADC 可以由多级构成，但两级结构电路简单，也是目前最主流的结构，如图 4.5 所示。其中，第一级 SAR ADC 与运算放大器组成的 SAR 辅助型 MDAC，将第一级粗量化后得到的余量放大 2^{M_1-1} 倍后得到 V_{RES} 传递给第二级。第二级 M_2 位的 SAR ADC 对余量进行细量化，得到 M_2 位数字码输出。两级量化器在非交叠时钟(Φ_1、Φ_2)控制下工作，第一级的 M_1 位数字码与第二级的 M_2 位数字码经过延时对准和数字校准逻辑，最后得到 N 位完整数字码输出。

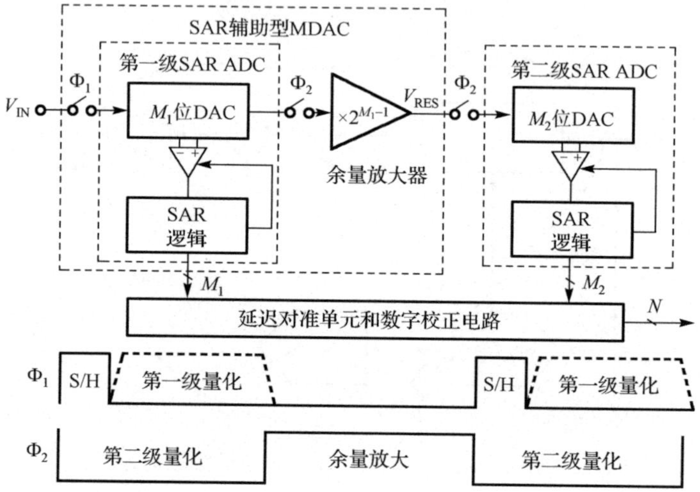

图 4.5　Pipeline-SAR ADC 的系统结构框图

2. SAR 辅助型 MDAC 的工作原理

1) 采样模式

如图 4.6 所示，给出了 SAR 辅助型 MDAC 在采样模式下的原理图。其中，电容阵列总电容为 C_S。此时，反馈环路断开，输入信号 V_{IN} 通过开关向电容阵列充电，电荷存储在电容阵列中。采样开关是运用工作在线性区的 MOS 管来实现的。此时，电容阵列上存储的电荷总量为

$$Q_1 = C_S(V_{IN} - V_{CM}) \tag{4-1}$$

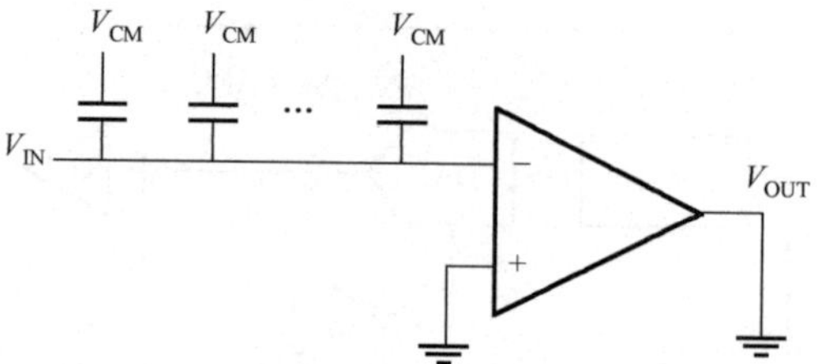

图 4.6　采样模式

2) 放大模式

在放大模式时假设电容阵列底极板接信号 V'，如图 4.7 所示。假设运算放大器的开环增益无穷大，放大模式下电容上存储的电荷总量可以写为

$$Q_2 = (0 - V')C_S + (0 - V_{OUT})C_F \tag{4-2}$$

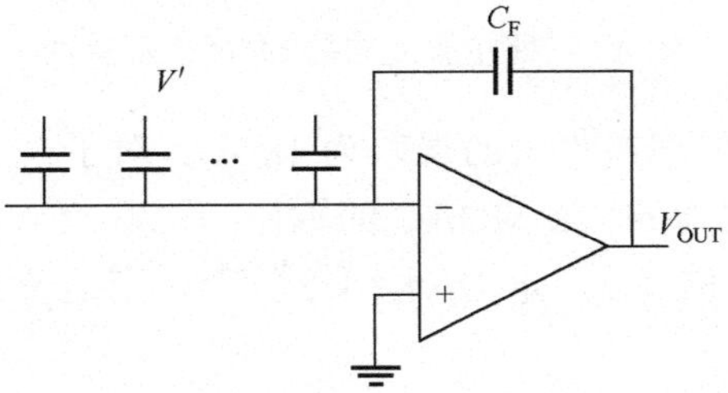

图 4.7　放大模式

联立式(4-1)和式(4-2)，可以推出 MDAC 传输函数为

$$\begin{aligned} V_{OUT} &= -\frac{C_S}{C_F}[V_{IN} - (V_{CM} - V')] \\ &= -\frac{C_S}{C_F}(V_{IN} - V_{DAC}) \end{aligned} \tag{4-3}$$

3. SAR 辅助型 MDAC 设计考虑

MDAC 电路是流水线 ADC 中的重要模块，MDAC 的性能限制了整个 ADC 的精度和速度。MDAC 电路的实质是一个开关电容电路，其结构是一个成熟的核心模块，在大部分文献中均有说明[3,4]。而运算放大器有限的增益和带宽会给 MDAC 的输出带来误差。此外，本节从有限增益误差、转换速度、噪声和冗余位算法原理的角度介绍 MDAC 电路。

1) 有限增益

图 4.8 给出了一个处在放大相的 MDAC 示意图。反馈系数 β 为

$$\beta = \frac{C_F}{C_S + C_F} \tag{4-4}$$

则环路的传输函数为

$$A_V = \frac{A_0}{1 + \beta A_0} \approx \frac{1}{\beta}\left(1 - \frac{1}{\beta A_0}\right) \tag{4-5}$$

其中，A_0 为运算放大器开环直流增益。

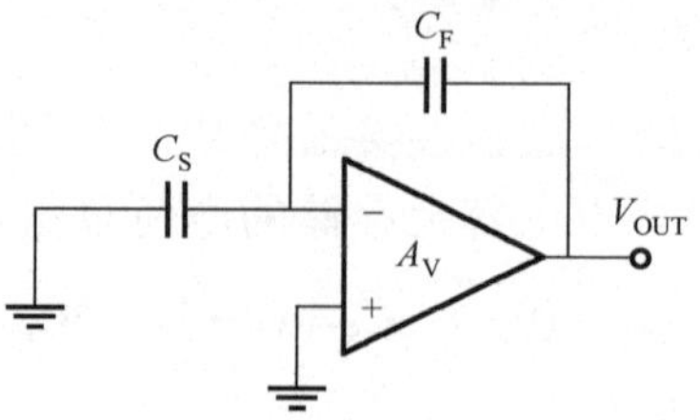

图 4.8　处在放大相的 MDAC 示意图

由运算放大器的有限增益带来的误差为 $1/\beta A_0$。对于一个 N 位的 ADC，设要设计的 MDAC 的有效位数为 m，则 MDAC 的输出应该具有 N–m 的精度，若使 MDAC 的误差小于最低分辨率的 1/2，即 $1/\beta A_0<1/2^{N-m+1}$，则运算放大器的增益存在下列约束：

$$A>\frac{2^{N-m+1}}{\beta} \tag{4-6}$$

2）转换速度

在放大阶段，MDAC 电路可以看作一个对阶跃信号响应的闭环放大器。MDAC 的建立时间就是指输出电压达到确定的精度范围所需要的时间。由于实际运算放大器的带宽并非无限大，所以输出端信号的建立需要一定的时间。假设运算放大器为单极点系统，则运算放大器在放大相的输出电压可以表示为

$$V_{OUT}=(1-e^{-\omega_{-3dB}\cdot t_s})(-V_{IN}+V_{DAC}) \tag{4-7}$$

其中，ω_{-3dB} 是运算放大器闭环时的–3dB 带宽。由式（4-7）可知，要使输出信号快速建立，$\omega_{-3dB}\cdot t_s$ 的值需要足够大。由于 ADC 的采样率确定后，t_s 就是确定的。因此为使输出电压在固定时间内建立到所需的精度，对 ω_{-3dB} 有一个限制。ω_{-3dB} 与运算放大器开环的 GBW 之间的关系为

$$\omega_{-3dB}=\beta\cdot \text{GBW} \tag{4-8}$$

GBW 为增益带宽积。一般要求本级 MDAC 的建立精度能够达到后级有效位的 1/2LSB 精度，则

$$e^{-\beta\cdot \text{GBW}\cdot t_s}\leqslant\frac{1}{2}\text{LSB}=\frac{1}{2}\cdot\frac{1}{2^{N-M}} \tag{4-9}$$

其中，N 为系统的分辨率；M 为本级有效分辨率；那么 GBW 与 M 之间的关系可表示为

$$\text{GBW}>\frac{(N-M+1)\ln 2}{\beta t_s} \tag{4-10}$$

其中，t_s 为运算放大器的建立时间，t_s 要求小于半个采样时钟周期。

3) 噪声

(1) kT/C 热噪声。

图 4.9 给出了 MDAC 的工作状态图。如图 4.9(a)所示，在采样阶段，噪声随有用信号一起被采样进入 MDAC 电路。噪声能量的大小可以表示为

$$V_{\text{noise}}^2=\frac{kT}{C_{\text{S}}+C_{\text{F}}} \tag{4-11}$$

见图 4.9(b)，在放大相，采得的信号和噪声均被转移到 C_{F} 上。若输入信号 V_{IN} 等于 0，可得到噪声的电荷量

$$Q_{\text{noise}}^2=(CV)^2=kT(C_{\text{S}}+C_{\text{F}}) \tag{4-12}$$

等效到输出可表示为

$$V_{\text{noise\_OUT}}^2=\frac{Q_{\text{noise}}^2}{C_{\text{F}}^2}=kT\cdot\frac{C_{\text{S}}+C_{\text{F}}}{C_{\text{F}}^2}=\frac{kT}{C_{\text{F}}}(G+1) \tag{4-13}$$

其中，G 为级间增益。那么等效到输入端的噪声电压为

$$V_{\text{noise\_IN}}^2=\frac{kT}{C_{\text{F}}}\cdot\frac{G+1}{G^2}=\frac{kT}{C_{\text{S}}}\cdot\frac{C_{\text{S}}}{C_{\text{F}}}\cdot\frac{G+1}{G^2}=\frac{kT}{C_{\text{S}}}\cdot\frac{G+1}{G} \tag{4-14}$$

注意，以上的推导都是单端的，实际的差分 MDAC 要乘以 2。从式(4-14)可知，等效输入噪声与本级的精度 M 无关，而与采样电容值成反比。要使热噪声降低，只能提高采样电容；然而提高采样电容，会使功耗增加。因此在设计时要在 SNR 和功耗之间折中。

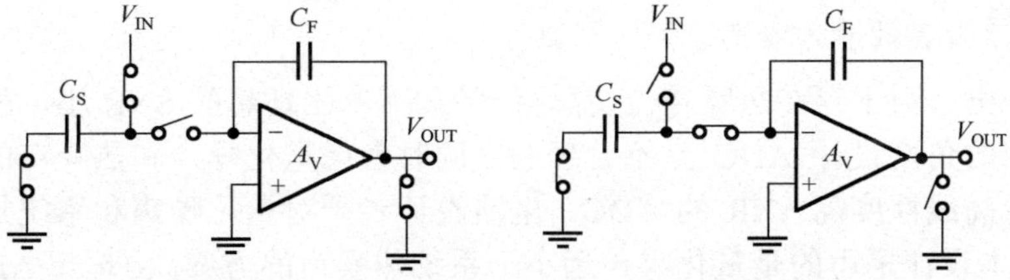

(a) 采样阶段　　(b) 放大阶段

图 4.9　MDAC 工作状态

(2) 运算放大器噪声。

除了采样网络产生噪声以外，运算放大器也会引入噪声。由于开关电容电路中不存在静态电流，且电路中管子的工作频率较高，闪烁噪声的影响可以忽略。等效到输入端的噪声谱密度可以写为

$$V_{\text{noise\_IN}}^2/\Delta f=\frac{4kT\gamma}{g_{m1}}\cdot n_{\text{f}} \tag{4-15}$$

则输出端噪声谱密度为

$$V_{\text{noise\_OUT}}^2/\Delta f=\frac{4kT\gamma}{g_{m1}}\cdot\frac{n_\text{f}}{F^2}(F\text{为实际}\beta\text{值，即}F=\frac{C_\text{S}}{C_\text{S}+C_\text{F}+C_\text{IN}}) \tag{4-16}$$

由输出端向闭环系统看进去的等效阻抗为 $R_{\text{EFF}}=1/(Fg_\text{m})$，负载电容为 C_{EFF}，那么等效带宽为 $1/(4R_{\text{EFF}}C_{\text{EFF}})$。对输出端的噪声进行积分，得到输出端噪声功率为

$$P_{\text{noise\_OUT}}^2=\int_{-\infty}^{+\infty}\frac{4kT\gamma}{g_{m1}}\cdot\frac{n_\text{f}}{F^2}\cdot\Delta f=\frac{4kT\gamma}{g_{\text{m1}}}\cdot\frac{n_\text{f}}{F^2}\cdot\frac{Fg_\text{m}}{4C_{\text{EFF}}}=\frac{kT}{C_{\text{EFF}}}\cdot\frac{n_\text{f}}{F}\cdot\gamma \tag{4-17}$$

(3) 热噪声与量化噪声的关系。

ADC 系统的噪声包含系统的热噪声和量化噪声。其中热噪声决定了电路中电容的选取；量化噪声决定了整个 ADC 的量化位数。对于一个理想的 ADC，它获得的最大 SNR 只受到量化噪声的限制。假设 ADC 的量化噪声为白噪声分布，则量化噪声可以表示为

$$\overline{V_\text{Q}^2}=\frac{\text{LSB}^2}{12}=\frac{\text{FSR}^2}{12\times 2^{2N}} \tag{4-18}$$

对于一个实际的 ADC，需要同时考虑量化噪声和等效输入热噪声，可得 ADC 实际 SNR 的最大值为

$$\text{SNR}=10\log_{10}\left(\frac{\frac{\text{FSR}^2}{8}}{\frac{\text{FSR}^2}{2^{2N}12}+\overline{V_{\text{n,total}}^2}}\right)=-10\log_{10}\left(\frac{2}{3}\frac{1}{2^{2N}}+8\frac{\overline{V_{\text{n,total}}^2}}{\text{FSR}^2}\right) \tag{4-19}$$

其中，$\overline{V_{\text{n,total}}^2}$ 为等效输入噪声。

可以看出，由于存在热噪声，实际得到的 SNR 比理想的 SNR 小，所以单纯地从量化噪声的角度设计 ADC 是不合理的。同时考虑量化噪声和热噪声的存在，才能设计一款高线性度高 SNR 的 ADC。电路设计者须对量化噪声和系统热噪声进行合理分配。本设计采用的是量化噪声远小于系统热噪声的方案。由理想 ADC 的 SNR 可以求出所需设计的有效位数，即

$$\text{ENOB}=\frac{\text{SNR}-1.76\text{dB}}{6.02} \tag{4-20}$$

根据 ENOB 就可以计算出系统的最低分辨电压(least significant bit, LSB)为

$$\text{LSB}=\frac{\text{FSR}}{2^{\text{ENOB}}} \tag{4-21}$$

要使量化噪声对系统的 SNR 的影响可以忽略，则要求 $\text{LSB}^2/12$ 远小于 $\overline{V_{\text{n,total}}^2}$。令系统的量化精度 N 高于 ENOB，那么量化噪声就会较低。

(4) 校准算法。

Lewis 在 1992 年提出冗余校准算法，不仅易于实现，而且对比较器的性能要求大大降低。该算法得到了广泛的应用[5]。下面对其思想和实现进行简单分析。如图 4.10 所示，信号进入比较器中，ε_q 为 sub-ADC 引入的量化误差，得到量化数字码：

$$V_{IN} + \varepsilon_q = 2^D \tag{4-22}$$

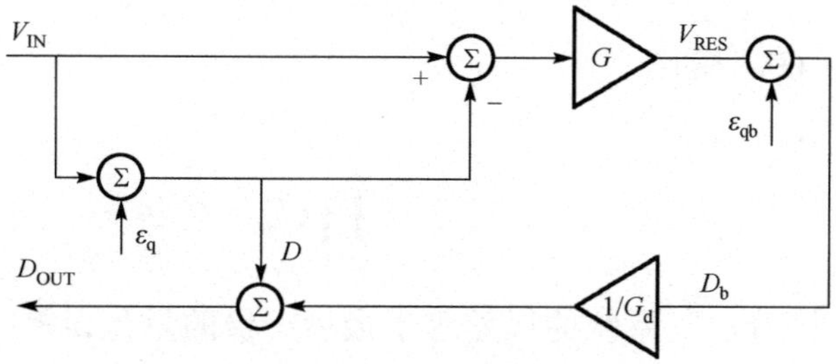

图 4.10　余误差校准

放大器将余量放大级间增益 G 倍后可得

$$V_{RES} = G(V_{IN} - 2^D) \tag{4-23}$$

第一级的输出 V_{RES} 通过第二级量化器量化后得到码 D_b，ε_{qb} 为第二级的量化误差。

$$V_{RES} + \varepsilon_{qb} = 2^{D_b} \tag{4-24}$$

将第一级量化的码与处理后的第二级量化的码相加得到一个新的结果：

$$2^{D_{OUT}} = 2^D + \frac{2^{D_b}}{G_d} \tag{4-25}$$

其中，G_d 为两级量化码的权重增益，由第一级量化位数和级间增益 G 决定，化简可得

$$2^{D_{OUT}} = V_{IN} + \varepsilon_q\left(1 - \frac{G}{G_d}\right) + \frac{\varepsilon_{qb}}{G_d} \tag{4-26}$$

当 G=G_b 时，量化误差仅为 ε_{qb}/G_d。

若设一共有 N 级量化器，如图 4.11 所示。同理，可以得到输出为

$$2^{D_{OUT}} = V_{IN} + \varepsilon_{q1}\left(1 - \frac{G_1}{G_{d1}}\right) + \frac{\varepsilon_{q1}}{G_{d1}}\left(1 - \frac{G_2}{G_{d2}}\right) + \cdots + \frac{\varepsilon_{q(N-1)}}{\prod_{j=1}^{N-2} G_{dj}}\left(1 - \frac{G_{(N-1)}}{G_{d(N-1)}}\right) + \frac{\varepsilon_{qN}}{\prod_{j=1}^{N-1} G_{dj}} \tag{4-27}$$

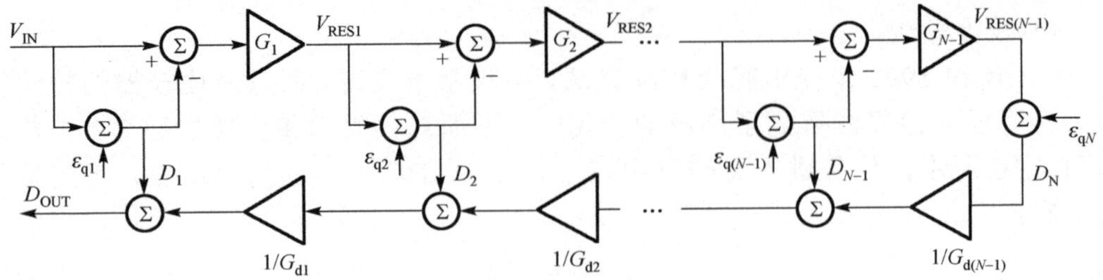

图 4.11　多级余误差的消除

对所有的 $G_{dj}=G_j$，都有

$$2^{D_{OUT}}=V_{IN}+\frac{\varepsilon_{qN}}{\prod_{j=1}^{N-1}G_{dj}} \tag{4-28}$$

由式(4-28)可以看出，系统的误差等于最后一级的量化误差除以总的增益，与前级 sub-ADC 的误差无关。如图 4.12 所示，只要保证 sub-ADC 量化后经过级间增益放大后的 V_{RES} 不超过后级的输入范围，即使有较大的失调误差，余量仍然在量化曲线的延长线上，仍可以通过数字校准算法消除。

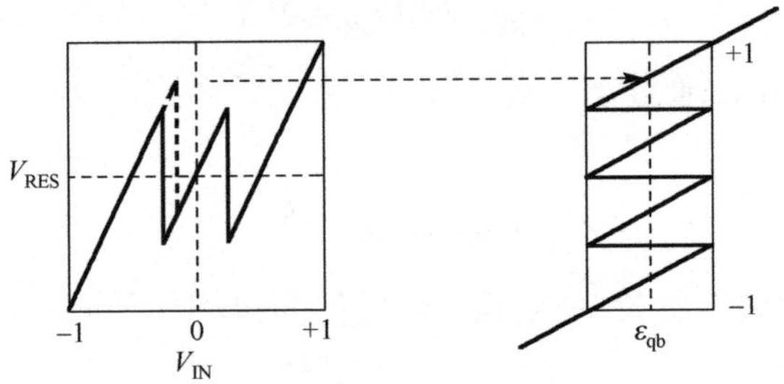

图 4.12　校准算法误差容限

4. Pipeline-SAR ADC 的误差分析

在 Pipeline-SAR ADC 设计过程中，需要同时考虑 SAR ADC 和流水线 ADC 两种转换器中开关、电容失配、比较器、运算放大器等带来的非理想因素。分析和消除这些非理想因素是设计 Pipeline-SAR ADC 的关键。下面对这些非理想因素逐一进行分析。

1) 开关的非理想因素

开关电容电路需要大量的 MOS 开关管。然而 MOS 管作为开关并不能达到理想开关的性能，即其导通电阻不为零，关断电阻为有限值等。因此在 MDAC 开关电容的设计中要对 MOS 开关管有深入的了解。

(1) 电荷注入。

简单的采样/保持电路由 MOS 管和采样电容 C_S 组成，如图 4.13 所示。M_1 为 MOS 开关管。当 MOS 管关断时，上个相位导通时的导电沟道中的电荷会流向 MOS 管的源端和漏端，即电荷注入效应[6]。注入源端和漏端的电荷比例与时钟关断快慢等多种因素有关。

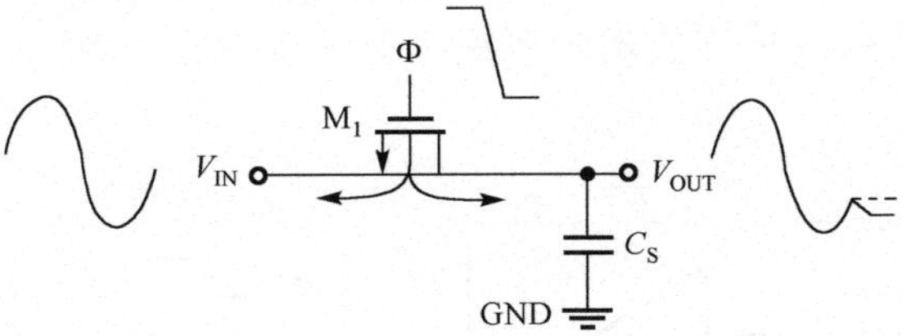

图 4.13　电荷注入效应

MOS 管导通时，$V_{IN}=V_{OUT}$，导电沟道中的电荷总量 Q_{ch} 为

$$Q_{ch}=WLC_{ox}(V_{DD}-V_{IN}-V_{TH}) \tag{4-29}$$

假设 MOS 管关断时，流向源端与漏端的电荷量相等，即流向采样电容 C_S 的电荷量为 $Q_{ch}/2$，这将会在 C_S 上引起电压变化 ΔV：

$$\Delta V=\frac{WLC_{ox}(V_{DD}-V_{IN}-V_{TH})}{2C_S} \tag{4-30}$$

由于 NMOS 管的导电沟道里的电荷为负电荷，这个误差表现为一个负台阶，如图 4.13 所示。采样输出为

$$\begin{aligned}V_{OUT}&\approx V_{IN}-\Delta V\\&=V_{IN}-\frac{WLC_{ox}(V_{DD}-V_{IN}-V_{TH})}{2C_S}\\&=V_{IN}\left(1+\frac{WLC_{ox}}{2C_S}\right)-\frac{WLC_{ox}(V_{DD}-V_{TH})}{2C_S}\end{aligned} \tag{4-31a}$$

采样的误差由增益误差(第一项)和失调误差(第二项)组成。通过增大采样电容 C_S 和减小 MOS 管尺寸可以减小其影响。

如图 4.14 所示，还可以通过增加虚拟开关的方法减小电荷注入效应，在开关关断瞬间吸收 M_1 中的沟道电荷。理想情况下，取 $1/2(WL)_{M1}=(WL)_{M2}$，M_1 中的沟道电荷会完全被 M_2 所吸收。但这是在假设流向源端与漏端的电荷量相等的前提下，然而实际上沟道电荷并不是平分的，这是在运用这种方法时需要注意的。

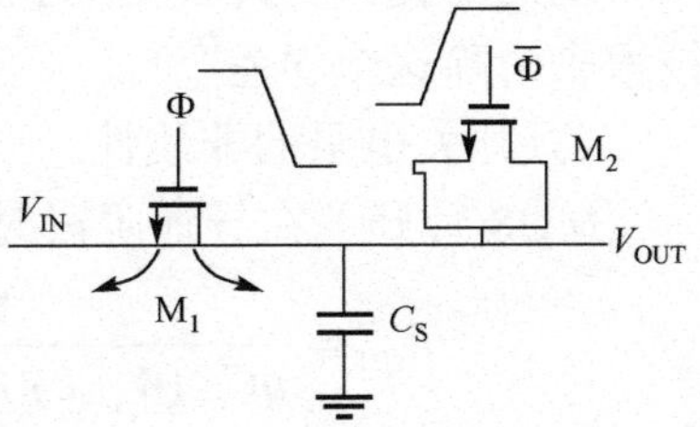

图 4.14　增加虚拟开关管

消除电荷注入效应最有效的方法是采用底极板采样技术，如图 4.15(a)所示。输入信号 V_{IN} 接在采样电容的底极板上，而采样电容的另一个极板连到了运算放大器虚短的输入端，因此称作底极板采样技术。图 4.15(b)给出了各开关的时序。Φ_1 与 Φ_2 为两相非交叠时钟，Φ_{1p} 比 Φ_1 提早下降。底极板采样可以使电荷注入效应在输出端表现为固定失调，失调大小为 $\Delta Q/C_S$。这个失调可通过全差分电路技术消除，所以全差分电路采用底极板采样技术是解决电荷注入的有效方法。

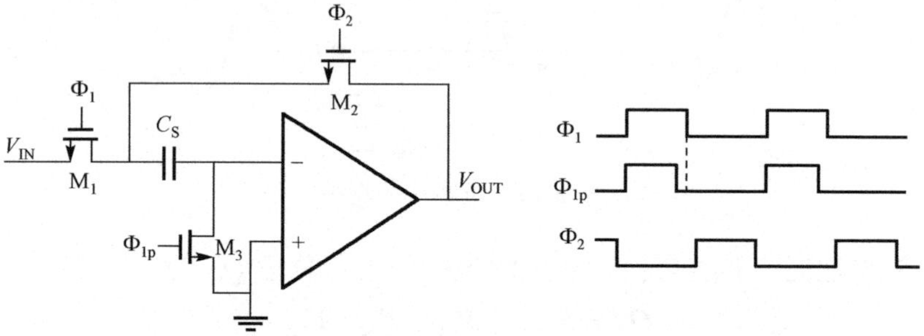

(a) 底极板采样拓扑　　(b) 各开关的时序

图 4.15　底极板采样技术

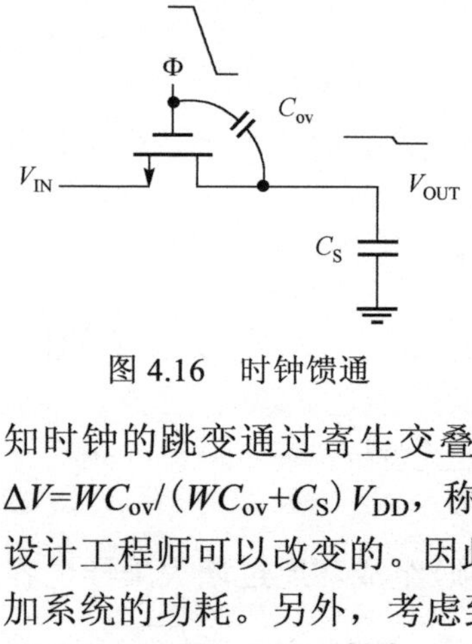

图 4.16　时钟馈通

(2)时钟馈通。

MOS 管栅源/栅漏存在交叠的部分，交叠会形成寄生电容 C_{ov}，如图 4.16 所示。时钟馈通导致采样得到的电压为

$$V_{OUT} = V_{IN} - \frac{WC_{ov}}{WC_{ov} + C_S} \cdot V_{DD} \tag{4-31b}$$

其中，W 为交叠的宽度，C_{ov} 为单位宽度电容值。可知时钟的跳变通过寄生交叠电容耦合到了输出，给采样信号带来了误差，误差值 $\Delta V = WC_{ov}/(WC_{ov}+C_S)V_{DD}$，称为时钟馈通效应。$W$ 与 C_{ov} 是由工艺决定的参数，不是设计工程师可以改变的。因此要减小这个误差，可以增大采样电容 C_S，但这样会增加系统的功耗。另外，考虑到这个误差表现为固定失调电压，可以采用全差分电路技术来消除这个误差[6,7]。

(3)开关电阻的非线性。

MOS 管开关在导通阶段时，处于深线性工作区。其导通电阻为

$$R_{ON} = \frac{1}{\mu C_{ox}(W/L)(V_G - V_{TH} - V_S)} = \frac{1}{\mu C_{ox}(W/L)(V_{DD} - V_{TH} - V_{IN})} \tag{4-32}$$

可见导通电阻不是一个定值，而是输入信号的非线性强函数。这种非线性将引入谐波失真。而且，当 MOS 管的栅源电压等于阈值电压时，导通电阻的阻值趋

于无穷大。要想得到低的谐波失真，就要使开关的导通电阻在信号摆幅内维持定值。另外，即便获得了恒定的开关导通电阻也存在采样失真。这是因为开关的 RC 网络组成的低通滤波器会对输入的信号进行衰减。开关电阻的非线性可以用 dummy 管或传输门的方法来解决，但都有其局限性。最好的方法是采用栅压自举的方法。

2) 电容失配

考虑功耗最低化，则电容阵列的单位电容取值应该尽量小。但在实际应用中，单位电容大小一般由噪声要求和电容匹配要求决定。由于差分非线性(differential nonlinearity，DNL)误差与 SNR 有着直接联系，较大的 DNL 误差将会在 ADC 输出的快速傅里叶变换(fast Fourier transform, FFT)频谱图中以噪声的形式体现出来。另外，在低频率时积分非线性(integral nonlinearity，INL)误差也会间接影响 SFDR 参数。因此对电容失配相关的 DNL 和 INL 误差分析有着重要的意义。

单端全二进制 SAR ADC 电容阵列如图 4.17 所示，采样阶段电容阵列顶极板接 V_{IN}，底极板全部接地。可以写出所有电容中存储的电荷为

$$Q = V_{\mathrm{IN}} \cdot \sum_{i=0}^{N} C_i \tag{4-33}$$

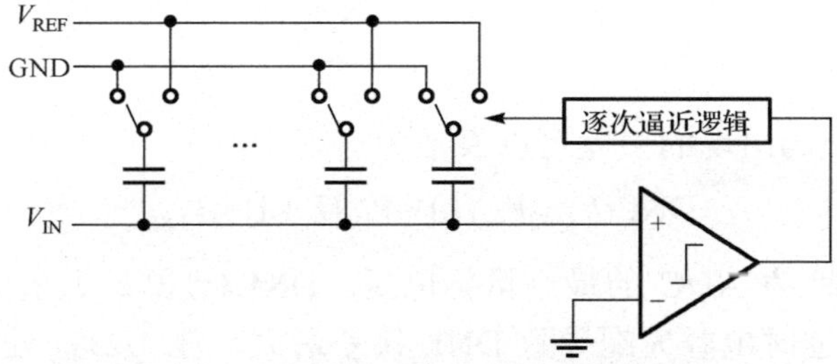

图 4.17　单端全二进制 SAR ADC 电容阵列

当 ADC 进入转换阶段时，所有电容的底极板接到了各自的特定基准电平。根据各电容接入的基准，可以确定此时电容阵列上存储的电荷总量为

$$Q' = (V_{\mathrm{C}} - V_{\mathrm{REF}}) \cdot \sum_{V_{\mathrm{REF}}} C_i + V_{\mathrm{C}} \cdot \sum_{\mathrm{GND}} C_j \tag{4-34}$$

其中，V_{C} 为比较器正输入端电位；$\sum_{V_{\mathrm{REF}}} C_i$ 为底极板接 V_{REF} 电平的所有电容；$\sum_{\mathrm{GND}} C_j$ 为底极板接地的所有电容。电容底极板开关的行为又可以用数字控制信号 $d[N-1:0] \in \{0,1\}$ 来表示。即若数字位 $d[i]=0$，则电容 C_i 底极板接地；若数字位 $d[i]=1$，则电容 C_i 底极板接 V_{REF}。至此，可以写出转换阶段电容上存储的电荷总量：

$$Q' = (V_C - V_{REF}) \cdot \sum_{i=0}^{N-1} d[i] C_{i+1} + V_C \left(\sum_{j=0}^{N-1} 1 - d[j] C_{j+1} + C_0 \right) \tag{4-35}$$

由于所有电容的顶极板只接到了比较器的输入端，为高阻节点，所以在 ADC 转换阶段，电容阵列存储的电容总量保持不变。联立式(4-34)和式(4-35)，可得比较器正输入端电平为

$$V_C = V_{IN} + V_{REF} \frac{\sum_{i=0}^{N-1} d[i] C_{i+1}}{\sum_{i=0}^{N-1} d[i] C_{i+1} + \sum_{j=0}^{N-1} (1 - d[j]) C_{j+1} + C_0} \tag{4-36}$$

式中分母即电容阵列的电容总和，即

$$\sum_{i=0}^{N-1} d[i] C_{i+1} + \sum_{j=0}^{N-1} (1 - d[j]) C_{j+1} + C_0 = \sum_{i=0}^{N} C_i \tag{4-37}$$

由于比较器输入端 V_C 逐次逼近 V_{REF}，因此可以将式(4-36)进一步简化为

$$V_{IN} = V_{REF} \left(1 - \frac{\sum_{i=0}^{N-1} d[i] C_{i+1}}{\sum_{i=0}^{N} C_i} \right) \tag{4-38}$$

DNL 在第 k 个码出现的误差可以表示为

$$\text{DNL}(k) = V_{IN}(k) - V_{IN}(k+1) - V_{LSB} \tag{4-39}$$

其中，$V_{LSB}=V_{REF}/2^N$ 为 ADC 的最小量化电压。DNL(k)的最大值应该出现在 $1/2V_{FS}$ 处，即决定 MSB 位时电容失配导致 DNL 误差最大。在 $1/2V_{FS}$ 处，DNL(2^{N-1})对应的数字码 d=100…0，则有

$$\frac{\text{DNL}_{MSB}}{V_{LSB}} = 2^N \cdot \frac{C_N - \sum_{i=1}^{N-1} C_i}{\sum_{i=0}^{N} C_i} - 1 = 2^N \cdot \frac{X_1 - X_2}{X_1 + X_2 + C_0} - 1 \tag{4-40}$$

其中，X_1、X_2、C_0 为互不相干的独立变量；X_1 和 X_2 的期望与标准差分别为

$$E(X_1) = 2^{N-1} C \tag{4-41}$$

$$E(X_2) = (2^{N-1} - 1) C \tag{4-42}$$

$$\delta(X_1) = \sqrt{2^{N-1}} \cdot \delta(C) \tag{4-43}$$

$$\delta(X_2)=\sqrt{2^{N-1}-1}\cdot\delta(C) \tag{4-44}$$

由一阶泰勒近似可以导出

$$\frac{\delta(\text{DNL}_{\text{MSB}})}{V_{\text{LSB}}}=\frac{\delta(C)}{C}\cdot\sqrt{2^N-1-2^{-N}}\approx\frac{\delta(C)}{C}\cdot\sqrt{2^N-1} \tag{4-45}$$

在量产芯片设计中，通常要求高达 99.7%的良率，则要求 $\delta(\text{DNL})<\eta V_{\text{LSB}}$，$\eta$ 由 ADC 的线性度的指标决定，通常为 1/6～1/3。那么对于特定的工艺，全二进制电容阵列 SAR ADC 能得到最大的设计精度 n 满足：

$$n\leqslant\log_2\left[\left(\eta\cdot\frac{C}{\delta(C)}\right)^2+1\right] \tag{4-46}$$

为了在特定集成电路工艺下，实现高精度高线性度的 ADC，需要实现一种新型的电容型 DAC。将二进制电容阵列的高位电容拆分成相同大小的单位电容，实现一种部分温度计码形式的电容 DAC，如图 4.18 所示。假设 N 位 ADC 中，高 m 位码为温度计码，共由 2^m-1 个大小相等的电容组成。

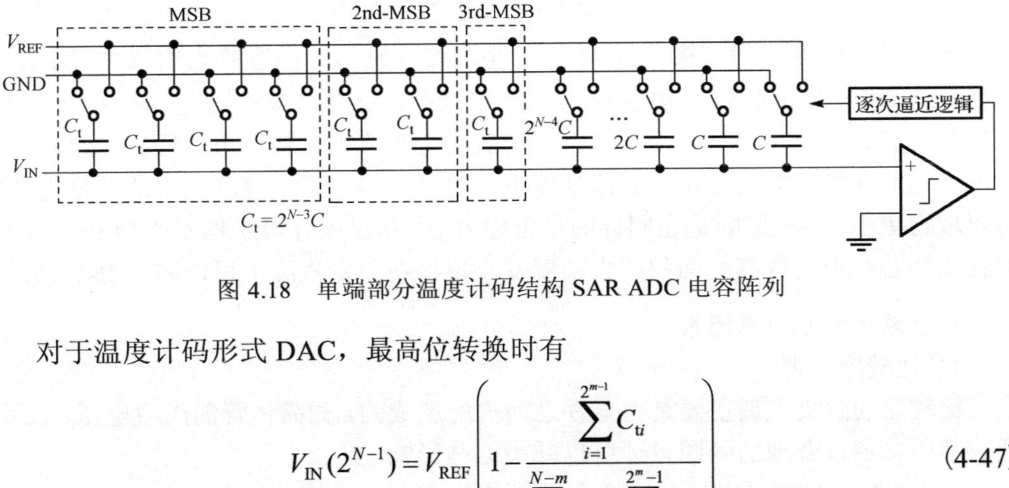

图 4.18　单端部分温度计码结构 SAR ADC 电容阵列

对于温度计码形式 DAC，最高位转换时有

$$V_{\text{IN}}(2^{N-1})=V_{\text{REF}}\left(1-\frac{\sum_{i=1}^{2^{m-1}}C_{ti}}{\sum_{i=0}^{N-m}C_i+\sum_{i=1}^{2^m-1}C_{ti}}\right) \tag{4-47}$$

下一位转换时有

$$V_{\text{IN}}(2^{N-1}-1)=V_{\text{REF}}\left(1-\frac{\sum_{i=1}^{N-m}C_i+\sum_{i=1}^{2^{m-1}-1}C_{ti}}{\sum_{i=0}^{N-m}C_i+\sum_{i=1}^{2^m-1}C_{ti}}\right) \tag{4-48}$$

则有

$$\frac{\mathrm{DNL_{MSB}}}{V_{\mathrm{LSB}}}=2^N\cdot\frac{\sum_{i=1}^{2^{m-1}}C_{\mathrm{t}i}-\sum_{i=1}^{N-m}C_i-\sum_{i=1}^{2^{m-1}-1}C_{\mathrm{t}i}}{\sum_{i=0}^{N-m}C_i+\sum_{i=1}^{2^{m-1}}C_{\mathrm{t}i}}-1$$

$$=2^N\cdot\frac{C_{\mathrm{t}(2^{m-1})}-\sum_{i=1}^{N-m}C_i}{\sum_{i=0}^{N-m}C_i+\sum_{i=1}^{2^m-1}C_{\mathrm{t}i}}-1=2^N\cdot\frac{C_{\mathrm{t}(2^{m-1}-1)}-\sum_{i=1}^{N-m}C_i}{\sum_{i=1}^{N-m}C_i+\sum_{i=1}^{2^m-1}C_{\mathrm{t}i}}-1 \tag{4-49}$$

由泰勒近似得

$$\frac{\delta(\mathrm{DNL_{MSB}})}{V_{\mathrm{LSB}}}\approx\frac{\delta(C)}{C}\cdot\sqrt{2^{N-m+1}-1} \tag{4-50}$$

则对于特定的工艺，全二进制电容阵列型 SAR ADC 能得到最大的设计精度 n' 满足下面的约束：

$$n'\leqslant\log_2\left[\left(\eta\cdot\frac{C}{\delta(C)}\right)^2+1\right]+m-1=N+m-1 \tag{4-51}$$

全二进制电容阵列结构的最大 DNL 是温度计码形式电容阵列的最大 DNL 的 $\sqrt{2^{m-1}}$ 倍。对于其他转换码，温度计码电容阵列的 DNL 也有相应改善，但不如 $1/2V_{\mathrm{FS}}$ 处提高得多。至此，可见使用温度计码形式的电容阵列结构，可以提高 ADC 的线性度。因此在特定的设计精度和线性度下，温度计码形式电容阵列中的单位电容值可以取得更小。要注意的是在同样的单位电容值下，温度计码结构不影响 INL 误差，但在实际芯片中电容阵列面积的大幅度减小反而在一定程度上可以减小 INL 误差。

3) 比较器的非理想因素

(1) 比较器失调。

比较器的随机失调主要是由器件之间失配造成的，如晶体管的阈值电压、尺寸、迁移率等。通过合理的版图设计可以减小这些影响。

对于 SAR ADC 来说，比较器的失调电压在系统传输曲线上仅表现为水平的位移，不会影响 ADC 的精度，但是会减小信号的输入范围，会在很小的程度上降低信号噪声失真比(signal noise distortion ratio，SNDR)。而对于 SAR 辅助型 MDAC 电路来说，只要比较器的失调电压在校准的范围内，就不会影响系统的静态性能。

为了减小失调电压，版图布局时必须充分考虑关键信号路径上的晶体管的对称性，将比较器用保护环(guard ring)包围起来，以减小噪声的影响。同时在需要匹配的管子旁边，添加必要的 dummy 布线和 dummy 管。

(2) 比较器噪声。

对于 SAR ADC 而言，比较器的噪声会直接影响整体 ADC 的性能。随着 CMOS

工艺的特征尺寸不断减小，芯片的电源电压降低，使得晶体管噪声的影响更加突出。为了理解比较器噪声对ADC性能的影响，采用MATLAB对12位参考电压为1.8V 的SAR ADC 进行行为级建模，得出了 ADC 的有效位数随比较器的等效输入噪声标准差的变化曲线图，如图 4.19 所示。当等效输入噪声标准差为 1mV 时，系统的有效位数下降到 11 位。要注意图 4.19 仅是对比较器等效输入噪声进行简单的建模分析，在建模过程中粗略地假设比较器的噪声是呈高斯分布的随机变量。要知道这个假设在实际芯片设计中是十分不精确的。电路中噪声的分布仍然需要更加精确的工艺模型去验证。而对于电路设计者，则需要在设计过程中不断调试，并进行多种最坏情况组合的蒙特卡罗等效噪声和瞬态噪声分析，然后将带噪声的仿真结果与理想的高斯分布通过 MATLAB 工具拟合，保证误差在可以接受的范围之内，才能保证实际芯片与仿真设计性能相差不大。

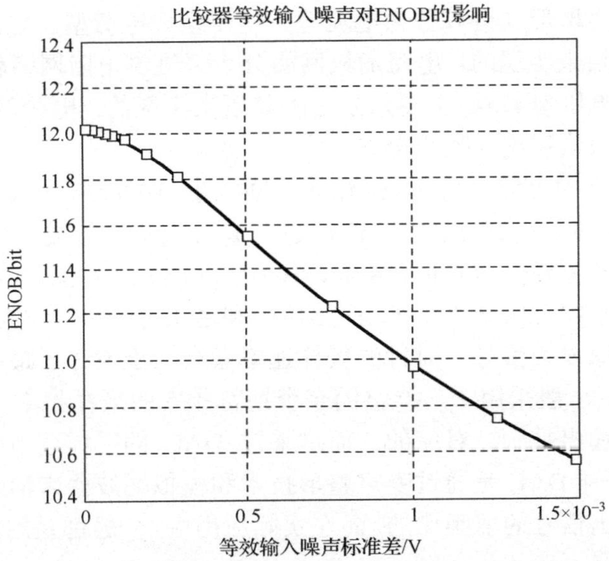

图 4.19　12 位 SAR ADC 的有效位数随比较器噪声的变化

4) 运算放大器误差

运算放大器的误差主要表现为有限增益和带宽、噪声、失调电压与非恒定增益[8]。其中有限增益和带宽以及噪声已经在 4.1.3 节分析过。失调会使 MDAC 的传输特性有一个固定的偏移。这不会影响 MDAC 的线性度；但过大的失调电压会导致重码，所以需要合理地布局版图。运算放大器的非恒定增益主要表现为增益随输入输出电压的变化而变化，主要是输入管的跨导非恒定以及输出阻抗的非恒定导致的。这种非恒定增益会给电路引入偶次谐波失真，即使在全差分电路中也要认真对待。在当前的深亚微米和纳米级 CMOS 标准工艺中，如果设计要求达到 1.5%的线性度，则输入差分值应控制为 $0.5I_D/g_m$；要达到 0.1%的线性度，则输入差分值应控制为 $0.2I_D/g_m$。另外，差分对晶体管的失配会引入二次谐波失真。

4.2 CMOS 电流舵数模转换器

DAC 是指将数字信号转换成模拟信号的部件，作为数字系统与模拟系统的接口是信息处理系统的重要组成部分。

4.2.1 DAC 的分类和常用结构

1. DAC 的分类

按不同的分类方式，DAC 可以有很多种分类。

按加权网络的实现形式可以分为电流型、电压型、电荷型。电流型 DAC 主要是通过电阻加权网络来实现的，电阻加权网络分为二进制电阻网络转换器、*R*-2*R* 电阻网络转换器等。电压型 DAC 主要是由电阻分压来实现的。电荷型 DAC 主要是用电容和运算放大器来实现电荷的再分布。

按转换的速率不同可以分为低速(建立时间大于 100μs)、中速(建立时间大于 1μs 小于 100μs)、高速(建立时间大于 50ns 小于 1μs)、超高速(建立时间小于 50ns)。

按分辨率的不同主要分为 6 位、8 位、10 位、12 位、14 位、24 位等。

按采样速率的不同可以分为奈奎斯特 DAC 和过采样 DAC。根据奈奎斯特定理，为了完整的复原出原来的信号，时钟的采样速率必须大于或等于最高信号频率的 2 倍。在实际应用中，一般采用 2～10 倍的奈奎斯特频率的采样频率。奈奎斯特 DAC 的数字输入与模拟输出是一一对应的，而过采样 DAC 的采样速率一般为信号频率的 40 倍以上，过采样 DAC 是通过噪声整形技术和模拟滤波器来消除信号带宽内的量化噪声来提高输出信号的信噪比的。而在实际应用中，一般都是用奈奎斯特 DAC。

2. DAC 的常用结构

1) 电流型 DAC

电流型 DAC 都是通过电阻串联来实现的，结构简单，但是在分辨率较高的时候需要非常多的电阻，电阻数与位数呈指数关系，严重增加了芯片面积，而且这些电阻的匹配性也会存在很大的问题，所以通常其分辨率为 6～8 位。

(1) 权电阻型 DAC。

权电阻型 DAC 是针对电阻串联型转换器做出的改进，如图 4.20 所示，可以看出这种结构的转换器是由一个运算放大器、一个基准电压和一个权电阻网络组成的，但是需要的电阻非常少，需要的电阻数与位数呈线性关系。对于一个 *N* 位的转换器，需要的电阻为 *N*+1 个。

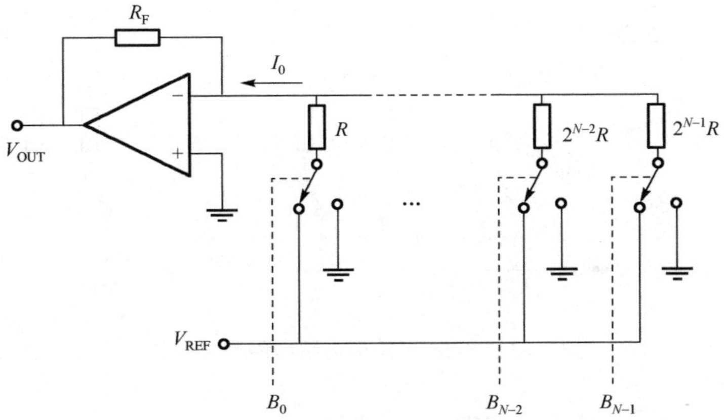

图 4.20　权电阻型转换器

从图 4.20 中可以看出，权电阻网络包含 N 个支路，因为各支路电流是基准电压与权电阻的比值，所以每个支路产生的电流呈倍数关系，流入运算放大器负端的总电流为

$$I_0 = V_{REF}\left(\frac{B_0}{R} + \frac{B_1}{2R} + \cdots + \frac{B_{N-1}}{2^{N-1}R}\right) \tag{4-52}$$

因此输出电压为

$$V_{OUT} = -R_F I_0 = -R_F V_{REF}\left(\frac{B_0}{R} + \frac{B_1}{2R} + \cdots + \frac{B_{N-1}}{2^{N-1}R}\right) \tag{4-53}$$

这种结构需要电阻是倍数关系。对于位数比较高的转换器，在匹配上是一个很严重的问题，例如，对于 8 位的转换器，最大电阻是最小电阻的 256 倍，同样最大支路电流是最小支路电流的 256 倍，其对噪声电流非常敏感，因此匹配和噪声问题严重限制了这种结构的转换的应用。

(2) *R*-2*R* 型 DAC。

为了克服权电阻型转换器中电阻的匹配问题，出现了 *R*-2*R* 型 DAC，可以分为两种：图 4.21 所示为 *R*-2*R* 正梯形电阻网络型转换器，以及图 4.22 所示为 *R*-2*R* 倒梯形电阻网络型转换器。

R-2*R* 型 DAC 由梯形电阻网络、运算放大器和基准电压组成，其中运算放大器通过负反馈完成电流到电压的转换，并降低了输出电压的输出阻抗。V_{REF} 是基准电压，通过电阻网络产生支路电流。B_0，B_1，…，B_{N-1} 是数字输入信号，控制各支路开关，当输入数字信号为 1 时，开关接基准电压 V_{REF}；当输入数字信号为 0 时，开关接地。由于基准电压源可以认为内阻为 0，所以每个电阻 R 从左向右看到的阻值都是 R，然后 R 与 R 再串联；每个 $2R$ 从左向右看到的阻值都是 $2R$，然后 $2R$ 与 $2R$ 再并联。这样从左侧向右，每个支路电流都是左侧支路电流的 1/2。

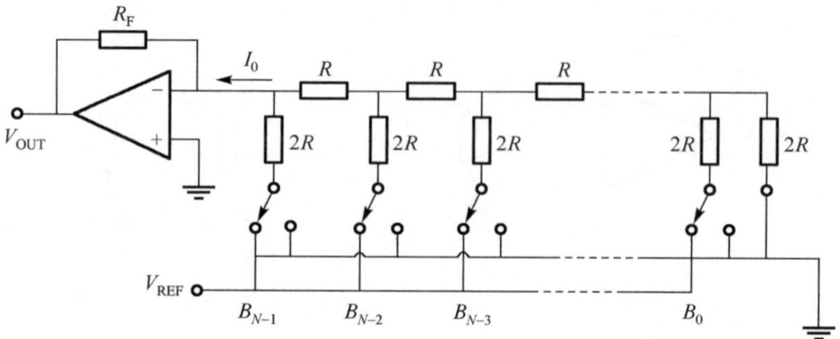

图 4.21　*R*-2*R* 正梯形电阻网络型转换器

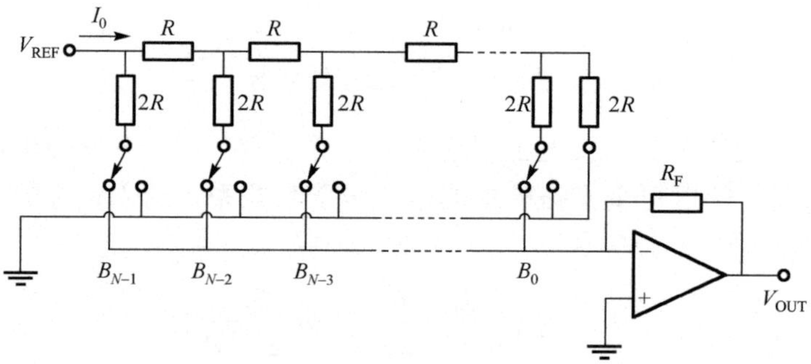

图 4.22　*R*-2*R* 倒梯形电阻网络型转换器

正梯形电阻网络型转换器的输出电压为

$$V_{OUT} = -I_0 R_F = -R_F \left(B_{N-1} \frac{V_{REF}}{2^1 R} + B_{N-2} \frac{V_{REF}}{2^2 R} + \cdots + B_0 \frac{V_{REF}}{2^N R} \right) \tag{4-54}$$

倒梯形电阻网络型转换器的输出电压与式(4-54)相同。从图 4.21 和图 4.22 可以看出 *R*-2*R* 型 DAC 只需要两种阻值的电阻：*R* 和 2*R*。跟转换器的位数没有关系，*R*-2*R* 型 DAC 实际上可以只用一种阻值的电阻来实现，将 2*R* 用两个 *R* 串联起来，这样就很容易在匹配方面满足转换器的性能要求，*R*-2*R* 型 DAC 很容易达到 10 位以上的分辨率，而且芯片面积也减小了许多。但是 *R*-2*R* 型 DAC 有一个严重缺点：当数字输入信号变化时，放大器同相输入端的电阻值也是变化的，这使得输出直流的误差和相位很难补偿，导致转换器输出的非线性误差，影响 DAC 的稳定时间。

(3) 电流舵 DAC。

电流舵 DAC 是目前应用最为广泛的结构，特别是在 CMOS 高速转换器中常采用这种结构。根据电流源的权重不同可以分为两种：二进制编码电流舵 DAC 和温度计编码电流舵 DAC。两者的主要差别在于电流源，二进制编码电流舵 DAC 的每个电流源呈比例关系，需要的电流源数目较少，对于 *N* 位的转换器只需要 *N* 个呈比例的电流源。温度计编码电流舵 DAC 的每个电流源相等，需要比较多的电流源，

对于 N 位的 DAC 则需要 $2N-1$ 个相等的电流源。图 4.23 所示为二进制编码电流舵 DAC，图 4.24 所示为温度计编码电流舵 DAC。

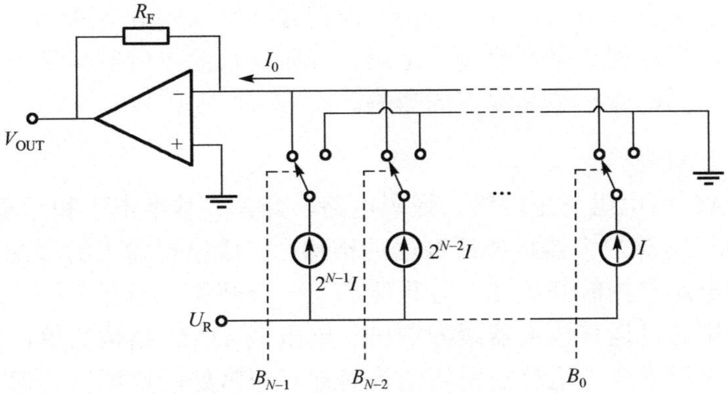

图 4.23　二进制编码电流舵 DAC

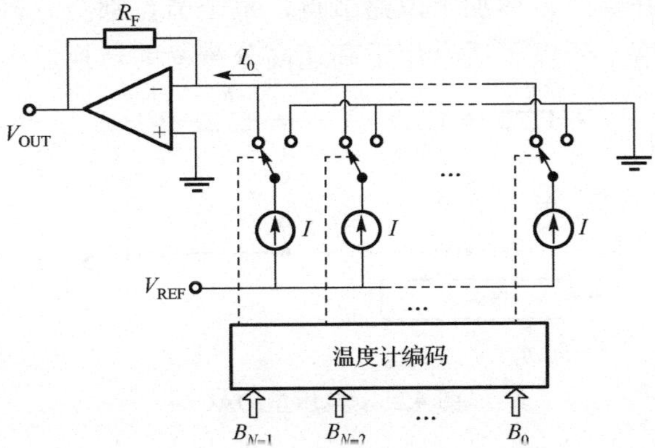

图 4.24　温度计编码电流舵 DAC

在实际的应用中，很少有单独使用这两种结构的 DAC，因为这两种结构的转换器都存在严重缺陷。对于二进制编码电流舵 DAC，由于需要呈比例的电流源，当 DAC 位数很高时，实现精确的比例电流源是一件很困难的事情，并且比例电流源之间的匹配也是一件很困难的事情。以 8 位 DAC 为例，最大电流源是最小电流源的 256 倍，这在实际物理实现中是一个很大的挑战，而且最小的电流源很容易受到噪声电流的干扰。另外，当数字输入码从 01111111 到 10000000 跳变时，会有一个非常大的毛刺能量，所以在高分辨率 DAC 应用中几乎不采用二进制编码电流舵 DAC。对于温度计编码电流舵 DAC，虽然每个电流源的电流值都相等，在匹配方面有优势，但是电流源数目随着分辨率的升高呈指数增长，对于 8 位转换器，需要的电流源数目是 255 个，对于 12 位的转换器则需要多达 4095 个电流源。显然如此多的电流源将占用非常大的面积，这对于商用的芯片设计来说意味着高成本，是难以接受的。

并且当电流源所占面积增大时，电流源在芯片上的梯度误差和对称误差将会增大，严重影响电流源之间的匹配。

最常见的应用方式是采用分段结构，即把数字输入码分为两部分，低位部分采用二进制编码，高位部分采用温度计编码。分段结构的电流舵转换器结合了上述两者结构的优点，同时减小了其缺点的影响。

2) 电压型 DAC

电压型 DAC 由电阻分压网络、译码电路、开关、基准电压和运算放大器组成，如图 4.25 所示。运算放大器接成缓冲器的结构，完成模拟输出的缓冲作用。数字输入码通过译码电路来控制开关 S，且只能选通一个开关，当开关被选通后，将电路分压网络的电压通过运算放大器缓冲输出。电压型 DAC 结构简单，而且各模块都很容易实现，由于采样电阻分压网络结构而拥有非常好的单调性。但是随着分辨率的增加，需要大量的电阻和开关，并随位数指数增加，这会占用大量的芯片面积，并且大量的电阻和开关严重增加了电路节点，每个节点都会有寄生电容，这就影响了转换器的转换速度，所以不适合用于高速高分辨率的转换器中。

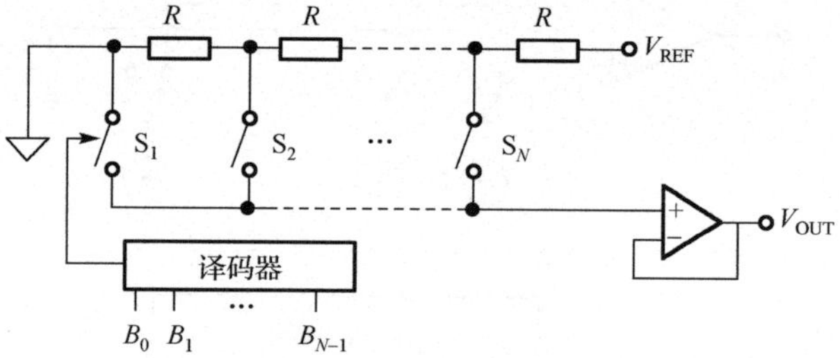

图 4.25　电压型 DAC

4.2.2　16 位 1GS/s 分段电流舵 CMOS DAC

本节以设计一个 16 位 1GS/s 分段电流舵 DAC 为例，阐述电流舵 DAC 的设计要点。分段电流舵结构 DAC 在分段方面需要进行折中，INL 和 DNL 随着温度计编码部分比例的升高而变小，但是会占用很大的芯片面积，并且 INL 和 DNL 将跟随温度计编码的位数增加而呈指数倍数增长，因此需要进行折中。研究表明，温度计编码部分所占的最佳比例为 60%～70%。所以 16 位 DAC 采用 11-5 的分段结构，为了减小高位温度计译码电路的规模，决定将高 11 位再分为 6-5 分段结构，因此总的分段结构为 6-5-5 结构，其中高 6 位和中 5 位为温度计编码部分，低 5 位为二进制编码部分。

16 位 1GS/s 分段电流舵 DAC 的系统结构框图如图 4.26 所示，满量程差分输出电流为 10mA，并且量程可以根据外接电阻调节；为了减小积分非线性误差和微分非线性误差，对电流源阵列添加了校准电路。

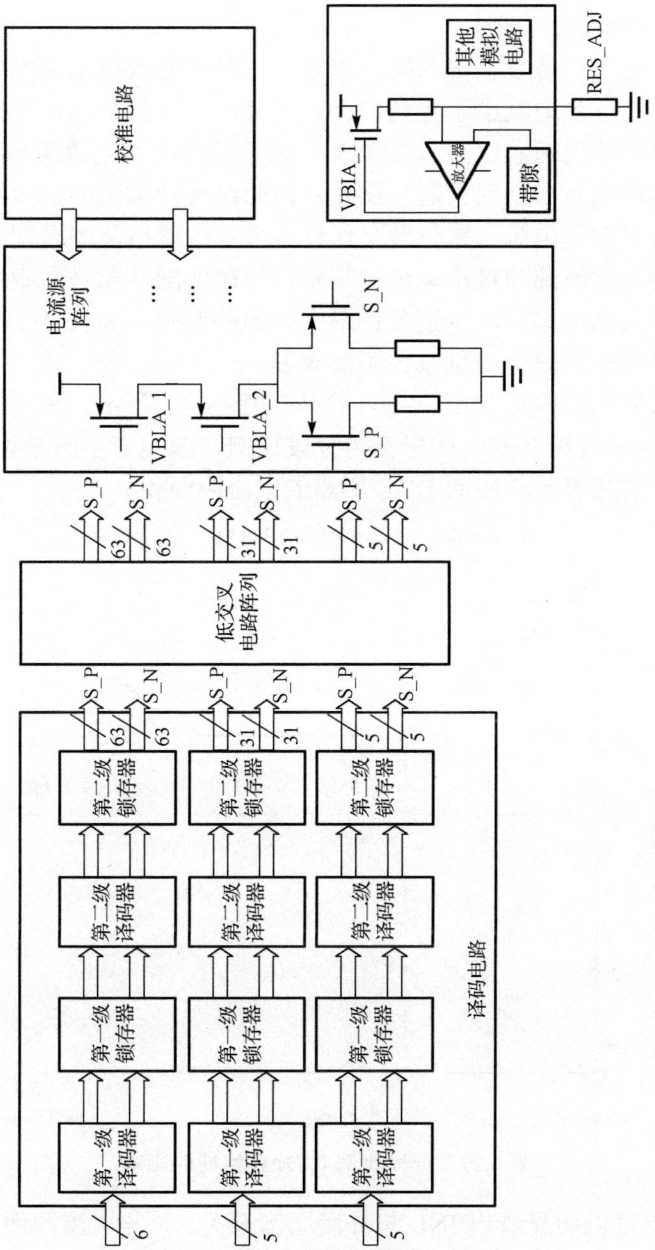

图 4.26　16 位 1GS/s 分段电流舵 DAC 的系统结构框图

1. 数字译码电路

1) 分段比例的确定

温度计编码的优点是数字输入码每增加 1，对应的模拟电流输出只打开一个电流源单元，这样就有效地减小了毛刺，提高了 DAC 的信噪比，并拥有非常好的单调性。然而温度计编码随着位数 N 的增加，需要的开关和电流源单元呈指数增加，将产生非常大的功耗并占用很大芯片面积，因此温度计编码的位数不能太多。二进制权重编码需要开关和电流源跟位数呈线性关系，但是电流源之间是比例关系，当位数较大时，最大电流源和最小电流源很难很好地匹配，而且在数字输入码的切换过程中会有较大的毛刺出现，特别是在最中间的跳变中，如从 011111 到 100000 的跳变。因此二进制权重编码的位数也不能太多。

温度计编码所占比例对 DAC 性能的影响如图 4.27 所示，纵坐标表示满足相应 DAC 性能所需的电流源面积，横坐标为分段比例，虚线表示的是相应的 INL 所需的电流源面积，实线表示相应的 DNL 所需的电流源面积。

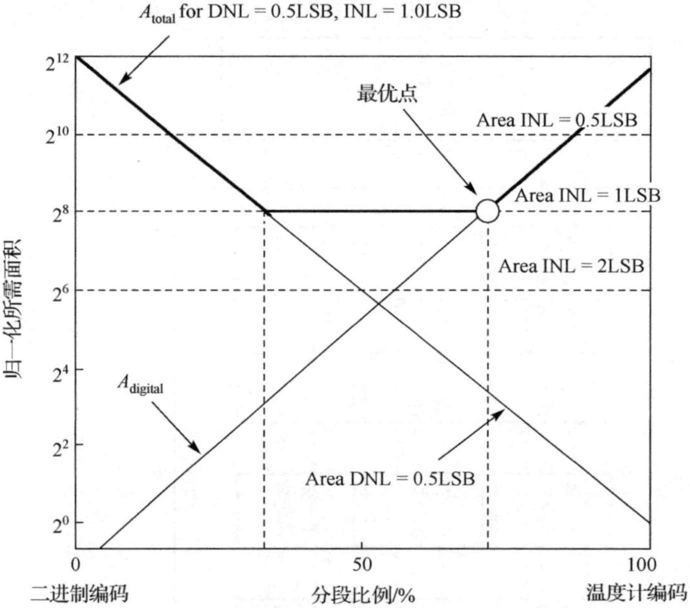

图 4.27　分段比例对 DAC 性能的影响

从图 4.27 中可以明显看出 INL 与分段比例无关，只与电流源面积有关，INL 越小，需要的电流源面积就越大；DNL 与分段比例和电流源面积都相关，电流源面积越大、温度计编码部分所占比例越大，DNL 越小。由上述分析可知，当考虑性能、面积等各因素相互影响时需要折中，由图 4.27 可知最佳的分段比例为温度计编码占 60%～70%。

根据上述分析，进行面积和性能的折中，16 位的 DAC 选用 11-5 的分段结构，由于 11 位的温度计编码需要非常大的电流源面积，所以将 11 位再分段，最终选择 6-5-5 的分段电流舵结构，其中高 6 位和中 5 位为温度计编码，低 5 位为二进制权重编码。

2）温度计编码电路

温度计编码作为冗余编码方式，是分段式电流舵 DAC 电路中最主要的数字模块。温度计编码通常是行译码和列译码共同实现的，但是行列译码结构在切换到下一行单元之前，需要首先打开目前这行单元，从而降低行列译码的灵活性，限制电流源开关的任意布局，并最终影响 DAC 的性能。本节采用一种两级译码方式，使得所有的温度计码信号有相同的延时路径，并且每级译码电路后接一个锁存器，使得各温度计码同步，相互之间不影响对电流开关的选择。以 3 位温度计编码为例，其基本原理如表 4.1 所示。

表 4.1　3 位温度计编码原理

十进制	二进制码	温度计码
	ABC	$d_1\ d_2\ d_3\ d_4\ d_5\ d_6\ d_7$
0	000	0000000
1	001	0000001
2	010	0000011
3	011	0000111
4	100	0001111
5	101	0011111
6	110	0111111
7	111	1111111

从表 4.1 可以看出：$d_1=ABC$；$d_2=AB$；$d_3=A(B+C)$；$d_4=A$；$d_5=A+BC$；$d_6=A+B$；$d_7=A+B+C$，表 4.1 也可以表示成表 4.2 的形式。

表 4.2　3 位温度计编码另一种表示方式

1	$B+C$	B	BC	0
A	d_7	d_6	d_5	d_4
0	d_3	d_2	d_1	0

如果按照 $F=C_iR_{j-1}+R_j$ 计算方式，d_1～d_7 与表 4.1 的编码结果完全一致，其中 C_i 表示第 i 列，R_{j-1} 表示第 $j-1$ 行，R_j 表示第 j 行。例如，d_6 在第 2 行第 3 列，则 $d_6=C_3R_1+R_2=B\times1+A=A+B$。这种编码方式可以写成如下形式：

$$F=C_iR_{j-1}+R_j=\overline{\overline{C_iR_{j-1}}\cdot\overline{R_j}} \tag{4-55}$$

从式(4-55)可以看出，只需要与非门和反相器即可实现编码，如图 4.28 所示。在表 4.2 中的第 1 行的 $B+C$、B、BC 实际上就是两位的温度计编码。而 $B+C=\overline{\overline{B}\cdot\overline{C}}$、$BC=\overline{\overline{B}+\overline{C}}$ 可以根据输入的数字码通过反相器、与非门、或非门实现，此时实现的编码为一级编码，再以一级编码为基础实现的编码称为二级编码。本节就是采用两级编码结构来实现高 6 位和中 5 位的温度计编码的，在每级编码完成后都接一个同步时钟控制的锁存器，使得每位温度计编码同步。而且对于低 5 位的二进制权重编码，因为不需要译码电路，所以为了与上述的温度计编码拥有相同的延时路径，在每级的编码部分都加入了两级反相器。

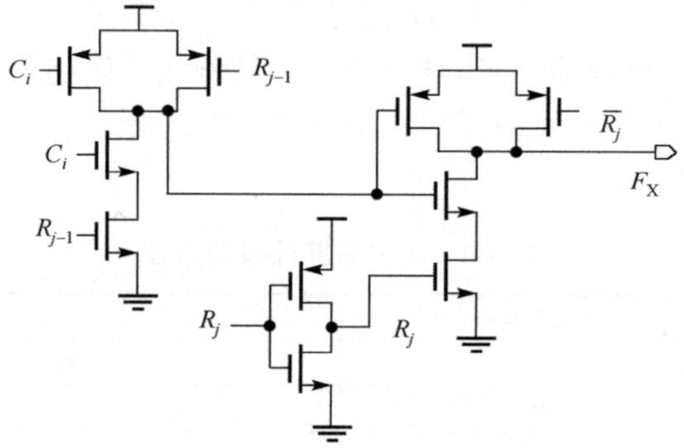

图 4.28　式(4-55)的编码实现方式

3) 锁存器

译码部分的两级译码各需要一个锁存器。为了实现 GHz 采样速度，必须保证译码部分的延时不能超过 1ns，还要保证一定的建立时间和保持时间，而且温度计编码要同步。采用流水线结构，只要保证两级锁存器之间的延时不超过 1ns 就能满足要求。

一级编码锁存器由两个反相器和两个互补时钟控制的传输门组成，如图 4.29 所示，当时钟 clock_p 为“0”，即 clock_n 为“1”时，左边的传输门打开，数据 D 读入锁存器中，此时的传输门关闭，当 clock_p 从“0”跳变到“1”时，左边锁存器关闭，锁存器采集到的是时钟上升沿采集到的数据 D，此时传输门打开，锁存器通过两个反相器完成数据 D 的锁存，因此一级编码锁存器为时钟上升沿采样。

二级编码锁存器的主要功能是对温度计编码进行锁存，并且输出一对差分形式的温度计编码，结构如图 4.30 所示，当 clock 为“1”时，输入到输出是通路，而在 clock 从“1”到“0”的跳变中，两个开关关断，数据被后面的两个反相器锁存，此时输出两个差分的同步温度计码，因此二级锁存器为时钟下降沿采样。

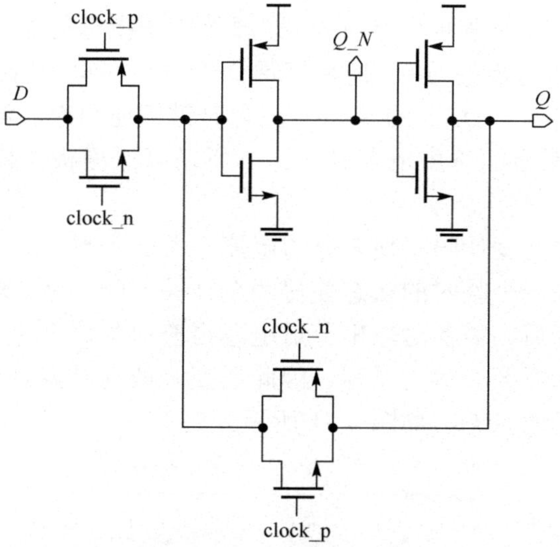

图 4.29　一级编码锁存器

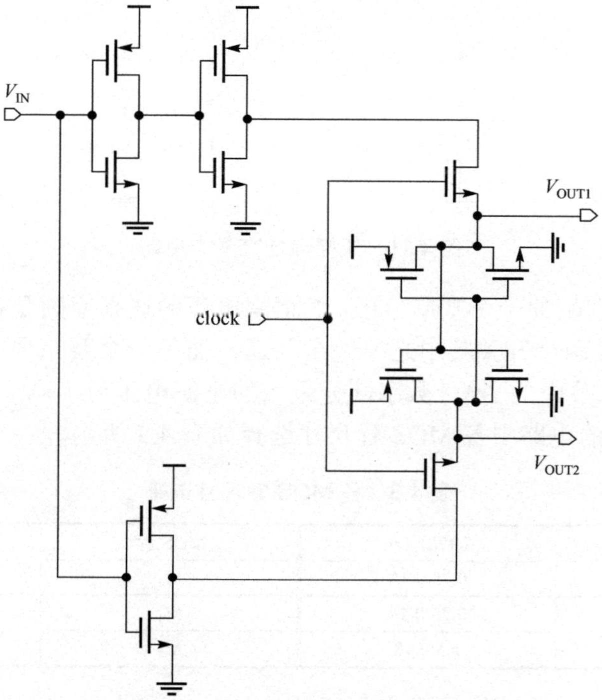

图 4.30　二级编码锁存器

4) 低摆幅低交叉点电路

由于互补输出的温度计码直接控制电流源开关的开通与闭合，所以高速的开关切换势必引起严重的时钟馈通效应，时钟馈通效应是指电荷通过栅极和源/漏极之间的寄生电容耦合到源/漏极的效应。时钟馈通使得输出在每个时钟周期内都有一个毛刺，这个毛刺严重减小了 DAC 的 SNR。因为时钟馈通引起的源/漏极毛刺与栅极的摆幅以及栅极到源/漏极的寄生电容成正比，所以降低栅极摆幅和栅极到源/漏极寄生的电容成为必然选择。

由于互补输出的温度计码将使差分的电流开关一个导通，另一个关断，温度计码在跳变的时候存在一个临时的状态使得两个开关同时关断，则输出电流将降为 0，当其中一个开关打开后，需要对输出节点电容再充电，这严重降低了转换速率，使得每次开关的切换都需要充放电过程。因此需要降低互补温度计码的交叉点，使得不存在开关同时关断的状态，如图 4.31 所示。

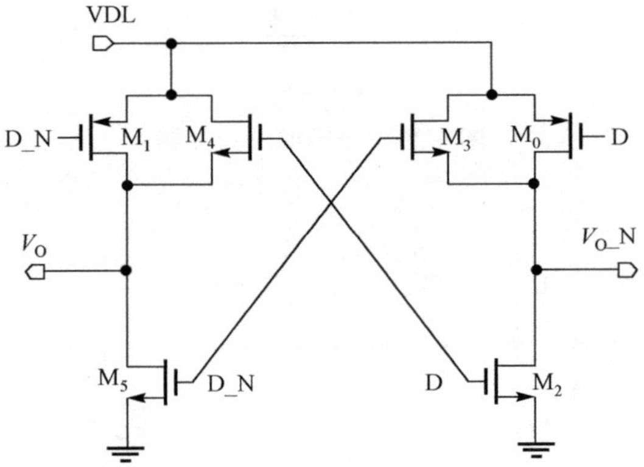

图 4.31　低摆幅低交叉点电路

VDL 表示低摆幅的一个基准电压，低摆幅电压的选择原则是当输入一个互补温度计码时，要保证两个开关其中之一完全导通；而另一个要完全关断，不能有太大的漏电流。由于本节中的 DAC 数字部分采用的电源电压为 1.8V，所以选择 VDL 为 1V。图 4.31 所示的电路中各 MOS 管尺寸选择如表 4.3 所示。

表 4.3　各 MOS 管尺寸选择

MOS 管	(W/L)/μm	MOS 管	(W/L)/μm
M_0	0.75/0.18	M_3	1.4/0.18
M_1	0.75/0.18	M_4	1.4/0.18
M_2	1.5/0.18	M_5	1.5/0.18

低交叉点原理是通过信号由高到低的快速放电和由低到高的慢速充电来实现的。当 D 为“1”时，D_N 为“0”，此时 M_0、M_3、M_5 关断，M_1、M_2、M_4 导通，所以 V_O 输出“1”，而 V_O_N 输出“0”。当 D 从“1”跳变到“0”，同时 D_N 从“0”跳变到“1”时，M_0、M_3、M_5 导通，通过 M_0、M_3 对 V_O_N 充电，并且随着 V_O_N

电压的升高，M_3 的过驱动电压变小，充电电流逐步减小，直到 V_O_N 升高到一定值，M_3 关断，虽然 M_0 的充电电流一直保持不变，但是由于 M_0 为 PMOS，且宽长比约为 M_3 的 1/2，其充电电流约为 M_3 的 1/4，因此对 V_O_N 的充电是一个慢速的过程；而 M_5 对 V_O 放电，并一直保持一个大电流，因为 M_5 的过驱动电压不受 V_O 的变化影响，所以整个放电过程电流几乎不变(只是在进入线性区的时候稍有减小)，因此对 V_O 的放电是一个快速的过程。同理，对 V_O_N 的放电是一个快速的过程；对 V_O 的充电是一个慢速的过程。对于快速的放电和慢速的充电，其交叉点自然降低了，如图 4.32 所示。

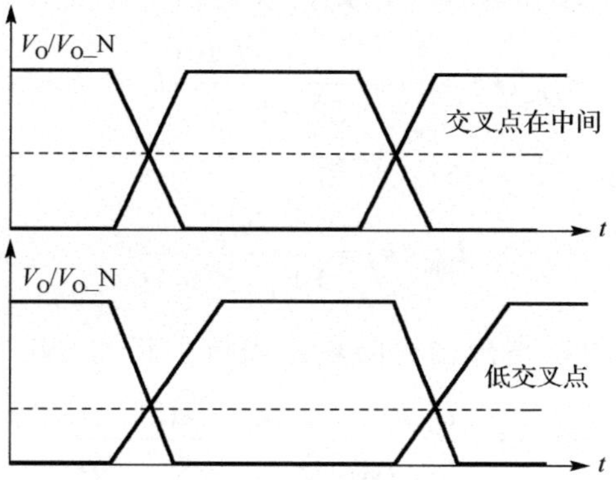

图 4.32　低交叉点波形

2. 电流源和校准电路

1) 单位电流源

对分段电流舵 DAC 来说，电流源对整个 DAC 性能至关重要，电流源的匹配和理想度对 INL 和 DNL 有决定性的影响。理想的电流源是一个输出阻抗为无穷大的稳定电流值，不随负载的变化而变化，但是实际的电流源输出阻抗是一个有限的定值，并且输出电流会随着负载的变化而变化，可以等效成一个理想电流源与一个电阻的并联，如图 4.33 所示。

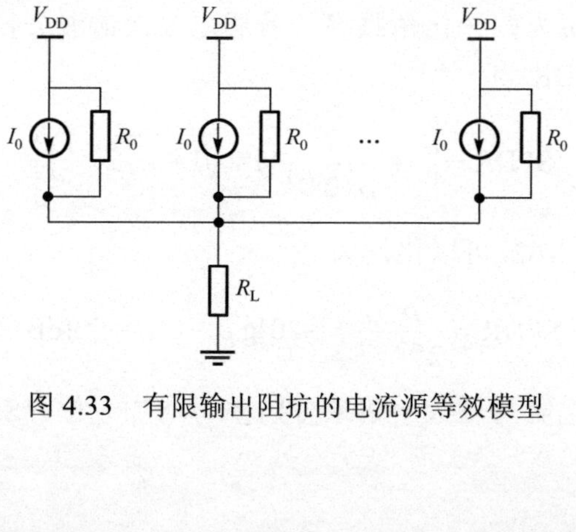

图 4.33　有限输出阻抗的电流源等效模型

图 4.33 中，I_0 为输出电流大小为 I_0 的理想电流源，R_0 为实际单位电流源的输出阻抗，R_L 为电流源负载。若假设此时有 k 个电流源被开关打开，即有 k 个电流源连接到负载电阻 R_L 上，则此时流过负载电阻 R_L 的电流为

$$I_L(k)=\frac{kI_0}{1+k\rho} \tag{4-56}$$

其中，$\rho=R_L/R_0$ 为负载电阻 R_L 与单位电流源输出阻抗 R_0 之比。

若把端点连线(end-point line, EPL，连接传输曲线上模拟输出两个端点的直线)作为电流舵型 DAC 的理想传输曲线，则可以得到理想曲线的方程为

$$I_{EPL}(k)=\frac{I_L(2^N-1)-I_L(0)}{2^N-1}k+I_L(0) \tag{4-57}$$

其中，$I_L(0)$ 为 0，再代入式(4-56)，可得

$$I_{EPL}(k)=\frac{kI_0}{1+\rho(2^N-1)} \tag{4-58}$$

所以根据式(4-58)可以得出由有限输出阻抗引起的 INL 和 DNL 分别为

$$\text{INL}(k)=\frac{I_L(k)-I_{EPL}(k)}{I_{EPL}(1)}=\frac{k(2^N-1-k)}{k+\rho^{-1}} \tag{4-59}$$

$$\text{DNL}(k)=\frac{I_L(k)-I_L(k-1)}{I_{EPL}(1)}-1\approx\frac{2^N-2k-k(k-1)\rho}{(k+\rho^{-1})^2} \tag{4-60}$$

从式(4-59)和式(4-60)可以看出，ρ 越小，INL 和 DNL 越小，又因为 $\rho=R_L/R_0$，所以需要增加电流源的输出阻抗来减小 ρ。增加电流源的输出阻抗可以采用两级共源共栅结构，有时甚至需要用三级共源共栅结构。

电流源的有限输出阻抗同样对 DAC 的动态性能有很大影响，例如，高频时，若输出阻抗较小，则 SFDR 会下降，假设输入信号为正弦波信号，有

$$X=A+A\sin(\omega k) \tag{4-61}$$

其中，$A=(2^N-1)/2$；ω 为归一化角频率。若假定二次谐波分量占输出频谱总谐波失真的主要部分，则 SFDR 为

$$\text{SFDR}=\left[1+\frac{2}{\rho\cdot 2^{N-1}}\left(1+\sqrt{1+\rho\cdot 2^{N-1}}\right)\right]^2 \tag{4-62}$$

当 ρ 很小时，式(4-62)可以化简为

$$\text{SFDR}=\frac{\rho^{-2}}{2^{2(N-2)}}=-20\lg\rho-6(N-2)(\text{dB}) \tag{4-63}$$

由此可见，负载电阻每增大一倍或分辨率每增加一位，SFDR 都会下降 6dB。

对于差分输出，频谱中的偶次谐波被抵消，而只剩下奇次谐波，其 SFDR 为

$$\mathrm{SFDR}=\frac{\rho^{-4}}{2^{4(N-2)}}=-40\lg\rho-12(N-2)(\mathrm{dB}) \tag{4-64}$$

对于分辨率 N=16 位，单端负载电阻为 50Ω 的电流舵型 DAC，若要求 SFDR>80dB，则 R_0 的要求为

$$R_0 \geqslant 79.2(\mathrm{M\Omega}) \tag{4-65}$$

对于这个数量级，用两级共源共栅电流源结构很容易实现，然而，在高频时，由于各节点寄生电容效应的影响，输出阻抗会下降得很严重，所以有必要留有足够的余地，并且设计时需要尽量减小 MOS 管的尺寸以减小寄生电容。

电流源之间的匹配也会影响 DAC 的性能，电流源的匹配误差包括随机误差和梯度误差。随机误差是指在 IC 制造过程中，由于一些随机因素，导致掺杂浓度的偏差、晶体管尺寸偏差、晶体管的阈值电压偏差等，使得设计的相同晶体管并不相同，存在某些偏差。梯度误差是指由于氧化层厚度、迁移率在某一方向上存在的一些偏差。消除或者减小梯度误差的影响需要优化版图布局。

对于单个 MOS 管，其饱和电流为

$$I_{\mathrm{D}}=\frac{1}{2}\mu C_{\mathrm{ox}}\frac{W}{L}(V_{\mathrm{GS}}-V_{\mathrm{TH}})^2 \tag{4-66}$$

假设由于匹配误差的存在，使得 MOS 管的 W、L、V_{TH}、μC_{ox} 分别有偏差 ΔW、ΔL、ΔV_{TH}、$\Delta\mu C_{\mathrm{ox}}$，则 MOS 管饱和电流偏差可以表示为

$$\frac{\Delta I_{\mathrm{D}}}{I_{\mathrm{D}}}=\frac{\Delta\mu C_{\mathrm{ox}}}{\mu C_{\mathrm{ox}}}+\frac{\Delta W}{W}-\frac{\Delta L}{L}-\frac{2\Delta V_{\mathrm{TH}}}{V_{\mathrm{GS}}-V_{\mathrm{TH}}} \tag{4-67}$$

影响饱和电流偏差的因素中，W、L 和 V_{GS} 可以由设计者来控制；而 V_{TH} 和 μC_{ox} 由制造工艺决定。由式(4-67)可知，增大 W、L 和 V_{GS} 可以减小漏电流的偏差。若将式(4-66)表示成如下形式：

$$I_{\mathrm{D}}=\frac{\beta}{2}(V_{\mathrm{GS}}-V_{\mathrm{TH}})^2 \tag{4-68}$$

其中，$\beta=\mu C_{\mathrm{ox}}W/L$，分别对 β 和 V_{TH} 求偏导可得

$$\frac{\partial I_{\mathrm{D}}}{\partial\beta}=\frac{1}{2}\left(V_{\mathrm{GS}}-V_{\mathrm{TH}}\right)^2,\quad \frac{\partial I_{\mathrm{D}}}{\partial V_{\mathrm{TH}}}=-\beta\left(V_{\mathrm{GS}}-V_{\mathrm{TH}}\right) \tag{4-69}$$

则此时饱和电流 I_{D} 的偏差可以表示为

$$\Delta I_{\mathrm{D}}=\partial\beta\frac{\partial I_{\mathrm{D}}}{\partial\beta}+\partial V_{\mathrm{TH}}\frac{\partial I_{\mathrm{D}}}{\partial V_{\mathrm{TH}}}=\frac{1}{2}\left(V_{\mathrm{GS}}-V_{\mathrm{TH}}\right)^2\partial\beta-\beta\left(V_{\mathrm{GS}}-V_{\mathrm{TH}}\right)\partial V_{\mathrm{TH}} \tag{4-70}$$

式(4-70)可以简化为

$$\frac{\Delta I_{\mathrm{D}}}{I_{\mathrm{D}}}=\frac{\partial\beta}{\beta}-\frac{2\partial V_{\mathrm{TH}}}{V_{\mathrm{GS}}-V_{\mathrm{TH}}} \tag{4-71}$$

在实际的工艺中，饱和电流 I_{D}、β 和 V_{TH} 的偏差满足正态分布，所以可以使用其标准差 σ_I、σ_β 和 $\sigma_{V_{\mathrm{TH}}}$ 来表示式(4-71)中的相对偏差，推导可得

$$WL=\frac{1}{2\left(\dfrac{\sigma_I}{I_{\mathrm{D}}}\right)^2}\left[A_\beta+\frac{4A_{V_{\mathrm{TH}}}}{(V_{\mathrm{GS}}-V_{\mathrm{TH}})^2}\right] \tag{4-72}$$

其中，$\sigma_\beta=A_\beta/\sqrt{WL}$，$\sigma_{V_{\mathrm{TH}}}=A_{V_{\mathrm{TH}}}/\sqrt{WL}$，$A_\beta$ 和 $A_{V_{\mathrm{TH}}}$ 都是工艺参数，典型值为 A_β=2%μm，$A_{V_{\mathrm{TH}}}=7\mathrm{mV\cdot\mu m}$。在式(4-72)中 $\sigma_I/I_{\mathrm{D}}=1/(2C\sqrt{2^N})$，$N$ 为 DAC 的位数，C 表示一个常数，定义为

$$C=\mathrm{inv\_norm}_{(-x,x)}\left(0.5+\frac{\mathrm{INL\_yield}}{2}\right)\Big/\sigma_I \tag{4-73}$$

其中，$\mathrm{inv_norm}_{(-x,x)}$为正态分布函数从$-x$ 到 x 的积分函数的反函数；而 INL_yield 为满足 INL 小于 0.5LSB 的成品率，所以 C 只与 INL_yield 有关。若要求 INL_yield=92%，对应 C=1.41。当 σ_I/I_{D} 取最大值 $1/(2C\sqrt{2^N})$ 时，WL 取得最小值。为了获得高成品率的满足 INL 要求的芯片，电流源面积需要满足：

$$WL\geqslant\frac{1}{2\left(\dfrac{1}{2C\sqrt{2^N}}\right)^2}\left[A_\beta+\frac{4A_{V_{\mathrm{TH}}}}{(V_{\mathrm{GS}}-V_{\mathrm{TH}})^2}\right] \tag{4-74}$$

对于 6-5-5 分段电流舵 DAC，温度计编码只有高 6 位和中 5 位，所以取 N=11，取 $V_{\mathrm{GS}}-V_{\mathrm{TH}}$=0.5V，并且满足 INL 要求的成品率要求不小于 92%，经计算要求 $WL\geqslant105.4\mu\mathrm{m}^2$，本节设计的单位电流源面积取 $120\mu\mathrm{m}^2$，又由于 DAC 满量程输出电流为 10mA，对应的单位电流为 4.8828μA，根据式(4-66)可选取 W/L=12μm/10μm。

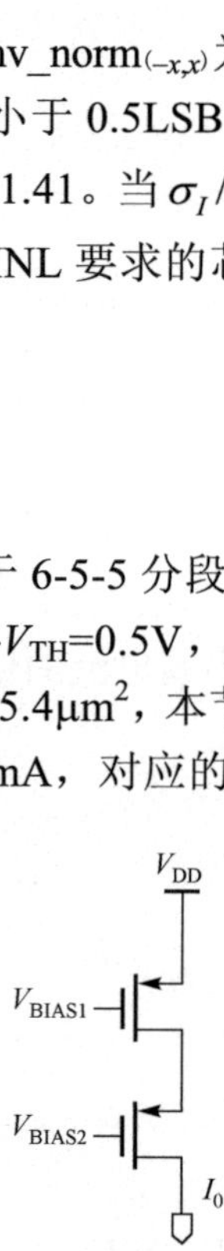

图 4.34　共源共栅结构的电流源

同时考虑到式(4-65)对电流源输出阻抗的要求，选择两级共源共栅结构来实现单位电流源，如图 4.34 所示。

2) 电流开关

为了提高 DAC 的转换速率，本节设计的电流源开关采用互补的双开关结构，如图 4.35 所示。若只用单一开关，当开关关断后，没有了电流通路，会使得开关管的源极充电至 V_{DD}，电流源工作于深度线性区，

开关打开后，首先需要对开关管的源极放电，电流源逐步进入饱和区，这个过程严重影响了 DAC 的转换速率；而差分的双开关，由于互补信号的控制，总是有一个开关打开，总存在电流泄流通路，所以开关管的源极电压几乎保持不变，每次开关的切换不需要对节点放电，提高了转换速率。为了保证整个时钟周期内都存在电流通路，需要栅极的互补控制信号为低交叉点信号，因此采用差分的双开关结构，同时可以得到一对差分的输出电压。

GHz DAC 使得开关栅极信号的最快切换速率达到 1GHz，如此快的信号使得开关管的时钟馈通效应非常严重，如图 4.36 所示。

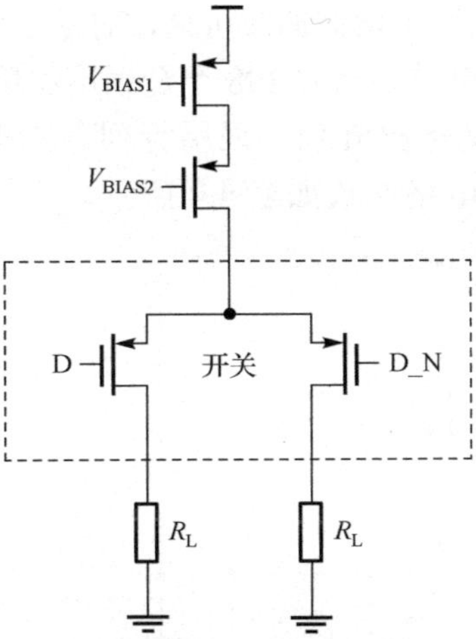

图 4.35　电流源及开关

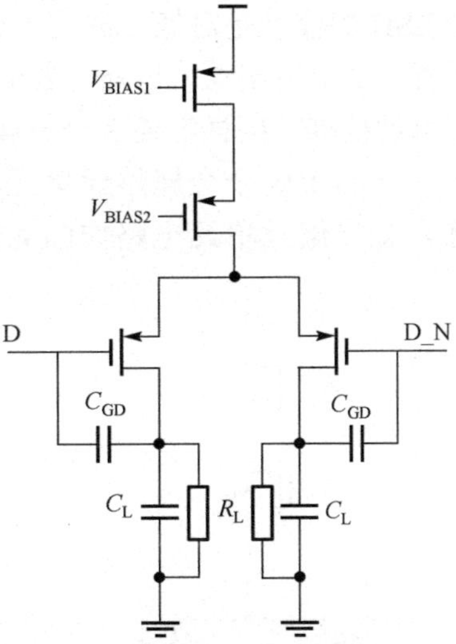

图 4.36　开关的时钟馈通效应

由于时钟馈通效应的影响，在输出节点产生的电压毛刺可以表示为

$$\Delta V_0 = \Delta V_{SW} \cdot \frac{C_{GD}}{C_L + C_{GD}} \tag{4-75}$$

其中，ΔV_{SW} 为开关栅极控制信号的摆幅，$C_{GD}=WC_{OV}$，C_{OV} 为单位宽度的交叠电容，C_L 为输出节点的等效总电容。从式(4-75)可以看出，为了减小时钟馈通效应，可以通过两个方面来实现：一是减小栅漏电容 C_{GD}，这个可以通过减小开关管的尺寸来实现；二是减小栅极控制信号的摆幅。

3) 电流源校准方案和电路

尽管电流源的工艺偏差和随机误差可以通过增大电流源面积和优化版图布局来减小，但是不能完全消除，为了提高芯片成品率和降低生产成本，需要对电流源进行校准，而采用自校准(或称为后台校准)方案比较常见，但是这种方案需要在芯片正常工作时进行校准，而且每次都需要进行，严重影响转换速度，并且自校准方案占用很大的芯片面积，功耗很大。本节的 DAC 采用金属熔丝校准技术实现电流源校准，一旦校准完毕，将永不再进行校准，减小了功耗，提高了转换速度。

校准方案如下：分别对每个 MSB 校准，校准范围为 XI，其中 I=0.25μA 为校准单位电流，X 取值为 0～7，分别由三个熔丝单元控制，这三个熔丝单元分别控制 I、$2I$、$4I$，对于高 6 位的温度计编码，共有 63 个 MSB，所以需要金属熔丝单元为 63×3=189 个。对 ISB 的校准则是将校准电流平均于每个 ISB，对于中 5 位的温度计编码，共有 31 个 ISB，所以每个 ISB 校准范围为 $XI_0/31$，其中 I_0=15.625nA，X 取值为 0～7，分别由三个熔丝单元控制，分别控制 $I_0/31$、$2I_0/31$、$4I_0/31$，需要 3 个金属熔丝。对于 LSB 的校准是对低 5 位的 5 个二进制电流的总电流进行校准。与 ISB 的校准类似，需要 3 个金属熔丝。另外，为了对 DAC 的输出增益曲线可调，对基准电流电路也进行了可调校准，同样需要 3 个金属熔丝。所以总共需要 198 个金属熔丝单元。

对于上述的 198 个金属熔丝单元电路组成的熔丝阵列，采用行列译码来控制熔丝的选通。金属熔丝单元电路如图 4.37 所示，电路参数如表 4.4 所示。

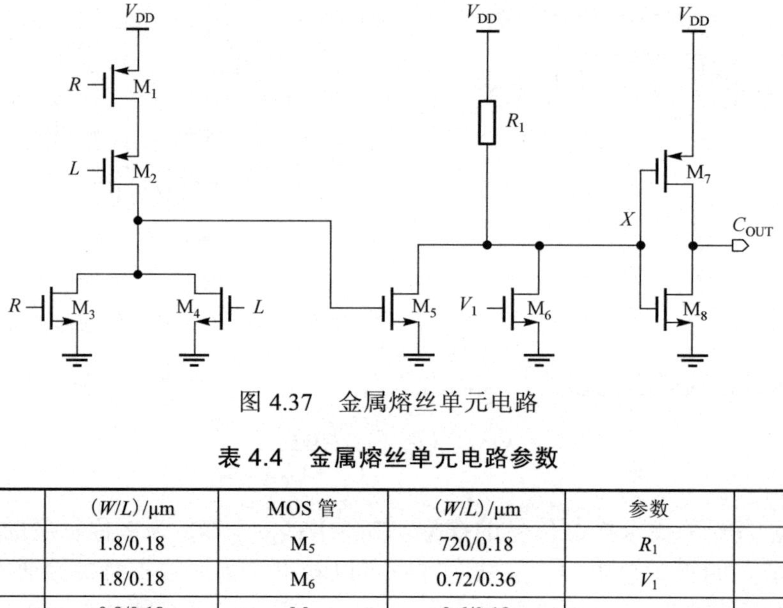

图 4.37　金属熔丝单元电路

表 4.4　金属熔丝单元电路参数

MOS 管	(W/L)/μm	MOS 管	(W/L)/μm	参数	数值
M_1	1.8/0.18	M_5	720/0.18	R_1	0.4Ω
M_2	1.8/0.18	M_6	0.72/0.36	V_1	1.1V
M_3	0.9/0.18	M_7	3.6/0.18		
M_4	0.9/0.18	M_8	0.5/2		

R 和 L 分别是行列译码产生的行选通信号和列选通信号，当 R 和 L 都是低电平时，金属熔丝单元被选通，此时通过左边的或非门输出一个高信号到 M_5 的栅极，并且 M_5 导通，由于 M_5 设计成一个非常大的尺寸，M_5 将流过非常大的电流，约为 250mA，金属熔丝 R_1 可以等效成一个阻值约为 0.4Ω 的电阻，此时金属熔丝由于流过非常大的电流而产生非常高的热量，这些热量足以将金属熔丝熔断，随后 M_6 把 X

节点拉低，那么通过反相器，金属熔丝的输出信号 C_{OUT} 将变为高电平。若金属熔丝单元没有选通，那么 M_5 栅极将会是低电位，M_5 截止，金属熔丝流过的电流只是 M_6 的电流，由于电流非常小，所以金属熔丝不会熔断，并且由于 R_1 阻值很小，X 节点将会保持高电位，那么金属熔丝单元的输出信号 C_{OUT} 将保持低电位。通过金属熔丝单元的输出信号 C_{OUT} 来控制校准电流即可完成电流源的校准工作。

与差分的电流源开关类似，对于校准电流也采用差分开关来控制，如图 4.38 所示。

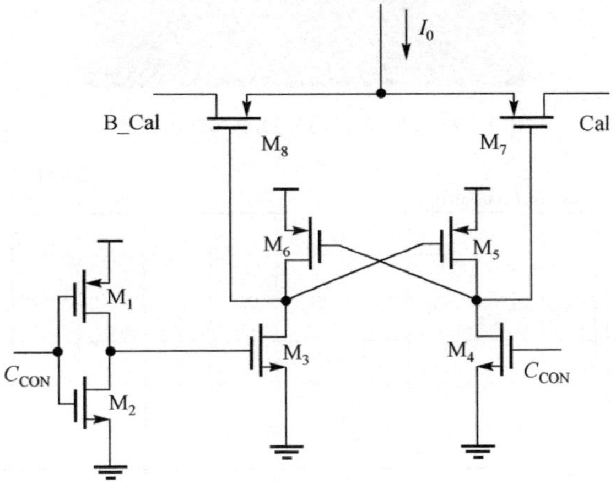

图 4.38　校准电流控制电路

M_7 和 M_8 工作在线性区，用作差分开关，控制校准电流 I_0 的流向。M_3、M_4、M_5、M_6 构成锁存器，锁存差分开关的控制信号，输入控制信号 C_{CON} 即图 4.37 中的输出信号 C_{OUT}，当 C_{CON} 为高电位时，M_4 导通，把 M_7 的栅极拉低，使得 PMOS 开关管 M_7 打开；M_3 截止，M_6 导通，使得 PMOS 开关管 M_8 关断，所以校准电流 I_0 通过 M_7 将流向需要校准的电路。不需要校准时，图 4.37 中的输出信号 C_{OUT} 将保持低电位，即 C_{CON} 将会保持低电位，同理，此时 M_7 关断，M_8 打开，校准电流通过 M_8 流出。

3. 设计结果

16 位 1GS/s DAC 已经通过流片验证，芯片照片如图 4.39 所示。DAC 接收 4 路直接数字式频率合成器(direct digital synthesizer，DDS)的数据，每路 DDS 的数据率高达 250Mbit/s，通过 4 路内插单元，得到 1Gbit/s 的数据输入到 DAC 内核。分组随机旋转温度计译码能够有效扩展单组随机温度计码的范围，与普通随机温度计译码相比，能够减少电路的复杂度，提高电路的运行速度，增强电流源的动态匹配性能。DAC 主要由分组随机旋转温度计译码、电流源阵列、共源共栅管、电流源开关管、时钟接收电流源、驱动电路等构成。

图 4.40 中表示 10MHz@1GS/s 的单音输出信号频谱图，其 SFDR 达到 80dBc 左右，图 4.41 中显示 490MHz@1GS/s 的单音输出信号，其 SFDR 达到 60dBc。

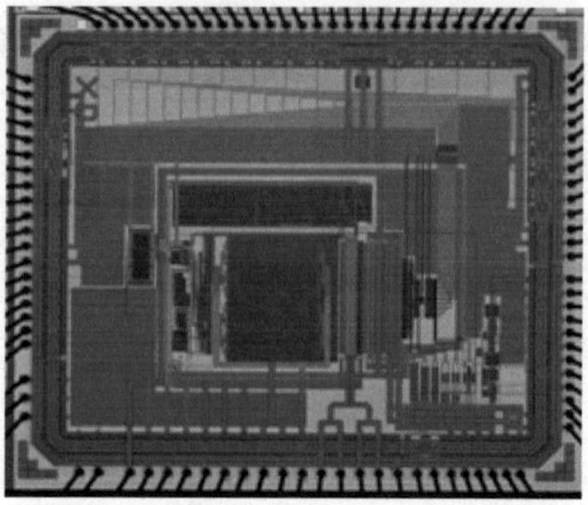

图 4.39　16 位 1GS/s DAC 的芯片照片

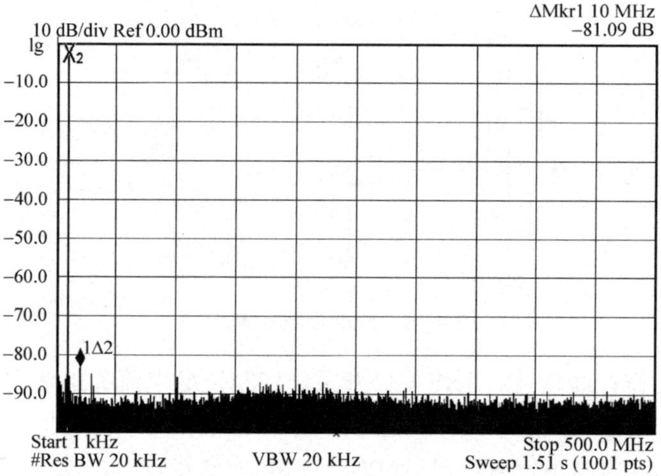

图 4.40　10MHz 单音输出频谱@1GS/s

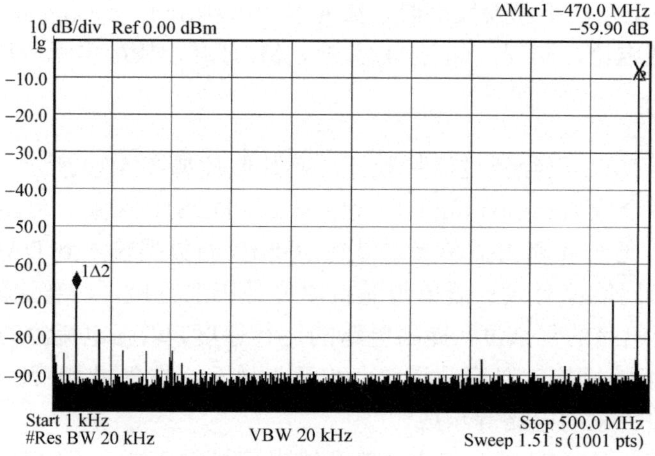

图 4.41　490MHz 单音输出频谱@1GS/s

4.3　基于压控振荡器的新型 ADC

现代数字系统的不断发展推动 CMOS 工艺向更小的特征尺寸和更低的电源电压发展，传统电压域上的 ADC 发展受到限制。为了适应现代 CMOS 工艺的发展，韩国科学技术院的 Kim 等在 2006 年的 ISCAS 会议上提出利用 VCO 作为奈奎斯特 ADC 的量化器，并实现了一个 8 位 100MS/s 基于压控振荡器的模数转换器(VCO-based ADC)[9]。在 2010 年 ICM 会议上，俄勒冈州立大学的 Venkatram 等提出将最小均方校准技术运用于 VCO-based ADC，使得 SNDR 提高了 14.3dB[10]。同年，清华大学的 Li 等利用时域交织技术在 0.18μm CMOS 工艺下实现了一个 7 位 8 通道 VCO-based ADC[11]。加利福尼亚大学伯克利分校的 Chen 等于 2017 年详细论述了一个基于 65nm CMOS 工艺的 6 位 800MS/s 单通道 VCO-based ADC，通过在 VCO 前增加高通滤波结构大大提高了信号带宽[12]。

本节主要阐述 VCO-based ADC 的工作原理，并设计了一个 10 位 5MS/s VCO-SAR ADC，分析它的基本结构和非理想效应，给出关键电路的具体实现方法。基于 0.18μm CMOS 工艺，对该 ADC 进行流片，测试结果表明该 ADC 性能良好。

4.3.1　VCO-based ADC 的工作原理

图 4.42 是 VCO-based ADC 结构框图，使用 VCO 实现了电压-时间的转换过程。采样阶段，采样模拟输入信号，并将计数器清零。转换阶段，VCO 振荡产生频率为 f_{VCO} 的方波，计数器对方波的上升沿进行计数。在 Clockc 的作用下将计数结果 N 送入查找表，得到数字输出。一个 3 位 VCO-based ADC 原理如图 4.43 所示。需要注意的是由于最小输入电压对应的输出频率 f_{min} 不为零，那么相对应的最小计数值也不可能为零，所以查找表不是十进制到二进制的编码。

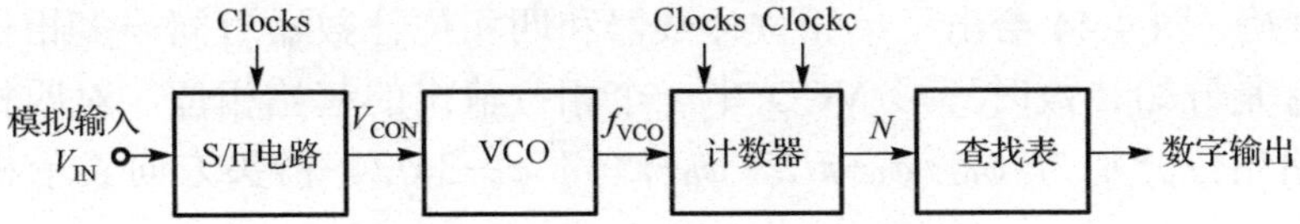

图 4.42　VCO-based ADC 结构框图

VCO 的输出频率受输入 VCO 的模拟电压控制，表示在该周期中模拟输入电压的采样值：

$$f_{VCO} = K_{VCO} V_{CON} \tag{4-76}$$

其中，K_{VCO} 为 VCO 的增益。计数器的输出结果可表示为

$$N = K_{VCO} V_{CON} T_{Counting} \tag{4-77}$$

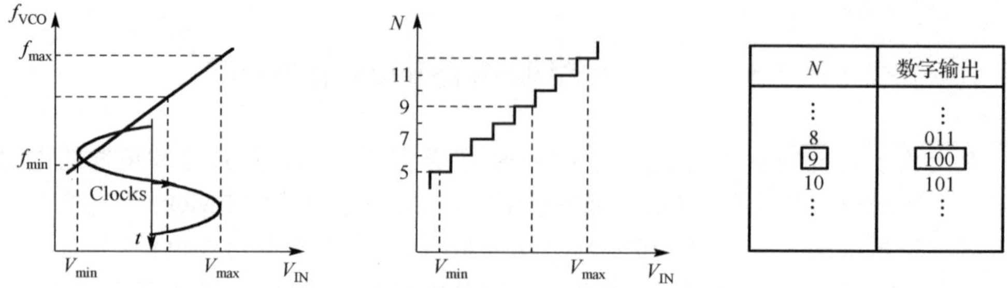

图 4.43　3 位 VCO-based ADC 原理

其中，T_{Counting} 为计数时间，由 Clocks 和 Clockc 共同决定。VCO 输出的最大频率差决定了 ADC 输入的满量程电压，所以该 ADC 的分辨率可以表示为

$$\text{分辨率} = \log_2\left(\frac{f_{\max}}{f_S} - \frac{f_{\min}}{f_S}\right) = \log_2\left(\frac{f_{\text{Range}}}{f_S}\right) \tag{4-78}$$

其中，$f_{\max}$ 和 $f_{\min}$ 分别为 VCO 输出的最大频率和最小频率；f_{Range} 为两者之差；f_S 为采样频率。注意，采样频率 f_S 不能超过 $f_{\min}$，否则，DNL 将超过 1LSB。可以看出，在给定采样频率下，分辨率由 VCO 的调谐范围决定。

为了提高精度，我们同时采用具有较大调谐范围的环形 VCO 和多相位计数器来实现时域量化。一个 N 级环形 VCO 是由 N 个延时单元构成的，它有 $2N$ 个相位输出。在环形 VCO 的帮助下，可以用 $2N$ 相位计数器进行量化，该计数器的分辨率为 π/N。此时 ADC 的分辨率为

$$\text{分辨率} = \log_2\left[\left(\frac{f_{\max}}{f_S} - \frac{f_{\min}}{f_S}\right) \times 2N\right] = \log_2\left(\frac{f_{\text{Range}}}{f_S}\right) + \log_2(2N) \tag{4-79}$$

对比式(4-78)，可知采用多相位输出和计数能提高分辨率。直观上，可以从两方面来解释精度得以提高的原因：第一，环形 VCO 减小了相位量化误差，使计数器结果更准确。图 4.44 给出了单相位计数器和四相位计数器对同一多相位输出波形的比较。φ_0 是开始计数时环形 VCO 中一个相位输出的起始相位，对四相位计数器而言，起始相位分别为 φ_0，$\varphi_0+\pi/2$，$\varphi_0+\pi$ 和 $\varphi_0+3\pi/2$。箭头方向表示相位变化方

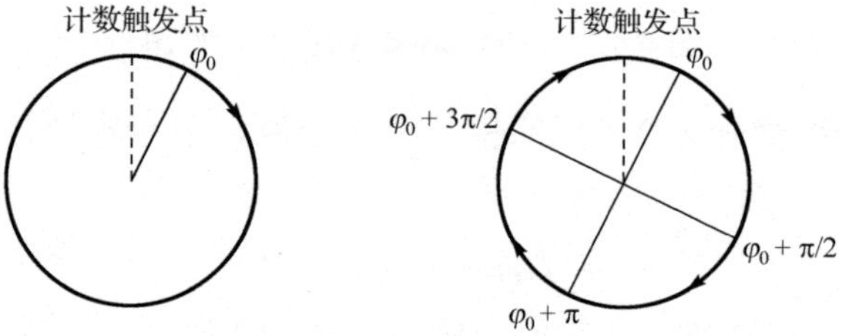

(a) 单相位计数器　　(b) 四相位计数器

图 4.44　相位量化误差对比

向为顺时针。输出相位每经过一次计数触发点，计数器就做一次计数加法。显然，单相位计数器只能分辨超过 2π 的相位变化，而四相位计数器则将相位分辨率优化至 π/2，这是因为整个相位 2π 除以 4。尽管环形 VCO 提供了足够多的相位信息，但采用单相位计数器时信息利用率很低；而采用多相位计数器时，相位信息利用得更充分。

图 4.45 展示了一种在实际电路工作中可能会遇到的情况。图中，虚线框内的上升沿可以计数，而虚线框外的则不能计数。如果 VCO 相位输出 PH2 能得到我们所希望的标准 N 值。对 PH1 而言，若被单相位计数器进行计数，则图中所示的第一个上升沿将不记入，即使该上升沿的发生时间十分靠近计数器开始工作的时间。若 PH3 被单相位计数器进行计数，那么它的最后一个上升沿也不会记入。同样的道理，如果 VCO 相位输出 PH1 是我们希望的标准 N 值，那么 PH2 和 PH4 则会增大计数结果 N。这些情况都会造成 N 的偏离，且无法通过一对一编码的查找表进行修正。但如果是采用四相位计数器，计数结果的准确性会得到改善。这是因为 PH2 和 PH4 能弥补 PH1 和 PH3 计数的不足，或者说 PH1 和 PH3 能拉低 PH2 和 PH4 多余的计数部分。通过多对一编码的查找表就能实现更高精度的编码过程。

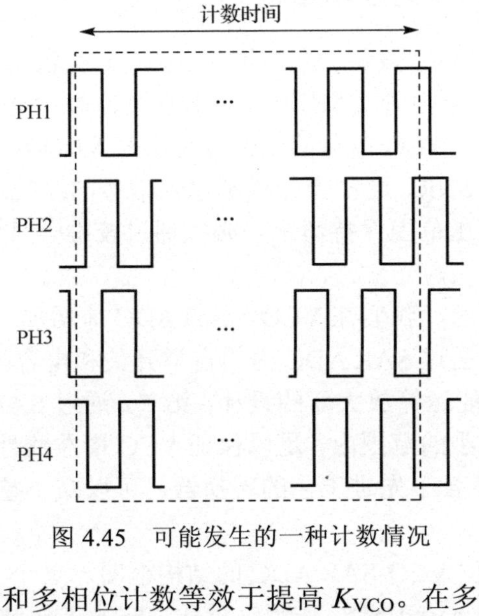

图 4.45　可能发生的一种计数情况

第二，多相位输出和多相位计数等效于提高 K_{VCO}。在多相位计数结构中，环形 VCO 输出波形通过 2N 相位计数器计数后将进行一次加法，求得总共的计数值 N。可见，等效 K_{VCO} 大约是单相位输出时的 2N 倍，在相同的计数时间里，N 也将是原来的 2N 倍。这意味着数字码在进行编译时会有更多的冗余位，以保证计数误差对 VCO-based ADC 性能的影响尽可能小。

以实现 10 位 VCO-based ADC 为目标，我们搭建了一个 Simulink 模型。环形

VCO 具有 16 个输出，可供选择的相位数分别是 1、2、4、8 和 16。根据不同的相位数，我们得到了不同的 SNR，如图 4.46 所示。从图中可以看出，相位数越大，得到的 SNR 越高，且越接近理想值。但在实际应用中，也需要考虑到相位数对电路复杂程度的影响，以及过多的相位数反而会降低环形 VCO 的增益这一事实。

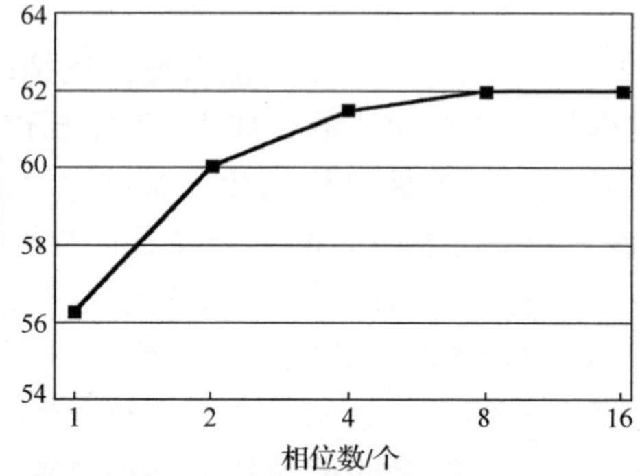

图 4.46　相位数对 SNR 的影响

4.3.2　VCO-SAR ADC 的基本结构

在 VCO-based ADC 中，需要一个高增益、高速、宽输出范围的全差分运算放大器作为采样/保持电路。但随着 CMOS 工艺的发展，高性能运算放大器的设计反而会变得更加困难。此外，VCO 增益的线性度也会对 VCO-based ADC 的性能有至关重要的影响。为了提高 SNR，通常会让模拟输入信号的摆幅尽可能大，但实际 VCO 的增益很难在较大的电压范围保持恒定，必须通过校准[10,13-15]来保证 ADC 的性能，这同样增加了设计难度。

为了解决这两个问题，我们在 VCO-based ADC 前增加一个 SAR ADC。这样做的好处有很多：第一，通过 SAR ADC 内的自举开关和电容阵列可以轻松完成采样/保持功能，避免了高性能运算放大器的设计；第二，通过 SAR 粗量化后，输入 VCO 的电压差将被控制在很小的范围内，足以保证 VCO 增益线性度的要求；第三，SAR ADC 是一种低功耗且适合于先进工艺的转换器，可以减小整体 ADC 的功耗，提高转换效率。

图 4.47 给出了 10 位 VCO-SAR ADC 的结构框图。这个 ADC 由 7 位 SAR ADC 作为粗量化，3 位 VCO-based ADC 作为细量化。它的工作过程如下：当 CLK_SMP 为高电平时，采样/保持电路对模拟差分信号 V_{IP} 和 V_{IN} 进行采样，并在 CLK_SMP 为低电平时对电压进行保持。SAR 转换阶段中，比较器在异步时钟控制下对差分 DAC 上的电压 V_{DACP} 和 V_{DACN}（V_{DACP} 和 V_{DACN} 分别是差分 DAC 中 P 端和 N 端的电压值）进行比较，SAR 逻辑根据比较结果，输出开关控制信号 P_i 和 N_i（i=9，8，…，3）去改

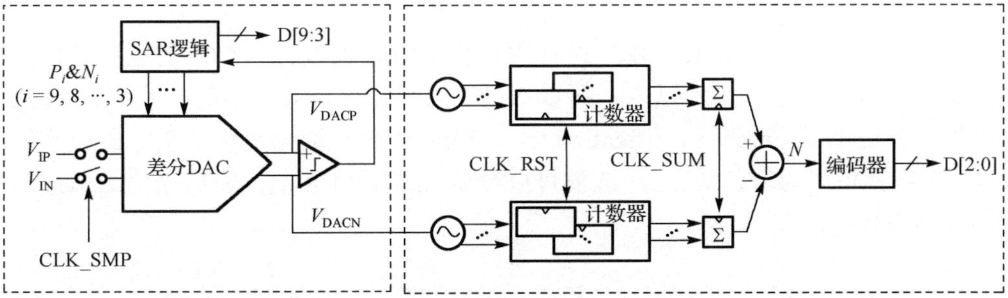

图 4.47　10 位 VCO-SAR ADC 的结构框图

变 V_{DACP} 和 V_{DACN}。当逐次逼近过程结束后，主量化器将会输出第一部分的量化码字 D[9:3]。然后，环形 VCO 在余量电压 V_{DACP} 和 V_{DACN} 的作用下开始振荡。由于差分 DAC 的存在，V_{DACP} 和 V_{DACN} 在 VCO 工作期间保持不变。两个多相位计数器在 CLK_RST 的作用下清零，随后开始对 VCO 输出波形的上升沿计数。一旦 CLK_SUM 变高，加法器将会分别对代表了 V_{DACP} 和 V_{DACN} 的计数值进行求和。通过减法操作，就能得到差分 DAC 上的剩余电压差对应的差分计数值 N。

$$N = K_{VCO}\left(V_{DACP} - V_{DACN}\right)T_{Counting} \tag{4-80}$$

其中，VCO 增益 K_{VCO} 的单位是 Hz/V；V_{DACP} 和 V_{DACN} 是逐次逼近过程完成后 P 端和 N 端 VCO 的输入电压；$T_{Counting}$ 是计数时间，由 CLK_RST 和 CLK_SUM 共同决定。最后，编码器将 N 转换为二进制码 D[2:0]。至此，一个采样周期的转换结束，直接得到该周期的转换结果为 D[9:0]。

4.3.3　VCO-SAR ADC 的误差分析

在这一小节，我们将分析 VCO-based ADC 的非理想因素对 VCO-SAR ADC 的影响。根据式(4-80)可知，影响 N 的因素包括 VCO 增益以及计数时间。

首先，分析 VCO 增益的影响。对于差分 VCO 而言，VCO 的增益可以拆分成两部分，一部分是共模分量 $K_{VCO,0}$，另一部分是差模分量$\pm\Delta K_{VCO}$。它们满足式(4-81)和式(4-82)：

$$K_{VCO,P} = K_{VCO,0} + \Delta K_{VCO} \tag{4-81}$$

$$K_{VCO,N} = K_{VCO,0} - \Delta K_{VCO} \tag{4-82}$$

其中，$K_{VCO,0}$ 和 ΔK_{VCO} 可以由式(4-83)和式(4-84)得到

$$K_{VCO,0} = \frac{1}{2}(K_{VCO,P} + K_{VCO,N}) \tag{4-83}$$

$$\Delta K_{VCO} = \frac{1}{2}(K_{VCO,P} - K_{VCO,N}) \tag{4-84}$$

1. VCO 增益误差

因为采用了 7 位 SAR ADC 进行主量化，将输入差分 VCO 的电压差绝对值 $|V_{\text{DACP}}-V_{\text{DACN}}|$限制在 4LSB 以内，所以 VCO 的增益可以看作常数。然而，K_{VCO}会因为生产验证测试(process verification test，PVT)的变化而偏离设计值。假设实际差分 VCO 具有相同的增益 K_{VCO}，该值可以分解成理想值 $K_{\text{VCO,0}}$和偏差值 ΔK_{VCO}。那么，式(4-80)可以重写为

$$N_{\text{Gain}}=(K_{\text{VCO,0}}+\Delta K_{\text{VCO}})(V_{\text{DACP}}-V_{\text{DACN}})T_{\text{Counting}}=N_0\left(1+\frac{\Delta K_{\text{VCO}}}{K_{\text{VCO,0}}}\right) \tag{4-85}$$

其中，N_0为理想差分计数值。可以发现，ΔK_{VCO}将会造成实际差分计数值的变化，可能会影响编码器的输出结果。假设差分计数值 N 中的非理想部分可以视为噪声项。因为理想部分和非理想部分都会经过相同的线性处理过程，所以两部分输出结果的差异就可以用 $\Delta K_{\text{VCO}}/K_{\text{VCO}}$来衡量。那么，VCO 增益误差对 SNR 的影响可以表达为

$$\begin{aligned}\text{SNR}_{\text{Gain}}&=10\log_{10}\left(\frac{\text{Power}_{N_0}}{\text{Power}_{\text{Gain}}+\text{Power}_{\text{Noise}}}\right)\\&=10\log_{10}\left[\frac{\text{Power}_{N_0}}{\left(\dfrac{\Delta K_{\text{VCO}}}{K_{\text{VCO,0}}}\right)^2\text{Power}_{N_0}+\text{Power}_{\text{Noise}}}\right]\end{aligned} \tag{4-86}$$

其中，Power_{N_0}为输入信号的功率；$\text{Power}_{\text{Gain}}$为 VCO 增益误差的噪声功率；$\text{Power}_{\text{Noise}}$为除 $\text{Power}_{\text{Gain}}$以外的其他噪声功率。当增益误差造成的噪声项远小于 $\text{Power}_{\text{Noise}}$时，增益误差对 SNR 的影响可以忽略；当增益误差造成的噪声项远大于 $\text{Power}_{\text{Noise}}$时，VCO 增益误差对 SNR 的影响为

$$\text{SNR}_{\text{Gain}}=20\log_{10}\left(\frac{K_{\text{VCO,0}}}{|\Delta K_{\text{VCO}}|}\right) \tag{4-87}$$

图 4.48 是建模所得的 VCO 增益误差对 SNR 的影响。偏差值 ΔK_{VCO}很小时，增益误差对 SNR 几乎没有影响。随着增益误差的增大，曲线的下降趋势与式(4-87)中的计算基本吻合。受 7 位 SAR 的主量化影响，混合型 ADC 的 SNR 不会继续下降，而是趋近于 44dB。

2. 差分 VCO 增益失配

差分 VCO 的增益失配主要来源于版图的不对称或实际制造过程中的浓度梯度变化。失配会对 VCO-based ADC 的性能造成负面影响，进而影响 VCO-SAR ADC 的性能。假设差分 VCO 的增益 $K_{\text{VCO},P}$和 $K_{\text{VCO},N}$分别等于 $K_{\text{VCO,0}}+\Delta K_{\text{VCO},P}$和 $K_{\text{VCO,0}}+\Delta K_{\text{VCO},N}$，那么

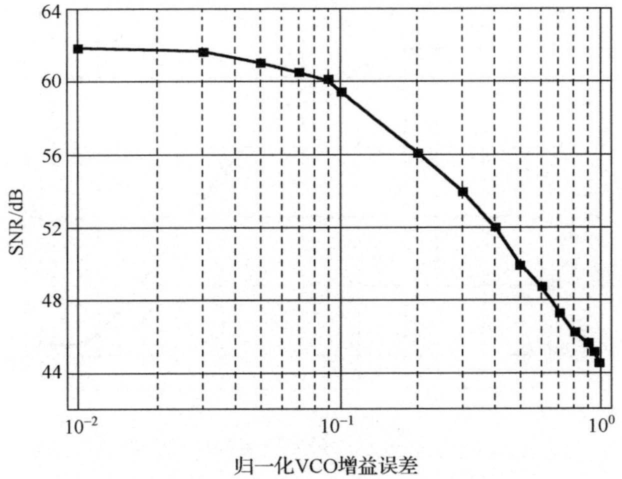

图 4.48 增益误差对 SNR 的影响

$$\begin{aligned} N_{\text{Mismatch}} &= (K_{\text{VCO},P}V_{\text{DACP}} - K_{\text{VCO},N}V_{\text{DACN}})T_{\text{Counting}} \\ &= K_{\text{VCO},0}(V_{\text{DACP}} - V_{\text{DACN}})T_{\text{Counting}} + (\Delta K_{\text{VCO},P}V_{\text{DACP}} - \Delta K_{\text{VCO},N}V_{\text{DACN}})T_{\text{Counting}} \end{aligned} \tag{4-88}$$

如果 $\Delta K_{\text{VCO},P}$ 和 $\Delta K_{\text{VCO},N}$ 满足关系式

$$\Delta K_{\text{VCO},P} + \Delta K_{\text{VCO},N} = 0 \tag{4-89}$$

那么，失配对于实际差分计数值的影响可以表示为

$$N_{\text{Mismatch}} = N_0\left[1 + \frac{\Delta K_{\text{VCO},P}(V_{\text{DACP}} + V_{\text{DACN}})}{K_{\text{VCO},0}(V_{\text{DACP}} - V_{\text{DACN}})}\right] \tag{4-90}$$

对比式(4-91)和式(4-86)可知，失配的影响不仅与 VCO 增益有关还与 V_{DAC} 有关。如果失配引起的噪声功率远大于其他噪声项，可以计算出理论上失配对 SNR 的限制为

$$\text{SNR}_{\text{Mismatch}} = 20\log_{10}\left[\frac{K_{\text{VCO},0}(V_{\text{DACP}} - V_{\text{DACN}})}{\Delta K_{\text{VCO},P}(V_{\text{DACP}} + V_{\text{DACN}})}\right] \tag{4-91}$$

图 4.49 是建模所得的差分 VCO 增益失配对 SNR 的影响，很明显，增益失配对于 SNR 的影响比增益误差更大。

3. 计数时间误差

从式(4-80)可知计数时间是另一个限制 ADC 性能的参量。因为计数时间是由 CLK_RST 和 CLK_SUM 共同决定的，任意一个时钟存在偏差就会导致计数时间不准确，进而使不正确的差分计数结果被送入编码器。同样，我们能推导这个非理想因素所带来的影响：

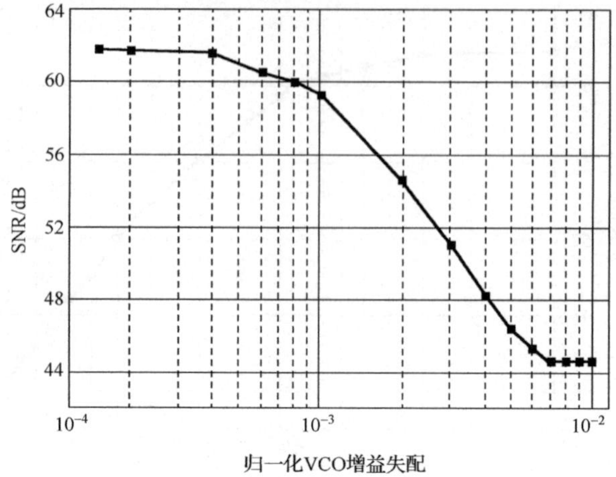

图 4.49　增益失配对 SNR 的影响

$$N_{\text{Counting}} = K_{\text{VCO}}(V_{\text{DACP}} - V_{\text{DACN}})(T_{\text{Counting},0} + \Delta T_{\text{Counting}}) = N_0\left(1 + \frac{\Delta T_{\text{Counting}}}{T_{\text{Counting},0}}\right) \tag{4-92}$$

其中，$\Delta T_{\text{Counting}}$ 为与理想值 $T_{\text{Counting},0}$ 的差异。可以注意到，计数时间误差有着和 VCO 增益误差类似的影响，SNR 可以表达为

$$\text{SNR}_{\text{Counting}} = 20\log_{10}\left(\frac{T_{\text{Counting},0}}{\left|\Delta T_{\text{Counting}}\right|}\right) \tag{4-93}$$

图 4.50 是建模所得的 SNR 随计数时间误差变化的曲线，该曲线与 VCO 增益误差的曲线几乎相同，证明了推导的正确性。

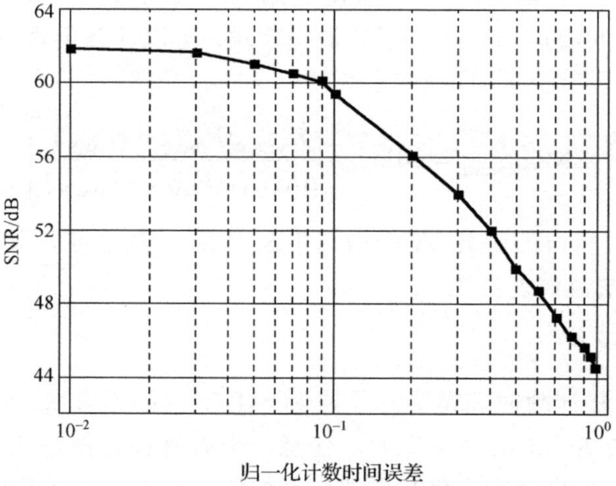

图 4.50　计数时间误差对 SNR 的影响

4.3.4　VCO-SAR ADC 的关键电路设计

1. 高线性度自举开关

为使输入信号达到满摆幅，采用自举开关作为采样/保持电路。对于输入电压范围内任何幅值的信号，自举开关的采样管都能通过足够大且稳定的 V_{GS} 来保证其导通电阻足够小，从而保证采样精度。当采样时钟 CLK_SMP 为低电平时，采样管关断。当 CLK_SMP 为高电平时，通过电荷泵的自举作用使采样管的 V_{GS} 恒为 V_{DD}，此时，采样管导通，$V_{OUT}=V_{IN}$。传统自举开关[16]中采样管的阈值电压仍与输入信号有关，这会引入谐波，降低自举开关的线性度。通常自举开关的偶次谐波失真可以通过全差分结构消除，但三次谐波[17]限制了自举开关的 SFDR。

$$\left|\mathrm{HD}_3\right| \approx \frac{1}{4}\frac{A^2}{(V_{GS}-V_{TH})^2}2\pi f_{IN}R_{ON}C_S \tag{4-94}$$

其中，A 为输入信号幅度；f_{IN} 为输入信号频率；R_{ON} 为采样管的导通电阻；C_S 为采样电容。

为了提高自举开关的线性度和可靠性，加入了 NMOS 管 M_{13} 和 M_{14}，实现衬底补偿。高线性度自举开关如图 4.51 所示。采样阶段，M_{13} 连接了采样管的源端和体端，消除了 M_{10} 的衬底偏置效应，进而提高了自举开关的线性度。保持阶段，M_{14} 导通使得采样管体端接地，保证 M_{10} 和 M_{13} 的源衬 PN 结和漏衬 PN 结均不会正偏，进而提高了采样/保持电路的可靠性。

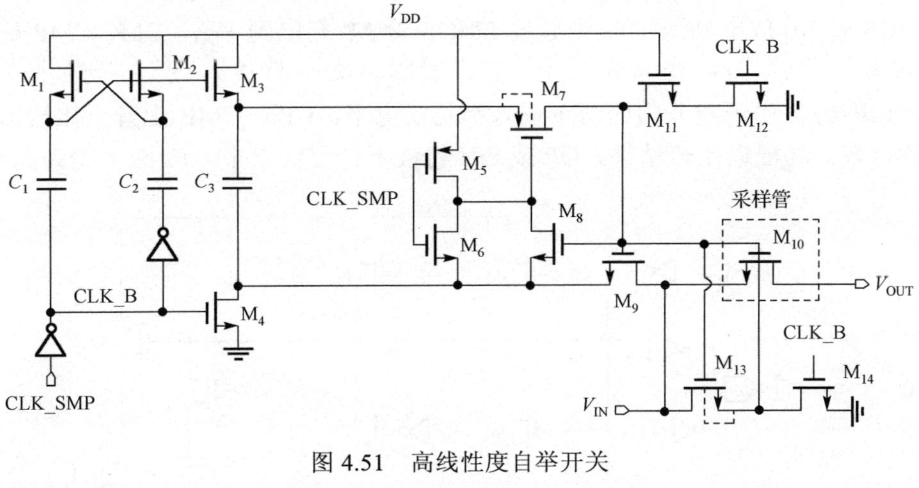

图 4.51　高线性度自举开关

对于一个 N 位精度的 ADC，建立误差应小于 0.5LSB，采样管的导通电阻需满足[18]：

$$R_{ON} < \frac{T_{SMP}}{(N+1)(C_S + C_P)\ln 2} \tag{4-95}$$

其中，T_{SMP} 为自举开关的导通时间，为 3.5ns；C_S 为单端 DAC 总电容，约为 2pF；C_P 为寄生电容，约为 208fF。由式(4-95)可得，导通电阻需小于 220Ω。

2. 异步 SAR 逻辑

采用异步 SAR 逻辑不仅有效避免了片上高速比较时钟的引入，还能提高工作速度。这是因为异步逻辑是根据每次比较器的输出生成异步时钟，使得 DAC 建立时间可调节，避免了同步时钟控制下相等的时间分配造成转换时间的浪费。异步 SAR 控制逻辑如图 4.52 所示。OP、ON 和 COMP、COMN 是比较器的两组输出。P_i 和 N_i(i=0，1，…，6)是 DAC 开关逻辑的控制信号。Q_3 是异步时钟产生电路中可变时间控制单元的选择信号，用于控制 DAC 建立时间的长短。EN 则是 VCO 的使能信号，保证采样和逐次逼近转换阶段 VCO 均处于非振荡状态。

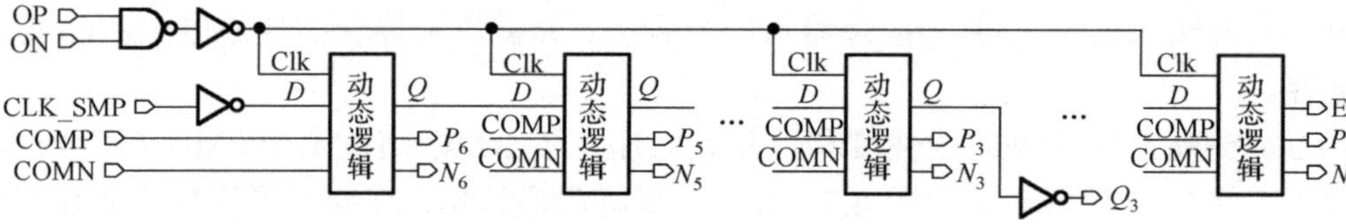

图 4.52　异步 SAR 控制逻辑

图 4.53 是带有可变时间控制单元的异步时钟产生电路。基于反馈环路，该电路产生了 SAR ADC 工作过程中的异步时钟。其工作过程如下：①在采样阶段，V_A 通过 NMOS 管 M_1 放电到地，V_B 则通过 PMOS 管 M_5 充电到 V_{DD}，CLK_CMP 处于低电平状态。同时，Q_3 变为高电平，EN 清零。②一旦进入 SAR 转换阶段(即 CLK_SMP=0)，由于或非门的两个输入都是低电平，CLK_CMP 上升，比较器开始第一次比较。③根据比较结果，OP 或 ON 将被下拉至低电平。V_A 随之变为高电平，

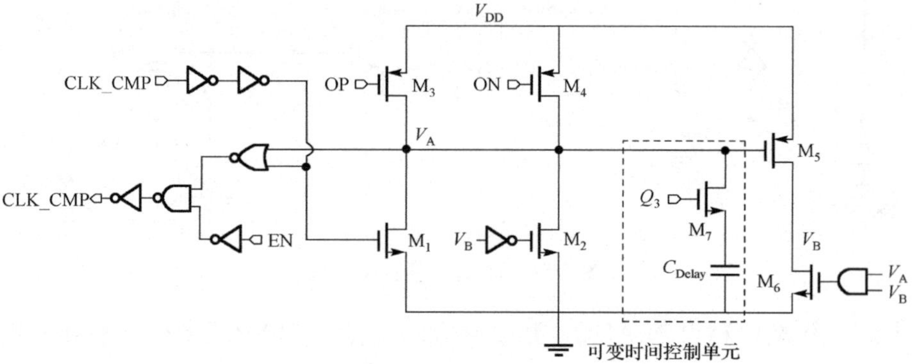

图 4.53　异步时钟产生电路

并促使 CLK_CMP 下拉，比较器复位。由于可变时间控制单元的存在，当 Q_3 为高电平时 V_A 需要更多的时间才能被电至 V_{DD}，这就意味着高位电容的 DAC 建立时间一定比低位电容的建立时间长。④此后，V_B 在与门和 NMOS 管 M_6 的作用下放电，V_A 在 NMOS 管 M_2 的作用下放电，促使 CLK_CMP 再次上升。⑤CLK_CMP 重复③到④的过程，直到 EN 上升沿的到来关断异步时钟产生电路。图 4.54 给出了产生可变 DAC 建立时间的异步时钟时序图。

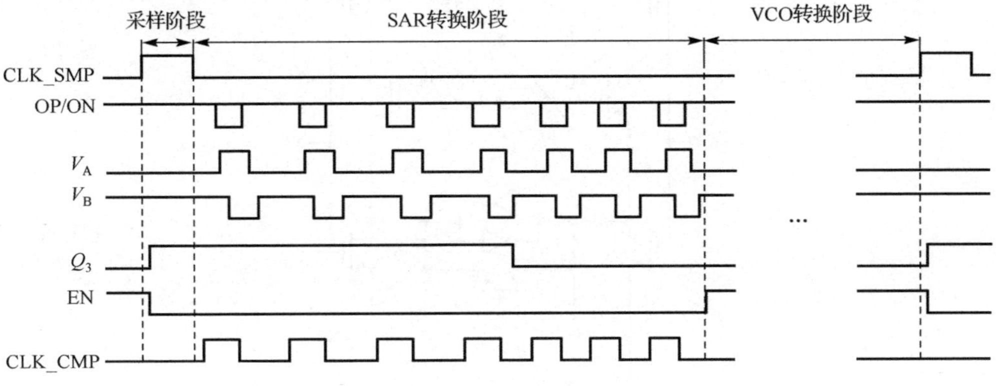

图 4.54　异步时钟时序图

3. 环形 VCO

在本次设计中，采用如图 4.55 所示的 8 级环形 VCO，它具有 16 个相位输出。这些相位输出经过缓冲器整形后送入计数器。EN 是由 SAR 逻辑产生的使能信号，EN_B 是 EN 经过反相器的输出结果，作为 VCO 的工作控制信号。当 EN 上升为高

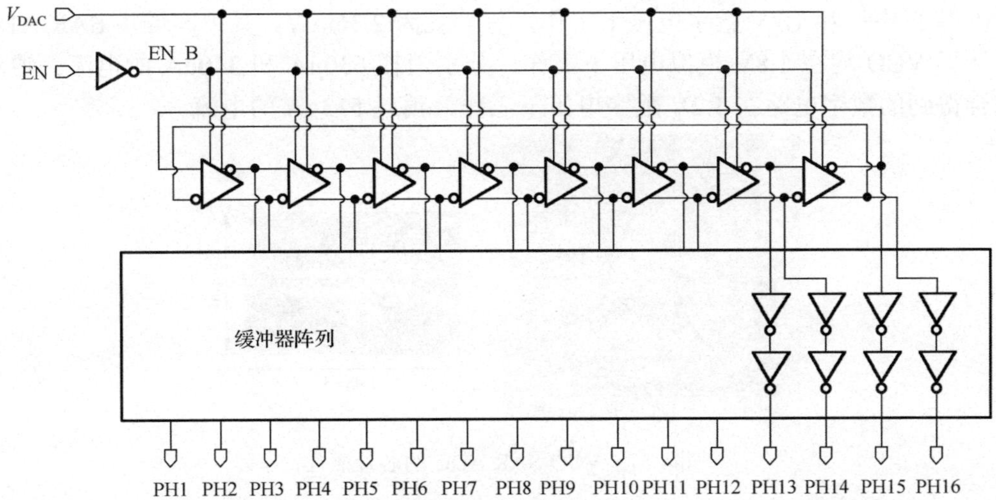

图 4.55　8 级环形 VCO

电平(EN_B 下降为低电平)时，SAR 转换阶段结束且 VCO 开始工作。当 EN 下降为低电平(EN_B 上升为高电平)时，VCO 停止振荡。VCO 的延迟单元如图 4.56 所示。延迟单元中交叉耦合的反相器保证了 EN_B 下降沿来临后 VCO 能自启动。VCO 的增益为 402MHz/V。

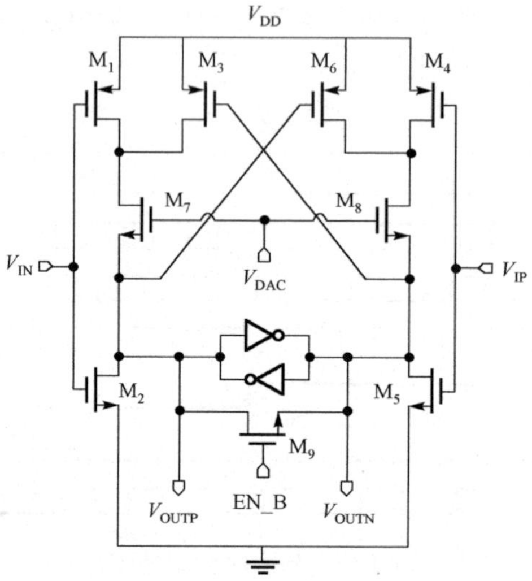

图 4.56　VCO 的延迟单元

4.3.5　测试结果

基于 0.18μm CMOS 工艺，对设计出的 10 位 5MS/s VCO-SAR ADC 进行流片。图 4.57 为未封装的裸片照片，其中 ADC 的有效尺寸为 450μm×280μm。该 ADC 在 1.8V 模拟电压和 1.2V 数字电压下工作，总功耗为 2.36mW。其中，异步 SAR ADC 和环形 VCO 均在 1.8V 模拟电压下工作，分别消耗 630μA 和 340μA 的电流；通过综合得到的数字电路在 1.2V 数字电压下工作，消耗 513μA 的电流。

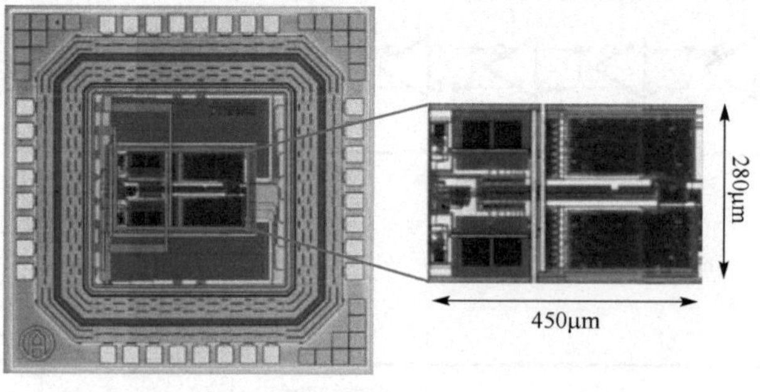

图 4.57　VCO-SAR ADC 的芯片照片

在 5MS/s 采样速率下，输入峰峰值为 $3.4V_{pp}$ 的正弦信号，得到该 VCO-SAR ADC

的 FFT 测试频谱图，如图 4.58 所示。测试结果表明：当输入信号频率为 2.50MHz 时，SFDR 为 72.2dB，SNDR 为 56.7dB；当输入信号频率为 0.25MHz 时，SFDR 为 76.5dB，SNDR 为 59.8dB。图 4.59 为动态性能随输入频率的变化关系。表 4.5 总结了该 ADC 的性能，并与文献[19]～文献[21]中的设计进行了比较。

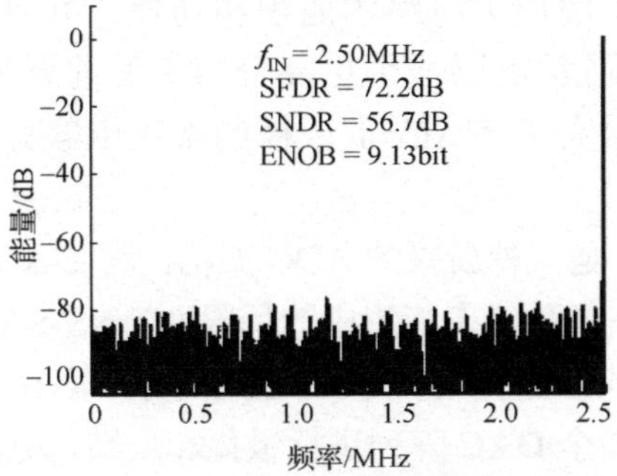

(a) 2.50MHz输入频率@5MS/s

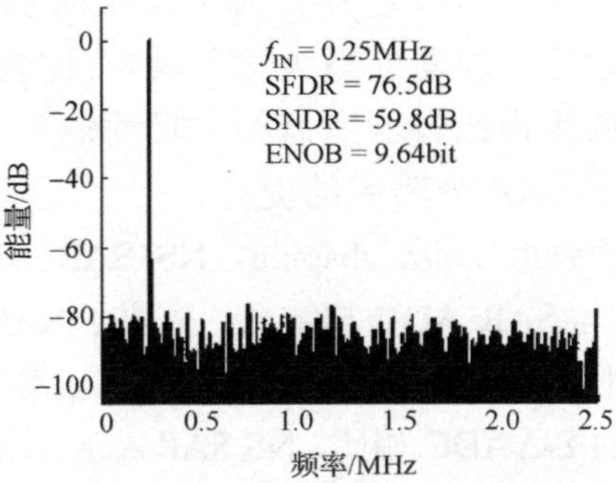

(b) 0.25MHz输入频率@5MS/s

图 4.58　10 位 5MS/s ADC 频谱测试结果

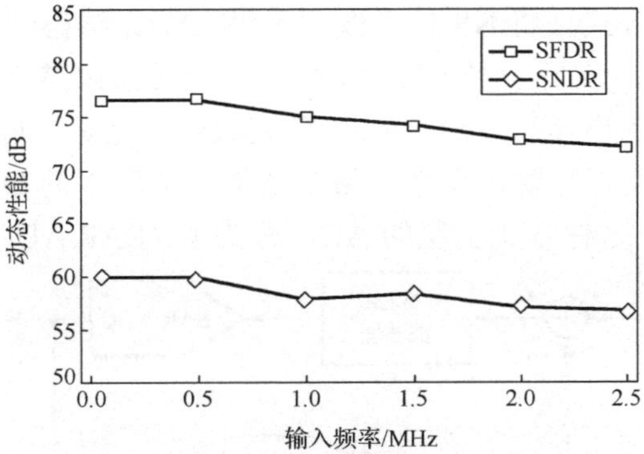

图 4.59　动态性能随输入频率的变化关系

表 4.5　测试性能比较

参数	文献[19]	文献[20]	文献[21]	本章的工作
结构	循环型	两级循环型	流水线	VCO-SAR
CMOS 工艺技术/nm	180	180	28	180
分辨率/bit	9	12	11	10
采样率/MHz	16.7	3.4	20	5
功耗/mW	4.7	2.9	2.24	2.36
有效面积/mm^2	0.045	0.603	0.052	0.126
SNDR/dB	52.5	64.3	56.6	56.7
ENOB/bit	8.43	10.39	9.11	9.13
FOM/(pJ/conv.-step)	0.818	0.66	0.203	0.845

4.4　噪声整形数据转换器

由于工艺尺寸的不断缩小，SAR ADC 能够实现高能效和非常高的速度。但是在高分辨率 SAR ADC 中，高分辨率的 DAC 增加了电路的面积和功耗；并且更小的 LSB 决定了比较器的最大输入噪声，比较器通常需要一个更高分辨率的前置放大器，同时，低噪声比较器所需的大尺寸输入管增大了 DAC 上极板的寄生电容。这些因素限制了 SAR 分辨率的提高。

噪声整形(noise shaping，NS) SAR ADC 是一种新兴的 ADC 架构，将 Σ-Δ ADC 的 NS 技术与 SAR ADC 相结合，克服了 SAR 在高分辨率应用中的局限性。NS SAR ADC 允许使用低分辨率 DAC，放宽了对比较器噪声的要求，能够同时达到高分辨率和高能效。与传统的 Σ-Δ ADC 相比，NS SAR ADC 用同一个 DAC 阵列进行量化和反馈，功耗更低。

SAR ADC 与 NS 技术结合的最直接方法是将普通 Σ-Δ 结构中的 ADC 模块替换为 SAR，如图 4.1 所示。但是，这种方法还需要一个额外的 DAC 实现反馈，从而使 Σ-Δ 调制器中的电路数量远大于单独的 SAR ADC，难以满足低功耗要求。

另一种更高效的方式是将 NS 技术嵌入 SAR ADC 结构的内部。图 4.60 中，环路滤波器的输入信号 E_q 实际上是 SAR ADC 最终的转换余差 V_{RES}(转换完成后，DAC 阵列上剩余电荷对应的电压)，当 SAR ADC 完成转换之后，V_{RES} 可以从电容阵列的上极板获得，那么就没有必要在反馈环路中增加一个额外的 DAC，系统的复杂度接近单独的 SAR ADC。这种方式实现的 ADC 称为 NS SAR ADC。

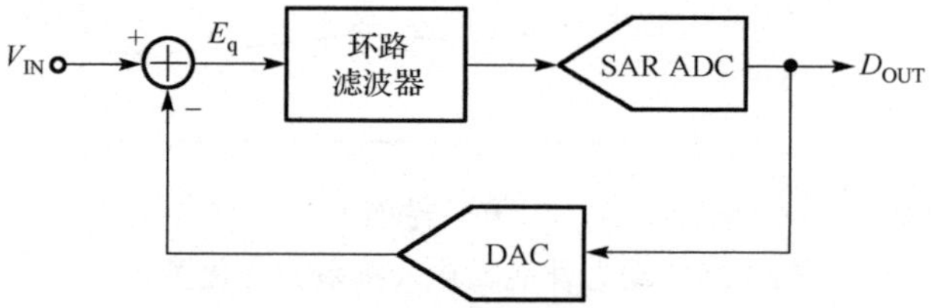

图 4.60　Σ-Δ 结构中使用 SAR ADC

在 NS SAR ADC 中，获取 V_{RES} 后，将其输入环路滤波器，滤波器的输出连接到 ADC 信号链的其他点以实现噪声整形环路。滤波器的输出可以连接到比较器额外的输入端，也可以连接到信号的输入端。根据接入信号链位置的不同，分为噪声反馈到比较器输入端的 NS SAR ADC 和噪声反馈到信号输入端的 NS SAR ADC。

4.4.1　噪声反馈到比较器输入端的 NS SAR ADC

1. NS SAR ADC 基本概念和电路结构

在 SAR ADC 中采用 NS 技术有两个关键点：①每次转换后，DAC 电容阵列上应产生一个全分辨率的量化误差；②量化误差需要被采样和处理，然后反馈给比较器。

1) 转换余差 V_{RES} 的产生

在传统的 N 位 SAR ADC 中，当比较器确定最低有效位后，模数转换完成，最后一位的比较结果不会反馈到 DAC 阵列，那么 DAC 上极板产生的转换余差 V_{RES} 的大小只代表了前 $N-1$ 位的转换余差，而不是 N 位的转换余差，如图 4.61(a)所示。因此，在 SAR ADC 转换完成后，需要根据最后一位比较结果，对 DAC 进行一次额外的切换，使 DAC 电容阵列上产生一个全分辨率的转换余差[22]，此时 DAC 上的转换余差 V_{RES} 等于量化误差 Q 对应的电压 V_Q。如图 4.61(b)所示，需要在 DAC 中增加 LSB 位将低 N 位数字码输入到 DAC 中。假设 V_{DAC} 表示 DAC 上极板电压，上述分析可表示为

$$V_{DAC+}=V_{RES+}=-V_{IN+}+V_{CM}+D_{N-1}\frac{V_{REF}}{2}+\cdots+D_1\frac{V_{REF}}{2^{N-1}}+D_0\frac{V_{REF}}{2^N} \tag{4-96}$$

$$V_{DAC-}=V_{RES-}=-V_{IN-}+V_{CM}+\overline{D_{N-1}}\frac{V_{REF}}{2}+\cdots+\overline{D_1}\frac{V_{REF}}{2^{N-1}}+\overline{D_0}\frac{V_{REF}}{2^N} \tag{4-97}$$

$$V_{DAC}=V_{DAC+}-V_{DAC-}=V_{RES}=V_Q \tag{4-98}$$

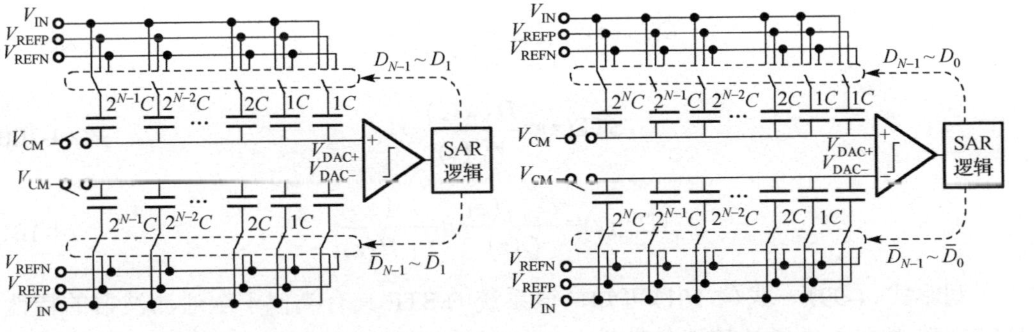

(a) 前 $N-1$ 位转换余差　　(b) N 位的转换余差

图 4.61　转换余差的生成

2) NS SAR ADC 模型

噪声反馈到比较器输入端的 NS SAR ADC 的电路结构如图 4.62 所示。实际电路为差分结构，为叙述方便，以单端为例进行说明。

SAR ADC 比较完成后，在 Φ_{ns} 相位，环路滤波器(由积分器构成)将 DAC 上极板的转换余差采样并处理。在下一次比较中，环路滤波器的输出电压和 DAC 上极板电压一起输入比较器，共同作用产生量化结果 D_{OUT}。相应的信号流图如图 4.63

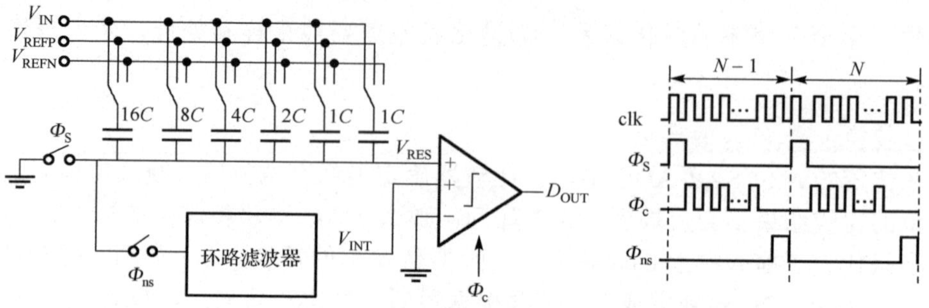

图 4.62　NS SAR ADC 的电路结构及其时序图

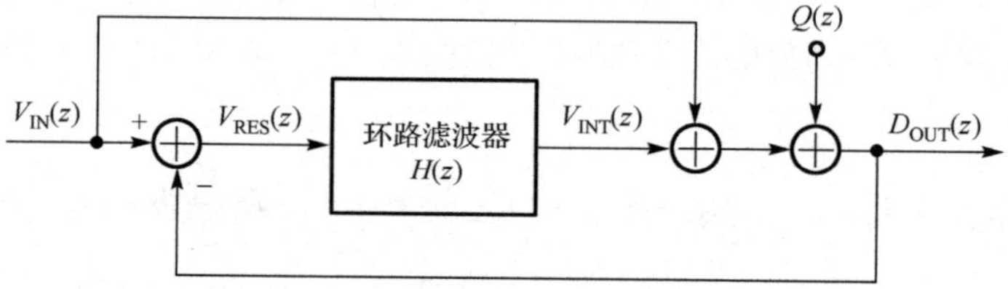

图 4.63　一般化 NS SAR ADC 的信号流图

所示，由梅森公式可以得到系统传递函数、信号传输函数(signal transfer function，STF)和噪声传递函数(noise transfer function，NTF)分别为

$$D_{OUT}(z)=V_{IN}(z)+\frac{1}{1+H(z)}Q(z) \tag{4-99}$$

$$\mathrm{STF}(z)=\frac{D_{OUT}(z)}{V_{IN}(z)}=1 \tag{4-100}$$

$$\mathrm{NTF}(z)=\frac{D_{OUT}(z)}{Q(z)}=\frac{1}{1+H(z)} \tag{4-101}$$

观察式(4-99)～式(4-101)可知，该系统的 STF 具有类似于全通滤波器的特性，NTF 具有类似于高通滤波器的特性，能够对量化误差进行整形。并且，环路滤波器的输入和输出形式为

$$V_{RES}(z)=-\frac{1}{1+H(z)}Q(z) \tag{4-102}$$

$$V_{INT}(z)=-\frac{H(z)}{1+H(z)}Q(z) \tag{4-103}$$

式(4-102)、式(4-103)表明环路滤波器的输入和输出只与量化误差 Q 有关，与输入信号 V_{IN} 无关，放宽了对环路滤波器线性度和动态范围的要求，通过在 SAR ADC 中选择合理的高分辨率 N 使 $Q(z)$ 变小，则 $H(z)$ 内部的信号摆幅可以保持较小。

需要注意的是，流图中的反馈回路只是表示 $V_{RES}=V_{IN}-D_{OUT}$ 这一关系，物理电路中并不存在这条反馈回路用于产生 V_{RES}，转换余差 V_{RES} 直接从 DAC 上极板获得，正是这个原因，反馈回路上去掉了 DAC 模块，以伏特为单位表示 D_{OUT}。

3) 其他噪声源

电路中的噪声还包括比较器噪声和热噪声，对系统的作用如图 4.64 所示，系统传输函数为

$$D_{OUT}(z)=V_{IN}(z)+kT/C+\frac{1}{1+H(z)}[Q(z)+n_{comp}(z)] \tag{4-104}$$

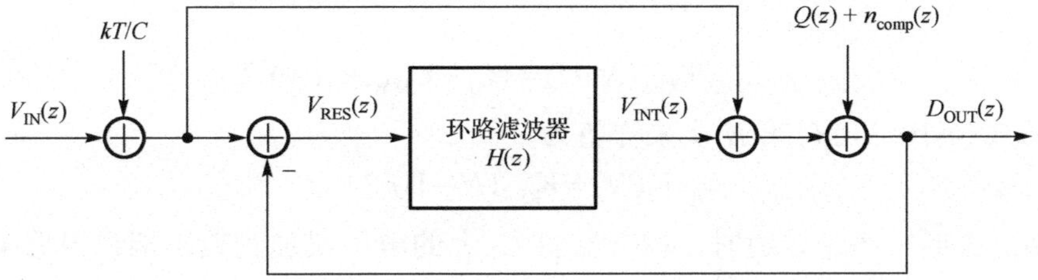

图 4.64　电路中的噪声在系统中的作用

比较器噪声 $n_{comp}(z)$和量化误差 Q 在同一位置输入系统，比较器的噪声也会影响 DAC 上极板电压的值，此时转换余差 $V_{RES}=V_Q+V_{n,comp}$（$V_{n,comp}$ 表示比较器噪声对应的电压），所以比较器噪声会被整形，放宽了对比较器噪声的要求，这是 NS SAR ADC 的一个重要优势，因为在高分辨率 SAR ADC 中，比较器常常是主要的功耗来源[23]。

DAC 中的 kT/C 噪声和输入信号 V_{IN} 在同一位置输入系统，不会被整形。然而，由于过采样技术，kT/C 噪声也会衰减，但是每增加过采样率一倍，SNR 只提高 3dB，效果不显著，所以要达到所需的精度，需要增大 DAC 的电容，功耗也相应增加，DAC 功耗是否是电路功耗的主要来源取决于所采用的开关时序。

环路滤波器可以由有源积分器或者无源积分器构成，$H(z)$实现的形式不同，噪声整形效果以及硬件开销也不同。下面依次进行介绍。

2. 有源 NS SAR ADC

图 4.65 所示为有源 NS SAR ADC 的架构及其时序图[22]。转换余差的采样是在 SAR ADC 所有比特置位结束后，通过Φ_{ns1} 和Φ_{ns2} 的切换来实现的。当Φ_{ns1} 导通，Φ_{ns2} 关断时，采样电容 C_1 和 DAC 总电容 C_{DAC} 进行电荷重分配。C_1 的选择需要折中考虑，一方面，C_1 相对 C_{DAC} 的值越小，采样到的电压越接近真实余差。另一方面，C_1 越小，其热噪声越大，C_1 的热噪声不能被噪声整形，故过小的采样电容会增大低频噪声。这里取 $C_1=C_{DAC}$，$C_1=2C_2$，则 C_1 采样有损失，积分器 2 倍增益将电压恢复至原值，完成理想采样和积分。电容 C_1 采样转换余差 V_{RES} 满足电荷守恒：

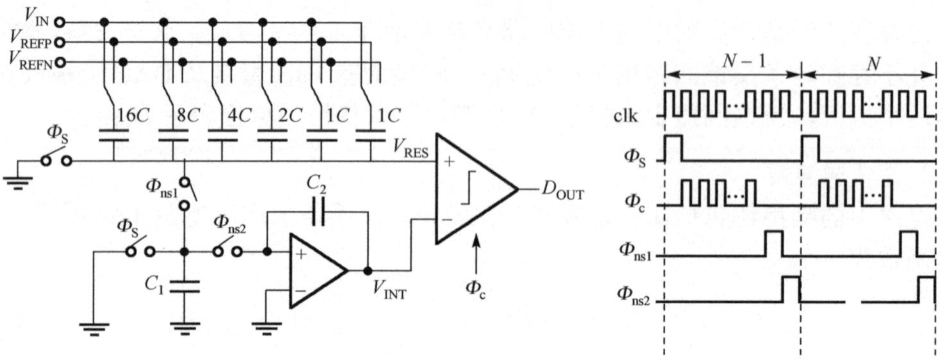

图 4.65　有源 NS SAR ADC 的架构及其时序图

$$C_{DAC}V_{RES}(N-1)=(C_1+C_{DAC})V_1(N) \tag{4-105}$$

化简式(4-105)可得第 N 次采样值为

$$V_1(N)=V_{RES}(N-1)/2 \tag{4-106}$$

当 Φ_{ns1} 关断，Φ_{ns2} 导通时，积分器将 C_1 上的电压累加到输出端，根据电荷守恒定律得

$$C_1V_1(N)+C_2[0-V_{INT}(N-1)]=C_1\times 0+C_2[0-V_{INT}(N)] \tag{4-107}$$

在 z 域中化简式(4-107)，可得积分电压为

$$V_{INT}(z)=-\frac{C_1}{C_2}\frac{1}{1-z^{-1}}V_1(z)=-\frac{z^{-1}}{1-z^{-1}}V_{RES}(z) \tag{4-108}$$

积分器的输出接比较器负端，$H(z)$ 表示为

$$H(z)=\frac{z^{-1}}{1-z^{-1}} \tag{4-109}$$

将 $H(z)$ 代入式(4-99)中，该噪声整形系统的系统传递函数为

$$D_{OUT}(z)=V_{IN}(z)+(1-z^{-1})Q(z) \tag{4-110}$$

等效的信号流图如图 4.66 所示，由梅森公式也可以直接得到式(4-110)的系统传递函数。式(4-110)表明，STF 是全通的，NTF = $1-z^{-1}$，与 Σ-Δ ADC 中一阶调制器的 NTF 相同，达到一阶噪声整形的效果，有源一阶噪声整形的 FFT 分析如图 4.67 所示。

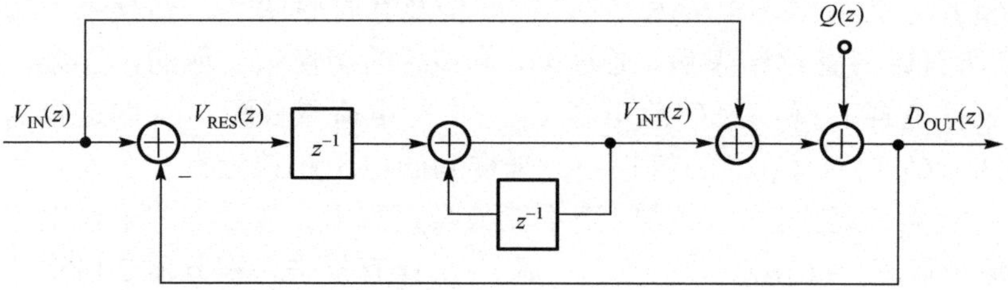

图 4.66　有源 NS SAR ADC 的信号流图

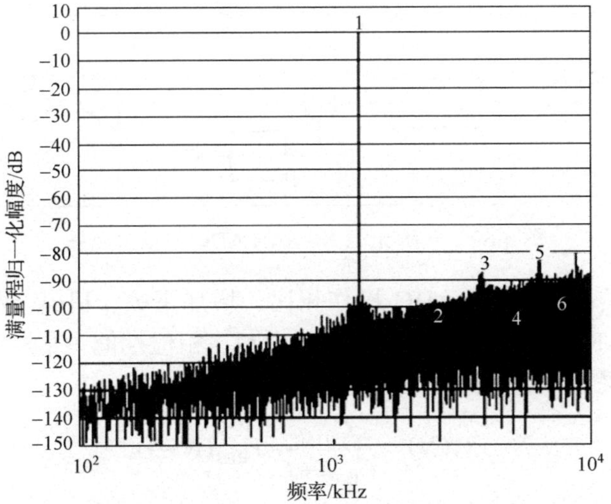

图 4.67　有源一阶噪声整形的 FFT 分析

3. *无源* NS SAR ADC

使用有源运算放大器实现噪声整形会增大功耗，增加设计复杂度，并且会降低 SAR ADC 与工艺尺寸不断缩小的兼容性。采用无源开关电容电路对量化余差进行采样和积分，避免了运算放大器引起的缺点，同时保留了噪声整形的优势[24-27]。无源噪声整形技术可以实现高能效并且可扩展性强。

然而，开关-电容电路中的电荷共享效应弱化了噪声传递函数在低频的衰减效果，限制了噪声整形的效率。它在两个方面影响 NTF：①采样转换余差的损失导致 NTF 产生正的极点；②弱的积分效果导致 NTF 的零点小于 1。这两个问题导致 NTF 在低频下的幅度很大，导致信号频带中的噪声衰减效果较弱[24]。通过补偿损失的采样值，可以增强噪声整形的效果。

图 4.68 所示出为一阶无源 NS SAR ADC 的架构和时序图[25]。图 4.69 给出等效

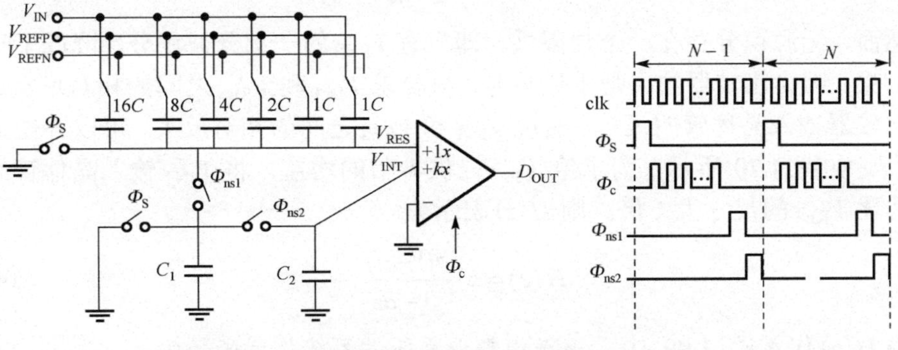

图 4.68　一阶无源 NS SAR ADC 的架构和时序图

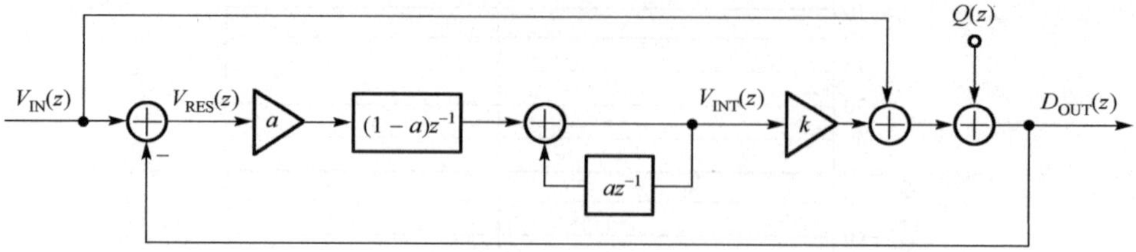

图 4.69　一阶无源 NS SAR ADC 的信号流图

的信号流图。与传统的 SAR ADC 操作相比，增加了Φ_{ns1}和Φ_{ns2}两个时钟周期。在Φ_{ns1}相位之前，SAR ADC 进行正常的转换。在Φ_{ns1}相位期间，C_1与 DAC 总电容C_{DAC}进行电荷分享，采样量化余差V_{RES}，C_1上电压为

$$V_1(N)=\frac{C_{DAC}}{C_{DAC}+C_1}V_{RES}(N-1) \tag{4-111}$$

在Φ_{ns2}相位期间，C_1与C_2进行电荷分享，将其电荷转移到C_2上，有效地实现了无源积分。C_2上积分的电压标记为V_{INT}，反馈到比较器另一个输入端。由电荷守恒定律可得

$$C_1V_1(N)+C_2V_{INT}(N-1)=(C_1+C_2)V_{INT}(N) \tag{4-112}$$

在 z 域中化简式(4-112)，可得积分电压为

$$V_{INT}(z)=\frac{C_1}{C_1+C_2}\Bigg/\left(1-\frac{C_2}{C_1+C_2}z^{-1}\right)V_1(z) \tag{4-113}$$

令 $a=C_2/(C_1+C_2)$，$C_{DAC}=C_2$，则有

$$V_{INT}(z)=\frac{a(1-a)}{1-az^{-1}}z^{-1}V_{RES}(z) \tag{4-114}$$

$H(z)$表示为

$$H(z)=\frac{a(1-a)z^{-1}}{1-az^{-1}} \tag{4-115}$$

然而，无源积分存在一个局限性，即只有V_{RES}的一部分被积分，降低了噪声整形的效果。因为比较器结果是 1 位符号，只要求V_{INT}和V_{RES}之间的相对增益，通过设计比较器输入晶体管的尺寸，实现V_{INT}和V_{RES}之间的相对放大，可以补偿采样的损失[26]。如图 4.70 所示，为了给V_{INT}提供 k 倍的增益，将V_{INT}输入晶体管的尺寸调整为比V_{RES}的尺寸大 k 倍。则$H(z)$表示为

$$H(z)=k\cdot\frac{a(1-a)z^{-1}}{1-az^{-1}} \tag{4-116}$$

将$H(z)$代入式(4-99)中，该噪声整形系统的系统传递函数为

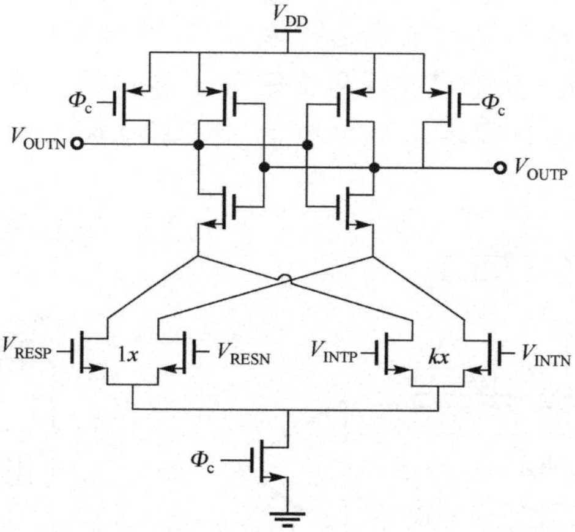

图 4.70 V_{INT} 相对 V_{RES} 放大 k 倍的四输入比较器

$$D_{OUT}(z)=V_{IN}(z)+\frac{(1-az^{-1})}{1-a[1-k(1-a)]z^{-1}}Q(z) \tag{4-117}$$

从 NTF 中可以看出，零点为 a，极点为 $a[(k(1-a)-1)]$。NTF 完全由电容比例 a 和器件尺寸比 k 决定，故系统对 PVT 变化不敏感，具有很好的鲁棒性。为了保证系统稳定，极点需要在单位圆内，稳定条件为$-1/a<k<(1+a)/[a(1-a)]$。

取 $k=1/(1-a)$ 时，对 V_{INT} 进行补偿，把 V_{INT} 放大 $1/(1-a)$ 倍，可以消除极点，则 NTF $=(1-az^{-1})$，调整 C_1 与 C_2 的比例，a 值不同，积分效果不同，噪声整形效果不同，a 值越接近 1，积分效果越理想，噪声整形效果也就越接近理想一阶噪声整形。取 $C_{DAC}=C_2=C$，$C_1=1/3C$，$k=4$ 时，NTF$=1-0.75z^{-1}$，噪声整形的 FFT 分析如图 4.71 所示。

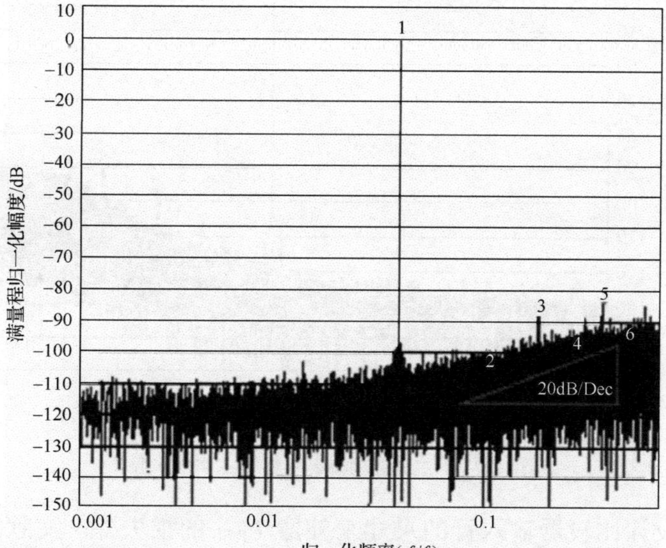

图 4.71 一阶无源噪声整形 FFT 分析

这种一阶无源噪声整形结构很容易扩展为二阶，如图 4.72 所示[26]。它使用两个无源积分器对 SAR ADC 的余差进行两次积分，并将第一次和第二次积分的结果送入六端输入比较器求和，共同决定量化结果。图 4.73 所示为二阶无源噪声整形 FFT 分析。

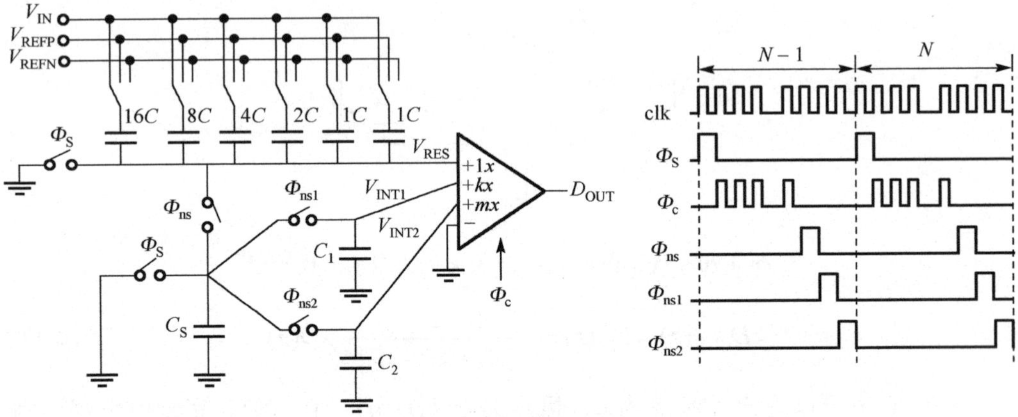

图 4.72　二阶无源 NS SAR ADC 的架构和时序图

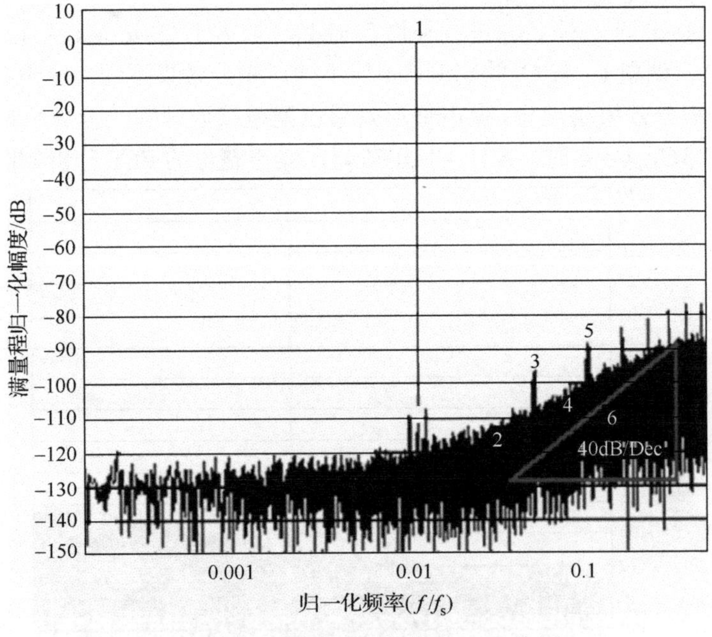

图 4.73　二阶无源噪声整形 FFT 分析

除了通过设计比较器输入管的尺寸来补偿 V_{RES} 的损失外，文献[27]中介绍了一种电荷泵的无源放大技术，也可以对采样 V_{RES} 的损失进行放大补偿。将图 4.74 中

的电容 C_2 拆成两个电容，可以实现两倍的无源放大，如图 4.74 所示。在 Φ_{ns2} 相位，C_2 的两个电容并联，在 Φ_c 相位，C_2 的两个电容串联，则在 SAR 转换期间 C_2 的积分值放大两倍，能够增强噪声整形的效果。

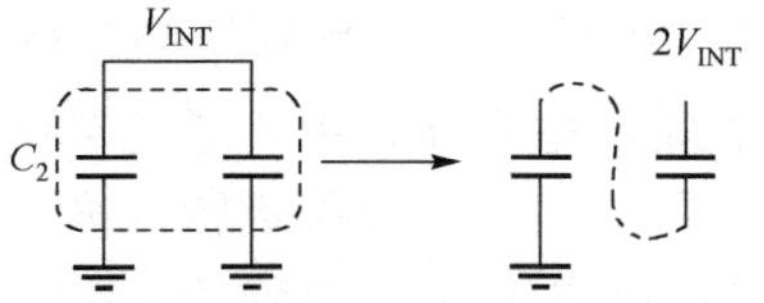

图 4.74　电荷泵技术实现无源放大

4.4.2　噪声反馈到信号输入端的 NS SAR ADC

误差反馈型 Σ-Δ ADC 的电路结构如图 4.75(a)所示[28]。当调制器是一个延时器时，能够实现一阶噪声整形。对应的信号流图如图 4.75(b)所示，根据梅森公式可得系统传递函数为

$$D_{OUT}(z)=V_{IN}(z)+\frac{1\times(1-z^{-1})}{1-(-z^{-1}+z^{-1})}Q(z)=V_{IN}(z)+(1-z^{-1})Q(z) \tag{4-118}$$

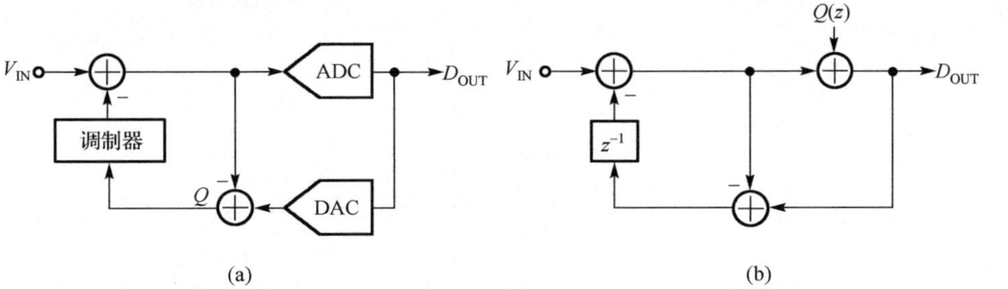

图 4.75　误差反馈型 Σ-Δ ADC 系统结构

由于 NS SAR ADC 使用同一个电容阵列进行量化和积分，因此误差反馈型 NS SAR ADC 电路结构如图 4.76 所示，量化噪声经过延时后反馈到 ADC 的输入端，实现一阶噪声整形[29-32]。

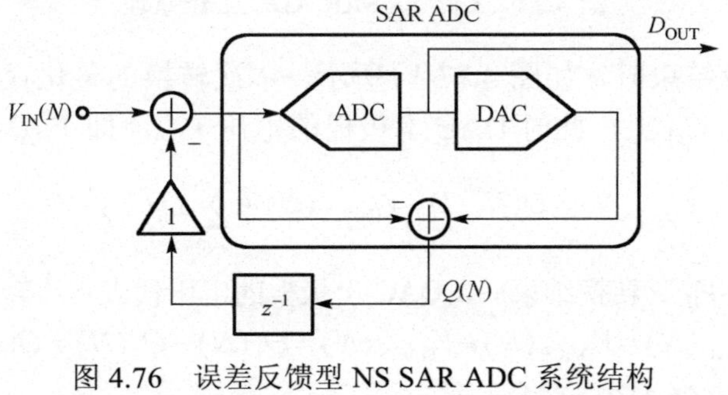

图 4.76　误差反馈型 NS SAR ADC 系统结构

图 4.77 显示了一个 3 位误差反馈型 NS SAR ADC 的结构示例。C_{r1} 和 C_{r2} 是采样电容，C_{r1}=C_{r2}=1C，两组电容交错提供上一次转换的量化误差。如图 4.77(a)所示，

在采样阶段，上一次转换的量化误差（$Q(N-1) = Q_+(N-1) - Q_-(N-1)$）以差分形式存储在采样电容 C_{r2} 中，通过单位增益缓冲器输出到所有电容的上极板。同时，所有电容的下极板都连接到输入电压。因此，所有电容中存储的电压是上一次的量化误差与输入电压之差。然后，在转换阶段，逐次逼近生成全部数字码。

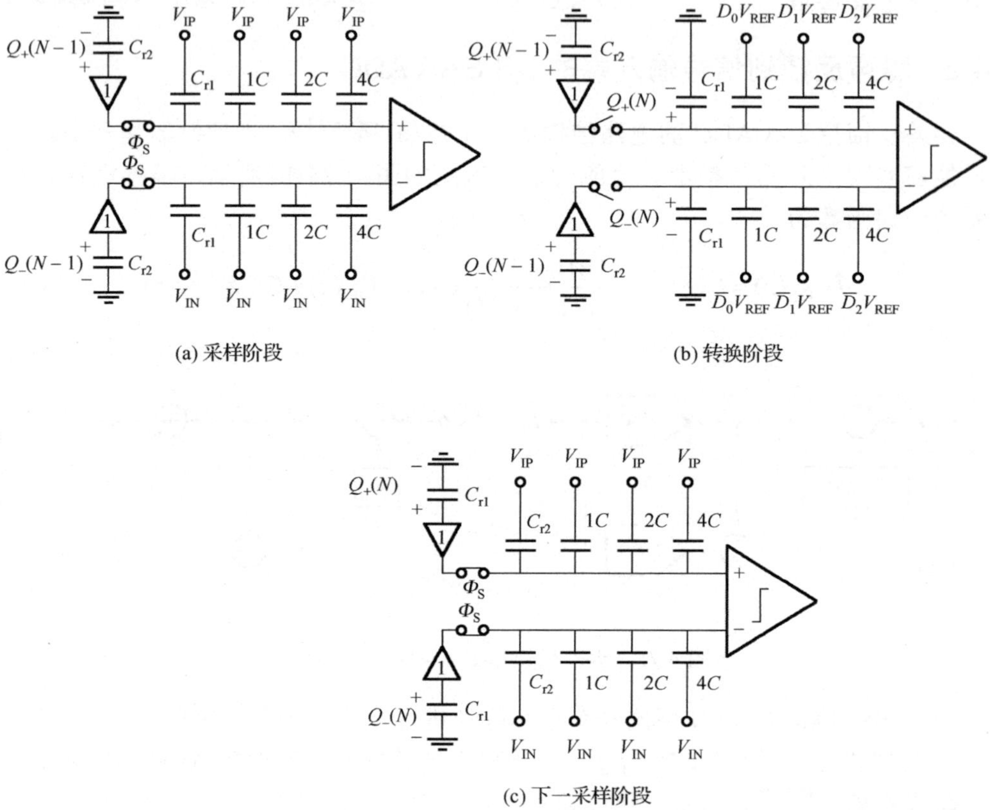

(a) 采样阶段　　(b) 转换阶段

(c) 下一采样阶段

图 4.77　3 位 NS SAR ADC 工作原理

当前转换阶段结束时，如图 4.77(b)所示，本次转换的量化误差 $Q(N)$ 以差分形式存储在采样电容 C_{r1} 上，此时 DAC 上极板的电压 V_{DAC}（即 $V_{DACP}-V_{DACN}$）为

$$V_{DAC}(N) = Q(N-1) - V_{INPUT}(N) + \sum_{i=0}^{2} D_i(N)\frac{V_{REF}}{2^{3-i}} \tag{4-119}$$

其中，$V_{INPUT} = V_{IP}-V_{IN}$，转换结束后，DAC 上极板的电压代表本次转换的量化误差，即

$$V_{DAC}(N) = V_{DACP}(N) - V_{DACN}(N) = Q_+(N) - Q_-(N) = Q(N) \tag{4-120}$$

把式(4-120)代入式(4-119)可得

$$Q(N) - Q(N-1) = -V_{INPUT}(N) + \sum_{i=0}^{2} D_i(N)\frac{V_{REF}}{2^{3-i}} \tag{4-121}$$

用 D_{OUT} 代表 $\sum_{i=0}^{2} D_i(N)\frac{V_{\mathrm{REF}}}{2^{3-i}}$，则有

$$D_{\mathrm{OUT}}(N)=V_{\mathrm{INPUT}}(N)+Q(N)-Q(N-1) \tag{4-122}$$

在 z 域表示式(4-122)，得系统传递函数为

$$D_{\mathrm{OUT}}(z)=V_{\mathrm{INPUT}}(z)+(1-z^{-1})Q(z) \tag{4-123}$$

式(4-123)表明，输入信号直接输出，而量化误差被一阶噪声整形。因此，根据图 4.77，通过使用 C_{r1}、C_{r2} 两组采样电容交替提供量化误差，将量化误差注入 DAC 上极板，从而将其反馈到 ADC 的输入端，该电路实现了一阶噪声整形。

在下一个采样阶段，如图 4.77(c)所示，采样电容 C_{r1} 和 C_{r2} 的作用互换，C_{r1} 连接到单位增益缓冲器，而 C_{r2} 作为 DAC 的 dummy 电容。

图 4.78 所示为误差反馈型 NS SAR ADC 电路结构[32]。$C_{\mathrm{f}}=C_{\mathrm{r1}}=C_{\mathrm{r2}}=1C$，$V_{\mathrm{CMI}}$ 为单位增益缓冲器的输入共模电压，V_{CMO} 为单位增益缓冲器的输出共模电压，也是比较器的输入共模电压。单位增益缓冲器只在采样阶段工作，在转换阶段关闭，节省功耗。但是，误差反馈结构通常对参数变化非常敏感，因此必须仔细设计电路[28]。

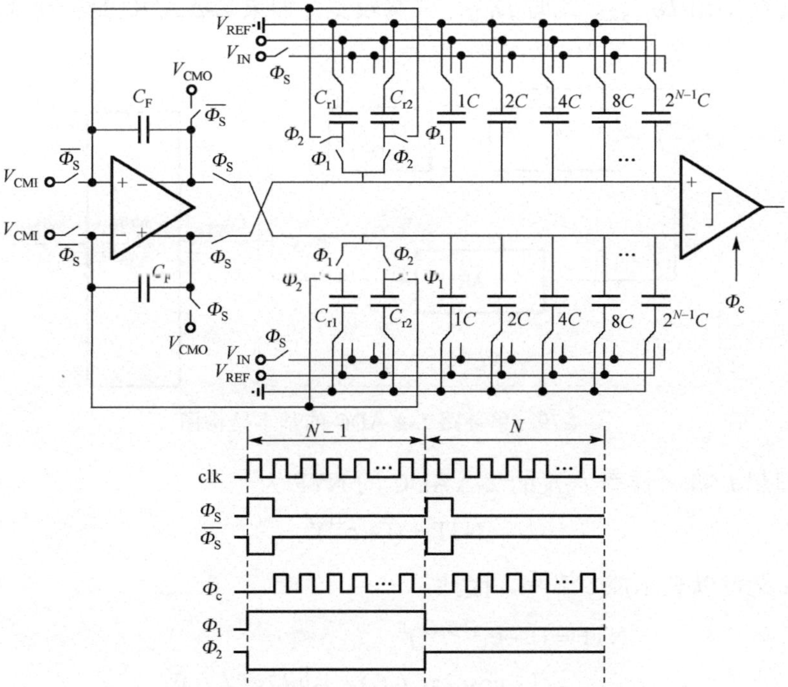

图 4.78　误差反馈型 NS SAR ADC 电路结构

另外，采用更多的采样电容存储前几次转换误差，也可以实现高阶的噪声整形[29]。

4.5 Σ-Δ ADC

Σ-Δ ADC 是利用噪声整形技术的 ADC 中最为典型的代表。目前，Σ-Δ ADC 广泛应用于对精度具有较高要求而对带宽要求（kHz 级别）不是非常严格的领域中。例如，音频、医疗成像以及工业仪器仪表等。从理论上来说其过采样率（oversampling ratio，OSR）越高，精度也就越高。其实，这也就是 Σ-Δ ADC 的基本思想：以牺牲采样率的方式达到提高精度的目的。

4.5.1 Σ-Δ ADC 的基本结构

单环路（single loop）Σ-Δ ADC 的基本结构如图 4.79 所示，可以分为两个部分：前端的模拟 Σ-Δ ADC 与后端抽取滤波器。Σ-Δ ADC 主要包括环路滤波器、量化器与 DAC。在这里需要注意的是，前端模拟调制器的输出码 D_{OUT1} 的位宽即量化器的位宽，通常是一个低精度数字码。如果量化器是一个一位量化器，那么 D_{OUT1} 就是 1 位的 0/1 数字码。当 D_{OUT1} 进入数字抽取滤波器后，在抽取滤波器中进行乘法与加法运算后最终输出 D_{OUT2}，此时 D_{OUT2} 位宽较宽。如果 Σ-Δ ADC 是一个 16 位 ADC，那么 D_{OUT2} 的位宽至少是 16 位。

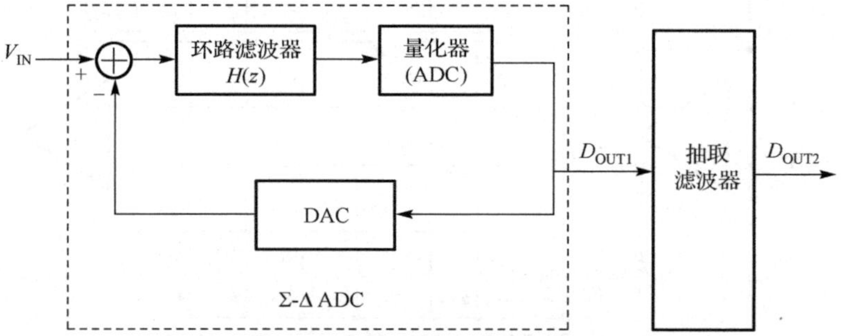

图 4.79 单环路 Σ-Δ ADC 的基本结构图

假设理想 L 阶采样率为 f_S 的 Σ-Δ ADC 的 NTF 为

$$\text{NTF} = (1 - z^{-1})^L \tag{4-124}$$

由于 z 又可以表示成 $e^{j2\pi f/F_s}$，因此

$$\begin{aligned}\text{NTF} &= (1 - e^{-j2\pi f/F_S})^L \\ &= [1 - \cos(2\pi f / f_S) + j\sin(2\pi f / f_S)]^L\end{aligned} \tag{4-125}$$

经过噪声调制之后的噪声的功率谱密度（power spectral density，PSD）可以表示成

$$P = \{[1 - \cos(2\pi f / f_S)]^2 + \sin^2(2c\pi f / f_S)\}^L \cdot q_{rms}^2 \tag{4-126}$$

其中，q_{rms}^2 为量化噪声的功率谱密度，假设量化噪声为白噪声，其值可以表示为

$$q_{\mathrm{rms}}^2 = \frac{Q_{\mathrm{n}}}{f_{\mathrm{S}}/2} \tag{4-127}$$

其中，Q_{n} 为量化噪声，化简式(4-126)得到

$$P = [2\sin(\pi f / f_{\mathrm{S}})]^{2L} \cdot q_{\mathrm{rms}}^2 \tag{4-128}$$

由于输入信号频率 f 远小于 f_{S}，因此式(4-128)可以近似为

$$P = (2\pi f / f_{\mathrm{S}})^{2L} \cdot q_{\mathrm{rms}}^2 \tag{4-129}$$

将噪声功率在信号带宽 f_{B} 内进行积分，得到带内噪声功率为

$$Q_{\mathrm{in\_band}} = \int_0^{f_{\mathrm{B}}} (2\pi f / f_{\mathrm{S}})^{2L} \cdot q_{\mathrm{rms}}^2 \mathrm{d}f \tag{4-130}$$

将式(4-127)代入式(4-130)得到信号带宽内噪声 $Q_{\mathrm{in\_band}}$，可以利用式(4-131)进行表示

$$Q_{\mathrm{in\_band}} = \frac{\pi^{2L} Q_{\mathrm{n}}}{(2L+1)(\mathrm{OSR})^{2L+1}} \tag{4-131}$$

其中，OSR 为

$$\mathrm{OSR} = \frac{f_{\mathrm{S}}/2}{f_{\mathrm{B}}} \tag{4-132}$$

由式(4-131)可以看出，降低带内噪声主要可以采取以下三种方式。

1. 提高过采样率

提高过采样率意味着电路工作频率的提高，势必伴随着功耗的提升。同时，在特定工艺下，时钟频率是存在极限的，不可能无限制地提高工作频率，通常情况下 OSR 不会超过 512。对于信号带宽较窄的情况，增加 OSR 的方式通常比较方便。对于零阶 Σ-Δ ADC，OSR 每提高一倍，带内噪声降低 3dB，精度仅增加 0.5 位，所以单纯依靠提高 OSR 来降低带内噪声的做法是不切实际的。

2. 提高环路滤波器的阶数

由式(4-141)可以看出，对于一阶 Σ-Δ ADC，OSR 每提高一倍，带内噪声降低 9dB，精度增加 1.5 位。与零阶 Σ-Δ ADC 相比，提高环路滤波器的阶数对 SNR 有明显的提高。在不同阶数以及 OSR 的情况下，带内噪声的调制效果如图 4.80 所示。在相同的 OSR 情况下，伴随着阶数的增加，噪声整形的效果可以有几十 dB 的提升，要想明显提升噪声整形的效果，最方便的方式就是提高环路滤波器阶数。

然而，伴随着环路滤波器阶数的提高，环路中极点个数增加，环路稳定性容易

受到影响，输入信号的摆幅会受到限制。在电路中，一般环路滤波器是由运算放大器构成的，阶数每提高一阶就需要多增加一个运算放大器，这种方法极大地增加了电路的功耗。

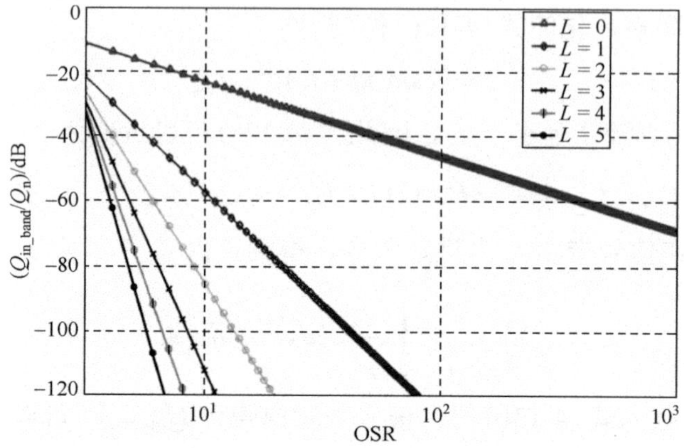

图 4.80　阶数 L 与 OSR 对带内噪声的调制效果示意图

3. 提高量化器的精度以降低量化噪声

通过采用 SAR ADC 或者 FLASH ADC 的方式可以达到提高量化器的精度以降低量化噪声的目的。如果采用 SAR ADC，精度每提高一位，SAR ADC 电容阵列的面积就要增加一倍；而采用 FLASH ADC，精度每提高一位，比较器个数就要增加一倍，比较器功耗就要增加一倍。所以提高量化器精度也会伴随着面积和功耗的损失。

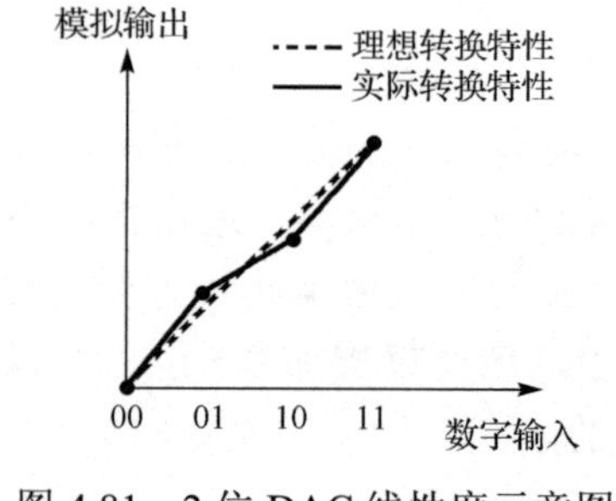

图 4.81　2 位 DAC 线性度示意图

提高量化器精度还带来一个弊端，那就是反馈的 DAC 的位数会增加。从图 4.79 可以看出，DAC 直接反馈到输入端，这就意味着 DAC 的非理想因素会直接叠加到输入信号上，因此 DAC 的线性度必须满足 ADC 精度的要求。1 位的量化器，DAC 反馈值只有两个值，因此 1 位 DAC 是自然线性的。图 4.81 为一个 2 位 DAC 线性度示意图。由于受到工艺的影响，多位 DAC 无法达到自然线性。想要多位 DAC 达到高精度匹配性的要求是非常困难的。如果想要提高 DAC 单元的匹配性，则芯片中 DAC 的面积会非常大。有可能即使增加了 DAC 的面积，DAC 也未必能够达到 ADC 线性度的要求，因此要额外引入数字校准算法，这极大地增加了芯片设计的复杂度。所以一般设计中经常在环路滤波器的阶数与过采样率这两项参数中进行折中以达到设计目标。提高量化器精度用以提高 SNR 指标通常不是首选方法。

为了在增加环路阶数的同时保证环路的稳定性，近年来人们又提出了级联式

(Cascade) Σ-Δ ADC。图 4.82 为一个 (1-1) 级联式二阶 Σ-Δ ADC 的结构图。理论上，在级联式 Σ-Δ ADC 中，将 ADC 输入端电压与 DAC 反馈电压作差将得到 ADC 的噪声，D_{OUT1} 与误差 D_{OUT2} 再作差就消除了 ADC 的影响，因此级联式 Σ-Δ ADC 进一步提高了精度。对于整体来说，该 Σ-Δ ADC 可以当作由两个一阶的 Σ-Δ ADC 构成的，所以整体稳定性等同于一阶 Σ-Δ ADC，稳定性得到了显著的提高。对于高阶 Σ-Δ ADC，级联结构的稳定性会比单环路结构更好。但是级联式 Σ-Δ ADC 的问题在于级与级之间存在失配，这样由 ADC 带来的误差并不能完全消除。因此级联式 Σ-Δ ADC 的设计更加注重匹配性的要求。同时，第二级中的各个模块同样会引入噪声，该噪声会叠加到 D_{OUT2} 上。因此，级数越多，引入的噪声也就越多，一般设计级联式 Σ-Δ ADC 时，选取的级数不会超过三级。

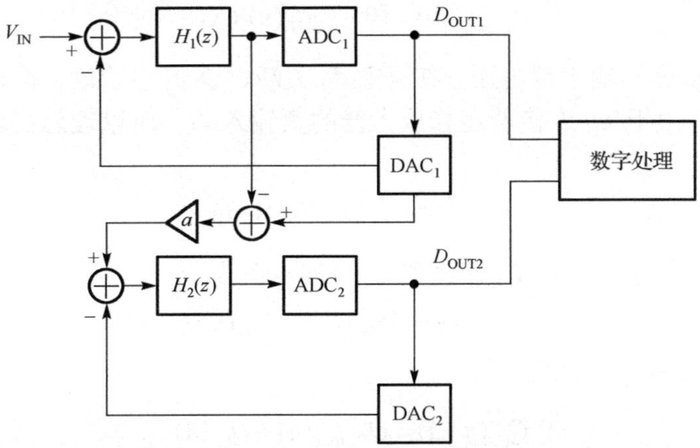

图 4.82　(1-1) 级联式二阶 Σ-Δ ADC 的结构图

根据 Σ-Δ ADC 对信号采样积分方式的不同，可以将 Σ-Δ ADC 分为 DT 型 Σ-Δ ADC 以及 CT 型 Σ-Δ ADC。以下将主要针对以上两种 Σ-Δ ADC 进行说明。

4.5.2　离散时间型 Σ-Δ ADC 与连续时间型 Σ-Δ ADC

图 4.83 为一个一阶离散时间 (discrete-time，DT) 型 Σ-Δ ADC 结构示意图。DT 型 Σ-Δ ADC 是采用开关电容积分器构成环路滤波器，该结构先对输入信号进行采样，然后采样信号与 DAC 反馈信号作差后经过积分器输出，最终量化器对积分器输出结果进行量化并输出数字码。由于 DT 型 Σ-Δ ADC 是在信号输入端利用开关电容对信号进行采样，所以使用时一定要注意在输入前端加入抗混叠滤波器。

当开关 Φ_1 开启、Φ_2 关断时，电容 C_1 对输入信号进行采样，电容 C_2 保持上一个周期的电荷。C_1 上存储的电荷总量 $Q_{C_1\_sample}(n)$ 可以表示为

$$Q_{C_1\_sample}(n)=[0-V_{IN}(n)]C_1 \tag{4-133}$$

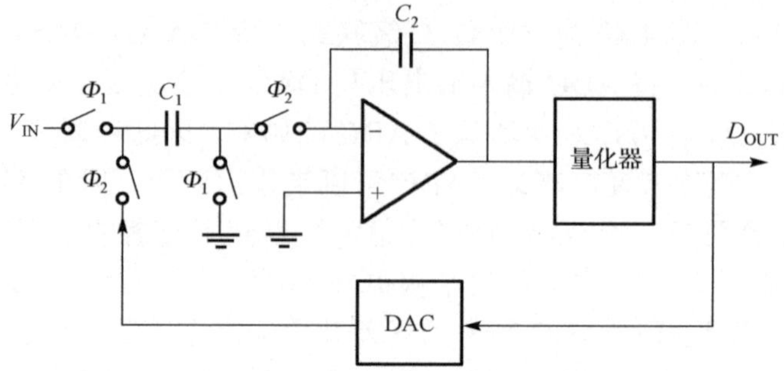

图 4.83　一阶 DT 型 Σ-Δ ADC

假设 C_2 在该阶段存储的电荷总量 $Q_{C_2}(n)$ 为

$$Q_{C_2}(n)=[0-V_{OUT}(n)]C_2 \tag{4-134}$$

其中，V_{OUT} 为积分器输出端电压。在开关 Φ_1 关断、Φ_2 开启阶段，假设 DAC 反馈输出为 $V_{DAC}(n)$，由于 C_1 连接着运算放大器的负输入端，所以理想情况下 C_1 上存储的电荷变为

$$Q_{C_1\_store}(n)=[0-V_{DAC}(n)]C_1 \tag{4-135}$$

根据电荷守恒定理，从 C_1 转移到 C_2 上的电荷为

$$Q_{C_1\_tran}(n)=[V_{DAC}(n)-V_{IN}(n)]C_1 \tag{4-136}$$

C_2 上存储的电荷变为

$$Q_{C_2}(n+1)=Q_{C_1\_tran}(n)+Q_{C_2}(n) \tag{4-137}$$

其中，C_2 上存储的电荷还可以表示为

$$Q_{C_2}(n+1)=[0-V_{OUT}(n+1)]C_2 \tag{4-138}$$

积分器的输出电压可以表示为

$$V_{OUT}(n+1)=V_{OUT}(n)+\frac{C_1}{C_2}[V_{IN}(n)-V_{DAC}(n)] \tag{4-139}$$

此时电路形成了累加积分的效果，离散域的积分器传递函数可以表示为

$$\frac{V_{OUT}(z)}{V_{IN}(z)-V_{DAC}(z)}=\frac{C_1}{C_2}\frac{z^{-1}}{1-z^{-1}} \tag{4-140}$$

积分器在 s 域的传递函数可以表示成 $1/s$，达到了低通滤波的效果，因此通常称为环路滤波器。

由于 DT 型 Σ-Δ ADC 采用了开关电容结构，因此其工作频率可以跟随时钟频率变化从而应用在不同的场合。例如，一个工作频率可以达到 1MHz 的 DT 型 Σ-Δ ADC

也可以应用在 500kHz 的时钟下，同时稳定性不受到任何影响。也就是说，DT 型 Σ-Δ ADC 的通用性更强，实际上它能工作在任何时钟频率上，只要保证开关电容积分器能够正常工作即可。影响 DT 型 Σ-Δ ADC 性能的主要的非理想因素包括运算放大器有限的增益和带宽、压摆率(slew rate，SR)、噪声、时钟抖动、过载以及传输延迟等。

由于在实际电路中，运算放大器的增益是有限的，因此需要将运算放大器的增益误差考虑在内。实际工作过程中，假设图 4.83 中运算放大器的增益为 A，运算放大器的负输入端电压为 V_X，则运算放大器的输出电压与 V_X 的关系可以表示为

$$V_X(z)=\frac{V_{OUT}(z)}{A} \tag{4-141}$$

当开关 Φ_1 开启、Φ_2 关断时，$Q_{C_1\_sample}(n)$ 仍为式(4-133)，$Q_{C_2}(n)$ 需要修正为

$$Q_{C_2}(n)=[V_X(n)-V_{OUT}(n)]C_2 \tag{4-142}$$

在开关 Φ_1 关断、Φ_2 开启阶段，$Q_{C_1\_store}(n)$ 为

$$Q_{C_1\_store}(n)=[V_X(n+1)-V_{DAC}(n)]C_1 \tag{4-143}$$

因此从 C_1 转移到 C_2 上的电荷为

$$Q_{C_1\_tran}(n)=[V_{DAC}(n)-V_X(n+1)-V_{IN}(n)]C_1 \tag{4-144}$$

此时，C_2 上存储的电荷可以表示为

$$Q_{C_2}(n+1)=[V_X(n+1)-V_{OUT}(n+1)]C_2 \tag{4-145}$$

经过化简，得到积分器的实际输出电压为

$$V_{OUT}(n+1)-\frac{1+A}{C_1+(1+A)C_2}V_{OUT}(n)+\frac{C_1}{C_2}\frac{AC_2}{C_1+(1+A)C_2}[V_{IN}(n)-V_{DAC}(n)] \tag{4-146}$$

实际积分器的 z 域传递函数变为

$$\frac{V_{OUT}(z)}{V_{IN}(z)-V_{DAC}(z)}=\frac{C_1}{C_2}\frac{AC_2}{C_1+(1+A)C_2}\frac{z^{-1}}{1-\dfrac{(1+A)C_2}{C_1+(1+A)C_2}z^{-1}} \tag{4-147}$$

由式(4-147)可以看出，积分器传递函数的极点不是 z=1 而是在 z=1 的单位圆之内。当积分器传递函数的极点位于 z=1 时，频率 f 趋近于 0，积分器的增益趋于无穷大。同时我们知道，环路滤波器的增益越高，噪声整形效果越好。而实际情况是：当频率 f 趋近于 0 时，积分器的增益是有限值，因此环路滤波器对低频噪声的抑制效果变差，我们也把这种情况称为积分泄漏。在实际电路中，运算放大器的带宽也同样是有限的。随着输入信号频率的升高，运算放大器的增益 A 也会降低，这说明环路滤波器对噪声的抑制效果随着频率的升高而降低，所以在设计电路时，应该保证运算放大器的带宽大于信号带宽，以保证对带内噪声的调制效果。

在开关电容式积分器中，运算放大器的 SR 同样是一个非常重要的指标。它表征了运算放大器对大信号输入情况下的响应情况。如图 4.84 所示，运算放大器输出信号的建立过程可以分为两部分：阶跃信号的响应阶段 t_1 与小信号建立阶段 t_2。如果运算放大器的 SR 较小，则输出信号存在较大的建立误差，调制器的效果将会受到影响。但是满足建立精度的要求，就必须增加运算放大器的电流，所以 DT 型 Σ-Δ ADC 的功耗通常都比较大。

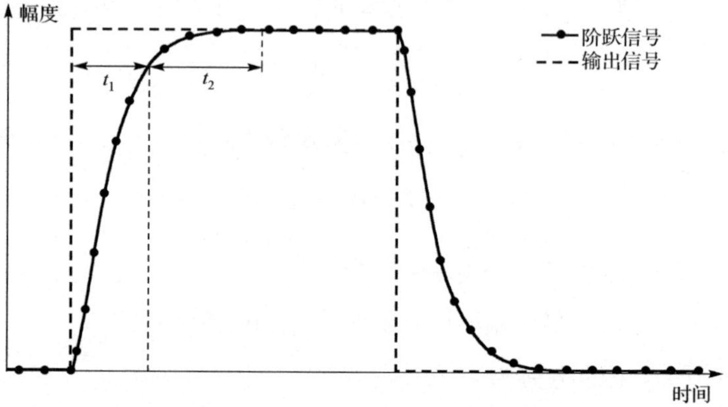

图 4.84　运算放大器阶跃响应示意图

DT 型 Σ-Δ ADC 的噪声源主要来源于采样噪声以及运算放大器的噪声。由于实际采样开关并不是理想开关，采样过程可以等效为一个有热噪声的电阻与一个电容进行串联，将信号采样到电容上，如图 4.85 所示。由采样开关引入的热噪声可以表示为

$$V_{\text{noise}}^2 = \frac{kT}{\text{OSR} \cdot C_{\text{S}}} \tag{4-148}$$

其中，k 为玻尔兹曼常量；T 为温度；C_{S} 为采样电容值。由式(4-148)可以看出，DT 型 Σ-Δ ADC 的精度越高，所需的采样电容越大，芯片面积就越大。由于其信号带宽远小于采样率，因此信号带宽内的采样热噪声也是奈奎斯特 ADC 的 1/OSR。同时，由采样开关引入的时钟馈通和电荷注入的影响也必须考虑在内。

图 4.85　采样过程等效电路图

除了采样热噪声，运算放大器也是电路中主要的噪声源之一。图 4.86 为一个二阶 DT 型 Σ-Δ ADC 示意图，$H_1(z)$ 与 $H_2(z)$ 分别表示两级积分器的传递函数，Q_{n1} 与 Q_{n2} 分别表示两级运算放大器的等效输入噪声。其中 Q_{n1} 到输出端的增益为

$$G_{\text{n1}} = \frac{H_1(z)H_2(z)}{1 + H_1(z)H_2(z)} \tag{4-149}$$

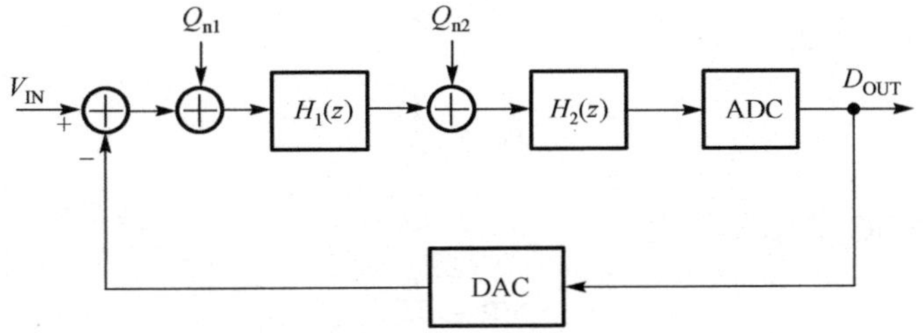

图 4.86　二阶 DT 型 Σ-Δ ADC 示意图

而 Q_{n2} 到输出端的增益为

$$G_{n2}=\frac{H_2(z)}{1+H_1(z)H_2(z)} \tag{4-150}$$

将式(4-149)与式(4-150)进行对比发现

$$\frac{G_{n1}}{G_{n2}}=H_1(z) \tag{4-151}$$

式(4-151)说明：当两级运算放大器的等效输入噪声相同时，第一级运算放大器的噪声对输出的影响是第二级运算放大器的 $H_1(z)$ 倍。低频时，为了达到良好的噪声调制效果，$H_1(z)$ 与 $H_2(z)$ 增益都会比较高，所以 G_{n1} 近似等于 1，而 G_{n2} 等于 $1/H_1(z)$。可以看出，DT 型 Σ-Δ ADC 采用多阶结构时，除了输入端连接的运算放大器，其余所有的运算放大器引入的热噪声都会由环路滤波器进行调制。因此，在电路的设计过程中首先要保证第一级运算放大器的噪声足够低。如果第一级运算放大器的噪声过高，则应该考虑适当降低 $H_1(z)$，同时增大 $H_2(z)$，以保证噪声的整形效果。

由于在 ADC 中需要对输入信号进行采样后进行量化，时钟是一个必不可少的模块。时钟性能的优劣，影响着 ADC 采样值的精确程度，时钟抖动越严重，采样的值越不准确。这相当于在采样阶段，信号受到了比较大的噪声干扰，所以即使量化过程是理想的，最终 ADC 的 SNR 性能也不会很好。由于 DT 型 Σ-Δ ADC 与奈奎斯特 ADC 采样过程相同，因此先分析讨论时钟抖动对奈奎斯特 ADC 的 SNR 的影响。

对于奈奎斯特 ADC，时钟抖动对 ADC 的 SNR 影响主要体现在采样阶段。假设输入信号是摆幅为 A、频率为 f_{IN} 的余弦信号，ADC 每隔时间 T(采样率为 f_S)对输入信号进行采样，瞬时时钟抖动为 Δt，时钟抖动的均方根值为 σ_T。则在第 n 个周期对输入信号进行采样，得到的采样误差值 ΔV_{IN} 的一阶近似值为

$$\Delta V_{IN}=2\pi f_{IN}A\cos(2\pi f_{IN}nT)\Delta t \tag{4-152}$$

则由时钟抖动引入的采样噪声可以表示为

$$\sigma_{IN}^2=\frac{(2\pi f_{IN}A)^2}{2}\sigma_T^2 \tag{4-153}$$

已知信号的功率为

$$P_{\mathrm{IN}}=\frac{A^2}{2} \tag{4-154}$$

所以奈奎斯特 ADC 的信噪比为

$$\mathrm{SNR}=\frac{P_{\mathrm{IN}}}{\sigma_{\mathrm{IN}}^2} \tag{4-155}$$

将式(4-153)和式(4-154)代入式(4-155)化简得

$$\mathrm{SNR}=\frac{1}{(2\pi f_{\mathrm{IN}}\sigma_{\mathrm{IN}})^2} \tag{4-156}$$

由于奈奎斯特 ADC 的输入信号频率满足

$$2f_{\mathrm{IN}}\leqslant f_{\mathrm{S}} \tag{4-157}$$

因此当输入信号为 $f_{\mathrm{S}}/2$ 时，ADC 的 SNR 最低，其值为

$$\mathrm{SNR}=\frac{1}{(\pi f_{\mathrm{S}}\sigma_{\mathrm{IN}})^2} \tag{4-158}$$

DT 型 Σ-Δ ADC 与奈奎斯特 ADC 的区别在于：输入信号频率 f_{IN} 远小于采样频率 $f_{\mathrm{s}}/2$，DT 型 Σ-Δ ADC 的信号带宽 f_{B} 不是 $f_{\mathrm{S}}/2$，而是

$$f_{\mathrm{B}}=\frac{f_{\mathrm{S}}}{2\mathrm{OSR}} \tag{4-159}$$

同时在抽取滤波器中会将 $f_{\mathrm{B}}\sim f_{\mathrm{S}}/2$ 内的噪声全部滤除，所以其 SNR 可以表示为

$$\mathrm{SNR}=\frac{\mathrm{OSR}^3}{(\pi f_{\mathrm{S}}\sigma_{\mathrm{IN}})^2} \tag{4-160}$$

DT 型 Σ-Δ ADC 的 SNR 相比于奈奎斯特 ADC 有 OSR^3 倍的提升，DT 型 Σ-Δ ADC 对时钟抖动的敏感性要低得多。

Σ-Δ ADC 的输入信号的摆幅也是一个非常重要的指标。如图 4.87 所示，因为 DAC 的精度有限，所以实际 DAC 的输出值在输入信号附近跳动，DAC 的输出值可能是大于实际输入信号的。因此当输入信号等于 DAC 的输出范围时，DAC 本应该输出大于输入信号的值，但是由于 DAC 的输出范围有限，其输出值与输入信号的电压差有可能就会较大，该电压差经过积分器后就可能超出积分器的输出范围或者量化器的输出范围，导致积分器或者量化器饱和，最终量化结果出现较大偏差，导致整体性能下降。通常称这种情况为过载。图 4.88 为一个 Σ-Δ ADC 的 SNDR 与输入信号摆幅的关系。当输入信号逐渐升高时，SNDR 逐渐升高，当输入信号接近于满摆幅时，开始出现过载现象，SNDR 开始下降。

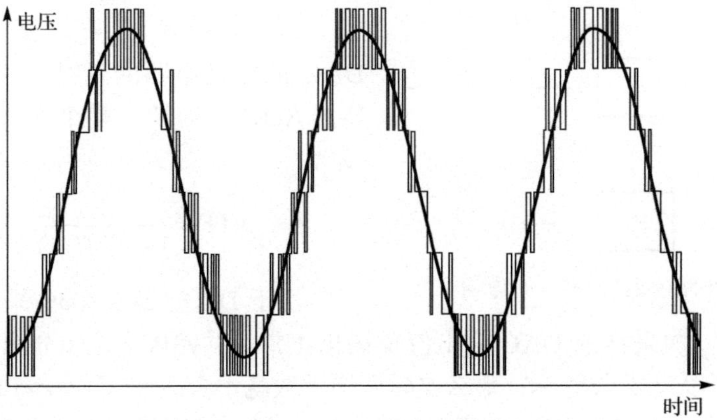

图 4.87　输入信号与 DAC 输出波形示意图

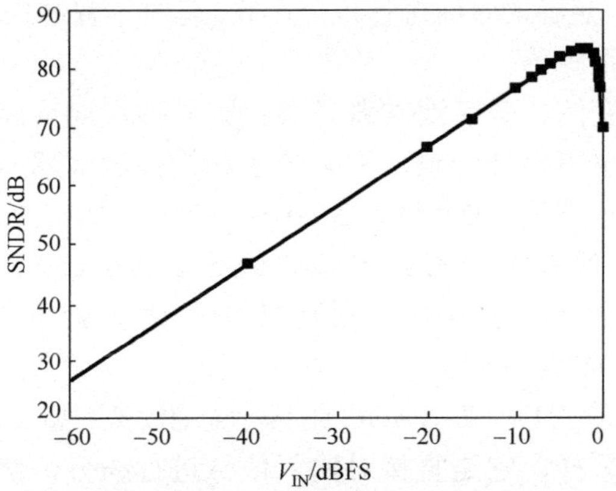

图 4.88　SNDR 与输入信号的关系示意图

量化器的失调同样对输入信号的摆幅造成影响。量化器存在失调，虽然不会引起环路稳定性问题，但是会改变输出数字码的直流分量。ADC 实际的输入摆幅 V_{FS} 为

$$V_{FS}=V_{DAC\_FS}-V_{offset} \tag{4-161}$$

其中，V_{DAC_FS} 为 DAC 的输出范围；V_{offset} 为量化器的失调电压。

在实际电路中，环路中各个模块均不是理想模块，所以各个模块对信号的传递都会存在延时。而在 DT 型 Σ-Δ ADC 中，主要的延时来源就是量化器以及 DAC 的驱动电路。量化器采集信号后，必须经过比较器进行量化，然后再通过锁存器将输出值保存起来。再将锁存值输入驱动电路中，驱动 DAC 的开关，改变 DAC 的输出值，这样就完成了整个量化反馈的过程。模块产生延迟就有可能改变整个环路的传递函数。

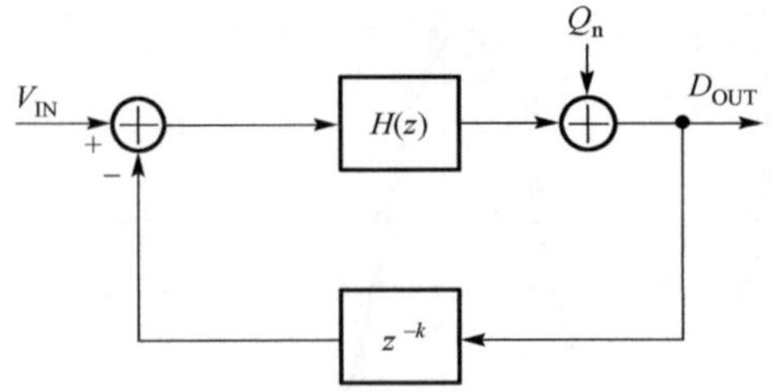

图 4.89　环路延迟对 NTF 的影响

如图 4.89 所示，假设经过量化器以及 DAC 的驱动电路的延时为 kT，其中 T 为 Σ-Δ ADC 的周期，整个 Σ-Δ ADC 的 NTF 变为

$$\mathrm{NTF}=\frac{1}{1+z^{-k}H(z)} \tag{4-162}$$

由于 DT 型 Σ-Δ ADC 采样过程是钟控的，只要在下一次采样前 DAC 输出值反馈出正常值并完成作差积分操作，ADC 就可以正常工作。所以只要满足 $k<1$，那么实际传递函数就不会改变。而当 $k>1$ 时，从式(4-162)就可以看出，实际 NTF 的阶数比理想 NTF 增加一阶，环路稳定性就会受到影响，环路就有可能发生振荡。因此 DT 型 Σ-Δ ADC 最多可以接受一个周期的环路延时，但是为了能够让运算放大器有足够的时间进行积分运算，延时不宜过长。总体来说，DT 型 Σ-Δ ADC 对环路延时不是很敏感。

根据冲激响应不变法，数字滤波器只要保证其冲激响应序列的输出值和模拟滤波器在每个周期的输出值保持一致，那么数字和模拟滤波器传递函数就可以看作相同的。基于冲激响应不变法，DT 型 Σ-Δ ADC 中的开关电容积分器就可以用连续时间的积分器进行替换。通常用 MATLAB 软件的 d2c 以及 c2d 命令就可以进行离散时间传递函数与连续时间传递函数的相互转化，由此就可以设计出连续时间型(continuous-time，CT)Σ-Δ ADC。

图 4.90 为一个一阶 CT 型 Σ-Δ ADC 结构示意图。CT 型 Σ-Δ ADC 不再利用开关电容对输入信号进行采样，它是直接对输入信号进行积分，然后量化器对积分器的输出结果进行采样，将量化后的结果输入 DAC，最后 DAC 输出电压反馈到输入端。相比于 DT 型 Σ-Δ ADC，CT 型 Σ-Δ ADC 不是在输入端进行采样，而是最后的量化器才进行采样。CT 型 Σ-Δ ADC 的结构更加简单，开关时序复杂度有了明显的改善。从图 4.90 可以看到，输入信号是直接经过 RC 积分器的，此 RC 网络同样具有滤波的作用，所以说 CT 型 Σ-Δ ADC 具有天然的抗混叠特性，所以 CT 型 Σ-Δ ADC 前端可以省略抗混叠滤波器。

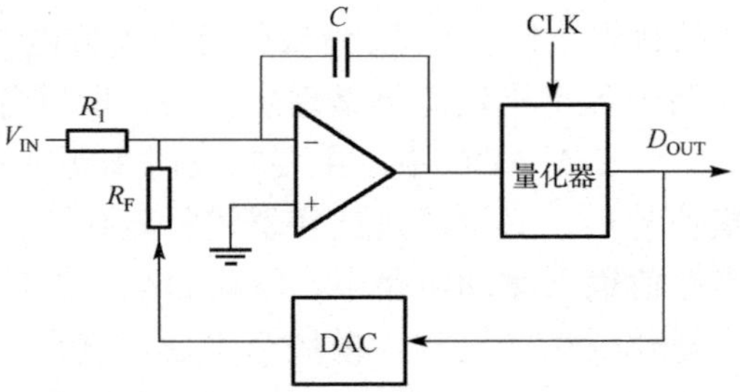

图 4.90　一阶 CT 型 Σ-Δ ADC 结构示意图

虽然 CT 型 Σ-Δ ADC 的结构要简单得多，但是对于一个特定的 CT 型 Σ-Δ ADC，积分器中的电阻电容的值一旦确定就无法更改，所以 CT 型 Σ-Δ ADC 的工作频率只能被限定在特定的频率上。CT 型 Σ-Δ ADC 的通用性远没有 DT 型 Σ-Δ ADC 的通用性强。影响 CT 型 Σ-Δ ADC 性能的主要非理想因素与 DT 型 Σ-Δ ADC 相似，主要包括噪声、运算放大器有限的增益和带宽、时钟抖动、过载、传输延迟、码间干扰以及工艺偏差等。其中过载的问题与 DT 型 Σ-Δ ADC 基本一致，在此不再赘述。

CT 型 Σ-Δ ADC 的主要噪声来源于输入电阻、DAC 与运算放大器。运算放大器的噪声影响与 DT 型 Σ-Δ ADC 的一致，必须要控制第一级运算放大器噪声的影响。由于 CT 型 Σ-Δ ADC 采样过程是由量化器完成的，所以采样噪声与量化噪声一样进行了噪声整形，CT 型 Σ-Δ ADC 的采样噪声通常可以忽略不计。而由于其采用了 RC 积分器，自然就引入了电阻热噪声：

$$P_{\text{noise\_R}} = 4kTRf_{\text{B}} \tag{4-163}$$

Σ-Δ ADC 精度越高，电路中要求的噪声就越低，电阻的阻值就越小。一方面，假设输入范围保持恒定，随着电阻阻值的减小，输入电流就会增加，所以用于与输入信号作差的 DAC 的电流就会增加，这会带来功耗的损失。另一方面，如果仍然要保持积分器的传递函数不变，也就是 RC 的乘积不变，则电容值就会随着电阻阻值的减小而增加，这就会带来芯片面积的增加。对于 CT 型 Σ-Δ ADC，电阻与电容的取值需要进行折中。

在 CT 型 Σ-Δ ADC 中，DAC 的反馈方式主要分为电压反馈和电流反馈。电压反馈就是在电路中产生参考电压 V_{REF}，通过控制开关组合间接控制流入电阻的电流，实现与输入信号作差。电流反馈就是利用电流源构成 DAC 的单元，直接通过控制电流源通断来控制反馈电流的大小。无论电压反馈还是电流反馈，都会在一定程度上引入噪声。电压反馈是由于引入了电阻，因而在输入端引入了电阻的热噪声。同时参考电压存在噪声，所以在设计过程中，参考源的噪声必须足够低。而电流反馈主要是指，由于 MOS 管具有热噪声以及低频 $1/f$ 噪声，因此电流源会向输入端反馈噪声电流。为了降低电流源的噪声，必须将电流源的面积取得足够大。首先，这种做法会增大 DAC 的面积，并且驱动电路的面积也会增加。其次，由于 MOS 管面积的增加，电流源的寄生电容就会增加。由于寄生电容的影响，电流源的输入阻抗随着频率的增加而降低。由图 4.90 可以看到，DAC 输出信号是直接反馈到输入端的，所以 DAC 的线性度限制着整体 ADC 的线性度，即使 DAC 的精度较低，其线性度也一定要为高线性度，这就要求电流源阻抗必须足够的大。通过上面的分析可知，DAC 输入阻抗会随着面积的增大而降低。所以采用电流反馈的方式，噪声与线性度两者相互矛盾，需要进行折中设计。同时应该注意到，DAC 的面积的增加在一定程度上会增加其匹配性，提高其线性度，但是对线性度的提高是有界限的。

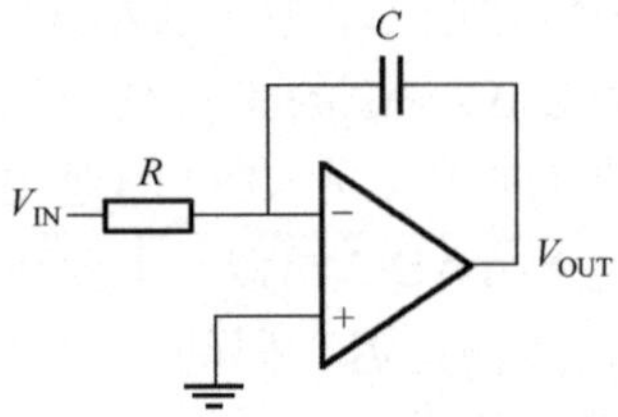

图 4.91　RC 积分器原理图

在 CT 型 Σ-Δ ADC 中运算放大器不再需要在有限的时间将信号建立到足够的精度，因此 CT 型 Σ-Δ ADC 的 SR 不是非常敏感，同时对运算放大器的带宽要求没有 DT 型 Σ-Δ ADC 严格。但是运算放大器的增益以及带宽仍然会对 CT 型 Σ-Δ ADC 的性能产生重要影响。如图 4.91 所示，为 RC 积分器原理图。

理想情况下，积分器的传递函数为

$$\frac{V_{OUT}}{V_{IN}}=-\frac{1}{RCs} \tag{4-164}$$

假设运算放大器的传递函数为 $A(s)$，则式(4-164)可以修正为

$$\frac{V_{OUT}}{V_{IN}}=-\frac{1}{RCs+\dfrac{1+RCs}{A(s)}} \tag{4-165}$$

假设运算放大器为一个单极点运算放大器，则 $A(s)$ 为

$$A(s)=\frac{A_{DC}}{1+\dfrac{s}{p_1}} \tag{4-166}$$

其中，p_1 为运算放大器的主极点；A_{DC} 为运算放大器的直流增益，将式(4-166)代入式(4-165)得到

$$\frac{V_{OUT}}{V_{IN}}=-\frac{1}{RCs+\dfrac{RCs^2}{\text{GBW}}+\dfrac{1+p_1RC}{\text{GBW}}s+\dfrac{1}{A_{DC}}} \tag{4-167}$$

因为 A_{DC} 通常远大于 1，所以式(4-167)可以化简为

$$\frac{V_{OUT}}{V_{IN}}\approx-\frac{1}{RCs}\cdot\frac{1}{1+\dfrac{s}{\text{GBW}}+\dfrac{1}{\text{GBW}\cdot RC}} \tag{4-168}$$

$$\frac{V_{OUT}}{V_{IN}}=-\frac{1}{RCs}\cdot\frac{1-\dfrac{\frac{1}{RC}}{\text{GBW}+\frac{1}{RC}}}{1+\dfrac{s}{\text{GBW}+\frac{1}{RC}}} \tag{4-169}$$

令 $\text{GE}=(1/RC)/[\text{GBW}+(1/RC)]$，$p_{LPF}=\text{GBW}+1/RC$，化简式(4-169)得到

$$\frac{V_{OUT}}{V_{IN}}=-\frac{1}{RCs}\cdot\frac{1-\text{GE}}{1+\dfrac{s}{p_{LPF}}} \tag{4-170}$$

通过式(4-170)可以看出，运算放大器有限的增益和带宽，导致积分器环路传递函数不再是一个理想的一阶函数。分子中的(1–GE)可以看作积分器产生了增益误差，积分器的时常数降低，导致整体环路增益降低，恶化噪声整形效果。环路增益的变化直接影响了 ADC 的噪声整形效果。而分母中的$(1+s/p_{\mathrm{LPF}})$可以理解为信号在经过积分器后，又通过了一个低通滤波器，对于电压反馈型 DAC，这个低通滤波器会降低 DAC 输出信号的反馈速度，其效果与在 DAC 中加入延时的效果近似。环路延时增加会对 CT 型 Σ-Δ ADC 的传递函数以及稳定性具有较大的影响，具体内容在后续篇幅中会进行详细的分析与讨论。

由于 CT 型 Σ-Δ ADC 的采样过程与奈奎斯特 ADC 和 DT 型 Σ-Δ ADC 有非常大的区别，因此时钟抖动对 CT 型 Σ-Δ ADC 的影响与以上两种 ADC 也有很大的不同。CT 型 Σ-Δ ADC 的采样是由最后一级的量化器模块完成的，前面分析噪声的部分曾经说明过采样噪声和量化噪声会进行相同的噪声整形，所以由于时钟抖动而引起的采样噪声是可以忽略的。然而，DAC 输出信号反馈的时间却与时钟抖动密切相关。DAC 反馈波形主要为归零式(return-to-zero，RZ)以及非归零式(non-return-to-zero，NRZ)。RZ 波形是 DAC 只在半个时钟周期进行反馈，另外半个周期输出为零；NRZ 波形是 DAC 在整个时钟周期都进行反馈，输出值在整个时钟周期不变。

图 4.92 是 RZ 与 NRZ 两种波形受到时钟抖动影响的 DAC 输出波形。图 4.92 中的阴影部分为时钟抖动引起的 DAC 输出误差。时钟抖动影响 DAC 输出变换的时间点，导致积分器对 DAC 输出值的积分时间不是理想的一个周期。该过程等效于 DAC 积分时间仍为一个周期，而输入信号上叠加了输入参考噪声。该输入参考噪声可以表示为

$$P_{\text{noise\_jitter}}=\frac{k\sigma_{\text{T\_jitter}}^{2}}{T^{2}} \tag{4-171}$$

其中，$\sigma_{\text{T_jitter}}$为时钟抖动的均方根值；T为 ADC 的时钟频率；参数 k 为一个与电路结构有关的系数，可以表示为

$$k=n\alpha V_{\text{step}}^{2} \tag{4-172}$$

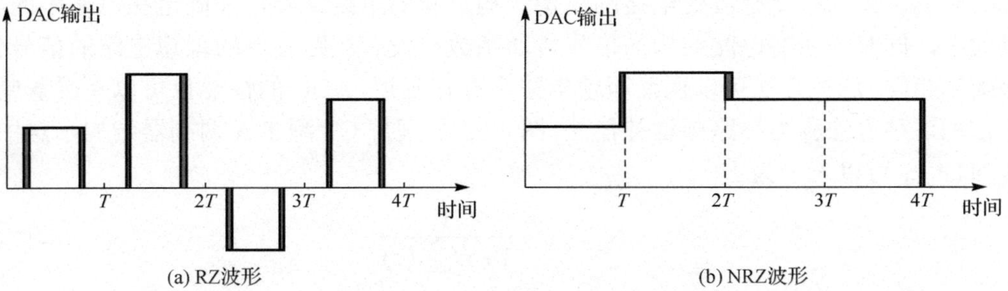

图 4.92　受到时钟抖动影响的 DAC 输出波形

其中，n 为与反馈波形有关的系数；α 为 DAC 反馈信号变化率；V_{step} 为 DAC 前后两个反馈信号的电压差。对于 RZ 波形反馈形式，由于 DAC 只能在半个周期内进行反馈，一个周期内时钟抖动的边沿有两个，因此 n 为 2。而对于 NRZ 波形反馈形式，DAC 一直都进行反馈，所以一个周期内 DAC 输出值可能变化的机会只有一次，因此 n 为 1。对于系数α，由于 NRZ 波形只有在输出值需要变化时才会受到时钟抖动的影响，而 RZ 波形除了输出值为 0 以外，DAC 输出信号在每个周期都需要变化，因此 RZ 波形的信号变化率大于 NRZ 波形的信号变化率，采用 RZ 波形的 CT 型 Σ-Δ ADC 比采用 NRZ 波形的 CT 型 Σ-Δ ADC 更容易受到时钟抖动的影响。同时输入信号频率越高，系数α越大。对于 V_{step} 的数值，DAC 位数越高，看似 V_{step} 越小，对于高于 1 位的 DAC，必须要在 DAC 前端加入数字校准模块，而数字校准模块增加 DAC 的翻转单元，这有可能不但不会令 V_{step} 减小，反而会令 V_{step} 增大，选择多位 DAC 时要尤其注意这个问题。由于时钟抖动的影响，SNR 可以表示为

$$\text{SNR}=\frac{\frac{A^2}{2}}{P_{\text{noise\_jitter}}}\cdot\text{OSR} \tag{4-173}$$

因为 CT 型 Σ-Δ ADC 信号带宽并不是 ADC 的奈奎斯特频率，所以需要在式(4-173)中增加 OSR 项。OSR 越高，时钟抖动的影响越小。前面的讨论我们知道了 DT 型 Σ-Δ ADC 的信号功率是时钟抖动引入的噪声的 OSR^3 倍，而 CT 型 Σ-Δ ADC 信号功率仅是时钟抖动引入的噪声的 OSR 倍，因此 CT 型 Σ-Δ ADC 对时钟抖动更加敏感。

传输延迟对于 DT 型 Σ-Δ ADC 并不是一个非常重要的问题，因为只要在采样时钟来临前完成反馈积分操作就可以。但是对于 CT 型 Σ-Δ ADC，积分器一直在进行积分操作，任何的延迟都会影响积分器的积分结果，从而改变环路传递函数，因此 CT 型 Σ-Δ ADC 比 DT 型 Σ-Δ ADC 对环路延迟更敏感。

降低 CT 型 Σ-Δ ADC 环路延迟的方法通常有两种：第一种是尽可能地减小量化器以及 DAC 驱动电路的延迟，但是这种做法通常伴随着功耗的损失，同时对于特定的工艺，信号的传递速度是有限的，所以这种方法并不能完全消除环路延迟所带来的影响。第二种就是改变电路的结构，构造新的电路结构，并确定在电路中的延迟大小，同时令新的电路结构的信号传递函数与没有环路延迟的理想电路的信号传递函数相同。这种方法可以保证即使电路中存在延迟，ADC 的性能也可以不受影响，通常把这种方法称为环路延迟补偿法。图 4.93 是理想 CT 型 Σ-Δ 调制器结构示意图，其 $\text{NTF}_{\text{ideal}}$ 可以表示为

$$\text{NTF}_{\text{ideal}}=\frac{1}{1+H_{\text{ideal}}(z)} \tag{4-174}$$

图 4.94 是一种常用的环路延迟补偿结构，其中 z^{-m} 表示量化器与 DAC 反馈环

路引入的延迟，该结构的 NTF_{new} 可以表示为

$$NTF_{new}=\frac{1}{1+z^{-m}[H_{new}(s)+k_{ELD}]} \tag{4-175}$$

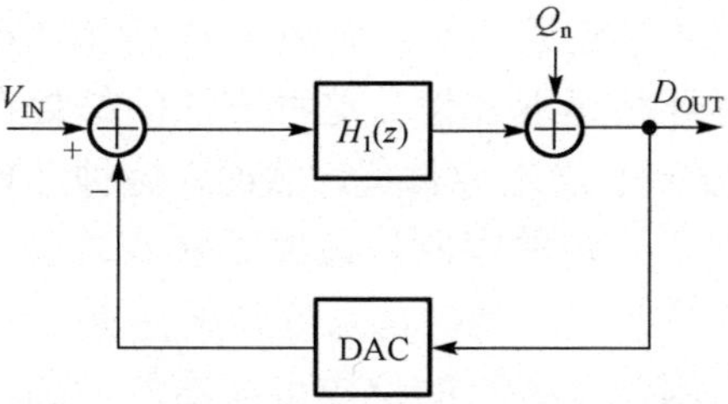

图 4.93　理想 CT 型 Σ-Δ 调制器结构示意图

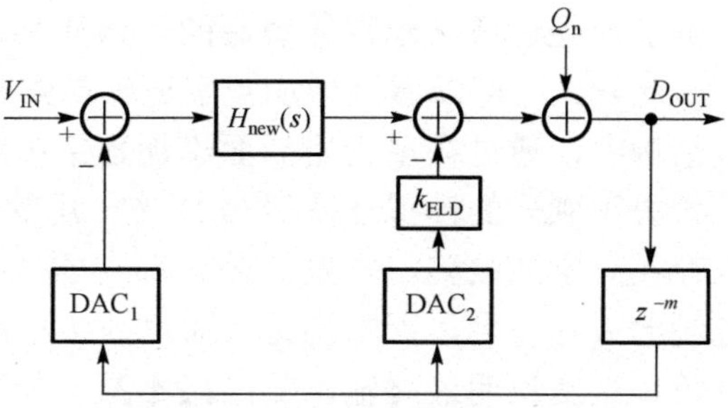

图 4.94　环路延迟补偿结构示意图

只需要令 NTF_{new}=NTF_{ideal} 就可以保证在有延迟的情况下，CT 型 Σ-Δ ADC 的性能以及稳定性不会受到影响。因此只需要满足式(4-176)即可。

$$H_{ideal}(z)=z^{-m}[H_{new}(s)+k_{ELD}] \tag{4-176}$$

通常情况下，m 的值为 0.5。因为这时延迟恰好等于半个周期，量化器可以由时钟的上升沿触发，DAC 可以通过反馈来利用时钟的下降沿进行触发，避免了重新做一个额外的时钟。假设该 CT 型 Σ-Δ ADC 是一个时钟周期为 1s 的二阶调制器，则 H_{ideal} 可以表示成

$$H_{ideal}(z)=\frac{b_1z+b_0}{z^2-2z+1} \tag{4-177}$$

利用 MATLAB 软件的 d2d 命令可以得到，时钟周期为 0.5s 的等效传递函数为

$$H_{ideal}(z^{1/2})=\frac{b_1'z^{1/2}+b_0'}{z^{2/2}-2z^{1/2}+1} \tag{4-178}$$

将 $H_{ideal}(z^{1/2})$ 与 $z^{1/2}$ 相乘得到

$$H_{ideal}(z^{1/2})=\frac{b_1'z^{1/2}+b_0'}{z^{2/2}-2z^{1/2}+1}\cdot z^{1/2}=\frac{b_1'z^{2/2}+b_0'z^{1/2}}{z^{2/2}-2z^{1/2}+1} \tag{4-179}$$

式(4-179)可以化简为

$$H_{ideal}'(z^{1/2})=H_0(z^{1/2})+b_1' \tag{4-180}$$

而将式(4-176)右边与 $z^{1/2}$ 相乘得到

$$z^{-1/2}\cdot[H_{new}(s)+k_{ELD}]\cdot z^{1/2}=H_{new}(s)+k_{ELD} \tag{4-181}$$

由于式(4-180)与式(4-181)相等，因此可以求得 k_{ELD}。可以利用 MATLAB 软件的 d2d 命令求得

$$H_0(z^{1/2}) = H_0'(z) \tag{4-182}$$

再利用 MATLAB 软件的 d2c 命令，将 $H_0'(z)$ 转化为 $H_0'(s)$。因此

$$H_0'(z) = H_{\text{new}}(s) \tag{4-183}$$

即可求得经过环路延迟补偿后的环路滤波器的传递函数 $H_{\text{new}}(s)$[33]。

此外，还可以通过增加数字逻辑电路来进行环路延迟补偿，如图 4.95 所示。在该结构中，通过在量化器后面添加数字电路进行环路延迟补偿。这种方法的好处在于省去了额外的模拟加法器与 DAC，用简单的数字电路进行替代。然而，这种结构也存在一定的缺陷。首先，系数 k_{ELD} 的选择受到了一定的限制，该值必须能通过二进制的方式得到，否则将无法通过数字电路的方式实现。其次，系数是 k_{ELD} 是一个分数，这就说明最终输出的结果不是一个整数，因此 DAC 的位数可能需要增加，而增加 DAC 的位数，ADC 的线性度将受到影响。

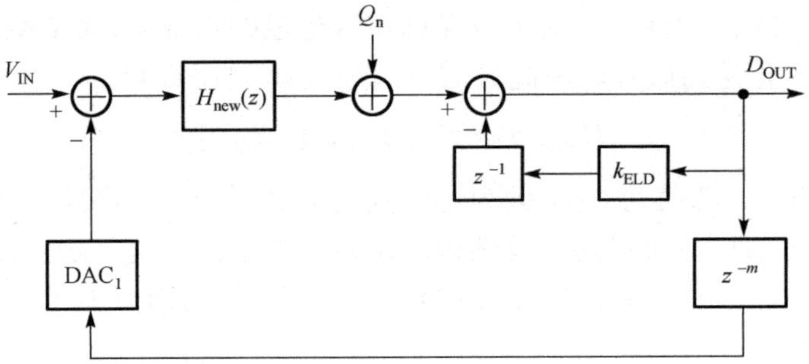

图 4.95　数字环路延迟补偿结构示意图

码间干扰(inter symbol interference，ISI)也是 CT 型 Σ-Δ ADC 的关键问题之一。因为 DT 型 Σ-Δ ADC 的积分过程只需在下一个采样周期之前完成，所以其积分结果与 DAC 输出码的变化无关，DT 型 Σ-Δ ADC 不存在 ISI 的问题。而 CT 型 Σ-Δ ADC 对 DAC 输出码的变化十分敏感，因为这关系到了 DAC 输出码的积分时间，不同输出码的积分时间不同相当于在电路中引入了噪声，会降低 ADC 的精度。图 4.96 为实际 DAC 输出的上升沿与下降沿波形。由于 DAC 输出码变化时上升沿和下降沿不能够完全匹配，DAC 输出码变化时可能会导致积分时间不同。对于 RZ 波形的 DAC 输出来说，虽然上升下降时间不同，但是每个周期 DAC 输出既有上升沿也有下降沿，虽然 DAC 输出值在每个周期的积分时间可能不是半个周期，但是积分时间的长度都是相同的，所以 RZ 波形的 DAC 对 ISI 并不是非常敏感。然而对于 NRZ 波形的 DAC 输出，当 DAC 输出值发生变化时，DAC 输出波形只能选择上升或下降，因此 DAC 输出的积分时间会有所不同。所以具有 NRZ 波形的 DAC 对于 ISI 是极其敏感的。

工艺偏差对 CT 型 Σ-Δ ADC 的影响主要体现在积分器的 *RC* 乘积会随着工艺的变化存在较大的偏差。假设电阻 *R* 与电容 *C* 的最大工艺偏差为 20%，则 *RC* 乘积的

工艺最大偏差将高达 44%，这将极大地影响环路的稳定性。然而，对于 DT 型 Σ-Δ ADC，积分器的积分结果在于积分电容之间相对的精度。虽然电容的工艺偏差较大，但是电容之间的相对精度却可以高达千分之一。因此 DT 型 Σ-Δ ADC 的稳定性受到工艺的影响要远小于 CT 型 Σ-Δ ADC。因此在设计 CT 型 Σ-Δ ADC 时尤其要注意工艺的偏差对 ADC 性能以及稳定性的影响。由式(4-174)可以看出，环路增益 H_{ideal} 越高，理想的 $\text{NTF}_{\text{ideal}}$ 越低，噪声整形的效果越好。然而环路增益的提高会影响环路的相位裕度，因此稳定性会受到影响。当电路中的电阻和电容按照最优性能设计时，由于工艺偏差的影响，环路的稳定性有可能无法保证，因此噪声整形性能和稳定性通常需要进行折中处理。为了弥补工艺偏差，通常 CT 型 Σ-Δ ADC 中的电阻都会做成可调节式的电阻，通过后期的修调工作来保证 CT 型 Σ-Δ ADC 的性能不受影响，这种做法虽然简单，但是操作过程较为复杂耗时。

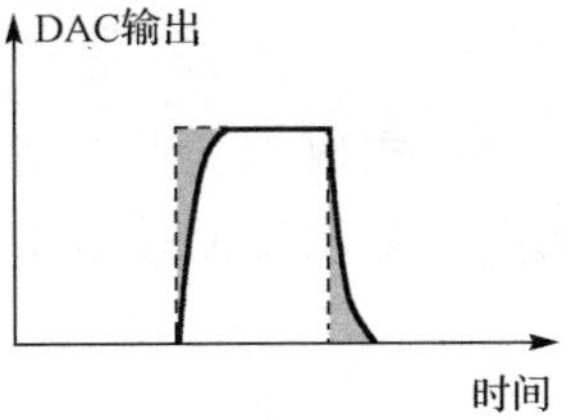

图 4.96　实际 DAC 输出的上升沿与下降沿波形

以上内容分析讨论了 DT 型 Σ-Δ ADC 与 CT 型 Σ-Δ ADC 各自结构的特点以及两种 ADC 对于不同的非理想因素的敏感程度。表 4.6 为两种 Σ-Δ ADC 在各方面的对比结果。经过对比可以发现 DT 型 Σ-Δ ADC 对运算放大器的性能要求严格，因此其功耗往往比 CT 型 Σ-Δ ADC 大得多。同时，随着精度的提高，电容面积也随之增加，所以 DT 型 Σ-Δ ADC 的芯片面积比 CT 型 Σ-Δ ADC 大。而 CT 型 Σ-Δ ADC 对时钟抖动、传输延迟以及 ISI 等非理想因素要求严格，所以 CT 型 Σ-Δ ADC 的精度可能会比 DT 型 Σ-Δ ADC 的精度低。

表 4.6　两种 Σ-Δ ADC 在各方面的对比结果

非理想效应	DT 型 Σ-Δ ADC	CT 型 Σ-Δ ADC
主要噪声源	采样噪声 运算放大器	输入电阻、DAC 运算放大器
运算放大器有限增益	恶化噪声整形效果	
运算放大器有限带宽	信号建立时间有限 要求严格	不要求过高
SR	影响信号建立精度 影响 ADC 的 SNR	影响较小
时钟抖动	不敏感	极其敏感
过载	输出信号饱和，SNR 降低	
传输延迟	不敏感	影响稳定性、噪声整形
码间干扰	基本无影响	NRZ 波形 DAC 影响大 RZ 波形 DAC 影响较小
工艺偏差	稳定性高	稳定性差

4.5.3　抽取滤波器

由前面的分析我们知道，Σ-Δ ADC 输出的数字码的噪声是经过了噪声整形的，具有随着频率升高噪声变大的特点。因为我们关心的只是信号带 f_B 内的信号，所以需要利用抽取滤波器将信号带外的噪声滤除。同时进行抽取工作，使得实际输出码的输出速率降为 $2f_B$。所以抽取滤波器的任务主要为滤波和抽取。

抽取就是在原始的数字码序列 $x(n)$ 中，每隔 $M-1$ 个点取一个点组成新的数字码序列 $y(n)$，输入和输出的关系可以表示为

$$y(n) = x(Mn) \tag{4-184}$$

M 即抽取率。这样输出数字码 $y(n)$ 的速率降为原始数字码 $x(n)$ 的 $1/M$。

它们的频域关系可以表示为

$$y(\mathrm{e}^{\mathrm{j}w}) = \frac{1}{M}\sum_{k=0}^{M-1} x[\mathrm{e}^{\mathrm{j}(w-2\pi k)/M}] \tag{4-185}$$

从式(4-185)可以看出，抽取数字码 $y(\mathrm{e}^{\mathrm{j}w})$ 的周期不再是 2π，而是 $2\pi/M$。样本的频率必须满足式(4-186)，样本的频谱才不会发生混叠。

$$\frac{f_B}{f_S} \leqslant \frac{1}{2M} \tag{4-186}$$

在 Σ-Δ ADC 中，通常满足

$$\frac{f_B}{f_S} \leqslant \frac{1}{2\mathrm{OSR}} \tag{4-187}$$

因此，抽取滤波器的抽取率 M 与 Σ-Δ ADC 的 OSR 相对应。

级联积分梳状(cascaded integrator comb，CIC)滤波器是 Σ-Δ ADC 中常用的抽取滤波器。CIC 滤波器是一种典型的有限冲激响应(finite impulse response，FIR)滤波器，它不存在将输出信号反馈到输入信号的过程。N 阶 CIC 滤波器的单位冲激响应 $h(n)$ 可以表示为

$$h(n) = \begin{cases} 1/N, & 0 \leqslant n \leqslant N-1 \\ 0, & \text{其他} \end{cases} \tag{4-188}$$

由式(4-188)可以看出 CIC 滤波器只存在加法而不存在乘法，所以 CIC 滤波器的结构十分简单。$H(n)$ 的 z 域传递函数可以表示为

$$H(z) = \frac{1}{N}\cdot\frac{1-z^{-N}}{1-z^{-1}} = \frac{\mathrm{sinc}(\pi fNT)}{\mathrm{sinc}(\pi fT)}\cdot \mathrm{e}^{-\mathrm{j}\pi f(N-1)T} \tag{4-189}$$

其中，N 为 CIC 滤波器的阶数；T 为输入信号的时钟周期。式(4-189)的 e 指数项可以

认为是时域信号的延迟形成的结果。假设 N 等于 32，则 $H(z)$ 的幅频特性曲线如图 4.97 所示。随着频率的增加，信号的增益越来越低，CIC 滤波器可以将高频的信号滤除。

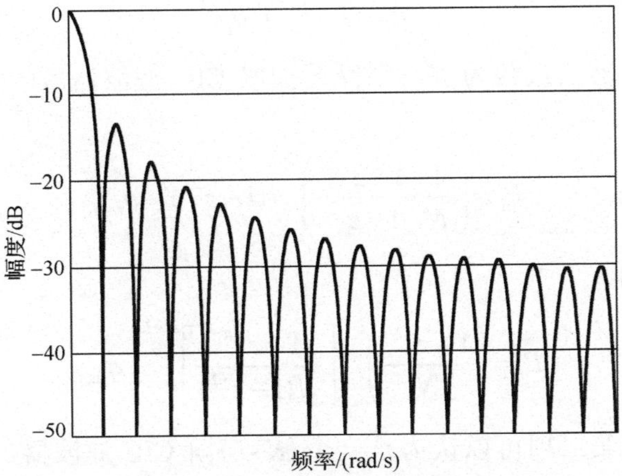

图 4.97　CIC 滤波器的幅频特性曲线

FIR 滤波器的阶数 N 通常由输入信号采样频率 f_S、最大通带纹波系数 δ_P、最大阻带纹波系数 δ_S、通带边界频率 f_P 以及阻带边界频率 f_{Stop} 等参数决定。然而，如图 4.97 所示，单级 CIC 滤波器的滤波特性较差。如果利用单级 CIC 滤波器实现滤波要求，则滤波器的阶数 N 将会非常大，这意味着芯片的面积会非常大，这种做法不切实际。所以通常不会采用单级 CIC 滤波器实现滤波功能，而是采用多级 CIC 滤波器级联的方式实现滤波。当 N 仍然为 32，采用 3 级 CIC 滤波器级联时，CIC 滤波器的幅频特性如图 4.98 所示。与图 4.97 对比可以发现，级联式的 CIC 滤波器滤波效果得到了明显改善。

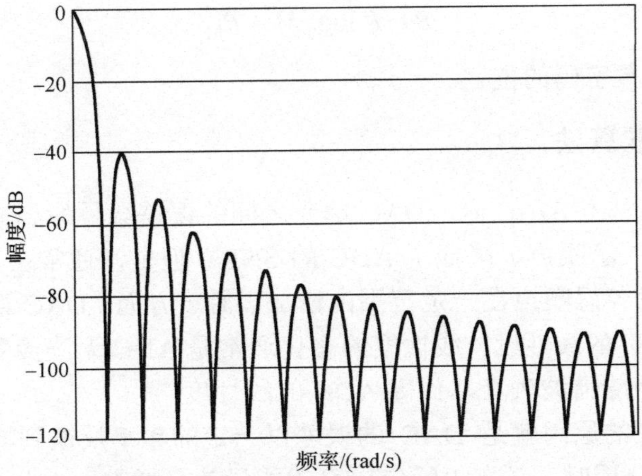

图 4.98　3 级级联式 CIC 滤波器的幅频特性曲线

但是，对于级数的选择，同样有一定的限制。由式(4-126)可知经过 L 阶 Σ-Δ ADC 噪声整形后的噪声的 PSD 可以表示为

$$P = (1 - z^{-1})^L q_{\text{rms}} \tag{4-190}$$

假设 CIC 滤波器的级数为 K，则经过抽取 CIC 滤波器后的噪声的 PSD 可以表示为

$$P_n = \left(\frac{1}{N} \cdot \frac{1 - z^{-N}}{1 - z^{-1}}\right)^K \cdot (1 - z^{-1})^L \cdot q_{\text{rms}} \tag{4-191}$$

化简式(4-191)得到

$$P_n = \left(\frac{1 - z^{-N}}{N}\right)^L \cdot \left[\frac{1 - z^{-N}}{N(1 - z^{-1})}\right]^{K-L} \cdot q_{\text{rms}} \tag{4-192}$$

式(4-192)中的第二项可以认为是一个(K–L)阶 CIC 滤波器，从图 4.97 可知，当有用信号频率 f 远小于采样频率 f_S 时，第二项的数值接近于 0dB。随着阶数 K 的增加，CIC 滤波器对噪声的滤波效果越来越不明显，而芯片的面积以及功耗却随着级数的增加而线性增加，所以抽取滤波器的级数并不是越高越好。

在数字电路中，数字码的位数也同样非常重要。在集成电路中，由于数字码位宽的限制，任何存储的数据的精度都是有限的。数字码的截断就意味着数字电路运算时引入了噪声。对于无限冲激响应(infinite impulse response，IIR)类型的滤波器，如果数字码不能达到足够的精度，有可能会引起环路的振荡。同时，在做运算处理的时候，如果数字码的位宽不够，就有可能会出现溢出现象，而溢出极大地影响了运算的准确性。如果数字滤波器为了保证精度要求而采用了较高的精度，那么数字码的位宽就必须足够大。通常 CIC 滤波器中数字码的位数 B 应该满足

$$B \geqslant K \log_2 M + B_{\text{IN}} \tag{4-193}$$

其中，B_{IN} 为输入数字码的位宽。

4.5.4　数字校准算法

当电路中采用多位 DAC 时，DAC 单元之间的误差会叠加到输入信号上。一方面，DAC 误差引入了噪声，降低了 ADC 的 SNR。但是，通常在设计 ADC 时留有一定的余量，可以容忍噪声在一定范围内增加。另一方面，DAC 误差会引入谐波失真，从而恶化 ADC 的线性度，线性度的恶化通常是 ADC 无法接受的。所以必须利用数字校准算法消除谐波失真，提高 ADC 的线性度。

产生谐波失真的原因就是 DAC 的误差以一定的频率反馈到输入端，因此对输出信号进行 FFT 分析时，频谱上特定频率的能量就会增加，由此 ADC 的 SFDR 就会降低。基于谐波产生的原因，数字校准的基本思想就是令误差随机化。这样误差

就不会以特定的频率反馈到输入端，误差影响 ADC 性能的方式就与电路中的白噪声相同。因此数字校准的同时会增加电路的噪声，不过相比于谐波失真，适当地提高噪声是可以接受的。图 4.99 与图 4.100 分别为具有 0.1%失配的 4 位 DAC 的 Σ-Δ 调制器在进行数字校准前后的输出信号频谱。对比图 4.99 与图 4.100 可以看出，引入数字校准后，谐波失真明显地降低了，然而噪底却有一定的提高。

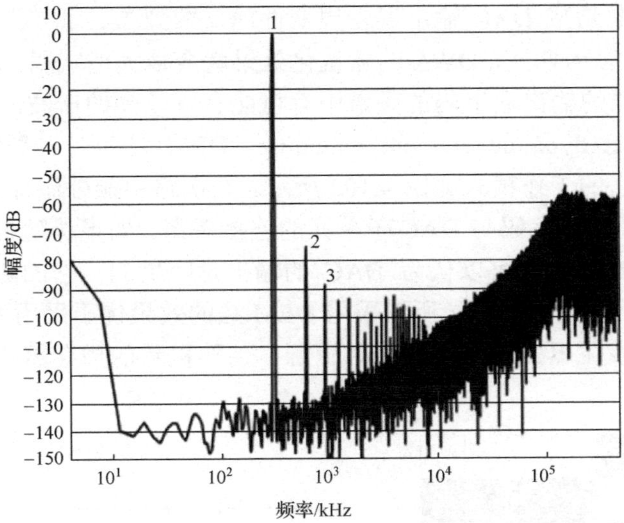

图 4.99　数字校准前 Σ-Δ 调制器输出信号的频谱

数据加权平均(data weighted averaging，DWA)法是实现 DAC 误差随机化的一种较为简便的方式，它的工作模式如图 4.101 所示。根据输入数据的变化，令 DAC

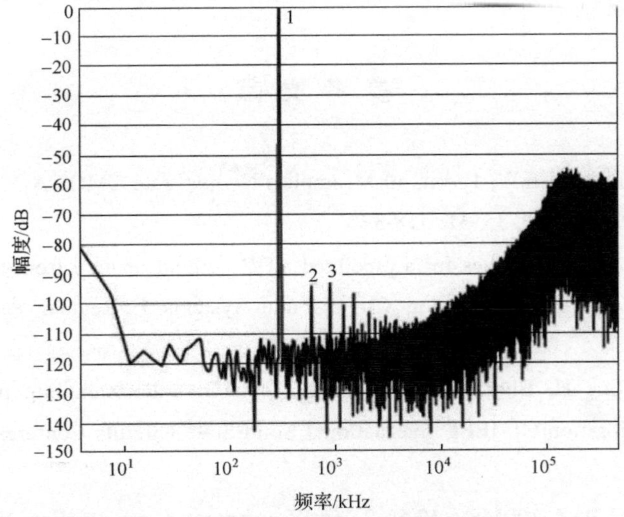

图 4.100　数字校准后 Σ-Δ 调制器输出信号的频谱

单元轮流输出。这保证了即使前后数字码相同，DAC 单元的连接方式依旧不同，使得 DAC 反馈到输入端的误差与输入数字码无关。

然而，DWA 法的效果是与输入信号频率、幅度以及 DAC 位数等因素有着密切的关系。如果输入信号具有周期性，则 DAC 的输出波形也就具有周期性。如果信号的幅度变化不大，也容易造成 DAC 的输出波形具有周期性。同时，如果 DAC 的位数较低，更容易造成 DAC 输出误差周期性地反馈到 Σ-Δ 调制器的输入端。一旦 DAC 输出信号具有周期性，DWA 的随机化效果就会极大地减弱。因此，采用 DWA 法时，Σ-Δ 调制器的输出数字码的频谱中有可能会有较高的谐波。

动态单元匹配(dynamic element matching，DEM)法也是一种较为常用的 DAC 数字校准方法，它的工作模式如图 4.102 所示。在电路中额外添加伪随机数发生器，控制输入到 DAC 的数字码与 DAC 子单元的连接关系。如果伪随机数发生器产生的数字码的周期足够长，则可以认为 DAC 的输出是随机的，它的随机性不会受到输入信号以及 DAC 位数的影响。所以采用 DEM 法的效果优于采用 DWA 法的效果。然而，伪随机数发生器需要更多的硬件资源，伪随机数的周期越长，电路中消耗的硬件越多。

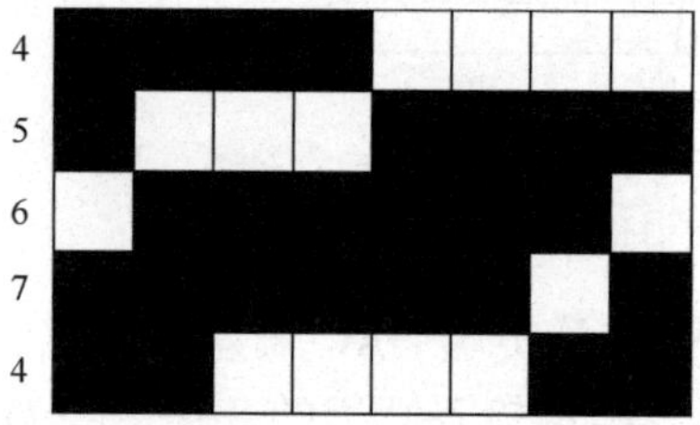

图 4.101　DWA 法工作模式示意图

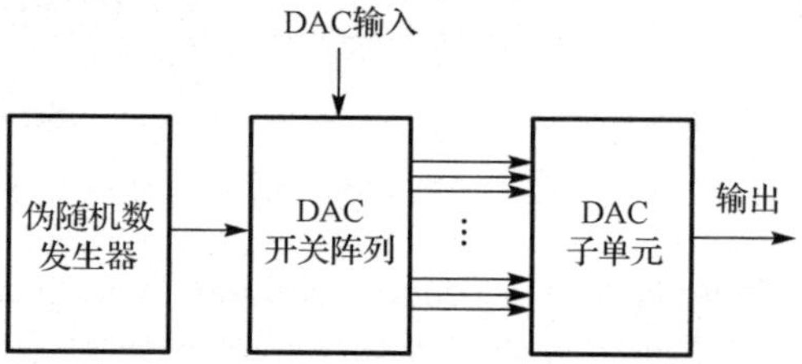

图 4.102　DEM 法工作模式示意图

参 考 文 献

[1] Mehr I, Singer L. A 55-mW, 10-bit, 40-Msample/s Nyquist-rate CMOS ADC[J]. IEEE Journal of Solid-State Circuits, 2000, 35(3): 318-325.

[2] Chang D Y. Design techniques for a pipelined ADC without using a front-end sample-and-hold amplifier[J]. IEEE Transactions on Circuits and Systems I: Regular Paper, 2004, 51(11): 2123-2132.

[3] Ali A M A, Dinc H, Bhoraskar P, et al. A 14b 1GS/s RF sampling pipelined ADC with background calibration[C]. IEEE International Solid-State Circuits Conference (ISSCC), 2014: 482-484.

[4] Lim Y, Flynn M P. A 100MS/s 10.5b 2.46mW comparator-less pipeline ADC using self-biasd

ring amplifiers[C]. IEEE International Solid-State Circuits Conference (ISSCC), 2014: 202-204.

[5] Lewis S H, Fetterman H S, Gross G F Jr, et al. A 10-b 20-Msample/s analog-to-digital converter[J]. IEEE Journal of Solid-State Circuits, 1992, 27(3): 351-358.

[6] Razavi B. Principles of Data Conversion System Design[M]. New York: Wiley, 1995: 7-28.

[7] Baker R. CMOS Mixed Signal Circuit Design[M]. New York: Wiley, 2009: 8-11.

[8] Cho C H. A power optimized pipelined analog-to-digital converter design in deep sub-micron CMOS technology[D]. Atlanta: Georgia Institute of Technology, 2005: 73-119.

[9] Kim J, Cho S. A time-based analog-to-digital converter using a multi-phase voltage controlled oscillator[C]. IEEE International Symposium on Circuits and Systems, 2006: 3934-3937.

[10] Venkatram H, Inti R, Moon U K. Least mean square calibration method for VCO non-linearity[C]. IEEE International Conference on Microelectronics, 2010: 1-4.

[11] Si R, Li F, Zhang C. A 100MHz S/s 7 bit VCO-based ADC which is used in time interleaved ADC architectures[C]. IEEE International Conference on Consumer Electronics, Communications and Networks, 2012: 4-7.

[12] Hassanpourghadi M, Sharma P K, Chen M S W. A 6-b, 800-MS/s, 3.62-mW Nyquist rate AC-coupled VCO-based ADC in 65-nm CMOS[J]. IEEE Transactions on Circuits and Systems I: Regular Papers, 2017, 64(6): 1354-1367.

[13] Daniels J, Dehaene W, Steyaert M, et al. A 0.02mm^2 65nm CMOS 30MHz BW all-digital differential VCO-based ADC with 64dB SNDR[C]. IEEE Symposium on VLSI Circuits, 2010: 155-156.

[14] Rao S, Reddy K, Young B, et al. A deterministic digital background calibration technique for VCO based ADCs[J]. IEEE Journal of Solid-State Circuits, 2014, 49(4): 950-960.

[15] Ragab K, Sun N. A 12-b ENOB 2.5-MHz BW VCO-based 0-1 MASH ADC with direct digital background calibration[J]. IEEE Journal of Solid-State Circuits, 2017, 52(2): 433-447.

[16] Abo A M, Gray P R. A 1.5-V, 10-bit, 14.3-MS/s CMOS pipeline analog-to-digital converter[J]. IEEE Journal of Solid-State Circuits, 1999, 34(5): 599-606.

[17] Yu W, Sen S, Leung B H. Distortion analysis of MOS track-and-hold sampling mixers using time-varying Volterra series[J]. IEEE Transactions on Circuits & Systems II: Analog & Digital Signal Processing, 1999, 46(2): 101-113.

[18] Zhang D, Bhide A, Alvandpour A. A 53-nW 9.1-ENOB 1-kS/s SAR ADC in 0.13-μm CMOS for medical implant devices[J]. IEEE Journal of Solid-State Circuits, 2012, 47(7): 1585-1593.

[19] Okada Y, Oshima T.17-MS/s 9-bit cyclic ADC with gain-assisted MDAC and attenuation-based calibration[C]. IEEE International Symposium on Circuits and Systems, 2015: 1254-1257.

[20] Chen L J, Liu S I. A 12-bit 3.4MS/s two-step cyclic time-domain ADC in 0.18-μm CMOS[J]. IEEE Transactions on Very Large Scale Integration Systems, 2016, 24(4): 1470-1483.

[21] Cho J K. A 2.24-mW, 61.8-dB SNDR, 20-MS/s pipelined ADC with charge-pump-based dynamic biasing for power reduction in op amp sharing[J]. IEEE Transactions on Circuits and Systems I: Regular Papers, 2017, 64(6): 1368-1379.

[22] Fredenburg J A, Flynn M P. A 90-MS/s 11-MHz-Bandwidth 62-dB SNDR noise-shaping SAR ADC[J]. IEEE Journal of Solid-State Circuits, 2012, 47(12): 2898-2904.

[23] Zhang D, Svensson C, Alvandpour A. Power consumption bounds for SAR ADCs[C]. IEEE European Conference on Circuit Theory and Design, 2011: 556-559.

[24] Song Y, Chan C H, Zhu Y, et al. Passive noise shaping in SAR ADC with improved efficiency[J]. IEEE Transactions on Very Large Scale Integration Systems, 2018, 26(2): 416-420.

[25] Guo W, Sun N. A 12b-ENOB 61μW noise-shaping SAR ADC with a passive integrator[C]. IEEE European Solid-State Circuits Conference, ESSCIRC Conference, 2016: 405-408.

[26] Guo W J, Zhuang H Y, Sun N. A 13b-ENOB 173dB-FoM 2nd-Order NS SAR ADC with passive integrators[C]. IEEE Symposium on VLSI Circuits, 2017: C236-C237.

[27] Chen Z, Miyahara M, Matsuzawa A. A 2nd order fully-passive noise-shaping SAR ADC with embedded passive gain[C]. IEEE Solid-State Circuits Conference, 2017: 309-312.

[28] Kim K S, Kim J, Cho S H. Nth-order multi-bit ΣΔ ADC using SAR quantiser[J]. Electronics Letters, 2010, 46(19): 1315-1316.

[29] Inanlou R, Shahghasemi M, Yavari M. A noise-shaping SAR ADC for energy limited applications in 90nm CMOS technology[J]. Analog Integrated Circuits and Signal Processing, 2013, 77(2): 257-269.

[30] Shahghasemi M, Inanlou R, Yavari M. An error-feedback noise-shaping SAR ADC in 90nm CMOS[J]. Analog Integrated Circuits and Signal Processing, 2014, 81(3): 805-814.

[31] Inanlou R, Yavari M. A simple structure for noise-shaping SAR ADC in 90nm CMOS technology[J]. AEU-International Journal of Electronics and Communications, 2015, 69(8): 1085-1093.

[32] van den Bosch A, Steyaert M, Sansen W. Static and Dynamic Performance Limitations for High Speed D/A Converters[M]. Boston: Kluwer Academic Publishers, 2004: 60-66.

[33] Wang T C, Lin Y H, Liu C C. A 0.022mm^2 98.5dB SNDR hybrid audio ΔΣ modulator with digital ELD compensation[J]. IEEE Journal of Solid-State Circuits, 2015, 50(11): 2655-2664.

第 5 章　高速数据接口收发机电路

高速数据传输需要高速数据接口，而高速数据接口的物理层收发机是高速混合信号集成电路，本章主要介绍 LVDS 接口和 Serdes(串行器-解串器)高速串行接口。

5.1　LVDS 接口电路

LVDS 采用高速模拟电路技术，确保铜导线能够支持千兆位以上的数据传输，LVDS 标准规定的最大传输速率为 1.923Gbit/s，但是实际工作中的 LVDS 最大传输速率已经超过了 10Gbit/s。LVDS 技术采用极低的电压摆幅，高速差动的传输数据，可以实现点对点或者一点对多点的连接，远距离传输信号[1]。此外，LVDS 技术还有低误码率、低功耗、低串扰和低辐射等优点。其传输介质可以是铜质的 PCB 连线，也可以是平衡电缆。

5.1.1　LVDS 高速接口基本原理

驱动器(driver)和接收器(receiver)是高速 LVDS 接口的两个重要组成部分，LVDS 的工作原理示意图如图 5.1 所示，一个 3.5mA 的恒流源驱动一对差分信号线，构成了 LVDS 驱动器。图 5.1 中 M_1、M_2、M_3、M_4 都是 NMOS 管。当 M_1、M_4 导通时，M_2、M_3 处于截止状态；当 M_1、M_4 截止时，M_2、M_3 处于导通状态，这样就使恒流源(3.5mA)逆时针或者顺时针流过终端电阻(100Ω)，从而在终端电阻两端产

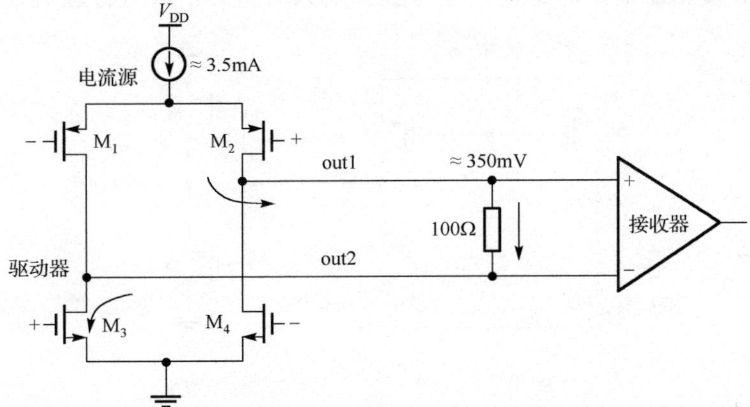

图 5.1　LVDS 的工作原理示意图

生±350mV 的电压，形成一个有效逻辑高电平和逻辑低电平，达到了将数字信号转换为模拟小信号的目的[2]，然后接收器将 LVDS 转化为标准的单端 CMOS 信号，再传输到芯片的内部进一步处理。

ANSI/TIA/EIA-644(LVDS)标准所定义的 LVDS 驱动器参数如表 5.1 所示，从表 5.1 中的数据可以得知，差动输出电压应为 350mV 左右，共模电压值应为 1.25V 左右。

表 5.1 ANSI/TIA/EIA-644(LVDS)标准

参数	定义	最小值	最大值	单位
V_{OD}	差分输出电压	247	454	mV
V_{OS}	共模电压	1.125	1.375	V
ΔV_{OD}	差分输出电压漂移	—	50	mV
ΔV_{OS}	共模电压漂移	—	50	mV
I_{SA}，I_{SB}	短路电流	—	24	mA
t_r	V_{OD}上升时间	0.26	1.5	ns
t_f	V_{OD}下降时间	0.26	1.5	ns
I_{in}	输入电流	—	20	μA
V_{th}	阈值电压	—	±100	mV
V_{in}	输入电压范围	0	2.4	V

5.1.2 LVDS 接收器电路

LVDS 接收器电路将所接收的 LVDS 信号转化为 CMOS 信号，串并转换电路将 1 路串行信号转化为 *n* 路并行信号供芯片内部使用[3-6]。

1. LVDS 接收器电路基本原理

LVDS 接收器电路基本原理如图 5.2 所示，是一种 CMOS 差分放大器接共源放大电路再通过反相器输出的结构。差分放大器只对差分信号进行放大，对共模信号

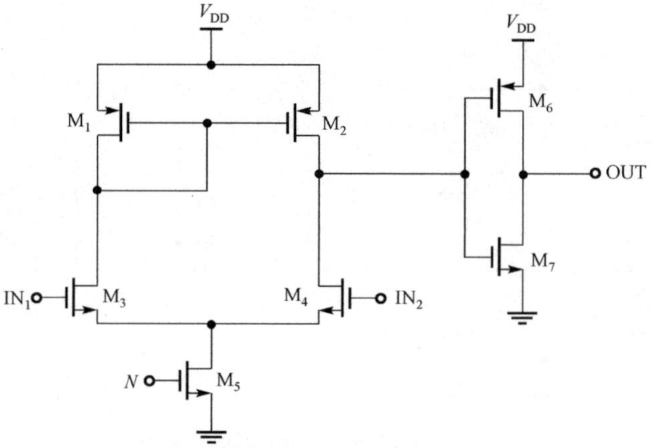

图 5.2 传统 LVDS 接收器

没有放大作用，可以有效抑制共模信号的干扰；共源级电路可以有效地线性化差分放大器的输出波形；反相器可以调节信号的占空比，优化信号。

对图 5.2 所示的 LVDS 接收器基本原理稍微改动，将电流源 NMOS 管 M_5 的栅极连接到镜像节点 N，就得到双镜补偿式 LVDS 接收器，如图 5.3 所示。CMOS 差分放大器采用双镜补偿差分放大电路，有利于对电流源偏移进行补偿，LVDS 信号经过差分放大器放大之后，再通过共源级线性化后，通过反相器整形，最终输出 CMOS 单端信号。

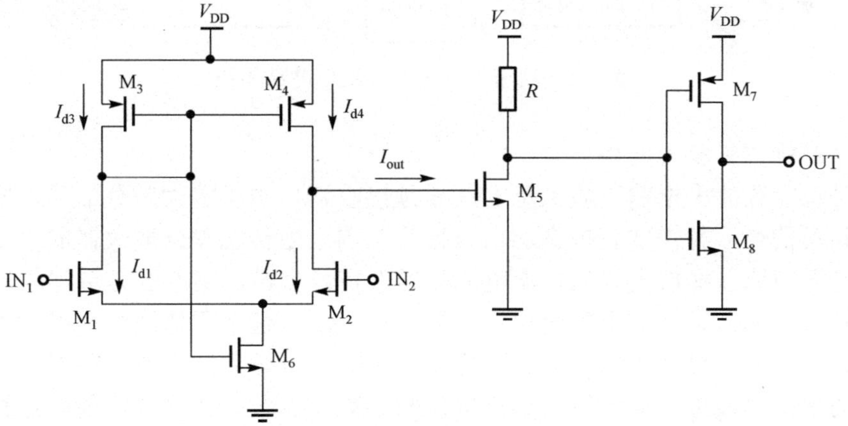

图 5.3　双镜补偿式 LVDS 接收器

CMOS 差分放大器的工作原理是：M_3 和 M_4 是宽长比相同的 PMOS 管，I_{d4} 与 I_{d3} 大小相同，并由 I_{d3} 来决定。当输入 $V_{IN1}> V_{IN2}$ 时，漏电流 $I_{d1}>I_{d2}$，由于 $I_{d3}=I_{d1}$，所以 $I_{d4}>I_{d2}$，此时，多余的电流将通过 I_{out} 流出，$I_{out}=I_{d4}-I_{d2}=I_{d1}-I_{d2}$；同理当输入 $IN_2>IN_1$ 时，漏电流 $I_{d2}>I_{d1}$，由以上推导可知，$I_{out}=I_{d2}-I_{d4}=I_{d2}-I_{d1}$，此时 I_{d2} 所需的电流由 I_{out} 流入。因此 LVDS 信号转变为 I_{out} 的变化。NMOS 管 M_5 和电阻 R 一起构成了一个共源级放大器，可以有效线性化输出波形，防止反相器在高频工作下出现由于电压突变而引起的毛刺现象。反相器可以有效调整电路的占空比，使得占空比近似为 1∶1。

2. 高速 LVDS 接收器电路

高速 CMOS LVDS 收发器中，驱动器由一个恒流源驱动两组开关管构成，接收器通过检测电流流经终端匹配电阻产生的压降来识别有效的“0”“1”状态。如果由于驱动关闭、传送电缆损坏或没有连接等原因，接收器端没有检测到正常的信号输入，LVDS 接收器就无法正常工作。为防止这种没有输入信号的情况发生，通常在接收器端引入失效保护电路来保证接收器输出一个恒定的逻辑高电平。

实用化 LVDS 接收器电路结构如图 5.4 所示，主要包括四个部分：轨对轨前置放大电路、迟滞比较电路、整形缓冲电路、失效保护电路。其中整形缓冲电路采用施密特触发器和反相器级联构成，失效保护电路采用误差比较器和静电放电(electrostatic discharge，ESD)保护电路构成。下面主要讲解轨对轨前置放大电路和迟滞比较电路。

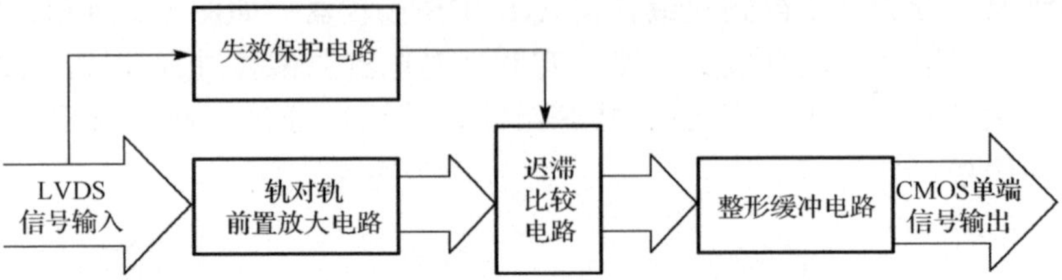

图 5.4　高速 LVDS 接收器电路结构图

1) 轨对轨前置放大电路

轨对轨前置放大电路实质上是 LVDS 预接收器，用于放大差分信号，同时有效地抑制共模信号，并需要有很宽的信号接收范围。由传统差分放大器的直流特性可知，通过适当地选择放大器的直流电流和器件特性参数，NMOS 差分输入放大电路可以使其共模输入范围的上限值接近电源电压 V_{DD}，但下限值距离地参考点很远，达不到轨对轨的共模输入的要求。同样，PMOS 差分输入放大电路可以使其共模输入范围的下限值接近地参考点，但上限值却距离 V_{DD} 很远，同样不能满足轨对轨的共模输入的要求。考虑到两种差分输入放大电路对于共模输入范围互补的特性，可将两种电路并联使用，这样其共模输入范围就能满足运算放大器输入轨对轨的要求，即 NMOS 差分对可以使输入共模电压达到电源电压 V_{DD}，PMOS 差分对可以使输入共模电压达到地参考点 V_{GND}，共模电压范围：$V_{GND}<V<V_{DD}$，从而实现轨对轨输入。

轨对轨前置放大电路的功能有两个[3]：①LVDS 标准的共模电平是 1.2V 左右，而实际的接收共模电压范围为 0.2～2.2V，所以轨对轨前置放大电路可以提高 LVDS 接收器的共模接收范围；②LVDS 输出的电流仅为 3.5mA 左右，经过长距离传输，信号必然大幅减弱，必须要放大信号，所以轨对轨前置放大电路有一定的增益。本节介绍的轨对轨前置放大器是折叠式共源共栅放大器，如图 5.5 所示。

图 5.5 所示的电路把 NMOS 管作为输入的差分对折叠运算放大器和 PMOS 管作为输入的差分对折叠运算放大器结合起来，共用同一对输入信号。当输入信号的共模电平 V_{CM} 接近 V_{GND} 时，NMOS 管差分对的跨导逐渐下降，最终为零，然而 PMOS 管差分对在这种情况下正常工作；同理，如果输入信号的共模电平 V_{CM} 接近 V_{DD} 时，造成 PMOS 管差分跨导下降，最终为零，但是 NMOS 管差分对运算放大器还在正常工作。轨对轨放大器扩大了共模电压的接收范围，理想情况下，该放大器在 V_{GND}～V_{DD} 整个共模输入范围内均能正常工作，采用折叠式共源共栅结构的原因是其能极大地提高增益。但是，这种结构的放大器的等效跨导实际上并不是恒定不变的，

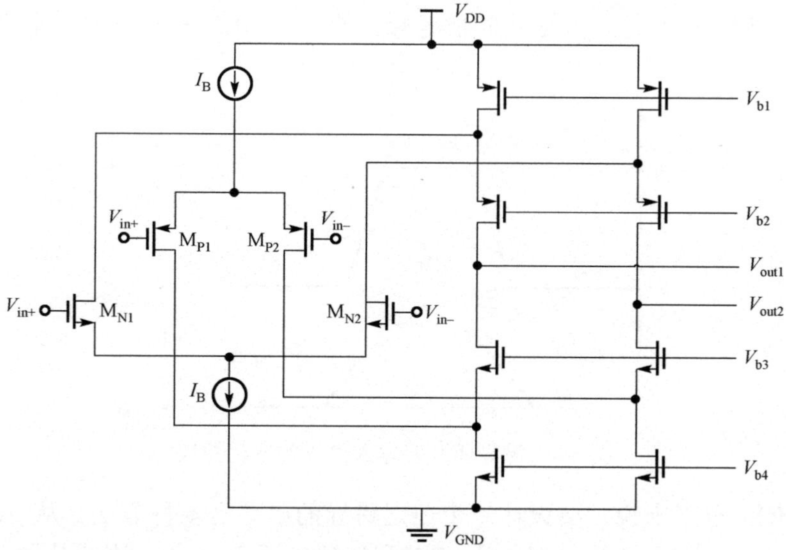

图 5.5　轨对轨折叠式放大器

随着输入信号共模电压的变化，放大器的等效跨导也会发生变化。将共模电压输入范围分为以下三部分。

(1) 当共模输入电压趋近于电源电压 V_{DD} 时，NMOS 差分对管导通，PMOS 差分对管截止，此时 M_{N1}-M_{N2} 输入对的跨导为

$$g_m = \sqrt{\mu_n C_{ox} (W/L)_n I_B} \tag{5-1}$$

(2) 当共模输入电压趋近于地参考点 V_{GND} 时，PMOS 差分对管导通，NMOS 差分对管截止，此时 M_{P1}-M_{P2} 输入对的跨导为

$$g_m = \sqrt{\mu_p C_{ox} (W/L)_p I_B} \tag{5-2}$$

通过对比式(5-1)和式(5-2)，只要满足：

$$\frac{\mu_n}{\mu_p} = \frac{(W/L)_p}{(W/L)_n} \tag{5-3}$$

就可以保持跨导基本恒定。

(3) 当共模输入电压处于中间数值时，NMOS 和 PMOS 差分对管同时导通，求得此时同时导通的 MOS 管的跨导为

$$g_m = \sqrt{\mu_n C_{ox} (W/L)_n I_B} + \sqrt{\mu_p C_{ox} (W/L)_p I_B} \tag{5-4}$$

从式(5-4)可以看出，此时的跨导约为单一 MOS 差分对管工作时的两倍。图 5.6 所示为整个共模输入范围内放大器 MOS 管跨导的变化曲线。跨导增大则放大器的单位增益带宽增大，相位裕度减小，导致放大器的稳定性变差。因此，在满足

信号的轨对轨输入的同时，要保证信号输入全过程中跨导的恒定，使放大器稳定地工作。

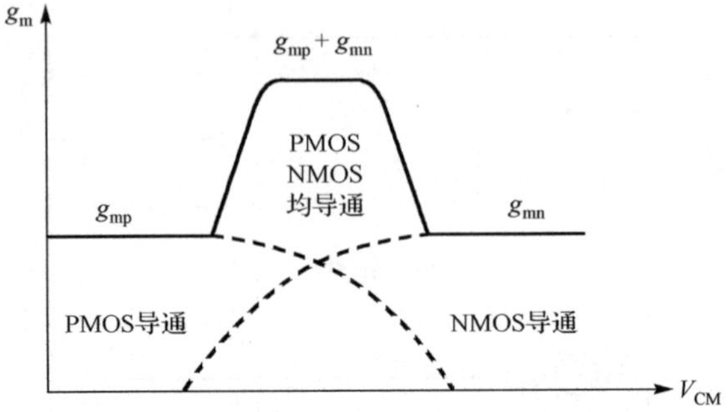

图 5.6　跨导随共模输入电压的变化曲线

对 CMOS 电路来说，要设计一个恒定跨导的电路有多种方法。从 g_m 表达式中可以看到 g_m 大小与晶体管的宽长比 W/L 和偏置电流 I_B 有关，因此从调节偏置电流入手，利用电流镜技术来保持跨导的恒定。该方法是利用开关控制成比例的电流镜，使偏置电流的大小随输入共模电压变化而变化，其电路实现如图 5.7 所示。

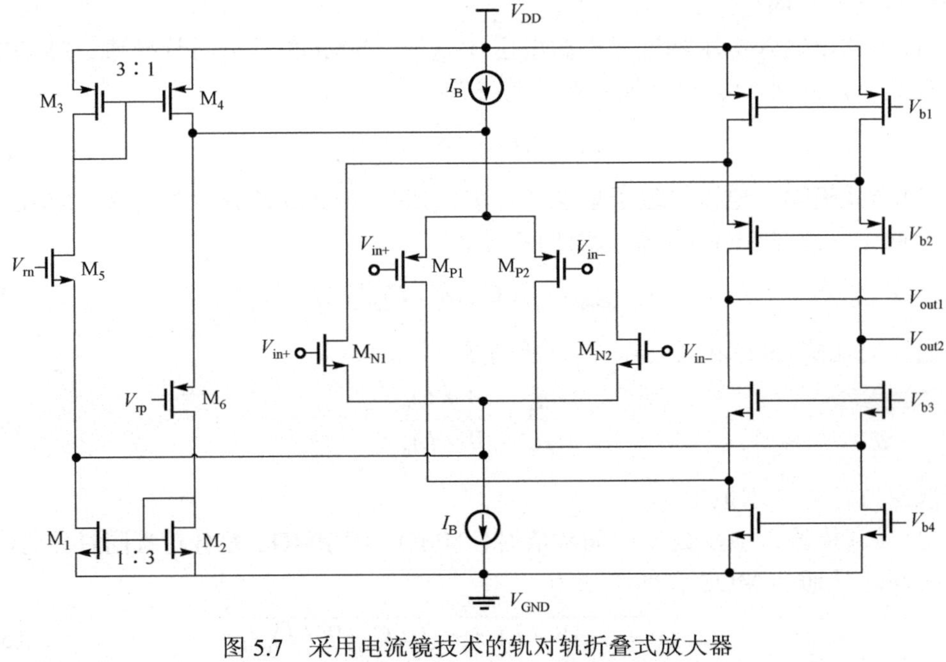

图 5.7　采用电流镜技术的轨对轨折叠式放大器

为便于分析，仍将整个共模输入范围分成三个部分讨论该电路的跨导。

(1) 当共模输入电压 V_{CM} 趋于电源电压 V_{DD} 时，即满足

$$V_{CM} > V_{DD} - V_{rp} \tag{5-5}$$

输入对管 M_{N1}-M_{N2} 导通、M_{P1}-M_{P2} 截止，V_{rn} 和 V_{rp} 分别控制开关管 M_5 截止、M_6 导通。由于此时 PMOS 差分输入对管截止，其偏置电流 I_B 经电流镜 M_1-M_2 放大 3 倍后与 NMOS 差分输入对管的偏置电流叠加，使得 NMOS 差分输入对管的偏置电流变为 $4I_B$。根据式(5-1)，求得输入对管 M_{N1}-M_{N2} 的跨导为

$$g_m = \sqrt{\mu_n C_{ox}(W/L)_n \cdot 4I_B} = 2\sqrt{\mu_n C_{ox}(W/L)_n I_B} \tag{5-6}$$

(2) 当共模输入电压 V_{CM} 趋于地参考点 V_{GND} 时，即满足

$$V_{CM} < V_{rn} - V_{GND} \tag{5-7}$$

输入对管 M_{P1}-M_{P2} 导通、M_{N1}-M_{N2} 截止，V_{rn} 和 V_{rp} 分别控制开关管 M_5 导通、M_6 截止。同理，PMOS 差分输入对管的偏置电流变为 $4I_B$。求得输入对管 M_{P1}-M_{P2} 的跨导表达式为

$$g_m = \sqrt{\mu_p C_{ox}(W/L)_p \cdot 4I_B} = 2\sqrt{\mu_p C_{ox}(W/L)_p I_B} \tag{5-8}$$

(3) 当共模输入电压 V_{CM} 满足

$$V_{rn} - V_{GND} < V_{CM} < V_{DD} - V_{rp} \tag{5-9}$$

输入对管 M_{N1}-M_{N2}、M_{P1}-M_{P2} 均导通，开关管 M_5、M_6 都截止。求得此时两对差分输入对管的跨导如式(5-4)所示。

因此只要满足 PMOS 差分对管和 NMOS 差分对管的精确匹配，就已经基本上能做到总跨导在整个输入共模电压范围内保持恒定。然而在跃变区 g_m 并非常数，其中会有 15%的误差，这是因为开关管 M_5、M_6 的开关速度导致一对差分对管的偏置电流不能迅速传输到另一对差分对管。

2) 迟滞比较器

迟滞比较器具有迟滞回环传输特性，其输入阈值电压是输入(或输出)的函数。当输入电压经过阈值点时输出电压会发生变化，同时下一次输出跳变的阈值点也会随之变化，如图 5.8 所示。当输入从负值开始向正值靠近的时候，输出一直保持不变，直至输入达到正向阈值点 V_{TRP}^{+} 时，比较器的输出才发生跳变；一旦比较器的输出变成高电位后，比较器的转折点也发生变化。当输入向负值方向减小时，输出也是暂时保持不变，直至输入达到新的负向阈值点 V_{TRP}^{-}，比较器的输出才会发生跳变。

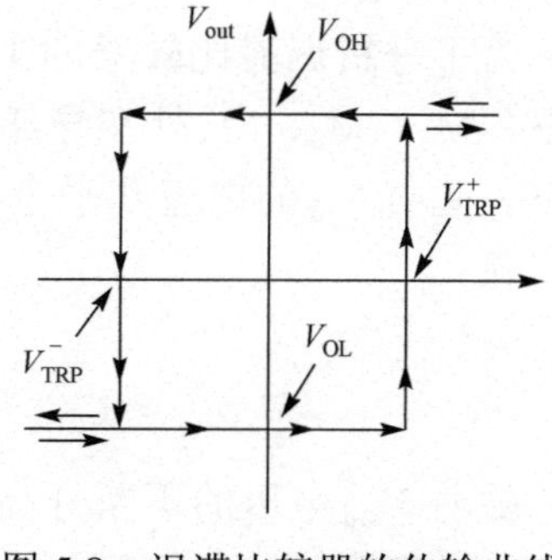

图 5.8　迟滞比较器的传输曲线

迟滞比较器的灵敏度低一些，但抗干扰能力却很强。在接收器的设计中，当差

分输入不确定时(例如，接收器的输入没有连接或者连接的驱动能力不够等情况)，为了消除接收器输出端产生振荡的可能性，引入阈值迟滞是非常重要的。IEEE STD 1596.3-1996 标准对迟滞电压的要求是 25mV，这意味着要改变接收器的输出状态，输入差分信号的改变要大于这个值。如图 5.8 所示，两个阈值点中间的水平距离就是迟滞电压的大小。

图 5.9 是带有输出级和内部迟滞的完整比较器，通过内部的正反馈回路来实现迟滞功能。该电路中共有两条反馈路径，其中一条是输入管 M_1 和 M_2 的共源节点的串联电流负反馈；另外一条是连接 M_6 和 M_7 栅-漏极的并联电压正反馈。当负反馈强度大于正反馈时，整个电路表现为负反馈，并失去迟滞功能；反之，当负反馈强度小于正反馈时，整个电路处于正反馈状态，在电压传输曲线中出现迟滞效果。

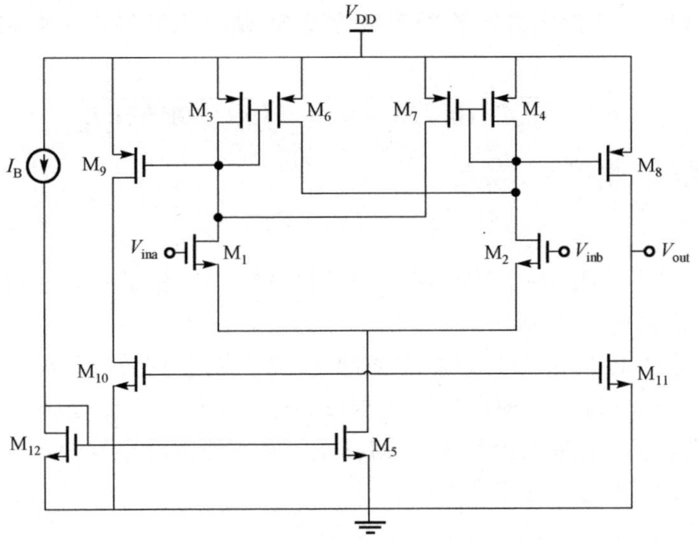

图 5.9　带有输出级和内部迟滞的比较器

为了分析迟滞比较器的工作原理，先假设输入 V_{ina} 远大于输入 V_{inb}，在这种情况下，M_1、M_3、M_6 处在导通的工作状态下，而 M_2、M_4、M_7 则处在截止的工作状态下。此时 M_5 的电流几乎全部流经 M_1 和 M_3，由于电流镜的作用，M_6 试图提供如下电流：

$$I_{M6} = \frac{(W/L)_{M6}}{(W/L)_{M3}} I_{M5} \tag{5-10}$$

随着 V_{inb} 电压的不断升高，开始有电流流过 M_2 管，并且流过 M_6 管的电流也逐渐增大，直到流过 M_2 管的电流等于 M_6 管的电流。此时如果电流继续增大，则必须经过 M_4 管，这样就会引起输出信号的翻转。从而可得流过差分输入管的临界电流分别为 $I_{M1}=I_{M3}$，$I_{M2}=I_{M6}$，$I_{M5}=I_{M1}+I_{M2}$。

已知 M_1 和 M_2 的电流，利用饱和区电流公式可计算出差分输入管 M_1、M_2 的栅源电压

$$V_{\mathrm{GSM1}} = \sqrt{\frac{2I_{\mathrm{M1}}}{\beta_{\mathrm{M1}}}} + V_{\mathrm{THM1}} \tag{5-11}$$

$$V_{\mathrm{GSM2}} = \sqrt{\frac{2I_{\mathrm{M2}}}{\beta_{\mathrm{M2}}}} + V_{\mathrm{THM2}} \tag{5-12}$$

考虑到该电路本身是一个差分放大器，结构对称，所以可假设 $\beta_{\mathrm{M1}} = \beta_{\mathrm{M2}} = \beta_1$，$\beta_{\mathrm{M3}} = \beta_{\mathrm{M4}} = \beta_2$，$\beta_{\mathrm{M6}} = \beta_{\mathrm{M7}} = \beta_3$。则该迟滞比较器的正向跳变点可由式(5-13)确定：

$$V_{\mathrm{TRP}}^{+} = V_{\mathrm{GSM1}} - V_{\mathrm{GSM2}} = \sqrt{\frac{2}{\beta_1}}\left(\sqrt{I_{\mathrm{M1}}} - \sqrt{I_{\mathrm{M2}}}\right) \tag{5-13}$$

利用上述公式及饱和区电流公式可以计算出

$$V_{\mathrm{TRP}}^{+} = \sqrt{\frac{2I_{\mathrm{M5}}}{\beta_1}}\left(\frac{\sqrt{\beta_2} - \sqrt{\beta_3}}{\sqrt{\beta_2 + \beta_3}}\right) \tag{5-14}$$

同理，可得迟滞比较器的负向跳变点为

$$V_{\mathrm{TRP}}^{-} = \sqrt{\frac{2I_{\mathrm{M5}}}{\beta_1}}\left(\frac{\sqrt{\beta_3} - \sqrt{\beta_2}}{\sqrt{\beta_2 + \beta_3}}\right) \tag{5-15}$$

由公式(5-14)和公式(5-15)可以看出，通过调节尾电流的大小和各部分管子的尺寸就可以决定迟滞电压的数值。

LVDS 接收器的迟滞比较器带有输出级，以提供合理的输出电压摆幅和输出电阻，并在输出端实现差分到单级的转换。

5.1.3　LVDS 驱动器电路

1. 基本原理

驱动器的基本结构如图 5.10 所示[7-9]，主要由驱动电路和反馈回路组成。$R_{\mathrm{t\text{-}r}}$ 是位于接收器端的终端阻抗，电阻值为 100Ω，用来实现电流向电压的转换和终端阻抗的匹配[9, 10]。LVDS 的驱动电路分为电流模式和电压模式两种，其中最常用的是电流模式。电流模式又分单电流模式和双电流模式两种，与单电流模式相比较，双电流模式的优势是其提供的恒定电流更加稳定，同时可以对共模偏移提供补偿，高速 LVDS 接口均采用双电流模式。

IEEE 标准对 LVDS 发送器输出的参数规定如下[11]：差分输出信号电压摆幅为 $250\mathrm{mV} < V_{\mathrm{OD}} < 450\mathrm{mV}$；输出共模电平为 $1.125\ \mathrm{V} < V_{\mathrm{OM}} < 1.375\mathrm{V}$。

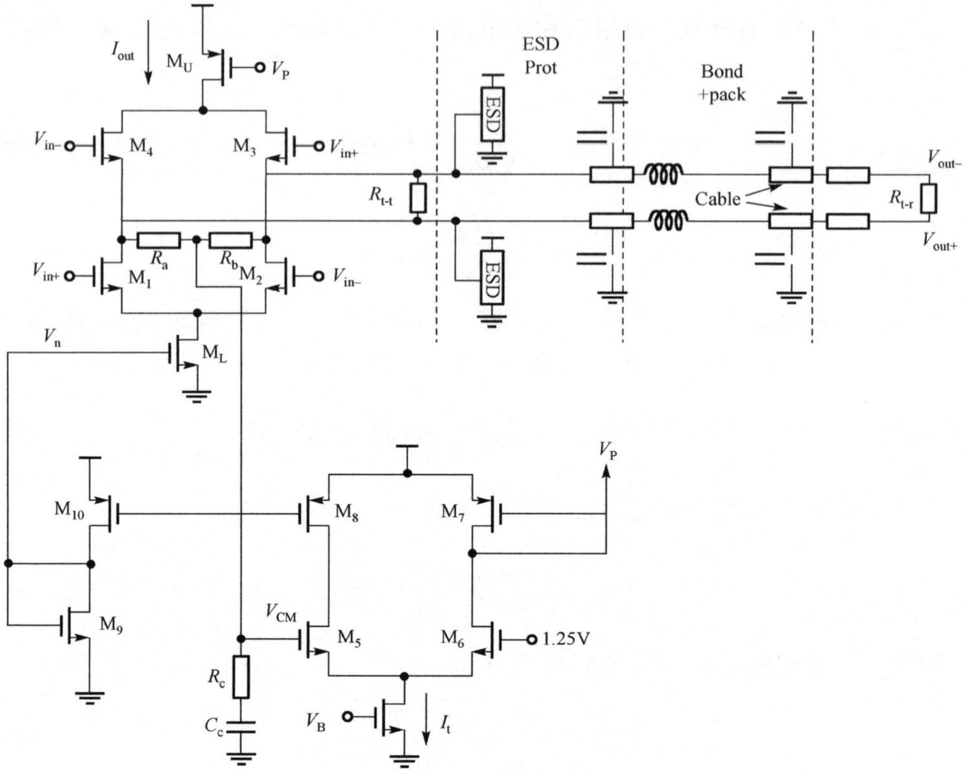

图 5.10　驱动器电路图

驱动器核心电路可以理解为由四个开关控制电流的流向，从而在电阻上产生电压差。开关管 M_1、M_3 的控制电压是相同的，M_2、M_4 的控制电压相同并且与开关管 M_1、M_3 的控制电压互为差分信号，也就是说 M_1、M_3 导通时，M_2、M_4 处于关断状态；M_1、M_3 关断时，M_2、M_4 处于导通状态。这样便能产生顺时针和逆时针的电流(3.5mA)，流经接收端电阻(100Ω)，从而产生 350mV 的电压摆幅，达到了将数字信号转换成低摆幅的模拟小信号的目的。

由于电路输出差分信号，共模电平需要良好的稳定性，同时为了降低产生电流的复杂性，结构中采用了反馈回路(M_5～M_8)，反馈信号 V_n、V_p 控制 M_U、M_L 调节信号的电流，从而保证共模电平为 1.25V。

2. 预加重电路

由于传输介质的传输函数具有低通特性，经过较长距离的传输后，信号的高频分量会极大地衰减。同时 LVDS 接口电路工作在高频率下，如果电路的响应跟不上如此高频率的信号跳变，就很容易导致信号不能很好地到达高、低电位，从而导致不能有效控制数据的处理时间。随着驱动器带宽的提高，当一个数据的位宽小于驱动器的位处理时间时，前面发送的信号值就会影响当前位，这种现象称为码间干扰。码间干扰会降低系统运行的最高频率，因此为了实现高频率的数据传输，就需要采用预加重电路技术补偿信号的高频分量，加快数据的处理时间，降低码间干扰。

预加重的工作原理是：信号跳变时，电路过量驱动信号使其出现过冲；而在信号平稳时，减少驱动量，降低信号的摆幅(这种情况也称为去加重)。这是因为信号的高频分量多集中在数据的跳变沿，数据跳变时过冲，增加了数据的高频分量；而在数据出现连续相同数值时，多以低频分量为主，这时数据衰减，减少了数据的低频成分，从而达到了预加重电路增加高频分量的目的。

图 5.11 是利用电阻提供电流来实现预加重的 LVDS 驱动电路，其思想是在驱动器的外围并联与其结构相同的电路。在图 5.11(a)中将其电流源换成了电阻 R_9，R 是终端匹配电阻。信号 D_1、D_2 是差分输入的数据，且开关 K_1 和 K_4 的导通与断开受数据 D_1 的控制，开关 K_2 和 K_3 的导通与断开受数据 D_2 的控制；D_3、D_4 为相应的预加重控制信号，信号 D_3 控制开关 K_5 和 K_8 的导通与断开，信号 D_4 控制开关 K_6 和 K_7 的导通与断开。当仅有开关 K_1、K_4 导通，而其他开关均断开时，该电路正常工作并不具备预加重功能。电源从 R 流出的电流，中间经过 R_1 和 R，然后流经 R_4 到地；当开关 K_1、K_4、K_5 和 K_8 同时导通，而其他开关均断开时，该电路就实现了预加重功能。电源从 R_9 流出的电流，要经过并联的 R_1 和 R_5 汇集到 R，然后再分给并联的 R_4 和 R_8 到地。要求开关 K_5 和 K_8 处于导通的时间比 K_1 和 K_4 的短。同理，仅有开关 K_2 和 K_3 导通时，电路不具备预加重功能；开关 K_2、K_3、K_6 和 K_7 同时导通而其余开关均断开时，电路实现预加重功能。

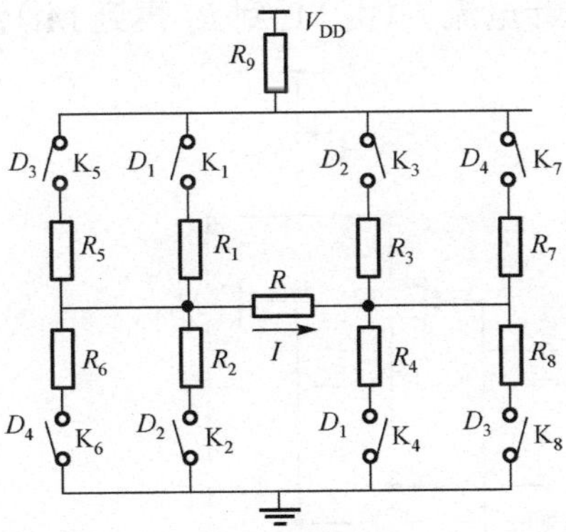

(a) 原理图

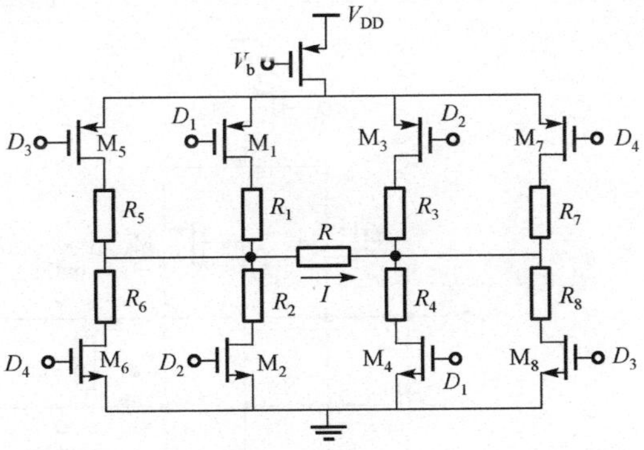

(b) 电路图

图 5.11　利用电阻提供电流来实现预加重电路

为定量计算，假设电阻 R_1、R_2、R_3 和 R_4 的阻值相同，R_5、R_6、R_7 和 R_8 的阻值也相同，电源电压 V_{DD}=1.8V，终端电阻 R=100Ω。当只有开关 K_1 和 K_4 导通时，电路正常工作，输出电流 I_0 为 3.5mA，其计算公式可表示为 $I_0=V_{CC}/(R_9+R+2R_1)$，通过

调整 R_9 和 R_1 的电阻值使输出电流达到 3.5mA。当 K_1、K_4、K_5 和 K_8 同时导通时，电阻 R_1 与 R_5 并联，R_4 与 R_8 并联，设此时的输出电流为 I_1，则 I_1 可表示为 $I_1=V_{CC}/[R_9+R+2(R_1R_5)]$。与 I_0 相比，R_1 和 R_5 的并联降低了整个输出的电阻，从而使得经过 R 的电流变大，因此可以通过调整 R_5 的阻值来控制预加重的程度。

图 5.11(b)为图 5.11(a)的具体实现电路图，通过调整偏置电压 V_b 使 M_9 工作在深度线性区，实现其有源电阻的功能。这种结构的预加重电路虽然效果比较好，但也存在显著的缺点。例如，使用较多的电阻，不仅增加了版图面积，而且很难将它们做得完全相同，必然存在一定的工艺偏差导致电路结构不匹配，从而影响输出结果。此外，由于高频分量多集中在数据跳变沿，为了保证预加重信号仅在数据跳变时工作，还需要复杂的控制电路，从而导致电路规模和面积非常庞大。

图 5.12 是利用双电流源实现预加重的驱动器，分为主驱动电路和预加重电路。由差分数据输入 P_1、P_2 控制主驱动电路的开关管，P_{1b}、P_{2b} 控制预加重电路的开关管，其中 P_{1b}、P_{2b} 是 P_1、P_2 经过一级反相器后产生的信号，R_L 是 100Ω 的终端匹配电阻。当系统输入信号经过一定的延迟，P_1 与 P_{2b} 同为 0、P_2 与 P_{1b} 同为 1 时，主驱动电路的 M_2 和 M_3 开启，形成一个顺时针流经终端匹配电阻的电流 I_1，同时预加重电路的 M_8 和 M_9 开启，形成一个逆时针流过终端匹配电阻的电流 I_2。由于主驱动电路和预加重电路都属于驱动器端，而 100Ω 的终端匹配电阻在接收器端，所以经过主驱动电路和预加重电路两者求和得到流过匹配电阻的电流是 $I_3=I_1-I_2$，这是电路稳定工作时的电流。如果下一时刻系统输入信号发生跳变，由于 P_1、P_2 经过反相器后产生 P_{1b}、P_{2b}，所以 P_1、P_2 与 P_{1b}、P_{2b} 之间存在一定的延时，即 P_1、P_2 跳变时 P_{1b}、P_{2b} 仍保持不变。此时主驱动电路产生一个逆时针电流 I_5(由 M_4 到 R_L 再到 M_1)流过

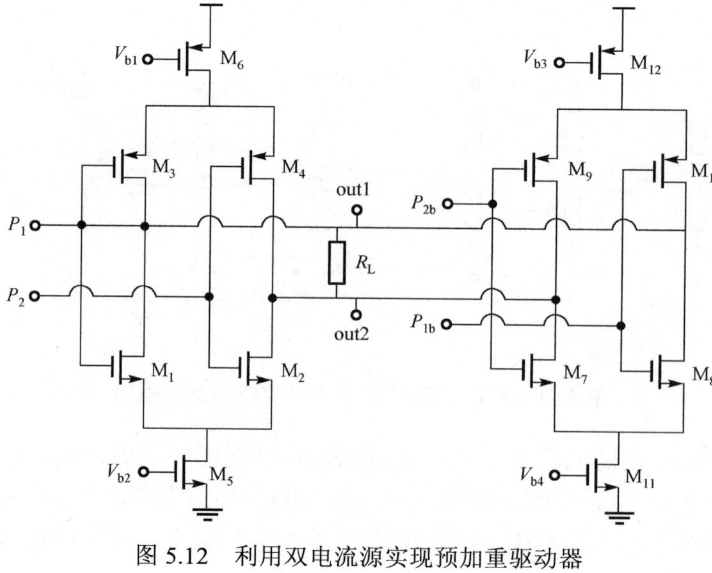

图 5.12　利用双电流源实现预加重驱动器

终端匹配电阻，而预加重电路保持原始的电流方向不变，叠加两路电流可得流过 R_L 上的电流为 $I_4=I_2+I_5$，从而完成了预加重功能。预加重电路的控制信号 P_{1b}、P_{2b} 在一个反相器的延迟时间后完成翻转，此时电路中电流的值仍是 I_3，但方向相反。同理可知系统输入信号再发生变化时的电流特性。

只要适当选取主驱动级电流和预加重级电流，保证两者之差等于 3.5mA 就可以满足 LVDS 电路的要求，同时实现预加重功能。电路的预加重时间实际上就是反相器的延时，该电路的最大特点就是实现方式简单并易于控制。

5.2　高速串行接口收发机

5.2.1　高速串行接口收发机关键指标

高速串行接口收发机的性能已经可以用多个指标进行综合衡量，对发射机而言，包括输出数据总的抖动、码间串扰、随机抖动、输出幅度、共模电压及其抖动、均衡能力、输出阻抗匹配、功耗等是重要指标；对接收机而言，包括输入 DC 失调、输入阻抗匹配、灵敏度、均衡能力、浴盆曲线、抖动容限、抖动传输、误码率、功耗等。首先对十分重要的综合性能指标进行简单介绍。

1. 眼图

眼图是衡量发射机性能的一个综合指标。发射机一些关键模块的性能，如 PLL 抖动、信号幅度、码间串扰、占空比失真(duty cycle distortion，DCD)等都会在数据眼图上有直观的反应。如图 5.13 所示，一般协议都会规定最小眼高及眼宽以对眼图质量进行衡量，如 CEI 28Gbit/s VSR 应用要求主板发射机的输出在经过一个标准测试板后，在 10～15 误码率下最小眼宽和眼高分别为 0.46mV 和 95mV。

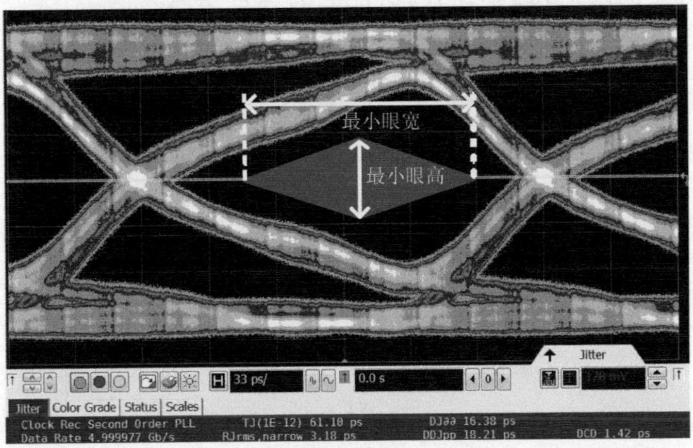

图 5.13　眼图

2. 抖动容限

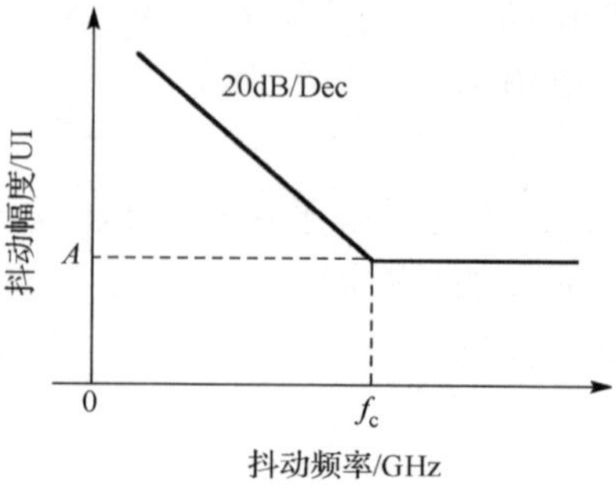

图 5.14　抖动容限

抖动容限是指在给定的误码率下，接收机所能跟踪不同频率正弦抖动的最大幅度。一般来说，当抖动频率很低时，接收机能追踪的抖动幅度是相当大的。如果接收机时钟数据恢复(clock data recovery，CDR)环路是一阶的，随着抖动频率的升高，抖动容限曲线会以 20dB/Dec 的频率下降。当抖动频率超过接收机 CDR 带宽后，接收机 CDR 会失去对抖动的追踪能力，抖动容限曲线会变成一条平线，如图 5.14 所示。

不同的标准会给出相应的抖动容限曲线，电路测试的抖动容限需要大于协议规定的要求。例如，一些协议要求在 $f_{band}/1667$ 处至少能容忍幅度为 0.1UI 的抖动。虽然抖动容限通常被认为是接收端 CDR 的一个性能指标，但实际上接收机前端电路的性能，如均衡器、采样器等都会在抖动容限上有客观反映，因此它在一定程度上也反映了接收机的综合性能。例如，图 5.14 中的值 A，即抖动容限曲线最终变平后的值，反映了采样器输入的数据眼图质量。

3. 浴盆曲线

浴盆曲线是通过移动接收机采样时钟相位，同时测试接收机误码率得到的。如图 5.15 所示，当采样时钟位于数据眼图边沿时，测试误码率较高；当采样时钟相位位于数据眼图中心时，其误码率较低。实际上，浴盆曲线并不涉及接收机 CDR，其测试的结果反映了采样器数据输入的眼图质量，因此主要反映了接收机前端电路如均衡器，前端放大器等的性能指标。通常在接收机测试中，可以分别测试均衡器打开和关闭时的浴盆曲线，得到对均衡器性能的综合衡量。

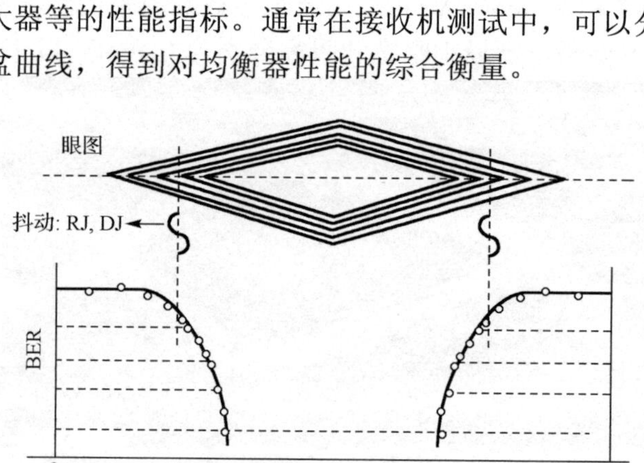

图 5.15　浴盆曲线示意图

4. 误码率

对于高速串行收发机系统而言，误码率是一个最全面也是最重要的指标。可以通过误码率测试仪单独对发射机和接收机进行误码率的测试。但最为常见的是接收机和发射机相互配合的系统环回测试。具体而言，系统环回测试的连接方法有多种，图 5.16 展示了三种可能的环回测试方法。通过集成片内的 PRBS(pseudo-random bit sequence)产生和检测模块，图 5.16 所示的串行诊断环回测试和外部串行环回测试可以用来检测收发链路的误码。而图 5.16 所示的芯片内部环回则可以配合误码率测试仪对收发链路的误码率进行准确测试。在测试中，误码率测试仪输出的高速码流输入到接收机，经过接收机解串的并行数据连接到发射机的并行输入，再由发射机串行化之后发送给误码率测试仪。误码率测试仪通过比对其发送出和接收到的高速数据，准确给出整个收发系统的误码率性能。

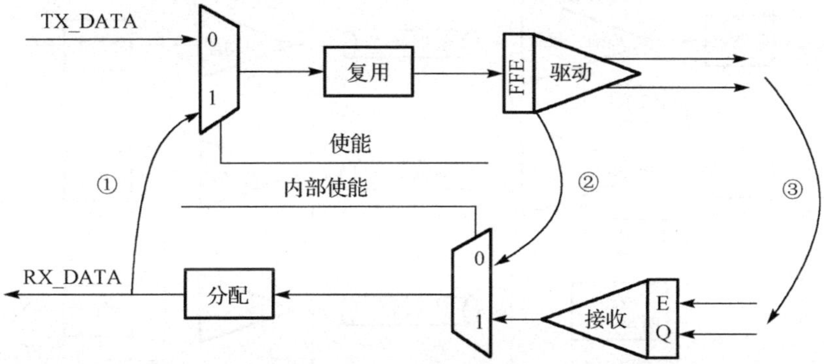

图 5.16　误码率环回测试

①芯片内部环回；② 串行诊断环回测试；③外部串行环回测试

5.2.2　前向时钟高速串行接口收发机结构

前向时钟的收发机多用于高密度、低延迟和高带宽的芯片间互联，如多核处理器的核间互联。前向时钟高速串行收发机结构示意图如图 5.17 所示，由一条时钟通道和多条数据通道构成，如 Intel QPI(quick path interconnect)协议的收发机由 20 条数据通道和 1 条时钟通道组成。在发射机中，时钟通道结构和数据通道结构一致，都包含合路器、驱动器等，同时，时钟通道和数据通道共享锁相环等电路。在接收机中，时钟通道主要用来产生时钟数据恢复所需的多相时钟，数据通道包含均衡器、采样器、时钟数据恢复电路(clock data recovery，CDR)、分路器等。

前向时钟收发的特点在于其多条数据通道共享了时钟通道、锁相环等电路，收发机功耗降低。此外，前向时钟收发机的时钟通道和数据通道间的抖动具有相关性。

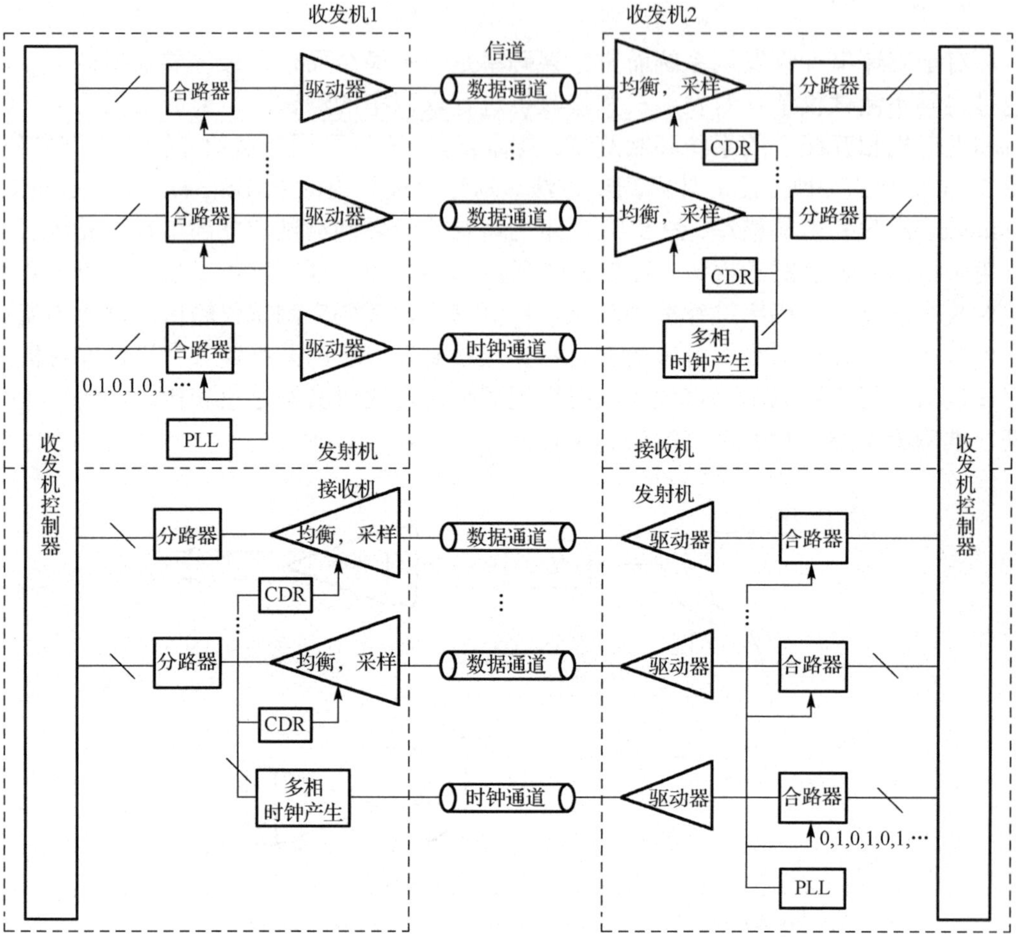

图 5.17　前向时钟高速串行收发机结构示意图

图 5.18 为前向时钟收发机抖动特性，其中 J_d 和 J_c 分别为发射机输出的数据和时钟抖动，A 为抖动幅度，f_j 为抖动频率，t_d 和 t_c 分别为数据通道和时钟通道的信道延时，J_{d1} 和 J_{c1} 为接收机采样器处的数据和时钟抖动。在发射机中，正弦抖动的来源包括锁相环抖动以及电源抖动等。这些抖动来源将对时钟通道输出和数据通道输出造成同样的抖动。因此，如果收发机数据通道和时钟通道的信道延时完全一致，那么接收端的采样时钟和数据之间将没有相对抖动，收发机将表现出很好的抖动容限性能。然而，在实际应用中，数据通道和时钟通道的信道延时很难保持一致。两者的时间差会恶化时钟抖动和数据抖动的相关性。特别地，如果 $2\pi f_j(t_d - t_c) = \pm\pi$，数据抖动和时钟抖动将完全反相，数据和时钟间相对抖动的幅度将是数据抖动或时钟抖动幅度的两倍。

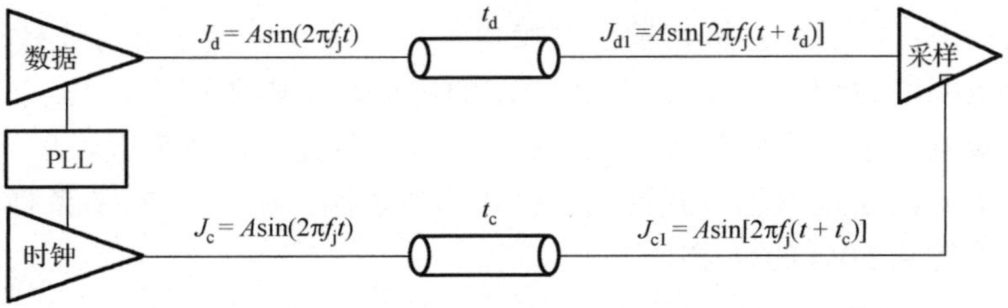

图 5.18　前向时钟收发机抖动特性

5.2.3　前向时钟高速串行接口发射机

图 5.19 为前向时钟发射机结构示意图，发射机由 5 条数据通道、1 条时钟通道、共享电路、片上数字逻辑构成。其中，时钟通道和数据通道完全一致，都包含合路器、带四抽头 FFE(feed forward equalizer)的 CML(current mode logic)线驱动器，基于 SAR 逻辑的阻抗和幅度调节等；共享电路主要包括锁相环、时钟分布网络等。时钟通道与数据通道的区别在于时钟通道的输入为 0，1，0，1，…的并行数据，经合路后产生高速时钟；数据通路的输入为随机的并行数据。

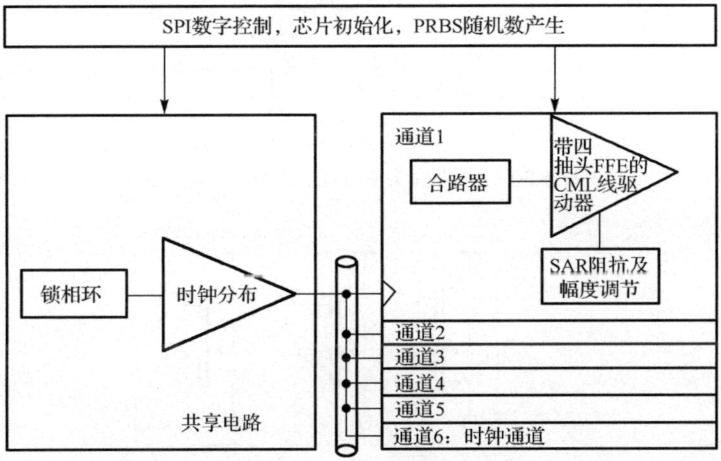

图 5.19　5 条数据通道+1 条时钟通道发射机结构

图 5.20 为发射机中带四抽头 FFE 的 CML 线驱动器。一对 4.8Gbit/s 的数据经过一系列锁存器后产生四对 4.8Gbit/s 数据。四对 4.8Gbit/s 的数据各经过一个合路器产生四路 9.6Gbit/s 的数据流：pre、main、post1 以及 post2。并且相邻两路数据流的时间差是一个 9.6Gbit/s 的码元宽度。四路 9.6Gbit/s 码流的极性可调以控制均衡系数的正负，它们在求和之后得到经过均衡的码流。图 5.21 为驱动器中用到的均衡求和器。此外，发射机驱动器能够通过一个 SAR 逻辑完成阻抗以及输出幅度的自动调节。当芯片启动时，发射机首先将输出电阻与片外标准电阻进行比较，通过 SAR 逻辑完成

输出阻抗的调节；然后发射机将输出共模电压与参考共模电压进行比较，通过 SAR 逻辑完成输出幅度的调节。在图 5.22 所示的可编程电阻阵列中，47 个电阻单元以并行方式连接且每个单元阻值为 2kΩ。在这些电阻单元中，32 个电阻单元是常开的，其余的电阻单元则通过编程方式开关。仿真结果表明，在各种 PVT 条件下，电阻阵列的阻值都能达到 50Ω 的要求。

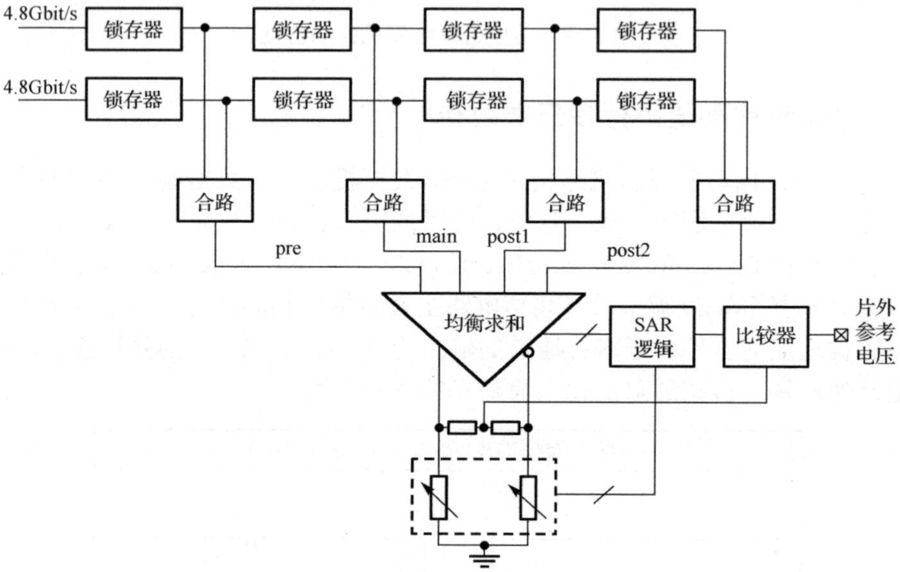

图 5.20　带四抽头 FFE 的 CML 线驱动器

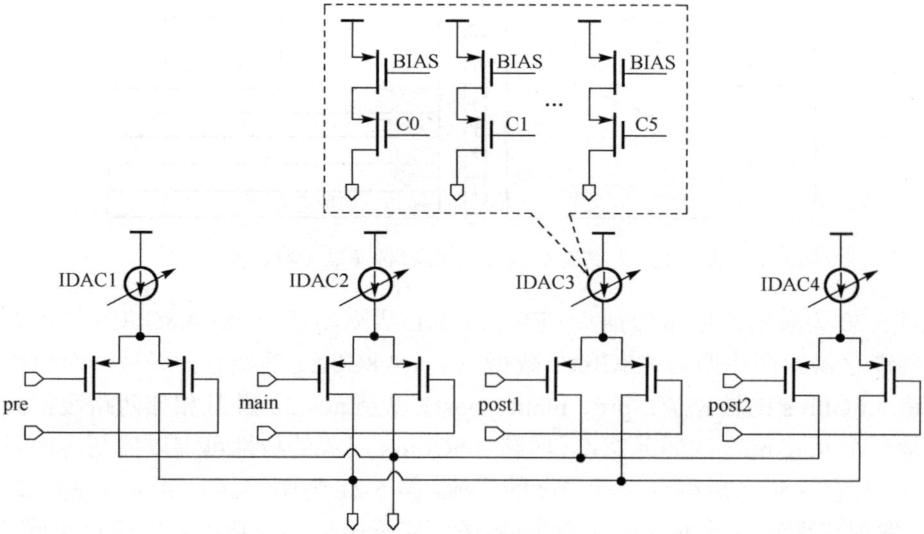

图 5.21　均衡求和器

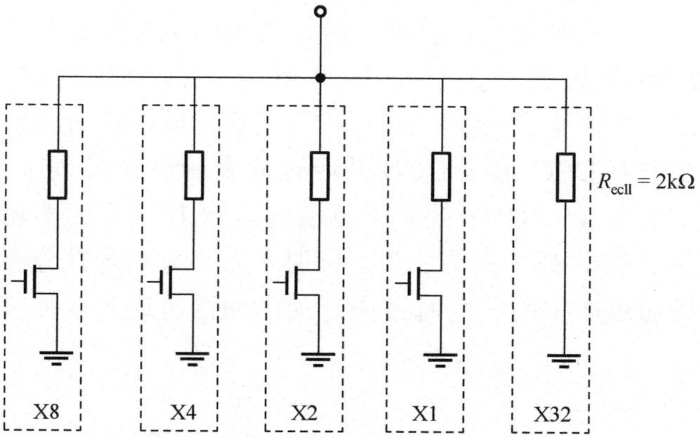

图 5.22　阻抗可调的电阻阵列

图 5.23 所示为发射机的时钟分布网络。时钟分布需要尽量减小时钟的抖动以及时钟分布网络的功耗。通常，时钟分布网络可以是 CMOS 缓冲器或者是 CML 缓冲器。CMOS 缓冲器功耗较低，但其容易受电源抖动影响；CML 缓冲器对电源不敏感，但其功耗较大。本书的发射机采用了伪差分逻辑缓冲器与片上传输线相结合的混合型时钟分布网络。在共享电路中，锁相环输出经过放大后转化为 CMOS 逻辑电平，经过伪差分的缓冲器驱动到 2mm 的片上传输线。该时钟分布网络的特点是：片上传输线不消耗功耗，同时其对电源抖动有很好的抑制；伪差分逻辑通过交叉耦合的反相器消除时钟的 DCD；在共享电路和各个通道内都有低压差线性稳压器以降低电源抖动对伪差分逻辑的影响。

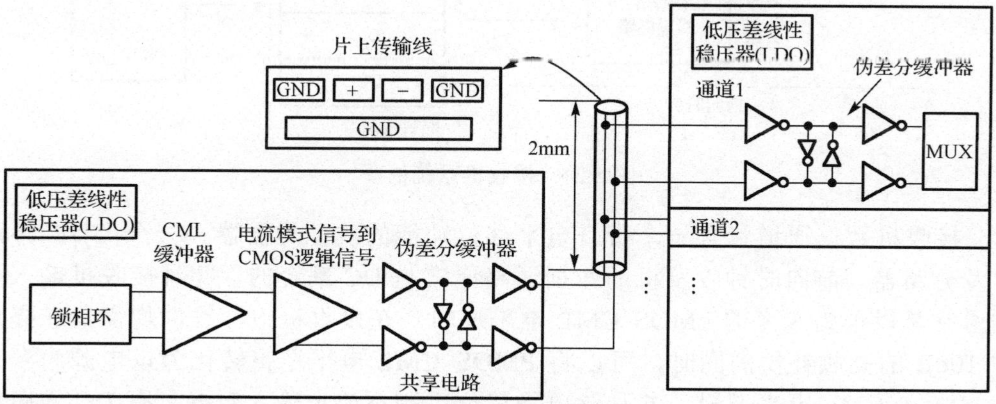

图 5.23　时钟分布网络

5.2.4　前向时钟高速串行接口接收机

接收机系统框图如图 5.24 所示，包含 5 条数据通道、1 条时钟通道、共享电路以及数字电路等。在前向时钟收发机中，时钟通道的主要任务是产生正交时钟并将正交时钟分配到各个数据通道。时钟通道包含占空比校准环路(duty cycle calibration，DCC)、时钟预放大级、DLL 和开漏驱动器。在时钟通道中，前向时钟首先经过 AC 耦合进入 DCC 消除 DCD 并经过放大后输送到 DLL 中。DLL 采用自偏置结构，能够工作在 1～6GHz 的频率范围内。DLL 输出的多相时钟通过时间平均电路进一步消除 DCD，减小正交失配。同时，为了降低时钟分布网络的功耗并抑制电源噪声，时钟通道产生的正交时钟由开漏驱动器传送到片传输线后分配到各个数据通道。

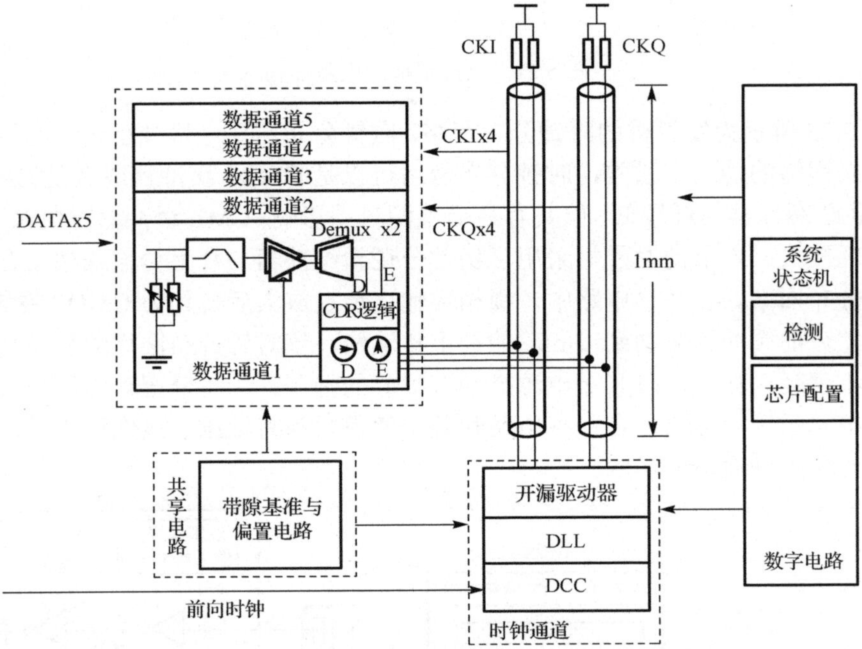

图 5.24　接收机系统框图

接收机数据通道包含一个带有电平移位功能的线性均衡器、一个 CDR 环路以及分路器。前向时钟收发机的数据通路通常是 DC 耦合的，并且接收机输入数据通常是以地为参考的 PMOS CML 电平逻辑。在接收机中，线性均衡器在提供约 10dB 的高频补偿的同时，可以将 PMOS CML 电平逻辑转化为以电源为参考的 NMOS CML 电平逻辑，并且该电平移位机制不要求输入数据具有 DC 均衡特性。NMOS CML 的电平逻辑使得接收机前端可以使用 NMOS 输入管的 CML 缓冲器，大大降低了前端电路功耗。在 CDR 中，采样器对输入数据进行过采样，同时，CDR 对采样结果进行处理后将采样时钟相位锁定在数据眼图中心，从而恢复出数据。

1. 时钟通道

图 5.25 为时钟通道的 DCC，由于时钟信号在存在 DCD 时将表现出非零的直流分量，因此 DCC 的原理是通过反馈将差分时钟的差分直流分量减小为零。在 DCC 中，前向时钟首先被预放大器放大，并将放大后的差分时钟 CKN 和 CKP 的直流电平进行比较。反馈回路将时钟差分直流电平调节至零，从而消除 DCD。在输入的 AC 耦合级，时钟的共模电平由共模反馈回路确定，以使其满足预放大器的输入共模电平要求。环路中预放大器由 3 级典型的 CML 逻辑的缓冲器级联实现，可以提供约 18dB 的增益。需要注意的是输入 AC 耦合的耦合电容比较大，会在耦合级形成一个低频极点，这个极点与差分放大器的主极点比较接近，从而引起环路稳定性问题。为了确保环路的稳定性，放大器的输出端增加了由电阻与电容串联再与电容并联的负载，以引入一个低频零点进行补偿。

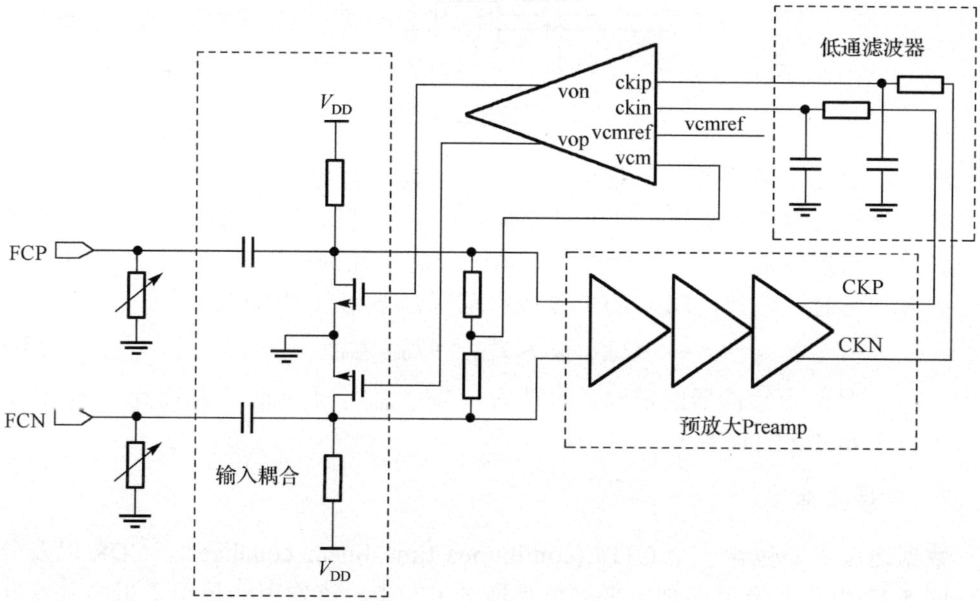

图 5.25　时钟通道的 DCC

图 5.26 为时钟通道 DLL 电路，其用来产生多相时钟信号。DLL 采用自偏置技术实现，具有与工艺独立、抖动小、宽延时调节范围的特点。DLL 电路由一个异或门鉴相器、一个电荷泵、一个 VCDL、一个偏置产生电路和一个初始化模块组成。VCDL 由一系列的延时单元组成，每一个延时单元的延时都由偏置电路产生的偏置电压控制。如图 5.26 所示，在 DLL 中，CK0 经过两个延时单元产生 CK90PD，它们被输入到异或门鉴相器进行鉴相。当环路锁定后，CK0 和 CK90PD 的相位差为 90°，因此每个延时单元的延时为 45°。这些延时单元的输出在被输入异或门鉴相器的同

时，CK90 输入到复制的延时单元并产生 8 相时钟：CK0、CK45、CK90、CK135、CK180、CK225、CK270 和 CK315。

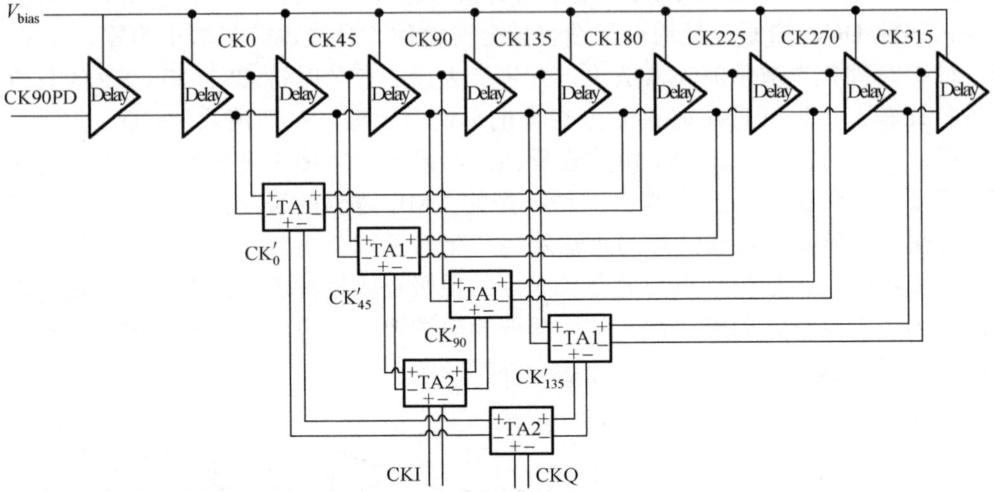

图 5.26　时钟通道 DLL 电路

通常，DLL 存在假锁定和谐波锁定问题。为了避免这两个问题，在 DLL 启动时，初始化模块将控制电压拉到地以使延时单元的延时最小。此时，不出现假锁定和谐波锁定的条件是 1/4 时钟周期大于两个延时单元的最小延时并且小于两个延时单元的最大延时。因此，DLL 的工作频率范围由下列公式给出：

$$4T_{delay,min} < T_{clk} < 4T_{delay,max} \tag{5-16}$$

其中，T_{delay} 是两个缓冲器的延时。设计时，$T_{delay,min}$ 小于 40ps，从而允许 DLL 最高可以工作在 6GHz 的频率上。

2. 数据通道

数据通道主要包含一个 CTLE(continuous time linear equalizer)、CDR 以及分路器，图 5.27 为数据通道中带电平移位功能的 CTLE。该均衡器采用了折叠共源共栅的结构，在对数据进行均衡的同时可以消除均衡器的失调，并将 PMOS CML 电平逻辑转化成 NMOS CML 电平逻辑以节约功耗。该 CTLE 与经典的连续时间线性均衡器一样，其高频增益相对于 DC 的提升也是$(1+g_mR_s/2)$，这里 g_m 是输入晶体管的跨导，而 R_s 是源简并电阻。需要注意的是，折叠式级联引入了额外的极点。仿真结果表明折叠式级联引入的极点在很高的频处，当放大级工作在 10Gbit/s 时可忽略其影响。在该均衡器中，失调电压是通过配置两个互补的电流型 DAC 的 $I_{offsetn}$ 和 $I_{offsetp}$ 进行消除的。这两个电流型 DAC 需要满足 $I_{offsetn}+I_{offsetp}=2I_{offset}$。

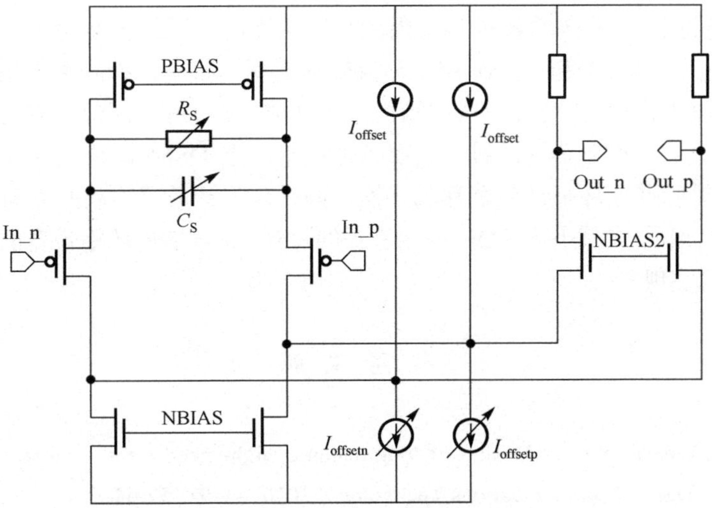

图 5.27　带电平移位功能的 CTLE

在接收机数据通道中，采样器输出的数据采样信息与边沿采样信息输入 CDR 逻辑中处理，以控制相位插值单元并减小时钟与数据的相位差。在前向时钟结构的收发机中，输入数据与时钟之间没有频率差，并且由于时钟抖动和数据抖动的相关性，前向时钟是主要的抖动追踪机制。CDR 环路主要用来校正数据与时钟之间的静态和低频率相位偏差，如温度变化造成的相位漂移等。由于不存在频率偏差，接收机集成了带宽可配置的一阶 CDR 环路。CDR 的结构如图 5.28 所示，其由采样器、分路器、相位插值器(phase interpolation，PI)、投票器、Δ-Σ调制器(Delta-Sigma modulator，DSM)和基于环形计数器的相位插值控制器组成。其中，采样器是基于电流模逻辑的触发器；投票器、DSM 和基于环形计数器的相位插值控制器是 CDR 的核心控制

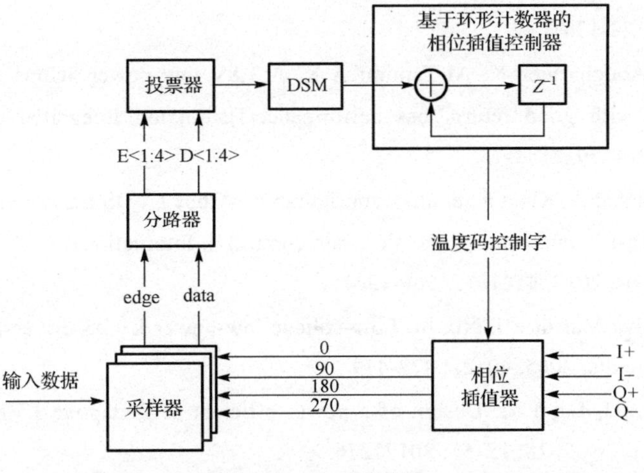

图 5.28　CDR 环路

逻辑；分路器将高速采样的数据和边沿信息减速以降低后续控制逻辑工作的频率。在核心控制逻辑中，投票器和 DSM 用来滤除输入数据的抖动，抑制输入数据抖动对环路的影响。在环路中，DSM 对投票器的输出进行计数，在 DSM 阈值达到之前，和基于环形计数器的相位插值控制器的时钟一直保持低电平。当 DSM 计数达到其阈值时，DSM 会产生一个时钟脉冲使环形计数器移动一次，同时环形计数器移动的方向也由 DSM 给出。这种异步工作方式减小了 CDR 控制逻辑的功耗，而 CDR 环路带宽的调节可以通过改变 DSM 阈值实现。

参 考 文 献

[1] Yang C H, Wen F, Yao Z. Design of long-distance high-speed serial data transmission system based on LVDS[J]. Communications Technology, 2010, 43(9): 59-64.

[2] 张俊安, 杨毓军, 俞宙, 等. 一种高速 LVDS 驱动电路的设计[J]. 微电子学, 2011, 41(1): 73-77.

[3] Rao P V S, Desai N, Mandal P. A low-power 5-Gb/s current-mode LVDS output driver and receiver with active termination[J]. Circuits, Systems, and Signal Processing, 2012, 31(1): 31-49.

[4] Kim K M, Hwang S, Song J, et al. An 11.2-Gb/s LVDS receiver with a wide input range comparator[J]. IEEE Transactions on Very Large Scale Integration (VLSI) Systems, 2014, 22(10): 2156-2163.

[5] Matig-a G A, Yuce M R, Redoute J M. An integrated LVDS transmitter-receiver system with increased self-immunity to EMI in 0.18μm CMOS[J]. IEEE Transactions on Electromagnetic Compatibility, 2016, 58(1): 231-240.

[6] Matig-a G A, Yuce M R, Redoute J M. An integrated LVDS transmitter in 0.18μm CMOS technology with high immunity to EMI[J]. IEEE Transactions on Electromagnetic Compatibility , 2015, 57(1): 128-134.

[7] Marar H W, Abugharbieh K, Al-Tamimi A K. A 1.8V low power 5Gbps PMOS-based LVDS output driver with good return loss performance[J]. Analog Integrated Circuits and Signal Processing, 2014, 79(1): 1-13.

[8] Jawed S A, Asghar A, Khan K, et al. A configurable 2-Gbps LVDS transceiver in 150-nm CMOS with pre-emphasis, equalization, and slew rate control[J]. International Journal of Circuit Theory and Applications, 2017, 45(10): 1369-1381.

[9] Chen M D, Silva-Martinez J, Nix M. Low-voltage low-power LVDS drivers[J]. IEEE Journal of Solid-State Circuits, 2005, 40(2): 472-479.

[10] Xu H Y, Wang J, Lai J M. Design of a power efficient self-adaptive LVDS driver[J]. IEICE Electronics Express, 2018, 15(5): 20171276.

[11] 黄柯. 高性能低功耗的高速串行接口的关键技术的研究[D]. 北京: 清华大学, 2015.

第 6 章　传感器前端接口电路

传感器是人类探知自然的触角，是获取信息的重要途径，是人类认识自然、改造自然的有力工具。传感器作为信息获取与信息转换的重要手段，已经成为信息学科的一个前沿阵地，在世界范围内得到了迅速的应用和发展。无线体域网(wireless body area network，WBAN)、物联网、无人驾驶等新兴技术的出现，进一步促进了传感器以及传感器接口电路的发展。本章主要介绍应用于生物医学传感和应用于激光雷达传感的两种接口电路，分析应用需求以及接口电路实现存在的问题，讨论传感器接口的关键技术，并给出传感器接口的电路解决方案。

6.1　生物前端传感器接口电路

生物前端传感器接口电路主要由信号仪表放大器(AFE)、ADC、数字信号处理(DSP/CPU+RAM)、无线发射(TX/RX)等模块构成，见图 6.1。人体的信号通过生物传感器转化为电信号，生物医学芯片通过对信号进行放大、干扰消除、滤波、模数转换等来完成对模拟信息的采集与转化，再经过数字信号处理器进行数字滤波、特征提取等，最后由无线发射模块将信息传送给智能终端。一般可穿戴、可植入医疗设备需要持续工作数月或数年，对电路的续航时间、尺寸和成本具有非常严苛的要求。

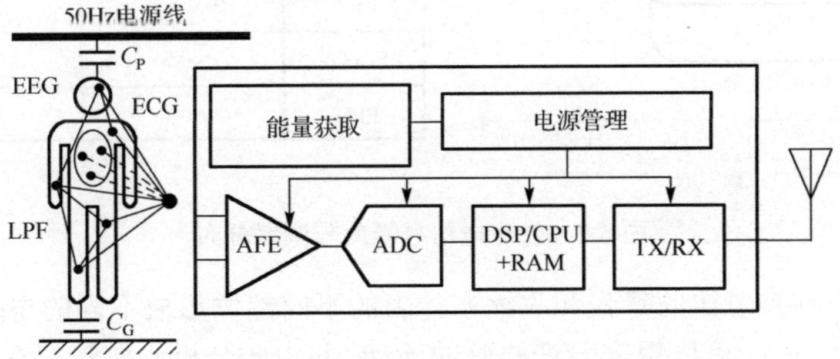

图 6.1　可穿戴生物信号采集与处理芯片整体架构

在整体生物医学芯片中最关键、最重要的模块是模拟前端电路，它是连接人体、传感器、电路系统的关键电路，也是人体信息到电路信号转化的桥梁[1]。模拟前端电路决定了所获取信号的完整性、精确度、SNR、失真等重要性能[2]。并且，模拟前端电路需要处理生物电极的直流失调电压、电源线 50/60Hz 工频干扰、人体运动伪影等干扰。另外，由于人体生物信号非常微弱、频率极低、带宽窄，要求模拟前端电路具有低噪声、大滤波常数等，对缩小电路芯片面积提出了很大的挑战[3]。通常模拟前端电路在生理电信号采集、处理系统中消耗能量最多、结构最复杂、最难以实现，低功耗、高性能、低成本的模拟前端芯片已经成为现代可穿戴医疗设备发展的瓶颈[4]。

6.1.1　生理电信号特征

人体生理信号分为电信号和非电信号，常见的人体生理电信号有心电信号(electrocardiography，ECG)、肌电信号(electromyography，EMG)、脑电信号(electroenceplalogram，EEG)、局域场电势(local field potential，LFP)、脑神经元信号(electrocorticogram，ECoG)、眼电信号(electro-oculogram，EOG)、胃电信号(Gastric electric activity，GEA)等，这些信号是由人体细胞电化学反应、肌肉运动、神经递质等作用产生的，可以用来表征人体心脏、肌肉、脑细胞的活动状况，并由此来分析心脏、血管、肌肉、大脑等器官的健康状况。常见的人体非电学信号有体温、呼吸、血压、脉搏等，这些非电学信号的采集对分析评估人体健康状况也有很大的作用。本设计主要研究生理电学信号的采集，图 6.2 给出了几种常见生理电信号幅度与频率分布。

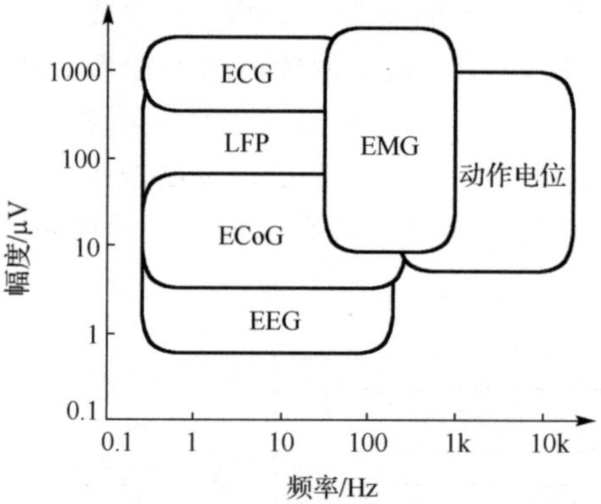

信号	幅度/mV	信号频带/Hz
ECG	0.1～3	0.5～150
EMG	0.01～5	10～1k
LFP	0.01～1	0.5～200
ECoG	＜0.5	0.3～500
EEG	＜0.1	0.1～100

图 6.2　生理电信号幅度与频率分布

ECG 是心脏有节律的舒张和收缩在体表的不同部位形成不同的电位差，其具有很强的规律性，ECG 可以用来表征心脏的活动，并由此分析心血管存在的问题。ECG 幅度为 0.1～3mV，典型值为 2mV，频率为 0.5～150Hz。ECG 是人体非常重要的信息，对于预测心律不齐、急慢性心脏病等有重要的作用。另外，ECG 结合温度、呼吸等信息能够准确评估人体睡眠状况，综合了解人体、精神等各方面问题。

EEG 是由大脑活动引起神经元的电学变化的信号，EEG 非常微弱，一般为 1～100μV，频率主要集中在 0.1～40Hz。EEG 可以用来记录和表征大脑活动，可用来监测癫痫、脑卒中、脑死亡等疾病。近些年，采集 EEG 的脑机接口被广泛研究，人们希望通过监测 EEG 来了解肢体控制原理，并且应用 EEG 控制假肢活动，帮助肢体残疾的人恢复活动能力，如今这项技术已取得了突破性进展，科学家已经能够应用脑机接口实现人的意识控制肢体活动。

EMG 幅度为 0.01～5mV，频率为 10Hz～1kHz，其能够体现人体肌肉活动状况，并且可以通过监测肌肉疲劳状况了解人体运动信息，在运动医学、临床医学、康复医学等方面具有重要的使用价值。另外，EMG 可以用来指导人体运动，针对个人制订科学的锻炼方案，避免过量运动对人体造成的损伤。由于针对 LFP 和 ECoG 信号一般采取侵入式的采集方法，实验验证复杂，在此不涉及。

综上可知，生物电信号幅度基本为 1μV～5mV，频率在千赫兹以下，具有低幅值、低频率的特点。因此，人体电信号采集模拟前端电路对噪声要求非常高，尤其是 CMOS 工艺会引入显著的低频 $1/f$ 噪声，对信号质量产生影响[5]。另外，由于生物电信号的幅度范围从 μV 量级到 mV 量级，对采集电路的输入动态范围提出了较高的要求。

1. 生物电极与干扰分析

生物电极是将人体的离子电信号转换为电路能够读取的电流(电压)信号的一种转换器，它是连接人体与电路系统的桥梁。一般针对可穿戴医疗应用的非侵入式生物电极主要有三类：其一，以传统 Ag/AgCl 为代表的湿电极(wet electrode)，其依靠导电胶与人体连接，与皮肤连接紧密，接触阻抗小、采集信号幅度大，适合高精度应用，但其使用时需要对皮肤进行磨皮处理、涂抹导电胶等[6]，并且导电胶容易变干，湿电极寿命短、需经常更换等给穿戴应用带来不便。其二，以金属圆片、柔性薄膜为代表的干电极(dry electrode)，其依靠人体皮肤湿度、汗液等与人体连接，其使用寿命长、穿戴方便，适用于穿戴医疗应用，但干电极与人体接触阻抗较大，要求电路的输入阻抗极高，这增加了接口电路设计难度。以柔性皮肤为代表的新型干电极在近几年得到广泛关注，柔性皮肤穿戴舒适、寿命长，成为现在可穿戴设备的研究热点。其三，非接触式电极(non-contact electrode)一般是采用电容、电感耦合的 RFID(radio frequency identification)方式采集人体信息，该类型电极可大大提升穿戴设备的舒适度，但其对于人体运动伪影等干扰敏感，采集信号质量差，尚未得到深入研究与开发，因此非接触式电极不作为本书的研究对象。

1) 生物电极模型

人体生理电信号一般是由人体内器官组织电化学反应产生的，信号经由人体内组织、真皮和皮下组织、表皮传导到皮肤表面。生物电极通过导电胶(湿电极)或表皮角质层介质(干电极)与表皮细胞连接采集人体生理电信号。因此，生物电极模型不仅包含物理电极，还包含导电胶(或皮肤角质层)、人体表皮、真皮和皮下组织，图 6.3 给出了生物湿电极和干电极的电学参数模型。

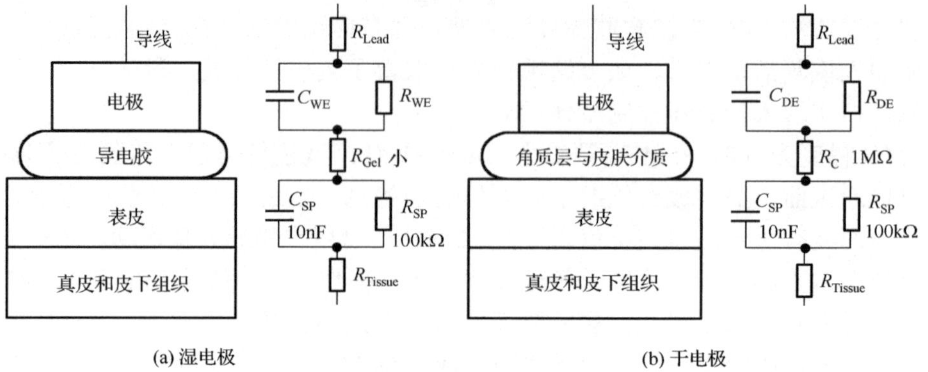

图 6.3　生物电极结构与电学参数模型

电极模型用电阻 R_E 与电容 C_E 并联等效，R_E 与 C_E 的值由电极材料、面积等决定。导电胶阻抗用 R_{Gel} 表示，与人体表皮相比导电胶阻抗很小，一般可以忽略不计。对于干电极而言，由于皮肤角质层阻抗较大，角质层阻抗根据不同个体有明显差异，一般在 MΩ 量级。临床应用时，为了减小角质层阻抗对电极的影响，通常需要去除角质层以减小接触阻抗，从而获得更大幅值的信号。表皮、真皮和皮下组织用电阻 R_{SP} 与电容 C_{SP} 并联等效，R_{SP} 一般为 100kΩ 左右，C_{SP} 约为 10nF。人体内阻抗用 R_{Tissue} 表示，该值一般较小，可忽略不计。

生物电极阻抗模型对于分析获取生理电信号具有重要的意义，其往往决定了所采用的信号采集仪表放大器的拓扑结构。生物电极阻抗与电路的输入阻抗形成一个分压网络，电路所采集的信号幅值大小由电极阻抗与电路输入阻抗共同决定，因此为了减小生理电信号幅度的衰减，采集电路的输入阻抗必须足够大。

2) 干扰分析

由于生理电信号获取系统涉及人体、人体所处环境、生物电极、信号采集电路等各方面的问题，现实环境中存在多种干扰因素，因此实现高质量的生理电信号采集系统必须对整体信号采集电路进行干扰分析，并在信号采集处理电路中实现对干扰的消除或抑制。对人体生理信号产生影响的干扰主要有 50/60Hz 工频电源线干扰(power line interference，PLI)、电极直流失调、人体运动伪影以及电路噪声。

50/60Hz 工频电源线干扰分为电磁干扰和静电干扰两大类。电磁干扰是由环境中存在的磁场通过耦合作用在人体、电极、电路中产生交变电流，从而产生干扰信号，电磁干扰可通过缩小采集系统与电极尺寸，以及缩小电极与采集电路的连接导线长度等来消除。由于 50/60Hz 所对应的波长非常大，可穿戴设备体积小、耦合低特性决定了电磁干扰对信号采集质量影响很小。静电干扰主要指 50/60Hz 工频电源线与人体的耦合作用所产生的人体电势变化，其幅值一般为几 mV 到几十 mV，并且与人体和电源线的相对位置有关，干扰分析模型较为复杂。图 6.4 给出了 50/60Hz

工频电源线干扰等效原理图。电源线 50/60Hz 交流信号通过电容 C_{BP} 耦合到人体，人体再通过电容 C_{BG} 与大地连接。采集电路系统的电源地与大地由 C_{ISO} 隔离。一般假设人体与大地之间的电容 C_{BG} 与电路和大地之间的隔离电容 C_{ISO} 大小相当，即 $C_{BG} \approx C_{ISO}$，并且在 50/60Hz 频点这两个电容的等效阻抗 $1/sC$ 远远大于 R_{GND}，则由电源线耦合到人体的电流为 I_P，该电流流经 R_{GND} 会在人体引起一个 50/60Hz 的交流电压，该电压可表示为

$$V_{com\_P} = \frac{I_D}{2} R_{GND} \tag{6-1}$$

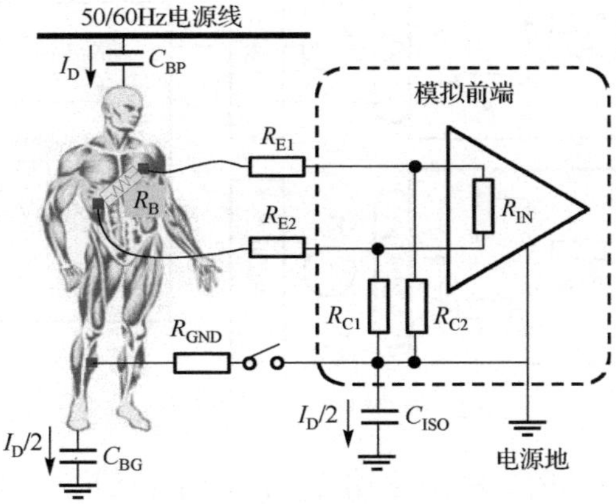

图 6.4　50/60Hz 工频电源线干扰等效原理图

50/60Hz 电源干扰在两个电极上所引起的电压是一致的，假设生物电极等效阻抗 R_{E1} 与 R_{E2} 没有失配，则 V_P 以共模电压的形式输入电路中。因此，为了消除输入共模干扰电压 V_P 的影响，前端仪表放大器(instrumentation amplifier，IA)的输入共模必须足够大以容忍信号共模变化，并且需要足够高的 CMRR 抑制共模干扰。然而，由于电极自身阻抗不一致性以及不同部位人体皮肤阻抗存在差异，电极等效电阻 R_{E1} 与 R_{E2} 阻值存在失配，这两者的失配会导致共模干扰电压 V_P 转变为差模电压 V_{diff_P}，该差模电压可表示为

$$V_{diff\_P} = V_{com\_P}\left(\frac{|R_{E1} - R_{E2}|}{R_{IN}}\right) \tag{6-2}$$

其中，R_{IN} 为前端电路的等效输入阻抗。由于电极阻抗失配引入了差模的工频干扰，单纯依靠增大前端电路的 CMRR 不能够完全消除 50/60Hz 工频电源干扰。由式(6-2)可看出，前端电路的等效输入 R_{IN} 必须足够大以减弱共模干扰引起的差模电压 V_{diff_P}，从而完全消除电源干扰的影响。

图 6.5 给出了电极直流失调原理示意图。当电极与人体皮肤接触时，电极材料

与皮肤表面电解液发生会化学还原反应，在电极材料与电解液接触界面存在半电池电势。不同电极的半电池电势不同，并随时间和人体电学特性而变化，因而两个生物电极之间存在差分的直流失调电压，该电极直流失调电压幅度与电极材料工艺有关。一般商用 ECG 采集的 Ag/AgCl 电极直流失调电压为几十 mV 到几百 mV，如此高的幅度会导致前端电路饱和或偏离正常工作状态，因此前端电路必须消除或抑制电极直流失调电压干扰。IEC 60601-2-47 标准要求电路对电极直流失调的容忍范围须大于±300mV。

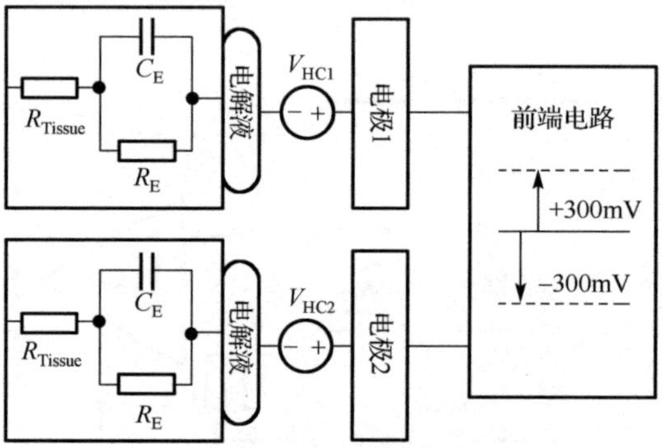

图 6.5　电极直流失调原理示意图

运动伪影是指由人体的呼吸、运动等引起的干扰信号。人体活动会对电极与皮肤接触状况产生影响，导致电极接触阻抗、导电性等变化[7]。另外，由于运动造成的皮肤拉伸形变等可改变人体等效电阻、电容大小，并且运动引起的汗液浓度增加等会引起皮肤电势的变化，这些因素会在信号中引入基线漂移、运动扰动等。在临床医学上，由于限制了受测者的活动，运动伪影造成的影响不是特别明显，而可穿戴医疗设备旨在为受测者提供便捷、舒适的体验，穿戴设备不能影响监测者的正常活动，因此运动伪影对信号采集的影响变得非常显著。

模拟前端电路的噪声会对信号质量造成影响。电路噪声决定了电路能够采集到最小信号，其主要由电阻热噪声、MOS 管沟道热噪声、低频 $1/f$ 噪声等构成，由于生理电信号的频率很低，低频 $1/f$ 噪声对整体噪声贡献会非常显著。电阻热噪声由电阻绝对阻值以及电阻工作温度决定，因此在信号通路上应避免采用大电阻。MOS 管沟道热噪声表达式为

$$\overline{V_{n,T}^2} = 4kT\gamma \frac{1}{g_m} \tag{6-3}$$

其中，k 为玻尔兹曼常量；T 为器件工作温度；γ 为系数，对于长沟 MOS 器件 $\gamma\approx2/3$。一般 MOS 管沟道热噪声对整体系统噪声贡献较小，并且可以通过增大过驱动电压、增大电流、提升跨导等技术降低热噪声影响。MOS 管 $1/f$ 噪声是由半导体 Si

衬底与栅 SiO_2 接触表面的缺陷所引起的低频电荷散射，Si-SiO_2 接触表面的状态、工艺、晶体管尺寸、频率等因素决定了 MOS 管 $1/f$ 噪声的大小，MOS 管的 $1/f$ 噪声可表达为

$$\overline{V_{n,1/f}^2} = \frac{K}{WLC_{ox}f} \tag{6-4}$$

其中，K 为工艺因子；W 和 L 分别为 MOS 管沟道宽度和长度；C_{ox} 为栅极寄生电容。MOS 管 $1/f$ 转角频率一般为 kHz 量级。由(6-4)式可以看出，可以通过增大 MOS 管面积(WL)来减小 $1/f$ 噪声，但由于 $1/f$ 转角频率一般高于生理电信号频率，因此单纯增大 MOS 管尺寸不能达到完全、有效地去除 $1/f$ 噪声的目的。图 6.6 给出了模拟前端电路噪声分布示意图。

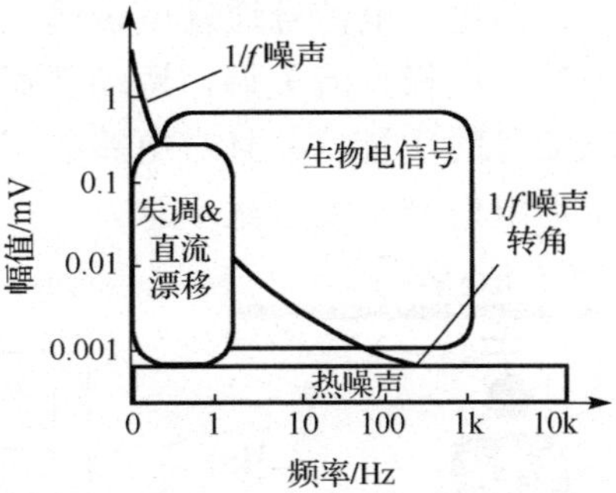

图 6.6　模拟前端电路噪声分布示意图

综上可知，MOS 沟道热噪声与晶体管电流成反比，$1/f$ 噪声与晶体管面积成反比。直观上，可以通过增加功耗、增大面积来实现低噪声前端电路。然而，功耗与面积的提升与可穿戴应用背景相矛盾，前端电路必须从噪声、功耗、面积、带宽等方面折中考虑。通常使用噪声效率因子(noise efficiency factor，NEF)来衡量低噪声仪表放大器或模拟前端电路在噪声、功耗上的综合性能。NEF 定义为

$$\mathrm{NEF} = V_{\mathrm{in,rms}}\sqrt{\frac{2I_{\mathrm{tot}}}{\pi V_{\mathrm{t}} \cdot 4kT \cdot \mathrm{BW}}} \tag{6-5}$$

其中，$V_{in,rms}$ 为电路的等效输入积分噪声；BW 为噪声积分带宽；I_{tot} 为电路消耗的总电流。只考虑热噪声时，单个双极性晶体管(bipolar junction transistor，BJT)所能获得的 NEF 为 1，NEF=1 是理论上噪声与功耗的最优参考值，MOS 管或基于 MOS 管的放大器所得到的 NEF 大于 1。对于不同供电电压的低噪声前端电路而言，电路功耗的差异不能完全由消耗的电流所确定。由于 NEF 计算式中不包含电源电压 V_{DD}，在此需要应用噪声能效因子(power efficiency factor，PEF)来评价电路在噪声与功耗之间的效率，PEF 定义为

$$\mathrm{PEF} = \mathrm{NEF}^2 V_{\mathrm{DD}} \tag{6-6}$$

2. 生理电信号采集方案

根据以上描述可知，生理电信号的幅度小、频率低，且不同生理电信号幅值差异较大。生物电极的模型涉及人体组织、电极、导电介质等各种因素，电极的种类(干、

湿电极）、导电胶以及电极的材料、面积等都会对采集信号的大小与质量产生影响。此外，工频电源线干扰、电极直流失调、电路等效输入噪声电压等都会严重影响采集信号的质量。高性能的生理信号采集前端电路需要综合考虑信号特征、电极特性、干扰源、噪声等的影响，通过合理的电路架构和信号处理方案，保证信号的 SNR、线性度、精度等要求。前端电路的性能指标可由采集信号的幅频特性、电极阻抗、精度要求来确定。

人体生理电信号通过电极输入到模拟前端信号获取电路中，同时 50/60Hz 电源线干扰、电极直流失调、运动伪影等会叠加在有用信号上。这些干扰会严重降低生理电信号的质量，并且对电路的工作状态、电路性能等造成不良影响。图 6.7 给出了生理电信号采集方案示意。

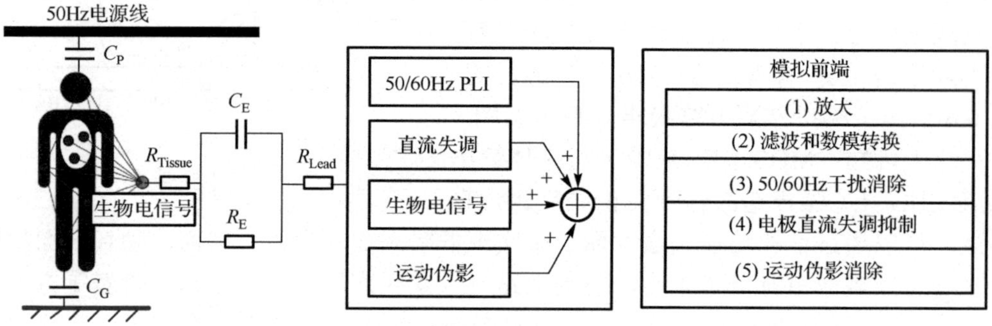

图 6.7　生理电信号采集方案示意

人体信号采集前端电路的功能是：为微弱的生理电信号提供增益以改善处理电路性能，对信号进行滤波以消除带外噪声和干扰，并对信号进行模数转换以进一步处理数字信号。干扰信号会造成前端电路输入共模偏移、输出饱和、基线漂移等，严重影响了信号采集精度与电路状态。因此，模拟前端电路在信号放大、滤波、模数转换等基础功能上需要进行干扰抑制与消除，并且需要对前端电路自身的噪声、线性度等进行优化以进一步提高信号处理精度。

1) 50/60Hz 电源线干扰消除方案

50/60Hz 电源线会在电路输入端引入共模干扰，并且由于电极阻抗失配会引入 50/60Hz 的差模干扰。共模干扰可以通过提升电路的 CMRR 以及增大输入电路共模范围等措施来消除，而对于信号带内 50/60Hz 差模干扰很难通过简单的高通、低通滤波消除。一般通过右腿驱动、人体与电路共地、模拟陷波、数字 FIR 滤波等方式消除电源线干扰。图 6.8 给出了 50/60Hz 工频干扰消除方案。

图 6.8 (a) 中右腿驱动 (right-leg driven) 电路原理是：通过采集电极共模干扰，再将共模变化信号放大、反相后接回人体，利用负反馈作用消除共模干扰。右腿驱动可在不影响人体生理电信号的情况下抑制人体 50/60Hz 共模变化，能够同时消除电

源线引起的共模与差模干扰，具有实时动态调整能力，但该方法需要额外的右腿驱动电路以及外加在人体右腿部位的第三个电极，在功耗、面积、可穿戴性方面存在缺陷。

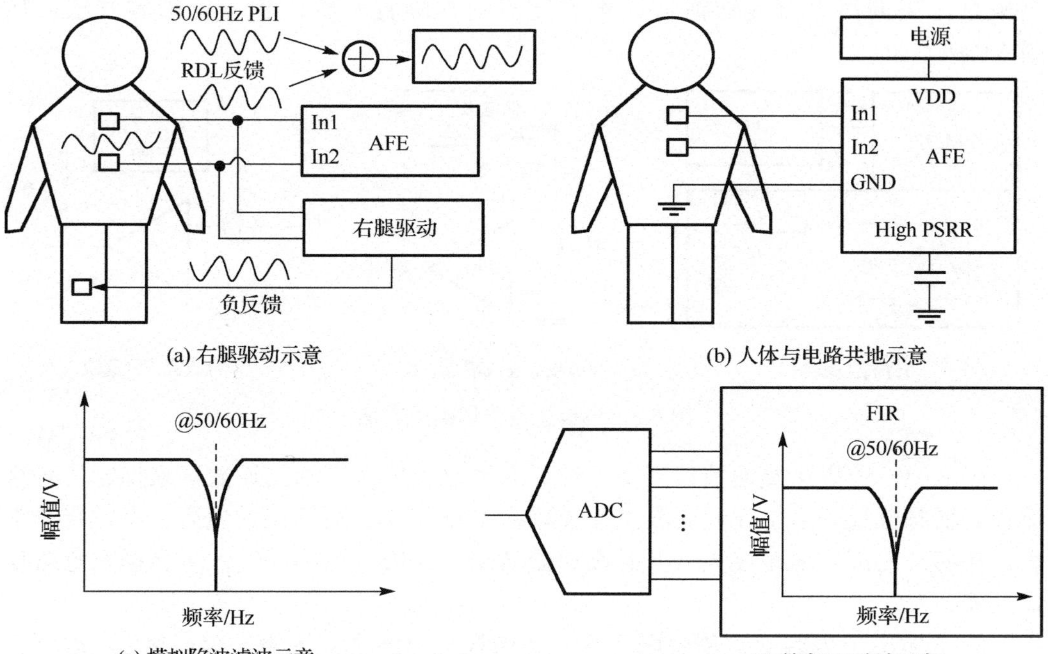

(a) 右腿驱动示意　(b) 人体与电路共地示意

(c) 模拟陷波滤波示意　(d) 数字FIR滤波示意

图 6.8　50/60Hz 工频干扰消除方案

图 6.8(b)中人体与电路共地方案是通过将人体电势与电路的地电位等价，使电路的参考电平随人体变化，从而消除人体电势变化对电路的影响。该方法需要较低的人体-电路接触阻抗，并且要求电路有足够高的电源抑制比，电路实现难度大，干扰消除效果不佳。

图 6.8(c)中模拟陷波方式是通过模拟陷波滤波器实现对 50/60Hz 单频点的抑制。该方式对 50/60Hz 差模信号抑制效果较好，但由于 50/60Hz 处在信号带宽内，在对信号其他分量不造成影响的情况下实现单一频点陷波器难度较大，并且模拟陷波滤波器的中心频率随工艺、温度变化，因而实际应用中该方法往往需要校准等操作，对电路应用造成极大不便。

图 6.8(d)给出了数字滤波方式消除 50/60Hz 干扰方案。通过 FIR 滤波器在数字域实现对 50/60Hz 单频点滤波。虽然数字滤波方案滤波阶数高、滤波效果好，但数字系统在实现单频、高阶 FIR 滤波器时复杂度高、资源占用率大，并且数字滤波方案需要前端电路有足够大的输入范围以容纳干扰量，此外数字滤波方案在面积、功耗、电路实现难度等方面也存在问题。

2) 电极直流失调消除方案

电极直流失调(electrode DC offset)电压经过前端电路放大器后很容易引起电路输出饱和，因而在电路输入级需要一个高通滤波节点来衰减信号直流分量[8]。一般电极直流失调消除有高通滤波、电容交流耦合隔直、直流积分反馈等方法，如图 6.9 所示。

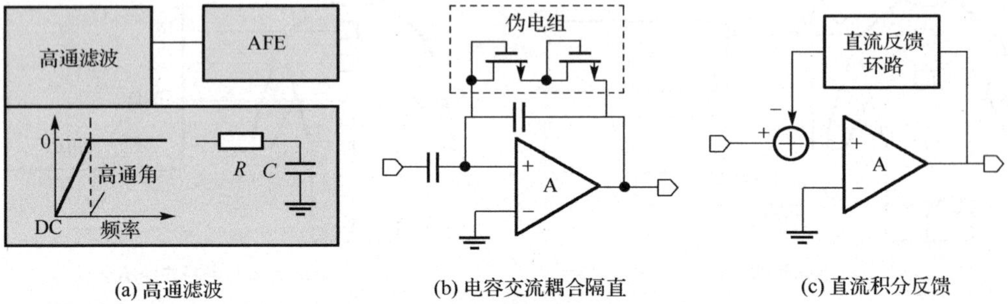

图 6.9　电极直流失调消除方法

图 6.9(a)给出了高通滤波消除方法，其通过在输入端加高通滤器来抑制信号直流和超低频分量。由于高通滤波点须设置在 1Hz 以下，所使用的电阻、电容将非常大，在芯片内部实现难度大，并且高通滤波器作为前端电路的输入级会影响电路噪声性能。

图 6.9(b)中电容交流耦合隔直法是在电极与电路之间采用电容连接[9]，通过交流耦合的方式采集信号并去除信号直流分量，由于直流失调电压会随时间变化，并且呼吸等人体运动造成的基线漂移也在直流点附近，因而该方式一般会结合伪电阻在零频点附近形成对直流以及基线漂移的抑制。伪电阻由 MOS 管实现，其阻值可达到 GΩ 量级，但绝对阻值不可控，这导致高通频率点随 PVT 有较大变化。另外，由于漏电、输入寄生电容等使电容耦合方式输入阻抗受到限制。

图 6.9(c)中直流反馈法是通过对放大器输出电压进行超大时间常数积分选出直流分量，将此直流分量反馈到放大器输入端与信号相减，通过负反馈调节方法消除信号直流分量[10]。

3) 运动伪影消除方案

运动伪影会造成生理电信号基线漂移，可通过上述抑制电极直流分量的方式消除该低频基线漂移量。另外，运动会引起人体与电极接触不良、电极脱落、电极半电池电势改变等，这些干扰造成信号突变从而导致放大器输出饱和，因此需要检测电极与人体接触状况、信号突变以及放大器输出饱和，在信号受到干扰导致运放饱和时，重新复位各节点电平使电路恢复正常[11]。图 6.10 给出了消除人体运动伪影的两种基本方案。

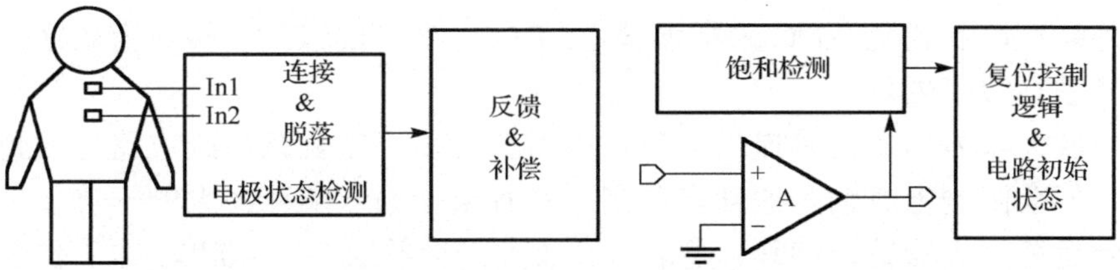

(a) 电极状态检测与反馈补偿　　(b) 放大器输出饱和检测与复位

图 6.10　人体运动伪影消除方法

6.1.2　低功耗模拟前端接口电路架构

模拟前端信号采集电路的功能主要是对微弱的生理电信号提供合适的增益、滤波消除信号带外噪声以及进行模数转换。此外，模拟前端信号采集电路必须消除各种干扰以保证获取信号的质量。此外，考虑到不同使用者的生理电信号强弱、频率范围、皮肤阻抗等存在差异，同时为了适应各种类型生理电信号的通用需求，前端需要提供可变增益、可调带宽等功能以优化电路性能。图 6.11 给出了用于生理电信号采集的模拟前端电路框图。

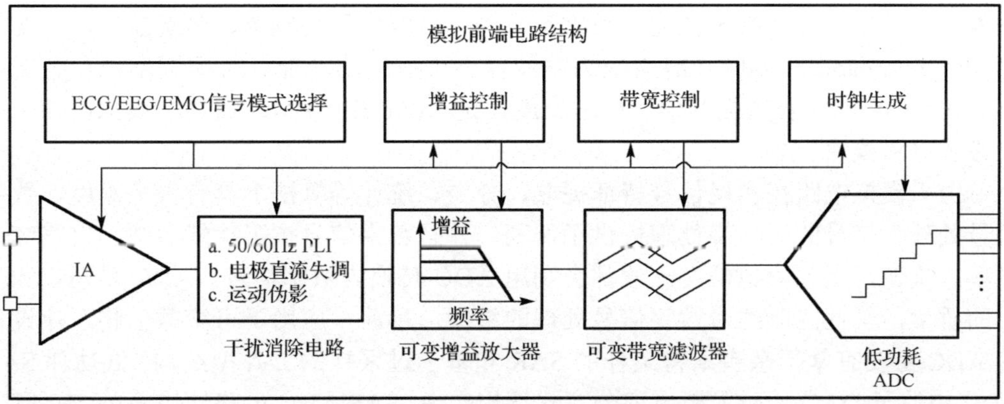

图 6.11　用于生理电信号采集的模拟前端电路框图

由图 6.11 可以看出，模拟前端信号处理通路主要由 IA、干扰消除电路、可变增益放大器(programmable gain amplifier，PGA)、可变带宽滤波器(programmable bandwidth filter，PBF)、低功耗 ADC 组成。对于多种生理电信号通用的采集应用需要电路具有可调的增益和带宽，并且由于不同生理电信号对各种干扰的影响不同，电路可根据实际灵活配置。前端电路的信号处理过程为：IA 将微弱的信号放大以降低后级电路的噪声损害，干扰抑制(interferences suppression，IS)电路消除信号中存在的干扰量，PGA 用来调整信号摆幅使 ADC 达到最大 SNR，滤波器的作用是消除信号带外噪声以及避免 ADC 采样混叠，ADC 用来将模拟信号转换为数字信号以便于对信号进行数字处理。

仪表放大器为输入信号提供增益，高增益可以有效衰减后级电路等效到输入端的噪声，但会限制电路输入的动态范围，并且由于输入端存在大的干扰，高增益很容易导致运算放大器输出饱和，通常仪表放大器增益取 20～40dB。由于仪表放大器直接与电极相连，其输入阻抗与电极阻抗形成串联分压关系，所以仪表放大器的输入阻抗必须足够大，从而避免对信号的衰减。另外，仪表放大器需要有足够的 CMRR 来消除 50/60Hz 电源线共模干扰。

干扰抑制与消除电路是生理电信号采集系统非常重要的模块。利用直流积分反馈、电容耦合等方法可以衰减信号直流分量、有效抑制信号基线漂移、避免仪表放大器输出饱和；采用右腿驱动、输入阻抗提升等技术可以有效消除 50/60Hz 电源线干扰。

可变增益放大器是为了满足不同的监测个体或不同生理电信号的采集需要，通过调整信号的摆幅使后级 ADC 获得最优的信噪比[12]。PGA 可以减轻 IA 的增益要求，从而扩展电路的输入动态范围和所容纳的最大输入信号幅值。

滤波器是用来抑制信号带外噪声以及消除 ADC 采样引入的折叠噪声的，从而消除干扰并优化电路噪声性能。考虑到不同生理电信号的频率、带宽差异，可变带宽(programmable bandwidth)也成为滤波器不可或缺的功能。可配置增益和带宽的 PGA 和 PBF 能够有效提升信号处理精度，是 ECG/EEG/EMG 通用型模拟前端系统的必备电路模块。

由于模拟电路在实现信号特征提取、分类、统计等算法上具有很大难度，数字信号处理为信号的进一步处理提供了便利，并且数字信号抗干扰能力强、电路综合简单、快速，因此模拟信息一般都会利用 ADC 转换为数字信号。ADC 是模拟和数字的桥梁，其性能制约着数字信号处理的精度。目前，应用于可穿戴生物医疗设备的 ADC 主要有基于奈奎斯特采样的 SAR 和基于过采样的 Σ-Δ 型结构。低功耗 SAR ADC 中的子 DAC 一般采用电容分享式结构实现，SAR ADC 电路结构简单，在低速、低功耗应用中具有优越的能效因子，得到了广泛的研究和关注。Σ-Δ ADC 利用过采样和噪声整形原理在高精度应用上效果良好，尤其是连续时间结构的 Σ-Δ ADC 在低功耗、高精度应用领域具有非常大的潜力，得到了生物医学与电路系统的广泛研究。

图 6.12 给出了生理电信号采集、处理电路两种主要的电路架构。一种是基于低速、低功耗的 SAR ADC 的超低功耗架构，如图 6.12(a)所示，该电路集成 IA、PGA、Filter 和 SAR ADC，其中 SAR ADC 采用全动态结构以降低功耗。另一种是基于 CT 型 Σ-Δ ADC 的低功耗、高精度架构，如图 6.12(b)所示。由于 CT 型 Σ-Δ ADC 自身具有抗混叠滤波器特性，该电路省去了 PBF 模块，并且由于 Σ-Δ ADC 的高精度、大动态范围性能使得前端电路对增益要求较低，可降低 IA 与 PGA 的实现难度。本

设计分析了前端电路的两种不同实现方式及其优缺点，采用电路功能复用、连续与离散相结合的技术对电路结构进行简化，在保证电路性能的同时优化了系统功耗。

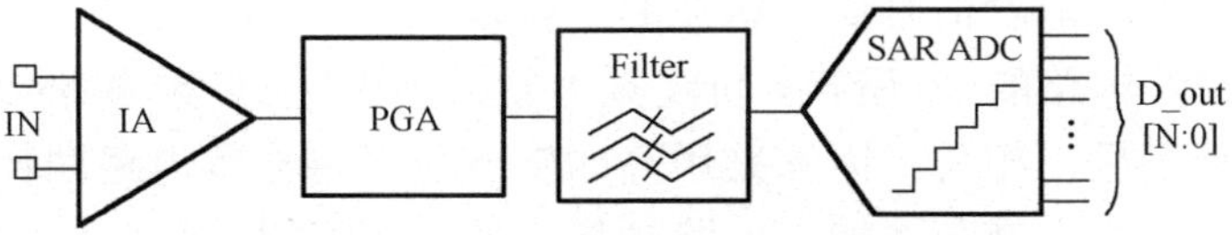

(a) 基于SAR ADC的模拟前端电路架构

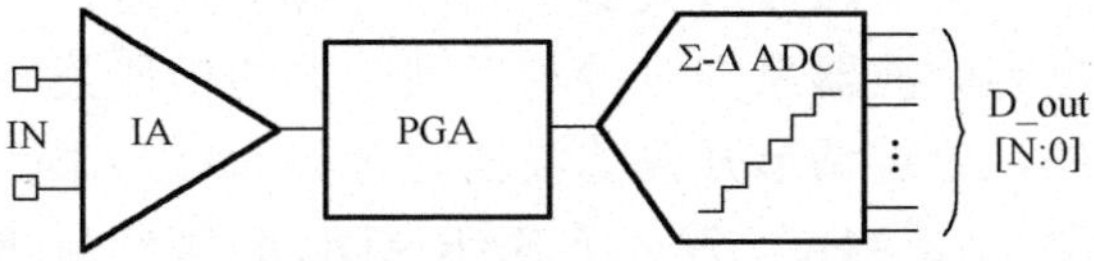

(b) 基于CT型Σ-Δ ADC的模拟前端电路架构

图 6.12　低功耗生物信号采集处理电路架构

6.1.3　一款 0.5V 低功耗、低噪声模拟前端接口电路

低电压驱动是长续航电池供电、高效能量获取供电的重要基础，也成为低功耗芯片的重要实现方案。本节介绍一种 0.5V 超低功耗模拟前端电路，其系统框图如图 6.13 所示。

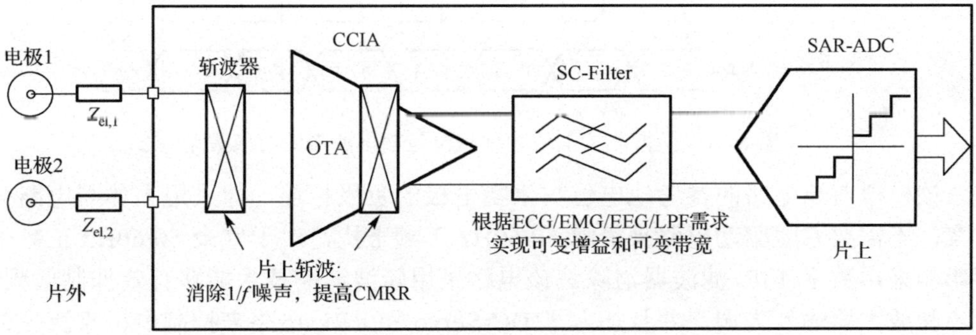

图 6.13　0.5V 低功耗、低噪声模拟前端电路系统框图

该模拟前端电路主要由电容耦合斩波放大器(capacitively-coupled instrumentation amplifier，CCIA)、开关电容滤波器(SC-Filter)和 10 位 SAR ADC 构成。斩波放大器为信号提供 40dB 的交流增益，并将放大器电路的 $1/f$ 噪声调制到高频。开关电容滤波器实现了两阶的低通特性，用于滤除斩波放大器输出的高频噪声。SAR ADC 用于将滤波器输出波形量化为数字码。为了消除生物电极的直流失调电压，在 CCIA 中实现直流反馈的 DC-Servo 电路，并且在放大器内部实现了纹波抑制环路(ripple reduction loop，RRL）来抑制由 OTA 输入失调引起的纹波。为了适应不同生理电信号，该模拟前端电路实现了增益和带宽的可配置。整体电路采用全差分结构可有效提升共模抑制能力，消除信号偶次谐波的干扰。

为了完全消除电路的 $1/f$ 噪声，斩波频率须大于 $1/f$ 拐点频率（约为 1kHz）。OTA 的带宽与斩波频率呈正相关，因此采用高的斩波频率将导致电路功耗上升，斩波频率的选取需要折中考虑噪声性能、电路功耗、信号带宽以及系统结构要求。同时为了在斩波高、低电平都能完整地采集信号，开关电容滤波器与 SAR ADC 的时钟频率为 2 倍的斩波频率。由于斩波放大器在斩波时钟上升沿、下降沿输出尖峰脉冲，因此需要控制开关电容滤波器采样时钟与斩波时钟的相位关系，从而避免尖峰脉冲对信号的影响。另外，通过调节开关滤波器时钟与 SAR ADC 的时钟相位关系，由开关滤波器直接驱动 SAR ADC，省去了 SAR ADC 的信号驱动器。图 6.14 给出了该模拟前端电路时钟相位与输出波形的对应关系。

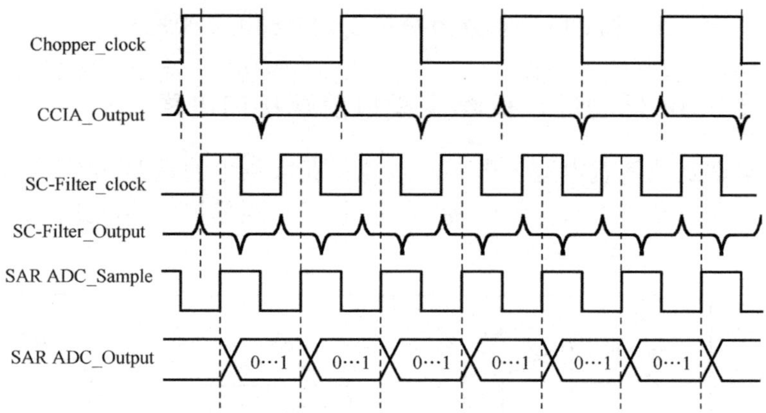

图 6.14 模拟前端电路时钟相位与输出波形的对应关系

该模拟前端电路的参考地电位与生物电极的负极相连，即采用人体与电路共地方案，不需要右腿驱动电路来消除 50/60Hz 工频干扰，对于残余 50/60Hz 工频干扰的影响采用数字 FIR 滤波器消除。该电路采用斩波调制技术能够有效抑制低频 $1/f$ 噪声和放大器输入失调，并且加入了 DC-Servo 和 RRL 电路来抑制电极直流失调和电路干扰；在开关滤波器中实现了可变增益与可变带宽，实现了模块的复用，简化了电路设计，节省了系统功耗；此外，该模拟前端电路结合连续时间和离散时间信号处理方案，通过调整时钟相位有效优化了系统结构，降低了电路功耗。

1. 低功耗斩波仪表放大器

传统的三运放仪表放大器具有非常好的输入共模范围、输入阻抗、线性度，然而由于其需要三个运算放大器，并且需要驱动阻性负载，导致其功耗非常显著。另外，三运放仪表放大器的 CMRR 取决于其内部电阻的匹配，因此很难达到很高的值。

电流型仪表放大器本身具有非常高的输入阻抗，并且可以通过 ping-pang 技术、自动归零技术等获得较高的 CMRR，然而采用电路性能增强技术将显著增加电路的功耗与复杂度。另外，电流型放大器输入级采用的源跟随结构限制了输入信号的线性度。考虑到电路功耗、面积、实现难度等，本设计采用一种电容耦合结构的仪表放大器，并加入斩波调制技术消除低频 1/*f* 噪声。图 6.15 给出了所采用的斩波仪表放大器的电路结构图。

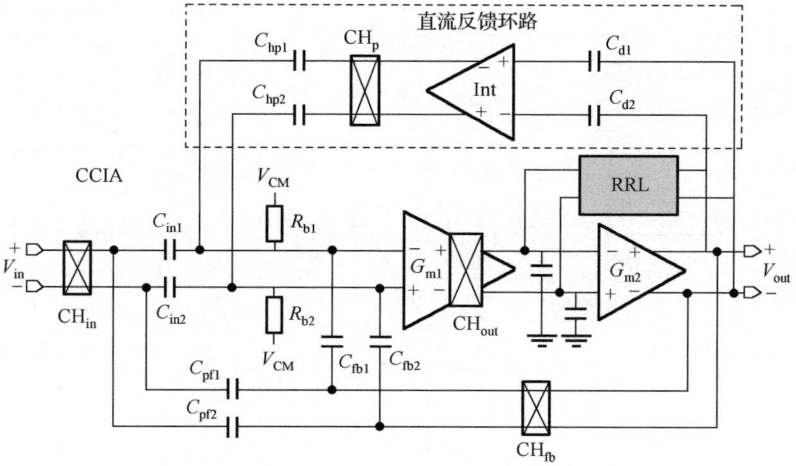

图 6.15 斩波仪表放大器的电路结构图

斩波仪表放大器主要由 CCIA、直流反馈环路(DC-Servo loop)和 RRL 构成。斩波放大器为信号提供增益，直流反馈环路用于抑制电极的直流失调，纹波抑制电路用于消除由于斩波调制在放大器输出产生的高频纹波。以下针对这三个模块分别作详细阐述。

(1)斩波放大器设计。斩波放大器是仪表放大器的主要部分，用于实现对输入信号放大和对电路 1/*f* 噪声的调制，其由两级全差分的跨导放大器 G_{m1} 和 G_{m2}、输入耦合电容 C_{in1} 和 C_{in2}、反馈电容 C_{fb1} 和 C_{fb2} 构成。R_{b1} 和 R_{b2} 是由 MOS 管组成的两个伪电阻，其作用是为 G_{m1} 提供直流偏置电压 V_{CM}，为了避免伪电阻对输入信号衰减，伪电阻阻值通常设在 GΩ～TΩ 范围。CH_{in} 和 CH_{out} 分别为输入斩波调制开关和输出斩波调制开关，CH_{fb} 为反馈斩波调制开关。信号被 CH_{in} 调制到高频，并通过电容 C_{in} 输入到跨导放大器 G_{m1} 中，在 G_{m1} 中信号被解调回到基频，同时 G_{m1} 的 1/*f* 噪声被调制到高频，然后再由 G_{m2} 放大并输出。假设电容之间没有失配，即 $C_{in1}=C_{in2}=C_{in}$ 和 $C_{fb1}=C_{fb2}=C_{fb}$，由电路闭环反馈结构可知，该斩波放大器的增益为

$$A_{CCIA}=\frac{V_{out}}{V_{in}}=\frac{C_{in}}{C_{fb}} \tag{6-7}$$

该斩波放大器中输入电容 C_{in} 取 12pF，反馈电容 C_{fb} 取 120fF，有 $C_{in}/C_{fb}=100$，

则该放大器能够提供 40dB 的增益。由于斩波调制只对 G_{m1} 的低频 $1/f$ 噪声有作用，为了达到优化整体噪声效果，G_{m1} 须具有足够大的跨导增益以抑制 G_{m2} 所产生的噪声，G_{m2} 需要具有大的输出电压摆幅以扩大信号输入范围。因此，该斩波放大器第一级 G_{m1} 采用折叠共源共栅的跨导放大器(folded-cascode OTA)，第二级采用 A-类(class-A)放大器结构以保证输出大摆幅和高线性度。图 6.16 给出了斩波放大器晶体管级电路。

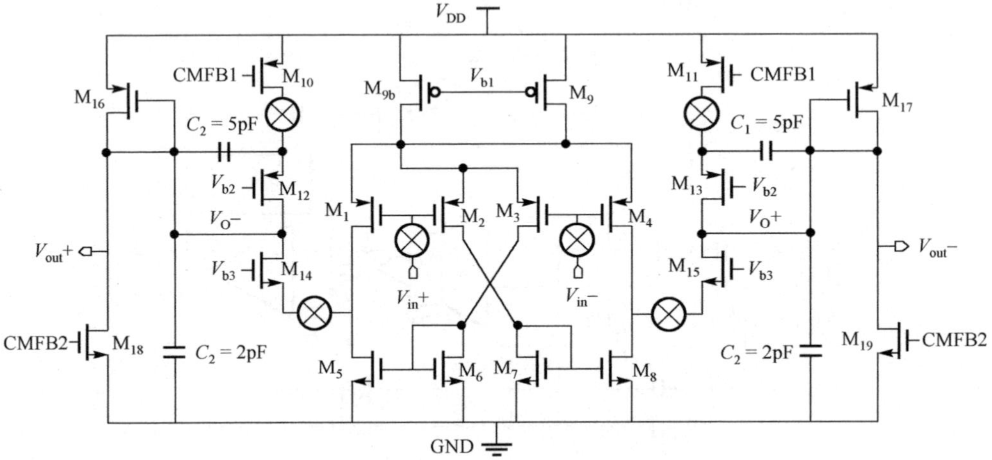

图 6.16 斩波放大器晶体管级电路

电路以 0.5V 电压供电，电源电压与 MOS 管的阈值接近，偏置于亚阈值的工作状态，MOS 管限制了整体电路的线性度和摆幅。为了减小亚阈值非理想效应，对晶体管级偏置状态进行优化：输入晶体管 $M_{1\text{-}4}$、$M_{16\text{-}17}$ 与共源共栅管 $M_{12\text{-}15}$ 均偏置于亚阈值区，同时为减小亚阈值漏源电压对漏电流 I_D 的调制效应，尾电流管与电流镜管 $M_{5\text{-}9}$、$M_{10\text{-}11}$、$M_{18\text{-}19}$ 的偏置状态靠近饱和区。斩波调制与解调过程均在折叠共源共栅输入级实现，则第一级信号在输出 V_o+ 与 V_o- 中已经被解调回基频，因此在第一级输出端加入负载电容 C_2 来减弱斩波尖峰脉冲的大小，并且通过将 $M_{16\text{-}17}$ 偏置深饱和区以减小跨导 $g_{m16\text{-}17}$ 从而抑制第一级的输出高频噪声。为了满足信号建立精度要求，放大器的带宽须远大于斩波频率(通常大于 3～5 倍的斩波频率)，相比传统在 G_{m1} 和 G_{m2} 之间进行斩波解调的方案，该斩波调制方案仅要求放大器 G_{m1} 带宽足够大，而对 G_{m2} 的带宽没有限制，因此可以大大降低 G_{m2} 的直流偏置电流，从而降低整体电路功耗。另外，该放大器采用共源共栅补偿方法来调整放大器的相位裕度，相比 Miller 补偿方法共源共栅补偿能够有效减小补偿电容 C_1 的大小从而优化电路功耗和面积。

放大器输入级采用了跨导自举技术以提升输入管 $M_{1\text{-}2}$ 的等效跨导。图 6.17 给出了输入跨导自举电路原理。输入信号 V^+经过 M_1 放大后输出电流为 $g_{m1}V^+$，输入信

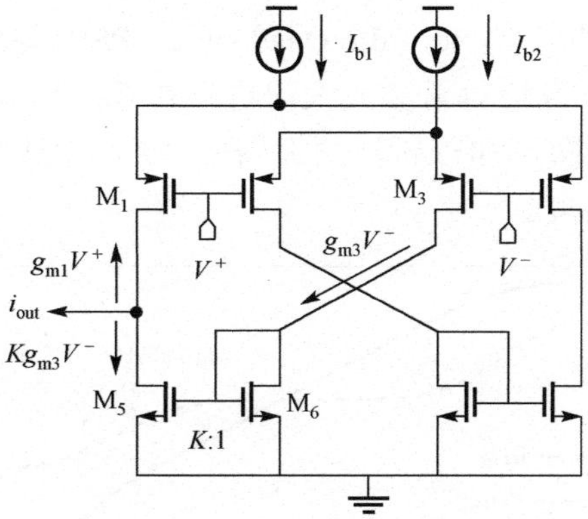

图 6.17　跨导自举电路原理

号 V^-经过 M_3 放大后输出电流为 $g_{m3}V^-$，并通过 M_5 和 M_6 后得到 $Kg_{m3}V^-$，则由放大器输入所产生的总电流 i_{out} 为

$$i_{out} = g_{m1}V^+ + Kg_{m3}V^- \tag{6-8}$$

为了保证 M_5 与 M_6 工作状态接近饱和区，设置 M_5 与 M_6 具有相同的长度 L，且 M_5 与 M_6 的宽度 W 之比为 2∶1，即 K=2。由此得到输入端等效跨导为

$$g_{m,eff} = g_{m1} + 2g_{m3} \tag{6-9}$$

放大器折叠共源共栅输入级用于提供大的开环增益，其输出摆幅很小，因此采用栅极输入的电流型共模反馈电路以减小对电路输出阻抗的影响。放大器输出级采用伪电阻分压式共模反馈电路。图 6.18 给出斩波放大器的共模反馈电路。MOS 管伪电阻 R_{P1} 与 R_{P2} 替代传统的大电阻，具有面积小、阻抗大的优点。在版图设计时将 R_{P1} 与 R_{P2} 中的 MOS 管以插指状排列，使两个电阻达到良好的匹配效果，从而使输出共模稳定在 V_{CM} 附近。

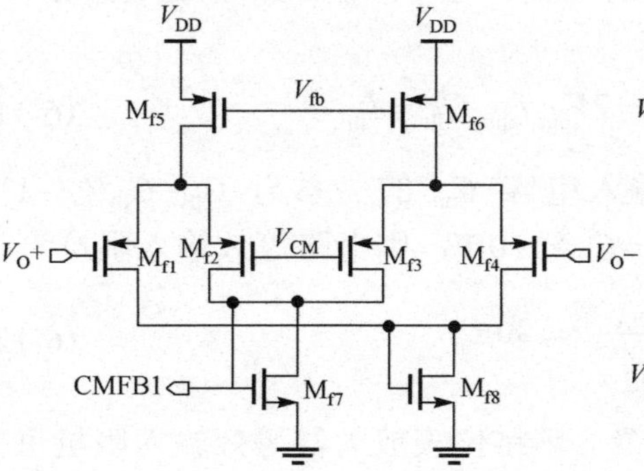

(a) 输入级共模反馈电路

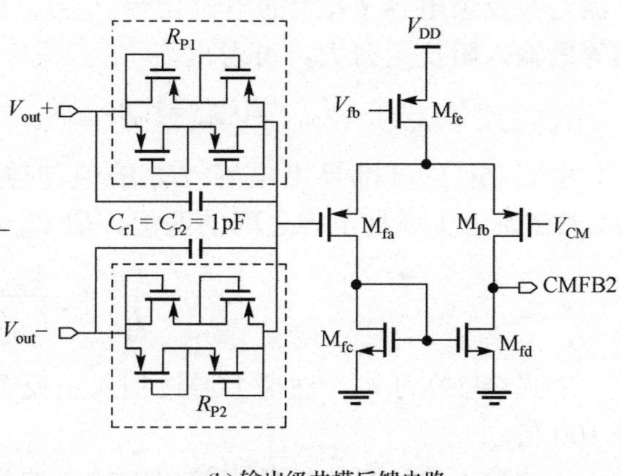

(b) 输出级共模反馈电路

图 6.18　斩波放大器的共模反馈电路

利用 Cadence 周期性稳态(periodic stead state，PSS)与周期性稳态交流(periodic alternating current，PAC)方法对斩波放大器进行仿真，图 6.19 给出了斩波放大器的幅频-相频仿真结果。由图可知，斩波放大器的开环直流增益可达 110dB，在 40dB 处可获得 67.7° 的相位裕度。

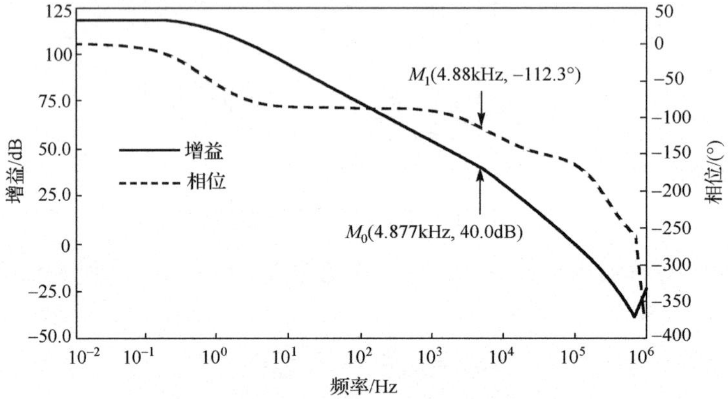

图 6.19　斩波放大器的幅频-相频仿真结果

斩波开关不断切换会造成输入电容 C_{in} 的充电和放电，这导致了电路的输入阻抗降低。假设电路中没有寄生电容，则由斩波开关和电容 C_{in} 所形成的等效输入阻抗为

$$R_{in}=\frac{1}{2f_{chop}C_{in}} \tag{6-10}$$

假设斩波频率 f_{chop}=5kHz，输入电容 C_{in}=12pF，则等效输入电容约为 8.3MΩ。电容 C_{pf1} 和 C_{pf2} 将斩波放大器输出信号反馈到输入端，利用正反馈技术提升斩波放大器的等效输入阻抗。不考虑电容寄生和失配，有 C_{pf1}=C_{pf2}= C_{pf}，当电容 C_{pf} 上的电流与负反馈电容 C_{fb} 上的电流相等(I_{fb}=I_{pf})时，输入电容 C_{in} 上无电流充放电，理论等效输入阻抗无穷大，可得出

$$I_{pf}=2(V_{out}-V_{in})f_{chop}C_{pf}=2V_{out}f_{chop}C_{fb}=I_{fb} \tag{6-11}$$

由式(6-11)可推导出电容 C_{pf} 的值与输入电容 C_{in} 的关系为 C_{pf}=C_{in}/(A−1)=121.21fF。为了满足电容之间的匹配，取 C_{pf}=C_{fb}=120fF，则电路等效输入阻抗为

$$R_{in\text{-}pf}=\frac{V_{in}}{I_{pf}}=\frac{A_{CCIA}}{2f_{CH}C_{in}}\approx 100R_{in} \tag{6-12}$$

由式(6-12)可知，理论上通过加入正反馈，环路仪表放大器等效输入阻抗可提升 100 倍。

斩波放大器的噪声性能直接影响输入信号的 SNR，其决定了电路能够获取信号的最小幅度。以图 6.16 中斩波放大器的半边电路分析放大器所产生的噪声，对于斩

波放大器 M_1 所产生的噪声可以表达为

$$\overline{v_{n,M1}^2} = \frac{4kT\gamma}{g_{m1}} + \frac{k_{fp}}{C_{ox}(WL)_1 f} \tag{6-13}$$

其中，k 为玻尔兹曼常量；γ 为噪声系数；T 为基于开尔文的温度；k_{fp} 为工艺参数；C_{ox} 为单位栅电容。由于 M_3 与 M_6 的噪声电流直接注入输入管 M_1，其噪声对等效输入噪声贡献比较显著，M_3 与 M_6 的噪声等效到 M_1 输入端的噪声可表示为

$$\overline{v_{n,M3,6}^2} = \frac{K^2 \cdot \left\{4kT\gamma(g_{m3}+g_{m6}) + \dfrac{k_{fp}g_{m3}^2 + k_{fn}g_{m6}^2}{C_{ox}(WL)_3 f}\right\}}{g_{m1}^2} \tag{6-14}$$

由于电流源的负反馈作用，共源共栅管 $M_{12,14}$ 的跨导非常小，其噪声贡献也非常小，在此处可以忽略。对于电流源管 $M_{5,10}$ 的等效输入噪声可表示为

$$\overline{v_{n,M5,10}^2} = 4kT\gamma\frac{g_{m5}+g_{m10}}{g_{m1}^2} + \frac{k_{fp5}}{C_{ox}(WL)_5 f}\frac{g_{m5}^2}{g_{m1}^2} + \frac{k_{fp10}}{C_{ox}(WL)_{10} f}\frac{g_{m10}^2}{g_{m1}^2} \tag{6-15}$$

假设斩波放大器第二级所产生的总噪声为 θ，则第二级等效输入噪声可表示为

$$\overline{v_{n,M16,18}^2} = \frac{\theta^2}{g_{m,eff}^2 R_{out}^2} \tag{6-16}$$

由于第一级增益 $A_{o1}=g_{m,eff}R_{out}$ 非常大，所以第二级的等效输入噪声可以忽略。放大器总的等效输入噪声为

$$\begin{aligned}\overline{v_{n,LNA}^2} = 2\Bigg\{&4kT\gamma\left(\frac{1}{g_{m1}} + K^2\frac{g_{m3}+g_{m6}}{g_{m1}^2} + \frac{g_{m5}+g_{m10}}{g_{m1}^2}\right)\\ &+ \frac{k_{fp1}}{C_{ox}(WL)_1 f} + K^2\left[\frac{k_{fp3}}{C_{ox}(WL)_3 f}\frac{g_{m3}^2}{g_{m1}^2} + \frac{k_{fn6}}{C_{ox}(WL)_6 f}\frac{g_{m6}^2}{g_{m1}^2}\right]\\ &+ \frac{k_{fp5}}{C_{ox}(WL)_5 f}\frac{g_{m5}^2}{g_{m1}^2} + \frac{k_{fp10}}{C_{ox}(WL)_{10} f}\frac{g_{m10}^2}{g_{m1}^2} + \frac{\theta^2}{g_{m,eff}^2 R_{out}^2}\Bigg\}\end{aligned} \tag{6-17}$$

由式(6-17)可知，增大输入管跨导 g_{m1}、增大有效跨导 $g_{m,eff}$ 能够有效降低等效输入噪声，因此需要增大 M_1 的漏极偏置电流；同时，减小电流源 $M_{5,10}$ 的跨导 $g_{m5,10}$ 能降低折叠共源共栅电路的噪声，因此需要减小折叠的共源共栅电路的电流，并且通过选取 $M_{5,10}$ 具有较小的宽长比增大电流源 $M_{5,10}$ 的过驱动电压；另外，可以通过减小 $M_{3,6}$ 的直流偏置电流减小 $g_{m3,6}$，从而降低 M_3 和 M_6 的噪声，因此设置 M_{9b} 的长宽比小于 M_9 的长宽比。

(2) RRL。由于斩波主放大器输入管存在失配，放大器存在等效输入失调电压。在斩波调制作用下，放大器的输入失调电压被调制到斩波频率，该高频失调噪声受

到运算放大器的有限增益带宽影响，在放大器输出端产生纹波电压。由运算放大器输入管所造成的纹波电压会严重干扰信号，为后级电路带来采样误差等，严重时，纹波会导致斩波放大器输出饱和或影响仪表放大器闭环稳定性。本设计在斩波放大器内部实现了一种负反馈结构来消除纹波电压，图 6.20 给出了斩波放大器输出纹波抑制原理。

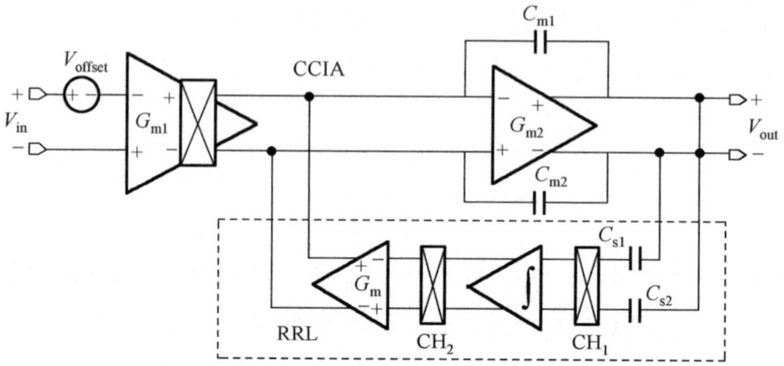

图 6.20　斩波放大器输出纹波抑制原理

纹波抑制电路由积分器、跨导放大器、斩波调制开关组成。RRL 通过对斩波放大器输出纹波电压进行积分和反馈达到纹波消除的目的。斩波放大器输出的有用信号处于低频段而纹波信号处于高频段，利用斩波开关 CH_1 将高频纹波调制到低频并将有用信号调制到高频，积分器对处于低频的纹波进行积分同时滤除有用信号，利用斩波开关 CH_2 将低频纹波调制到高频，并由跨导放大器以负反馈形式输出纹波补偿电流到斩波主放大器 G_{m2} 的输入端，从而达到纹波抑制的目的。

图 6.21 给出了纹波抑制电路原理，其中开关电容积分器由跨导放大器 G_{m3}、积分电容 $C_{int1,2}$、自动调零电容 $C_{a1,2}$ 组成。G_{m4} 为跨导补偿放大器，其作用是产生纹波补偿电流。电容 $C_{s1,2}$ 为交流耦合电容，其作用是通过交流耦合将斩波放大器输出纹波电压转换为电流量。斩波开关 CH_1 将高频纹波调制到低频并将有用信号调制到高频，开关电容积分器对该低频纹波电流进行积分，得到的积分电压保存在 $C_{int1,2}$ 上。同时，开关电容积分器滤除已经被调制到高频的有用信号，斩波开关 CH_2 将积分得到的纹波电压调制到高频，并由跨导放大器 G_{m4} 将得到的积分电压转换为电流量，再以负反馈形式输出到斩波主放大器 G_{m2} 的输入端，从而补偿 G_{m1} 产生的失调电流。纹波抑制电路积分器时钟 f_{SRRL} 为斩波频率 f_{chop} 的 1/2，即 $f_{SRRL}=1/2f_{chop}$，在积分器高电平周期内斩波开关进行一次调制与解调过程。在时钟 ϕ_1 阶段，开关 $S_{1,2,3,4}$ 打开，开关 $S_{5,6}$ 闭合，$C_{s1,2}$ 将纹波电压转换为电流，通过斩波调制将其从高频调制到低频后，积分器对纹波电流进行积分，将其转换为电压信号，并且通过 G_{m4} 将积分电压再次转换为电流信号输出。在时钟 ϕ_2 阶段，开关 $S_{1,2,3,4}$ 闭合，开关 $S_{5,6}$ 打开，$C_{s1,2}$ 被短路到地，G_{m3} 的失调电压存储在 $C_{a1,2}$ 上，同时 $C_{int1,2}$ 保持在 ϕ_1 阶段的积分结果，并驱动 G_{m4} 输出。

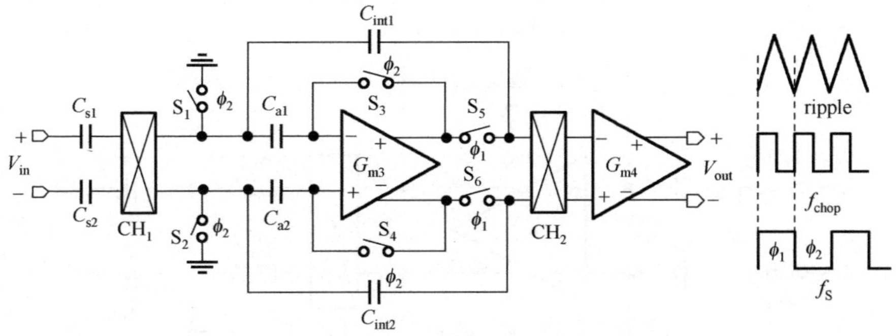

图 6.21　纹波抑制电路原理图

电容 $C_{s1,2}$、$C_{int1,2}$ 以及 G_{m4} 的跨导 g_{m4} 的值决定了纹波抑制环路的单位增益带宽频率 f_{0RRL}，根据电路传输函数可推出以下关系：

$$f_{0RRL}=\frac{g_{m4}C_{s1,2}}{2\pi C_{m1,2}C_{int1,2}} \tag{6-18}$$

其中，$C_{m1,2}$ 为斩波主运放的补偿电容 C_1+C_2，约为 7pF。纹波抑制电路与斩波主放大器形成了一个陷波滤波器，其在斩波频率 f_{chop} 处产生一个零点，从而消除输出纹波电压。为了避免纹波抑制环路影响有用信号，纹波抑制环路的单位增益带宽频率 f_{0RRL} 要远远小于 f_{chop}。纹波反馈电路为了不影响信号的正常放大，通常 G_{m4} 的跨导 g_{m4} 要小于斩波主放大器的输入跨导 g_{m1}，从而减小纹波抑制环路的噪声。积分器增益、跨导放大器增益决定了纹波抑制倍数，其可表达为

$$A_{RRL}=\frac{A_{Gm3}g_{m4}}{C_{m1,2}f_{chop}} \tag{6-19}$$

其中，A_{Gm3} 为积分器增益。因此，通过增加跨导放大器 $G_{m3,4}$ 的增益可以提升环路对纹波的抑制能力。本设计中的跨导放大器 $G_{m3,4}$ 均采用两级折叠共源共栅结构，其中以偏置在深亚阈值区的 PMOS 管作为输入。PMOS 管与 NMOS 管相比具有更小的 $1/f$ 噪声，并且重掺杂的 N 阱可以有效屏蔽衬底噪声。

(3) 直流反馈环路。信号经过输入斩波开关的作用，电极直流失调被调制到高频，利用伪电阻与反馈电容的直流抑制结构不能达到消除直流目的。同时，伪电阻阻值随工艺、漏电流等有较大变化(一般伪电阻阻值变化可达到 1 个数量级)，通常需要外部调节伪电阻偏压使其阻值满足设计要求。本设计采用一种直流反馈环路来消除电极直流失调，将斩波放大器输出信号的直流量进行积分，然后反馈到斩波放大器的输入端，利用输入信号与直流反馈相减，从而消除信号的直流失调电压。图 6.22 给出了直流反馈环路的电路结构图。

直流反馈环路由开关电容积分器、斩波开关 CH_P 和电容 $C_{hp1,2}$ 构成，直流反馈环路在仪表放大器中引入了一个高通节点 f_{hp}，可推导出

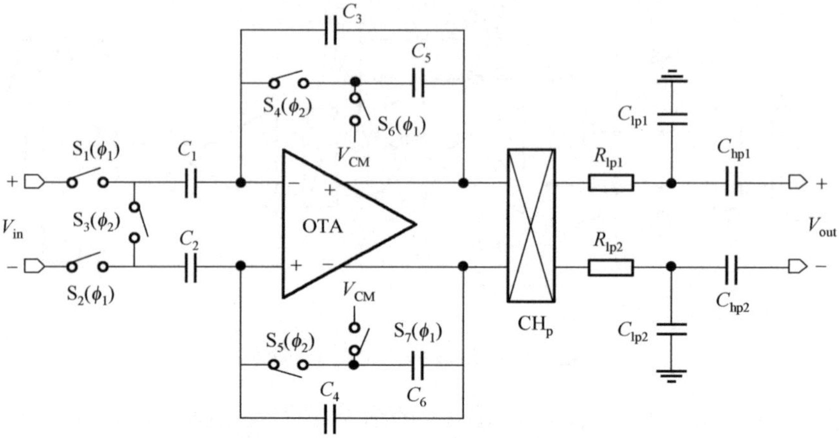

图 6.22　直流反馈环路的原理

$$f_{hp} = \frac{C_{hp1,2}}{C_{fb1,2}} f_{0DSL} \tag{6-20}$$

其中，f_{0DSL}为直流反馈环路中的开关电容积分器的一阶极点。为了实现接近零频率的高通节点以抑制信号直流分量，积分器的积分常数必须非常大以实现超低的一阶极点 f_{0DSL}。超大时间常数积分器工作过程如下：在时钟ϕ_1阶段，电容 C_1 上的电荷 C_1V_{in} 转换到电容 C_3 上，同时电容 C_5 采样积分器的瞬时输出为 $V_{out}(n-1/2)$。在时钟ϕ_2阶段，C_1 从 C_3 上提取电荷 C_1V_{in}，同时 C_5 与 C_2 进行电荷分享。该积分器分别在两个时钟阶段重复利用电容 C_3，在实现大的积分常数的同时有效减小了面积。积分器的时钟设置为 $2f_{chop}$，并且为避免斩波放大器输出纹波或尖峰脉冲对积分器产生影响，积分器时钟与斩波时钟保持相位匹配。可推导出该积分器的传输函数为

$$H(z) = -\frac{C_{1,2}C_{5,7}}{C_{3,4}^2} \frac{z^{-\frac{1}{2}}}{1-z^{-1}} \tag{6-21}$$

由此可得到，积分器的一阶极点频率为

$$f_{0DSL} = \frac{2f_{chop}C_{1,2}C_{5,7}}{2\pi C_{3,4}^2} \tag{6-22}$$

其中，电容取值为 C_1=C_2=C_5=C_6=80fF，C_3=C_4=15pF。因此，该积分器所获得的 f_{0DSL} 为 0.045Hz。尾电容 $C_{hp1,2}$ 能够抑制直流反馈电路的噪声，本设计将其设置为 1.5pF，可推导出直流反馈环路所引入的高通节点 f_{hp}=0.56Hz。直流反馈环路的尾电容与输入电容的比值决定了电路能够抑制的最大直流失调电压 V_{EOV}，其关系为

$$V_{EOV} = \frac{C_{hp1,2}}{C_{in1,2}} V_{out\text{-}max} \tag{6-23}$$

其中，$V_{\text{out-max}}$ 为积分器的最大输出摆幅，约为 400mV。因此仪表放大器电路可获得大约±50mV 的电极直流消除电压。为了获取更大的 V_{EOV}，需要增大尾电容 $C_{\text{hp1,2}}$，则积分器需要更大的积分电容以实现更小的 f_{0DSL}，由此导致电路面积的显著增加。因此，需综合考虑电路直流失调抑制能力、噪声、面积等来确定直流反馈环路中电容的大小。

积分器中的 OTA 输入端与斩波放大器的输出端连接，其输入摆幅较大。为了提高最大直流失调电压 V_{EOV}，应尽量增大运算放大器的输出摆幅。因此，本次设计了 Miller 补偿的两级跨导放大器，第一级采用了 PMOS-NMOS 组合的输入轨到轨折叠共源共栅结构，第二级是一个 A-类共源级放大器。图 6.23 给出了积分器中放大器的 MOS 晶体管级电路。该放大器引入了斩波调制技术来消除输入管的 1/*f* 噪声，并且在积分器后由 $R_{\text{lp1,2}}$ 和 $C_{\text{lp1,2}}$ 组成的无源低通滤波器滤除积分器输出的高频噪声。采用两级共模反馈电路，电容 C_1 和 C_2 为 Miller 补偿电容。

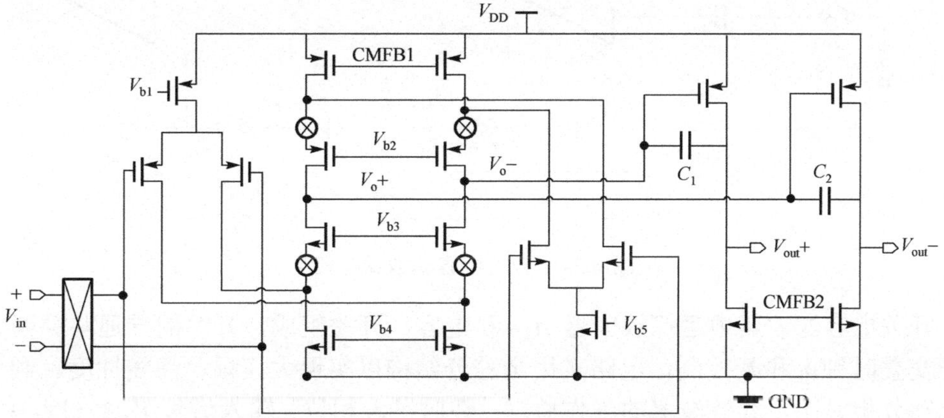

图 6.23　积分器中放大器的 MOS 晶体管级电路

2. 开关电容滤波器

仪表放大器的输出信号中存在斩波调制引入的尖峰脉冲和残余的纹波，同时输出信号的高频中存在 1/*f* 噪声与失调电压，这些噪声与干扰会严重损害有用信号。为了消除斩波仪表放大器输出信号中的高频噪声与干扰，通常需要在斩波放大器后接入低通滤波器。假设斩波频率为 5kHz，滤波器的通带截止频率需要小于 5kHz，因此滤波器需要具有超低的截止频率。对于无源 *RC* 结构的滤波器，需要超大的电阻、电容来实现超低的截止频率，在集成电路工艺中会占用很大的面积。另外，无源 *RC* 结构难实现高阶滤波特性，而一阶无源 *RC* 品质因数差且对信号有衰减，因此无源 *RC* 结构的滤波器不适用。G_m-C 结构滤波器通过减小跨导放大器的有效跨导可以实现超低频截止点，并且可以通过级联反馈等实现高阶滤波效果，但通常 G_m-C

滤波器的第一级为开环的跨导放大器，其输入摆幅小、线性度差，不适用于高增益的仪表放大器。因此本书采用了一种具有超低截止频率的滤波器，该滤波器具有两阶低通滤波特性，并增强了斩波频率处的噪声抑制能力，在 0.5V 超低电压供电下具有大输入摆幅、高线性度。为了满足信号大输入、输出摆幅要求，采用了一种开关电容滤波器结构，并且通过优化系统传输函数减小电容值，从而优化了电路功耗和面积。图 6.24 给出了开关电容滤波器电路。

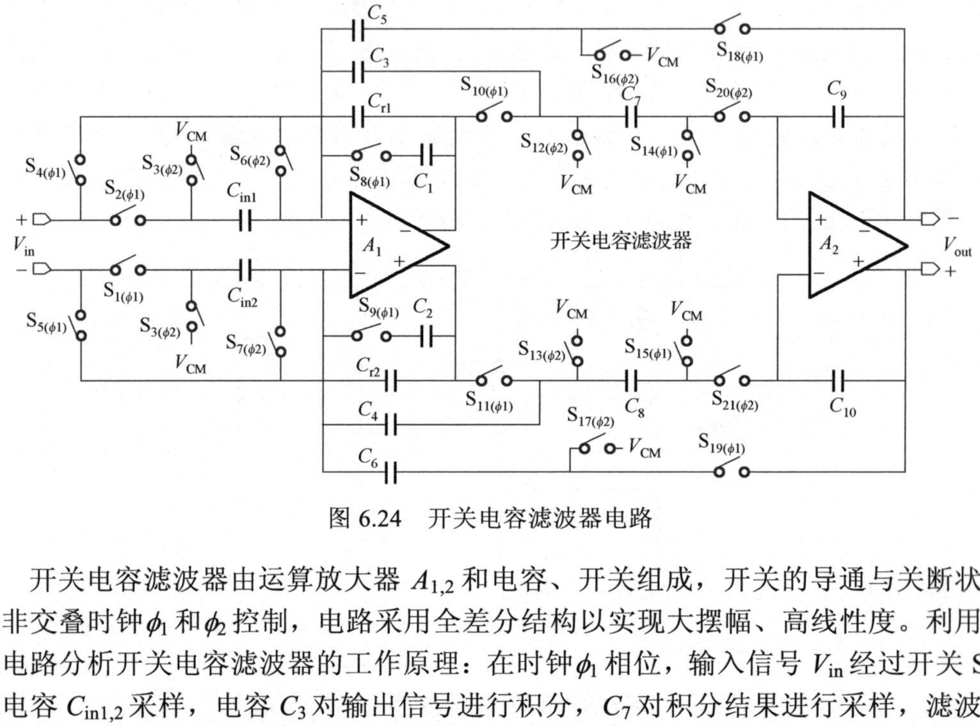

图 6.24　开关电容滤波器电路

开关电容滤波器由运算放大器 $A_{1,2}$ 和电容、开关组成，开关的导通与关断状态由非交叠时钟 ϕ_1 和 ϕ_2 控制，电路采用全差分结构以实现大摆幅、高线性度。利用半边电路分析开关电容滤波器的工作原理：在时钟 ϕ_1 相位，输入信号 V_{in} 经过开关 $S_{1,2}$ 由电容 $C_{in1,2}$ 采样，电容 C_3 对输出信号进行积分，C_7 对积分结果进行采样，滤波器输出 V_{out} 保持输出上一时刻的值，并通过 C_5 反馈输出值到 A_1 的输入端。在时钟 ϕ_2 相位，$C_{in1,2}$ 和 C_7 的输入短路到 V_{CM}，C_7 上的电荷转移到 C_9 上并生成输出信号。根据电路中电荷转移过程，可推出电路 z 域的传输函数，由 z-s 的等效变化得出电路在 s 域的传输函数为

$$H(s) = -\frac{f_s^2 \dfrac{C_{in1,2}C_{7,8}}{C_{1,2}C_{9,10}}}{s^2 + f_s \dfrac{C_{3,4}}{C_{1,2}} s + f_s^2 \dfrac{C_{7,8}C_{5,6}}{C_{1,2}C_{9,10}}} \tag{6-24}$$

其中，f_s 为开关的时钟频率，为了在每一个斩波相位上获取信号，开关电容滤波器采样率设为 2 倍的斩波频率，即 $f_s = 2f_{chop}$。输入电容 $C_{in1,2}$ 初值为 200fF，电路中电容取值分别为 $C_{1,2} = 1.2\text{pF}$，$C_{5,6,7,8} = 200\text{fF}$，$C_{3,4} = 400\text{fF}$。则该滤波器传输函数可表达为

$$H(s) \approx -\frac{\frac{1}{36}f_s^2}{s^2 + \frac{1}{3}f_s + \frac{1}{36}f_s^2} \tag{6-25}$$

假设斩波频率为 5kHz，则滤波器开关的时钟频率 f_s=10kHz，可计算出滤波器的 –3dB 带宽为 300Hz。考虑到该前端电路须适用于 ECG、EEG、EMG、LPF 等多种生理电信号的采集与处理，在滤波器中实现了可变增益与可变带宽的功能，通过合理地配置电路增益和带宽使前端电路对不同生理电信号、不同采集对象都能达到最优性能。根据所采集的生理电信号的频率特性，合理调节电路带宽能够在不影响信号的情况下最大限度地抑制信号带外噪声。SAR ADC 的信噪比随输入信号摆幅的降低而急剧恶化，为了提升 SAR ADC 对信号的量化精度、保证 SNR，SAR ADC 的输入信号须接近满摆幅。因此，通过合理地调整前端电路的增益，能够在不同生理电信号采集中获得最优量化精度。由式(6-24)可知，可以通过调整滤波器中电容的大小来控制电路的增益与带宽，其中输入电容 $C_{in1,2}$ 用来调整滤波器的通带增益，通过改变滤波器的时钟频率可以调整滤波器的–3dB 带宽，滤波器的带宽变化会对斩波频率处的噪声抑制产生影响，为了满足在斩波频率处的噪声抑制效果，需要同时改变斩波频率。为了避免开关的非理想效应对信号造成影响，增益与带宽控制开关管采用 NMOS 管，并且 MOS 管栅极采用外部 1.8V 驱动以保证在信号满摆幅范围内 MOS 管工作状态不发生改变。该滤波器设计可调增益范围为 1～3V/V(步长为 0.5V/V)，并设计可变带宽范围为 250Hz～1kHz(步长约为 250Hz)。为了提高对高频斩波频率附近噪声的抑制能力，滤波器的带宽须尽量接近信号带宽。

为了避免滤波器的输入失调电压对信号的影响，在滤波器中加入了输入失调存储与消除技术，如图 6.25 所示。电容 $C_{r1,2}$ 为失调补偿电容，V_{os} 为等效输入失调电压。在时钟 ϕ_2 相位，滤波器输入级连接成单位增益负反馈结构，由输入失调引起的

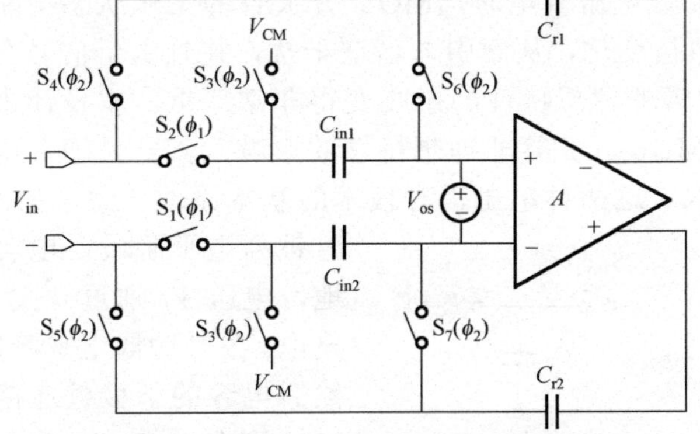

图 6.25　滤波器输入失调存储与消除电路

运算放大器输出电压通过 $C_{r1,2}$ 反馈到输入端，等效的失调电压 $V_{os,eff}$ 存储在 $C_{in1,2}$ 上，有 $V_{os}=V_{os,eff}$。在时钟 ϕ_1 相位，$C_{in1,2}$ 对输入信号采样，输入的等效采样电压为

$$V_{in,eff}=V_{in}+V_{os}-V_{os,eff}=V_{in} \tag{6-26}$$

由此消除了滤波器的输入失调电压 V_{os}。

在低电压驱动下，滤波器需要实现大的输入、输出摆幅，运算放大器 A_1 与 A_2 采用全差分两级跨导放大器结构，并且将运算放大器 A_2 的输出级直流偏置电流设置为较大值，从而利用滤波器直接驱动 SAR ADC。图 6.26 给出了运算放大器的电路图。运算放大器的第一级为折叠共源共栅结构，其用来提供高增益，并采用 N-PMOS 结合实现轨到轨信号输入。第二级为 A-类共源放大器，其提供大输出摆幅。在第一、二级间加入调零电阻 R_z 与 Miller 电容 C_m 来补偿运算放大器的相位裕度。该运算放大器只采用一个共模反馈电路，共模反馈电路输入为运算放大器输出 $V_{out}+$ 与 $V_{out}-$，共模反馈输出 V_{CMFB} 接入共源共栅的电流源。

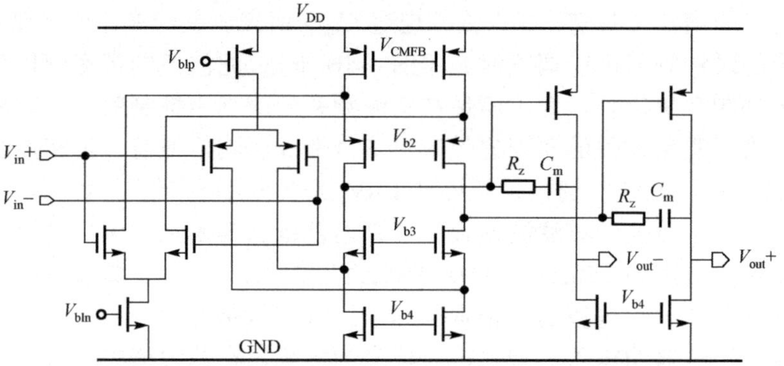

图 6.26　运算放大器的电路图

开关的非理想因素会严重影响信号质量，并且可能造成滤波器截止频率与增益的失调。尤其在低电压供电时，MOS 开关管的工作状态会随输入信号幅度而改变，造成电路阻抗变化，从而引入谐波干扰，并且由于信号在滤波器中的幅度较大，MOS 开关管非理想特性的影响变得非常严重。本设计采用两种时钟电压自举技术来消除 MOS 开关管非理想特性的影响，其一是输入电压自举技术，其二是时钟倍压技术。这两种电压提升技术的基本原理一致，如图 6.27 所示。在时钟高电平阶段，电容 C_B 的下极板接地，电压 V_C 通过开关 S_T 给电容上极板充电。在时钟低电平阶段，开关 S_T 断开，然后电容的下极板连接所需的自举电压 V_B，则在电容 C_B 的上极板得到电压为 V_B+V_C，从而获得了电压提升的效果。

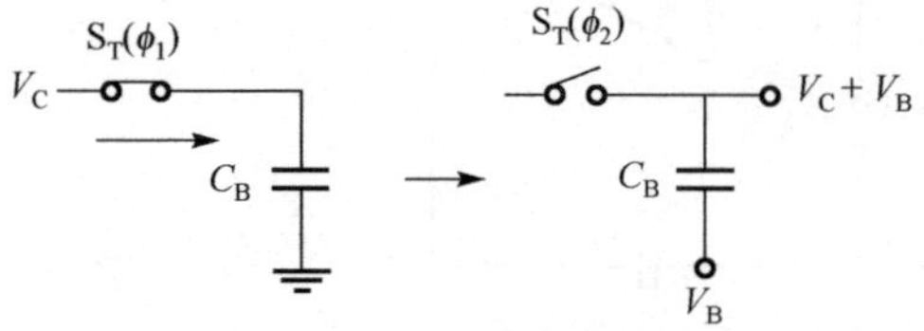

图 6.27　时钟电压自举技术原理

输入电压自举技术是通过保持 MOS 开关管栅-源之间的电压恒定，保证 MOS 开关管的导通电阻不随输入信号变化，从而获得高的线性度。开关电容滤波器的线性度主要由采样开关 $S_{1,2}$ 决定，因此 $S_{1,2}$ 采用输入自举电路结构，如图 6.28 所示。M_S 为采样开关管，CLK 为开关控制时钟。$M_{1,2}$ 与 $C_{1,2}$ 组成了电压自举电路，将 M_3 的栅压在时钟 CLK 低电平时自举到 $2V_{DD}$。输入电压自举电路工作过程为：在 CLK 为低电平时，M_4 导通，C_3 下极板接地。M_3 导通，C_3 上极板接电源电压 V_{DD}。M_7 关断，M_{11} 导通，M_S 处于截止状态，此时电路处于保持阶段；当 CLK 为高电平时，$M_{7,8,9}$ 导通、M_{11} 关断。M_4 截止，C_3 下极板通过 M_9 接输入电压 V_{in}。M_3 截止，此时 C_3 栅极板电压为 $V_{DD}+V_{in}$。则采样管 M_S 栅压为 $V_{DD}+V_{in}$，M_S 的栅-源电压为 V_{DD}，此时电路输出信号 V_{out} 跟随输入信号变化。M_S 采用深 N 阱工艺制作，并利用 M_{12} 驱动 M_S 的衬底来减轻衬底偏置，从而使 MOS 管的阈值电压恒定，进一步提升采样管的线性度。

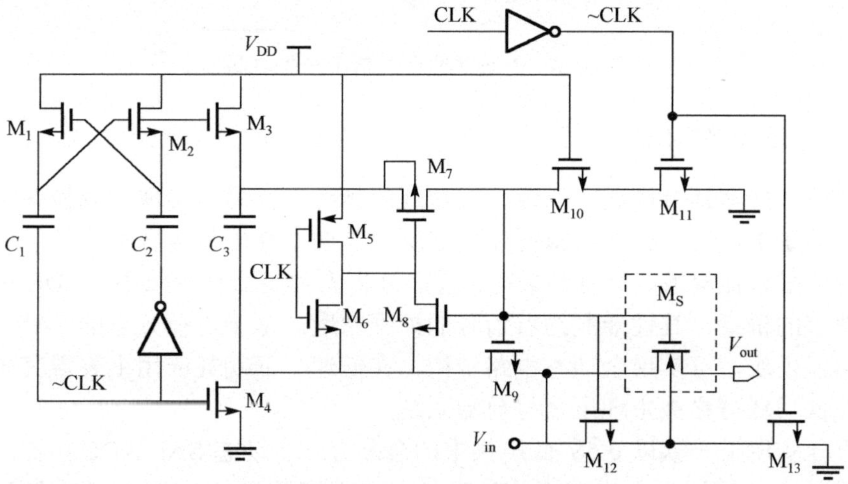

图 6.28　输入自举电路

时钟倍压技术是将 MOS 开关管导通时栅极电压提升到 2 倍的 V_{DD}，从而降低开关的导通电阻，使电路适合于低电压应用。图 6.29 给出了所采用的时钟倍压电路。当输入时钟 CLK_in 为高电平时，M_1 导通，输出时钟 CLK_out 为低电平，同时 M_2 截止，M_3 导通，电容 C_B 的左边为低电平，右边接高电平 V_{DD}。当输入时钟 CLK_in 为低电平时，M_1 和 M_3 截止，电容 C_B 左边为高电平，C_B 的右边电压为 2 倍的 V_{DD}，且此时 M_2 导通，输出时钟 CLK_out 为 2 倍的电源电压，从而电路实现了时钟的反相与倍压。此外，为了避免开关电容滤波器的时钟馈通效应，该电路实现了非交叠时钟产生电路，如图 6.30 所示。本设计中时钟自举与非交叠电路被用于斩波仪表放大器的斩波开关中。

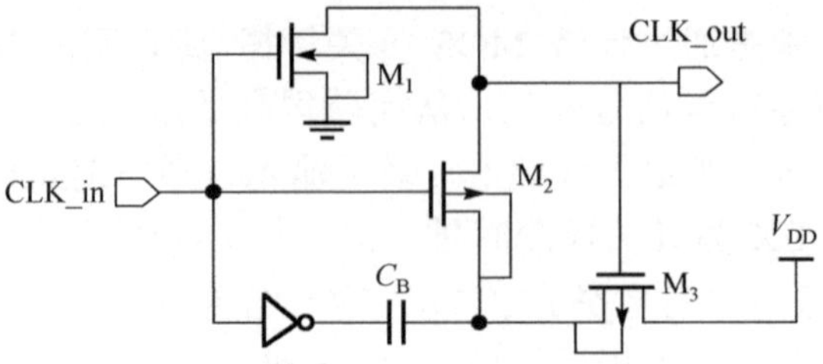

图 6.29　时钟倍压电路

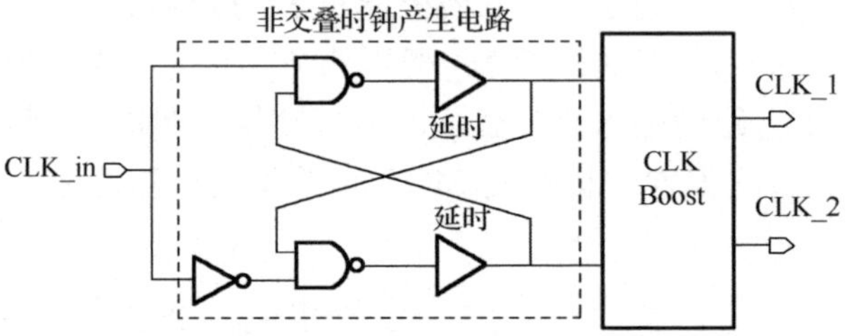

图 6.30　时钟非交叠与倍压产生电路

3. 逐次逼近型 ADC

数字信号处理具有快速、高效、低功耗的优势，并易于实现大规模复杂算法。在可穿戴系统中，通常会将模拟前端电路所采集的生理电信号转换为数字信号，以便于进行信号特征提取、信号归类等，进而分析人体生命体征状态。ADC 是信号从模拟到数字的桥梁，其性能制约着信号的处理精度。基于电荷分享的 SAR ADC 没有线性增益模块，可实现全动态电路结构，在低速、低功耗应用上表现突出，非常适合于超低功耗可穿戴生理电信号前端系统。

本设计实现了一款以 0.5V 低压供电的全差分、全动态 SAR ADC 电路，提出了一种改进的拆分结构电容阵列开关时序，有效降低了 SAR ADC 的功耗和面积。图 6.31 给出了 SAR ADC 的电路结构图。该 SAR ADC 电路主要由采样/保持电路、电容阵列、电容开关、比较器、SAR 逻辑电路构成，其中电容阵列采用二进制权重，设计整体转换位数为 10 位。SAR ADC 的采样时钟频率与开关电容滤波器时钟频率一致，参考电压 V_{REF} 和 V_{CM} 分别为 0.5V 和 0.25V。

为了进一步降低电路的功耗和面积，本设计结合高位拆分结构与 V_{CM}-based 开关时序，并利用了电容阵列的最低位(least significant bit，LSB)的电容，提出了一种新型低功耗、小面积的 SAR ADC 电容阵列开关时序。以 4 位转换过程为例，图 6.32 给出了 4 位电容阵列开关时序作用原理。采用该时序，10 位 SAR ADC 的单端电容阵列所需总电容仅为 $256C_0$，与传统电容阵列相比电容可节省 75%，从而大大降低电路面积和功耗。

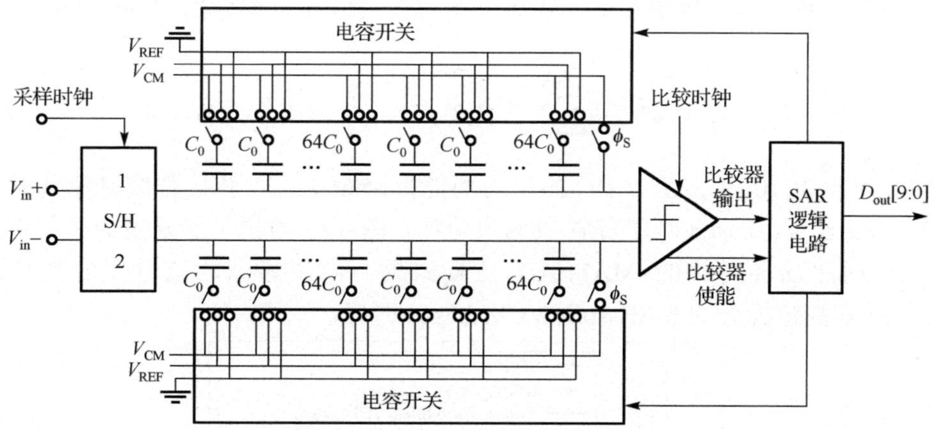

图 6.31　SAR ADC 的电路结构

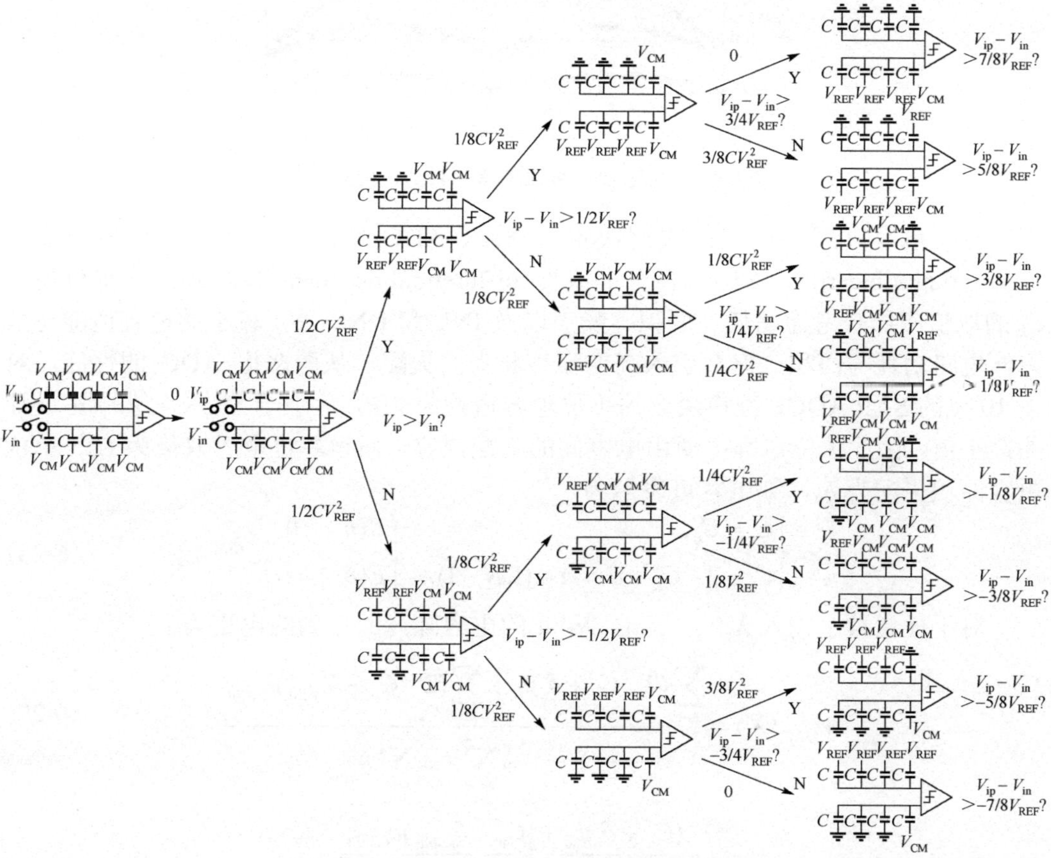

图 6.32　4 位电容阵列开关时序作用原理

假设每比特的转换概率相同，由以上电容开关时序可推导出 N-bit SAR ADC 的平均功耗为

$$E_{\text{Proposed}}=\left[2^{N-5}+\sum_{i=1}^{N-3}2^{N-5-2i}(2^i-1)+\frac{3}{16}\right]\cdot CV_{\text{REF}}^2,\quad N\geqslant 4 \tag{6-27}$$

由此可得出 10 位 SAR ADC 的平均功耗为 $55.6CV_{\text{REF}}^2$，相比传统时序节省 96%的功耗，相比 V_{CM}-based 时序节省 78%的功耗。图 6.33 给出了所采用的开关电容时序与其他时序功耗对比的 MATLAB 仿真结果。结果显示，该时序的功耗优于 V_{CM}-based 和高位拆分的 MSB-split-VCM-based 时序。

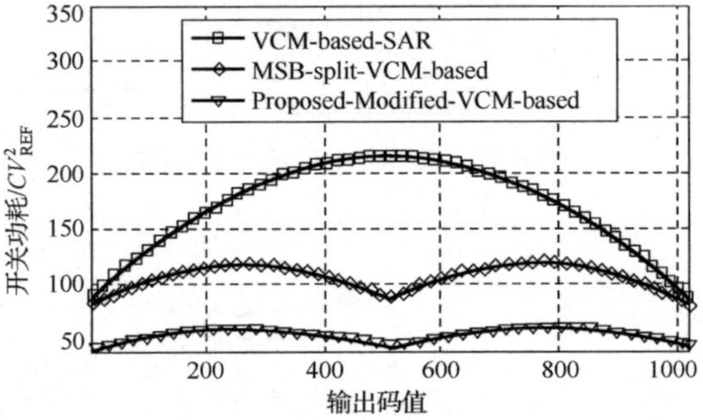

图 6.33　时序功耗对比的 MATLAB 仿真结果

开关电容时序与电容的失配决定了 SAR ADC 的静态特性，如积分非线性(integral nonlinearity，INL)与微分非线性(differential nonlinearity，DNL)。单位电容 C_0 的取值应综合考虑功耗、面积、噪声以及 INL 和 DNL 等，较小的电容值能有效降低电路功耗与面积，但会引入高的噪声和大的失配，从而恶化 ADC 的性能。对于 10 位的 SAR ADC，噪声决定的单位电容值约为 2fF，远小于 MOS 工艺中可设计的最小值，因此单位电容主要由电容间的失配决定。假设单位电容取值为 C_{u}，单位电容面积失配为 δ_{u}，则电容可表示为

$$\begin{cases}C_1=C_0,\\ C_i=2^{i-1}C_{\text{u}}+\delta_i,\quad i\in(1,N-1),\end{cases}\quad \begin{cases}E(\delta_i)=0\\ E(\delta_i^2)=\sigma_{\text{u}}^2\end{cases} \tag{6-28}$$

对于任意数字输入 $X[b_i,\cdots,b_0]$，N-bit 的电容阵列的得到的电压为

$$V_{\text{DAC}}(X)=\frac{\sum_{i=1}^{N-4}(2^{i-1}C_{\text{u}}+\delta_i)b_i+\sum_{i=1}^{N-4}(2^{i-1}C_{\text{u}}+\delta_{i,\text{split}})b_{i,\text{split}}}{2^{N-2}C_{\text{u}}+\sum_{i=0}^{N-4}\delta_i+\sum_{i=0}^{N-4}\delta_{i,\text{split}}}+\frac{(C_{\text{u}}+\delta_i)b_0+(C_{\text{u}}+\delta_{i,\text{split}})b_{0,\text{split}}}{2^{N-2}C_{\text{u}}+\sum_{i=0}^{N-4}\delta_i+\sum_{i=0}^{N-4}\delta_{i,\text{split}}} \tag{6-29}$$

其中，b_i 的取值为 1、1/2 或 0，其分别代表电容接 V_{REF}、V_{CM} 和 GND。电容失配 δ_{u} 满足高斯分布，在此可忽略误差量 $\sum_{i=0}^{N-4}\delta_i$ 和 $\sum_{i=0}^{N-4}\delta_{i,\mathrm{split}}$，并推导出电容阵列的 INL 与 DNL 分别为

$$\begin{aligned}\mathrm{INL} &= \frac{V_{\mathrm{DACP,real}}(X)-V_{\mathrm{DACP,ideal}}(X)}{\mathrm{LSB}}\\ &= \frac{\sum_{i=1}^{N-4}\delta_i b_i+\sum_{i=1}^{N-4}\delta_{i,\mathrm{split}}b_{i,\mathrm{split}}+\delta_i b_i+\delta_{i,\mathrm{split}}b_{i,\mathrm{split}}}{2^{N-2}C_{\mathrm{u}}\cdot \mathrm{LSB}}\end{aligned} \tag{6-30}$$

$$\mathrm{DNL}(X)=\mathrm{INL}(X)-\mathrm{INL}(X-1) \tag{6-31}$$

通过仿真可知，该时序在 $1/4V_{\mathrm{REF}}$ 与 $3/4V_{\mathrm{REF}}$ 处得到最差的线性度，最差 INL 与 DNL 分别为

$$E[\delta^2_{\mathrm{max,INL,proposed}}]=2^{N-1}\frac{\sigma_{\mathrm{u}}^2}{C_{\mathrm{u}}^2} \tag{6-32}$$

$$E[\delta^2_{\mathrm{max,DNL,proposed}}]=2^{N}\frac{\sigma_{\mathrm{u}}^2}{C_{\mathrm{u}}^2} \tag{6-33}$$

由此可以看出，当电容阵列存在相同电容失配情况下，该时序的 INL 与 DNL 比 V_{CM}-based 时序的差，即本设计以降低静态特性为代价换取了功耗的降低。在 MATLAB 上利用所提出的电容阵列开关时序建立 10-bit SAR ADC 的行为及模型，其中单位电容失配为标准偏差为 1%的高斯分布，图 6.34 给出了 MATLAB 的蒙特卡罗仿真结果。结果表明：采用该时序时得到最大 DNL 和最大 INL 分别为

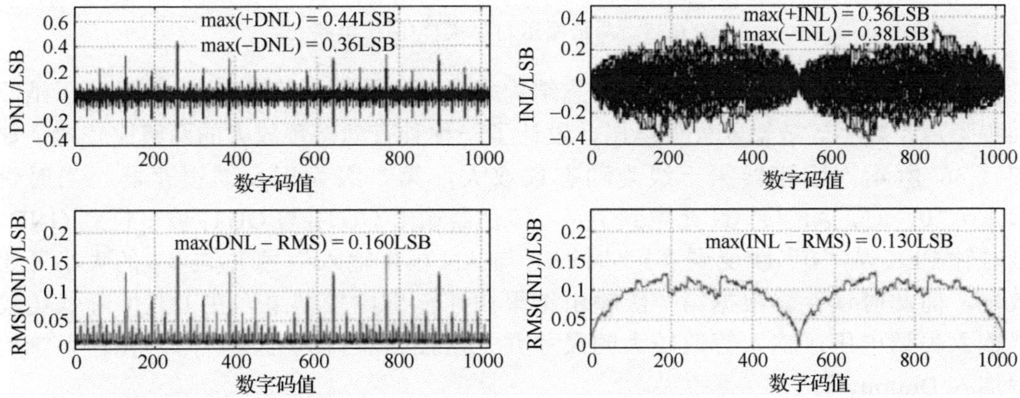

图 6.34　开关时序的蒙特卡罗仿真结果

+0.44/−0.36LSB 和+0.36/−0.38LSB。SAR ADC 中的电容采用 MIM 结构实现，单位电容取(5×5) μm^2 并利用对称、插指等结构减小电容之间的失配。SAR ADC 电容阵列中单端电容为 6.22pF，整体电容阵列中的电容为 12.44pF。

为了提升 SAR ADC 的采样/保持电路在低电源供电时的线性度，同时降低采样/保持开关的导通电阻，本设计提出了一种两倍栅压自举采样/保持电路。该电路可保持开关 MOS 管的导通栅-源电压为两倍的电源电压。图 6.35 给出了两倍栅压自举采样/保持电路。当时钟为低电平时，C_1 和 C_2 将 M_{13} 的栅-源电压提高到两倍电源电压，同时时钟为高电平时，C_2 将信号提升一个电源电压，并经过 M_4 输入 C_3 电容下极板，C_3 将输出信号再提升一个电源电压，并通过 M_{14} 将两倍自举的电源电压加到采样管 M_S 栅极上，从而使时钟高电平采样管 M_S 的栅-源电压恒定为 $2V_{DD}$。当时钟为低电平时，M_S 管关断，电路处于保持状态。通过以上作用过程，电路实现了两倍栅压自举采样/保持功能。

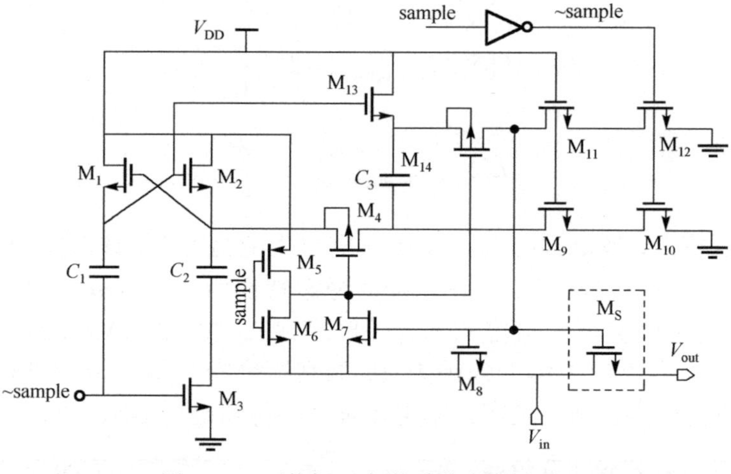

图 6.35　两倍栅压自举采样/保持电路

SAR ADC 中比较器采用了全动态结构来消除比较器的静态功耗，并且为了消除回踢噪声、减小等效输入失调电压，设计了一种具有动态预放大的两级比较器，如图 6.36 所示。比较器第一级为动态预放大，第二级为正反馈锁存器。当时钟 CLK=“0”时，AP 与 AN 充电到 V_{DD}，锁存器输出 OUT_N 与 OUT_P 被复位到 GND。当时钟 CLK 从“0”跳变到“1”时，AP 与 AN 根据输入信号 V_P 与 V_N 的大小开始放电，而此时锁存器根据第一级输出结果快速输出比较结果。在工艺中降低比较器输入失调电压，输入管取较大的尺寸并采用插指状排列方法，同时在输入管周围加入 Dummy 管。

SAR 逻辑电路采用基于动态锁存器的异步逻辑实现，电路结构简单、功耗低。图 6.37 给出了 10 位异步 SAR 逻辑结构与单元存储电路。动态逻辑电路只使用了 10

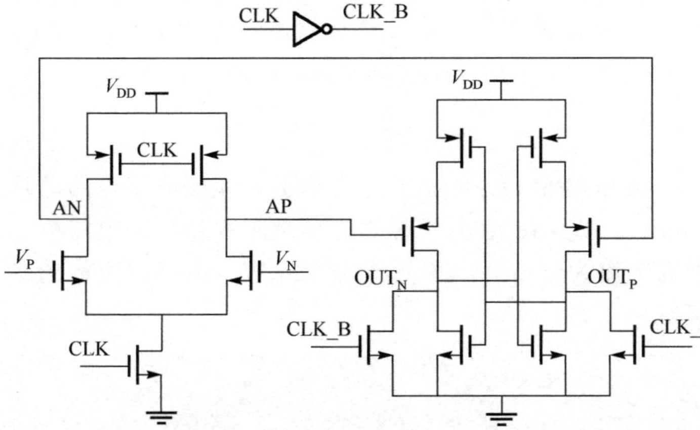

图 6.36　两级全动态比较器电路

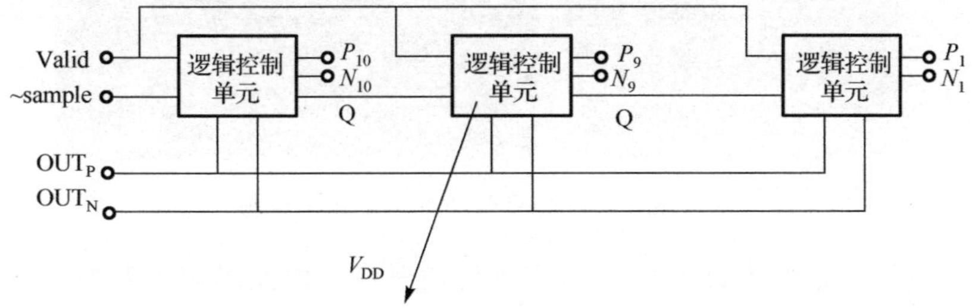

(a) 10位SAR逻辑结构

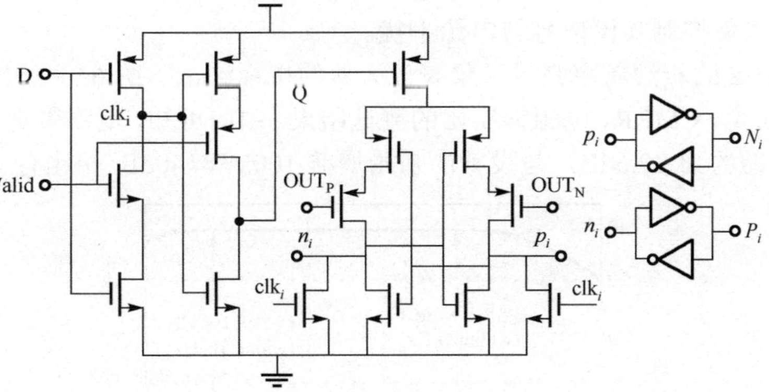

(b) 单元存储电路

图 6.37　SAR 逻辑电路

个单位存储模块，相比传统 SAR 逻辑，大大简化了电路，节省了面积和功耗。单位存储电路是由真单相钟控锁存器(true single-phase clock register，TSPCR)结合锁存器改进而来，在低速应用时能够长时间维持输出电压，避免因漏电引起的输出跳变。电路中 Vaild 信号是比较器每一次完成比较所产生的信号，–sample 是 SAR ADC 采样时钟的反相，OUT_P 与 OUT_N 为比较器输出结果。

4. 测试与分析

应用 SMIC 0.18μm 1P6M CMOS 工艺实现了该模拟前端电路芯片，电路占用芯片的面积约为 1mm^2。图 6.38 给出了芯片的显微照片和测试电路板。该模拟前端电路总体消耗的平均电流为 2.6μA，功耗约为 1.3μW。电路中所需的参考电压、时钟均在芯片外部实现。

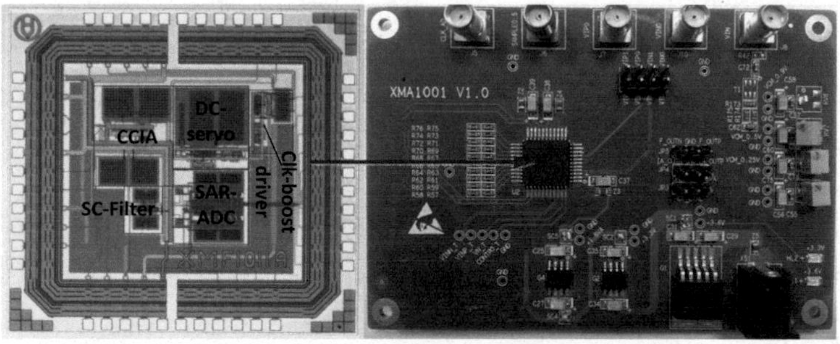

图 6.38　芯片的显微照片和测试电路板

斩波仪表放大器的性能决定了信号采集的质量、电路噪声以及对干扰的抑制能力。该仪表放大器总体消耗 1.2μA 电流，功耗为 0.6μW。仪表放大器的主要功能是为信号提供增益，其带宽必须包含所采集的信号频带，同时其 CMRR、电源抑制比必须足够高以避免抑制共模信号与电源干扰。

本次以 5kHz 的斩波频率完成了仪表放大器的指标测试。图 6.39 给出了仪表放大器的增益、带宽、CMRR、电源抑制比的测试结果。由图可知，电路带宽为 0.5Hz～4kHz，带内增益约为 39.6dB，与设置的初始增益 100V/V(40dB)相比有 0.4dB 的增

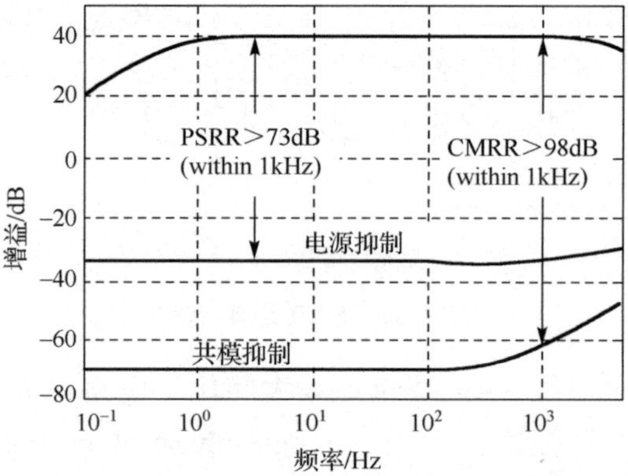

图 6.39　仪表放大器的增益、CMRR、电源抑制比测试结果

益衰减，其原因主要有放大器的有限增益和电路寄生效应。由于直流反馈环路(DC-Servo)的作用，电路直流增益被抑制。信号带内(0.5Hz～1kHz)可得到最小 CMRR 约为 98dB，电源抑制比为 73dB。由于斩波开关将电路的共模干扰与电源噪声被调制到信号带外，因此有效提升了该电路的共模抑制与电源抑制能力。

由于斩波放大器的输入管的尺寸非常大，并在版图中采用了插指状结构，大大减小了输入管的失配。同时，斩波放大器的大的输入跨导有效抑制了等效输入失调电压。另外，斩波开关将处于直流的输入失调电压调制到高频，并在后级电路将处于高频的失调电压滤除。因此，该电路获得了非常小的等效输入失调电压。图 6.40 给出了斩波放大器等效输入失调电压的测试结果。由此可看出，斩波放大器的等效失调电压约为 1.8μV，残余的失调主要由斩波开关的电荷注入引入，同时测试所使用的低通滤波器不能完全消除斩波频率处的噪声，对等效失调测试结果造成影响。

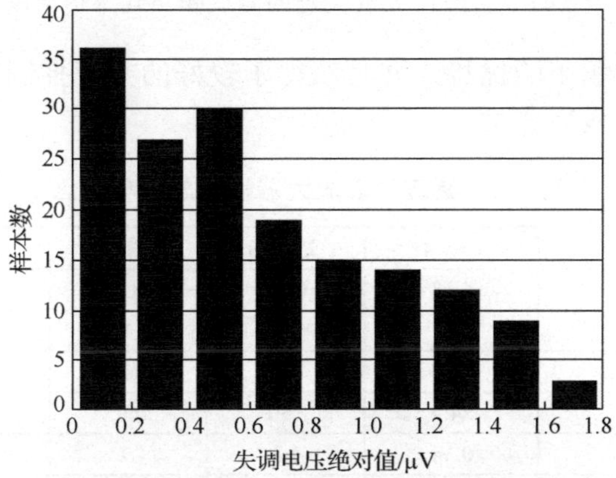

图 6.40　斩波放大器等效输入失调电压

仪表放大器的噪声是电路主要的噪声源，图 6.41 给出了斩波仪表放大器的测试噪声功率谱密度。由图可知，斩波调制技术有效消除了仪表放大器的 $1/f$ 噪声，$1/f$ 噪声的转角频率降低至 2Hz 附近，残余的 $1/f$ 噪声主要是由于放大器的直流增益衰减导致，同时斩波放大器输出级也对 $1/f$ 噪声有一定贡献。在 50Hz 频点处电路噪声密度为 130nV/rtHz，在信号带内(0.5Hz～1kHz)积分噪声为 4.3μVrms。根据 IA 的电路功耗、带宽和积分噪声可计算出噪声-能效因子 NEF 为 5.7，同时得出 PEF 为 16.2。

根据斩波与输入电容计算的初始输入阻抗约为 8.3 MΩ，由于电路中电容 $C_{pf1,2}$ 构成的正反馈环路对输入阻抗的提升作用，测试得到电路输入阻抗为 48.5MΩ，阻抗提升了 5.8 倍，其远小于理论计算的 100 倍，主要是由于直流反馈路径在输入端抽取电流，导致补偿电流与反馈电流出现失配，同时由于阻抗对于电容 $C_{pf1,2}$ 非常敏感，寄生电容会大大影响实际输入阻抗。在表 6.1 中总结了该斩波放大器的性能指标，并且与近些年国际上相关的优秀工作进行对比。结果显示，实现的斩波仪表放

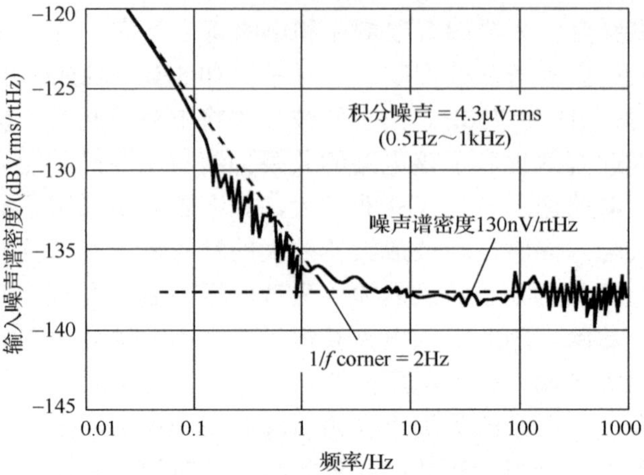

图 6.41　斩波仪表放大器的测试噪声功率谱密度

大器具有功耗低、面积小的优势，并且获得了较好的共模抑制与电源抑制能力，电路性能指标基本满足应用要求。

表 6.1　斩波仪表放大器性能总结与对比

指标	文献[4]	文献[5]	文献[6]	文献[7]	本书
CMOS 工艺/μm	0.18	0.18	0.065	0.6	0.18
电源电压/V	—	1	1	2.8	0.5
功耗/μW	1.17	3.5	1.8	2.4	0.6
噪声密度/(nV/rtHz)	24.4	130	60	60	130
等效输入噪声/μVrms	0.34	1.3	.7	—	4.3
带宽/Hz	0.7～182	0.5～100	0.5～100	—	0.5～1k
NEF	1.74	9.3	3.3	3.09	5.7
PEF	1.05	86.49	10.89	26.7	16..2
CMRR/dB	>70	60dB	>134	>66	>98
电源抑制比/dB	>70	—	>120	>80	>73

通过调整输入电容的大小，可以调整滤波器的增益。设置斩波频率为 5kHz、滤波器时钟频率为 10kHz 时，滤波器−3dB 带宽为 250Hz。图 6.42 给出了滤波器增益分别为 1V/V、1.5V/V、2V/V、2.5V/V、3V/V 时的幅-频响应曲线。从图中看出，调整增益不会影响滤波器的−3dB 频点。设置滤波器增益为 1V/V 时，通过改变滤波器的时钟频率可改变其−3dB 带宽，在测试中斩波频率与滤波器时钟分别取：5kHz/10kHz、10kHz/20kHz、15kHz/30kHz、20kHz/40kHz。图 6.43 给出了滤波器的幅-频响应曲线。当滤波器时钟分别为 10kHz、20kHz、30kHz、40kHz 时，得到的−3dB 带宽大约为 250Hz、500Hz、750Hz、1kHz。测试结果表明，该滤波器具有良好的两阶(−40dB)低通衰减特性，并且能够实现增益、带宽的控制。由于电路中寄

生电容、运算放大器带宽的影响，测量的增益、带宽与设计值存在一定偏差，但并不影响电路性能，滤波器各项指标满足设计要求。

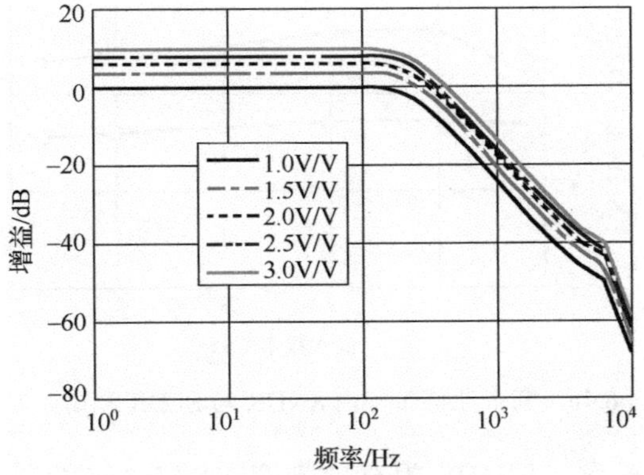

图 6.42　滤波器随增益变化幅-频响应曲线

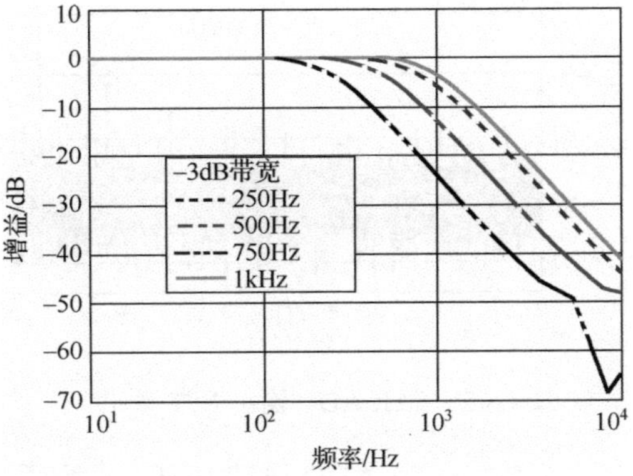

图 6.43　滤波器可调带宽幅-频响应曲线

SAR ADC 的性能决定了信号的量化精度。利用信号发生器产生接近全摆幅的输入信号来测试 ADC 的性能，SAR ADC 输出数字码由 FPGA 采样，并在 MATLAB 上对数据进行处理。图 6.44 给出了 SAR ADC 静态特性的测试结果。由图中可知，DNL 和 INL 的峰值分别为+0.41/−0.45 LSB 和+0.57/−0.48 LSB。

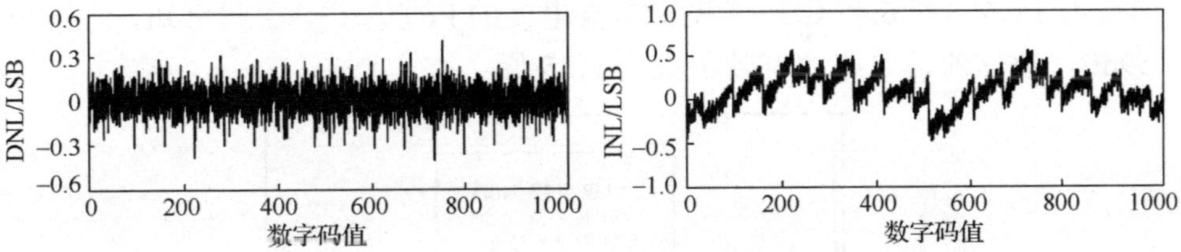

(a) DNL　　(b) INL

图 6.44　SAR ADC 的静态特性

图 6.45 给出了 SAR ADC 的动态测试结果。设置 SAR ADC 采样率为 10kHz，测试输入单音正弦波信号频率为 4.7kHz、峰峰值为 0.45V，对输出 8192 个点的数字码进行 FFT 分析，得到 SNDR 为 57.8 dB，信号无杂散范围(spurious free dynamic range，SFDR)为 61.6 dB，得到量化有效位数为 9.3 位。

生理电信号频率通常很低，因此在输入低频信号时 ADC 应保持较高的量化精度。图 6.46 给出了在奈奎斯特带宽内的 SNDR 与 SFDR 测试结果。由图可知，该 SAR ADC 能够在信号带内保持较高的量化精度与线性度。

通常用优值因子(figure of merit，FOM)来衡量不同采样速率 ADC 的转换能量效率，FOM 定义为

$$\mathrm{FOM}=\frac{\mathrm{Power}}{\min\{f_s,2\times \mathrm{ERBW}\}\times 2^{\mathrm{ENOB}}} \tag{6-34}$$

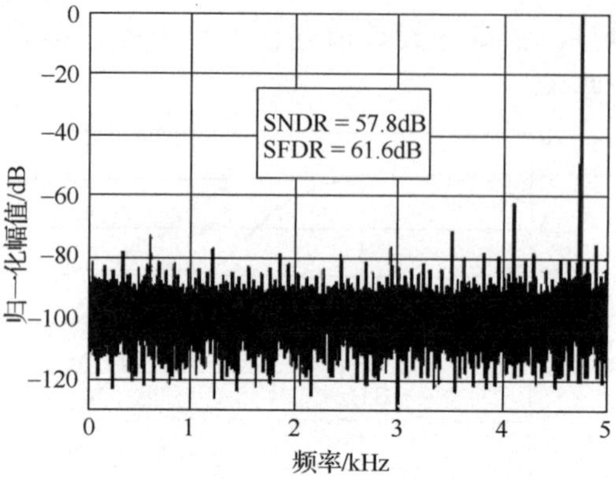

图 6.45　SAR ADC 输出 FFT 频谱

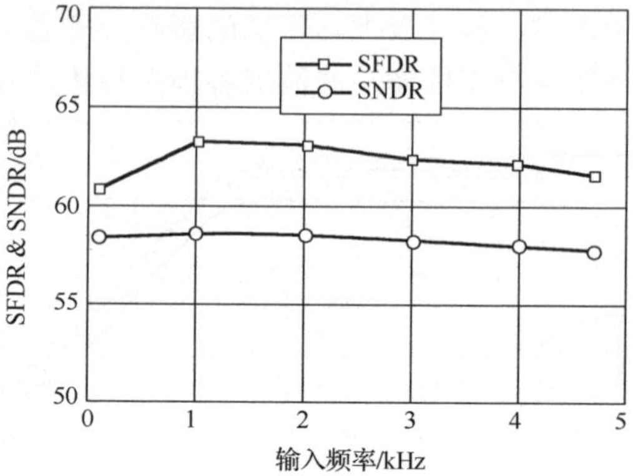

图 6.46　奈奎斯特带宽内 SNDR 与 SFDR 测试结果

其中，Power 为 ADC 电路功耗；f_s 为采样速率；ERBW 为有效带宽。SAR ADC 的采样率为 10kHz，电路功耗约为 68nW，获得峰值有效位数为 9.3 位，由此计算出该 SAR ADC 获得的 FOM 值为 10.8fJ/conversion-step。

为了测试芯片的整体性能，将低频、低幅值的正弦信号输入仪表放大器中，采集 SAR ADC 的输出码值，并利用 MATLAB 对采集的数字码做频谱分析。输入信号频率约为 80Hz，幅度约为 3mV，斩波频率为 5kHz，滤波器–3dB 带宽为 250Hz，滤波器增益为 1V/V。图 6.47 给出了模拟前端电路的 FFT 频谱。由图可知，信号 SFDR 可达 59dB，整体前端电路的有效位数为 8.35 位。

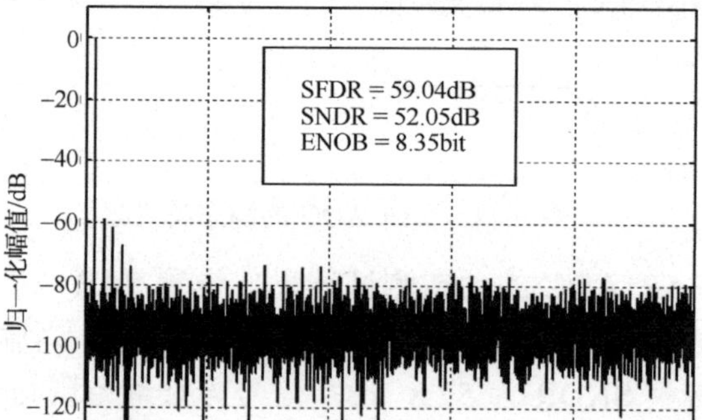

图 6.47　模拟前端电路的 FFT 频谱

6.2　线性模式激光雷达接收器模拟前端电路

本节主要介绍常见的激光探测方式，详细描述线性模式激光雷达的基本原理和雪崩光电二极管(avalanche photodiode，APD)的工作原理。

6.2.1　激光雷达探测原理

激光雷达是以激光作为辐射源来照射目标区域，然后接收模块获取由目标反射回来的激光回波，并从中提取出与目标相关的信息，最后利用信号处理技术获得目标的距离、方位甚至三维图像，如图 6.48 所示。

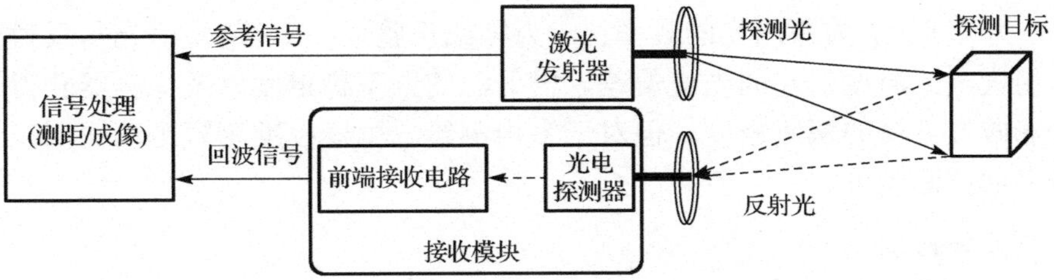

图 6.48　激光雷达基本探测原理

1. 不同探测模式的激光雷达

根据激光发射类型的不同，激光雷达可分为连续波探测和脉冲波探测两种。

1) 连续波探测

由于激光技术和光电探测器的限制，早期的激光雷达系统主要采用连续波探测，包括干涉式探测、三角法探测、频率调制式探测以及相位法探测。这几种探测方式可以满足不同探测距离和探测精度的需求。

(1) 干涉式探测：该方法利用激光良好的相干性，同时发射两束相干的激光，其中一束具有固定的光路长度，而另一束照射目标后返回探测器，两束激光重合后会产生干涉条纹，再利用干涉原理即可推算出目标物的距离。干涉式激光探测具有很高的灵敏度，再配合短波长的光源即可获得很高的精度，但是如果探测距离太远，该方法反而会因为过密的干涉条纹而导致测量结果不准。因此该方法的最佳探测距离在十几厘米以内。

(2) 三角法探测：激光具有良好的准直性，将光束投射在待测目标物上后会反射回接收器，在感光元件接收到反射光线后即可利用三角函数来计算出目标物的距离。但是当目标距离较远时，发射光束和反射光束会趋于平行，使得计算结果出现较大的偏差，因此该方法仅适用于几十厘米的目标物探测[13]。

(3) 频率调制式探测：通过发射一束连续的激光(如三角波或锯齿波)至待测目标，通过工作于线性模式的 APD 即可探测到发射光与反射光之间的频率差，进而得出待测目标的距离。该方法最高可以达到数公里的探测距离，被广泛应用于非接触式扫描、定位以及断层扫描等领域，但是该方式对于激光发射装置要求较高，不仅要对激光进行频率调制，在远距离探测时还要不断增大发射功率，因此限制了便携式、低功耗等场合的应用。

(4) 相位法探测：通过发射一束连续的激光来照射目标物，反射光的相位会根据目标物距离的变化而变化，利用发射光与反射光的相位差即可计算出光源与目标之间的距离，目标距离可表示为

$$d=\frac{c}{2}\cdot\frac{\varphi_j}{2\pi f_j}=\frac{c}{2}\cdot\frac{2n\pi+\Delta\varphi_j}{2\pi f_j} \tag{6-35}$$

其中，c 为光速；f_j 为探测光的频率；n 为零或正整数；$\Delta\varphi_j$ 是发射光与反射光的相位差。由大气或温度引起的光速偏差、发射源的频率稳定度以及探测器获得的相位差均会影响该方法的探测精度，但对于室内测绘、机器校准等短距离探测，该方法具有较高的探测精度。

2) 脉冲波探测

连续波激光探测要求激光源具有较高的发射功率，而且需要保持发射器静止以提高其探测精度，这使得连续波激光可探测的距离受到了极大地限制。为了达到更远的探测距离，现阶段的激光雷达系统多采用可以聚集更多发射能量的脉冲波探测。脉冲波探测最常用的是飞行时间(time of flight，TOF)法，该方法是利用激光脉冲发射和回收之间的时间差，计算出激光脉冲行进的路程，以此来获取目标的距离[14,15]。

脉冲波激光雷达相对于连续波激光雷达具有明显的优势：首先，脉冲式激光雷达具有更远的探测距离。在激光发射系统的平均发射功率相同的情况下，脉冲波具有更高的峰值功率，即使待测目标较远，其回波信号仍可以保持较高的光强，因而可获得更远的照射距离。其次，当接收器获取回波脉冲时测距工作即可完成，因此脉冲式激光雷达的探测速度更快，还可以通过提高发射激光脉冲的重复频率来获取更多的探测数据，更适用于对即时性要求高的场合，如汽车防碰撞。再者，为了提高探测距离，连续波探测需要使用光功率增强装置，从而要求目标方位固定。而脉冲式激光探测不要求目标合作，可以移动地对目标进行探测，因此具有更高的便携性和隐蔽性，这也使得脉冲式激光雷达具有更广泛的应用场合。表 6.2 将上述几种探测方式进行了对比。

表 6.2　各种激光探测方式对比

探测方式	探测距离	探测精度	优缺点
干涉式	～1m	～μm	(1) 精度非常高 (2) 探测距离受到波长限制 (3) 激光受介质干扰较为严重
三角法	～10m	<1cm	(1) 精确度高 (2) 精确度与距离成反比

续表

探测方式	探测距离	探测精度	优缺点
频率调制式	～10km	<10m	(1)适于中等距离探测 (2)探测范围受限于激光发射功率 (3)精确度较低 (4)电路复杂
相位法	～1km	0.1mm～10cm	(1)适于中等距离探测 (2)精确度较高 (3)电路较为复杂
脉冲飞行时间法	航空：～1000km 军事：～100km 工业：～1km	航空：10～100m 军事：0.5～50m 工业：1cm～1m	(1)探测距离远，可应用场景多 (2)激光发射功率高 (3)解析度较低

2. 雪崩光电二极管

作为激光雷达系统的核心器件，光电探测器可以将接收到的激光信号转化成为可供电路处理的电流或电压信号。其中，光电二极管因其占用面积小、探测灵敏度高和响应速度快等优势逐渐成为激光雷达探测器的首选。常见的光电二极管有带有本征层的 PIN 和 APD 两种。PIN 的工作电压很低，但是响应度也比较低。APD 两端需要较高的偏压，但由于具有很高的响应度，可以实现较高的探测灵敏度。因此 APD 逐渐成为高速、远距离探测激光雷达的首选。

普通的光电二极管是基于 PN 结的光电效应工作的：如果 PN 结的反向偏压足够高，在有光波照射 PN 结时，PN 结附近的电子会吸收光子的能量，进一步，如果光子能量高于或等于该 PN 结的禁带宽度，那么处于价带的电子因吸收光子能量而进入导带，产生光生载流子。这些光生载流子在反偏电压的作用下定向运动而形成光生电流。然而，即使无光照射时，PN 结也会因为反偏电场作用产生热载流子，形成暗电流。过小的光生电流会被暗电流覆盖，从而给后级放大电路引入噪声。为了提高光生电流的信噪比，这就需要通过增大光电二极管 PN 结的内增益来提高反向电流，于是 APD 应运而生。

APD 是在对 N 区和 P 区重掺杂后在 P 区周围引入 N 型区，N 区周围引入 P 型区，从而形成一个倍增区。高偏压下，该倍增区中的载流子接收到光子能量后会引发倍增激发，从而形成持续的光生电流。APD 的反偏电压与其反向电流之间的关系如图 6.49 所示。增大其反偏电压时，APD 的反向电流也会增加。

可以看到，工作于不同反偏电压时，APD 会呈现出两种不同的工作模式：一种是线性模式，也就是在雪崩电压之下时，随着反偏电压的增加，APD 的输出电流会随之线性增加。另一种就是盖革模式，在这一模式下，由于反偏电压高于雪崩电压而存在雪崩效应，此时即使 APD 仅吸收单个光子的能量也会导致其输出电流饱和。

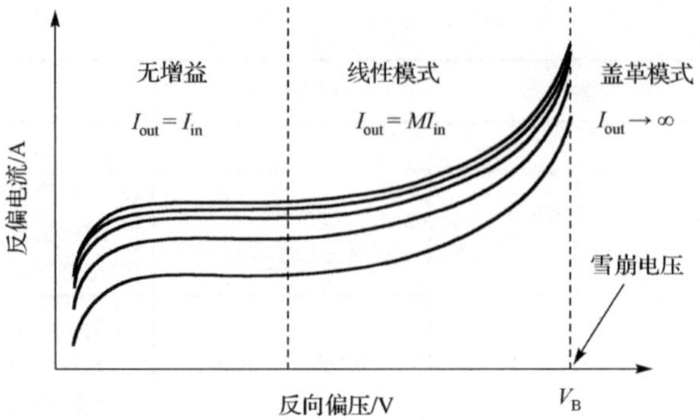

图 6.49　APD 反偏电压与其反向输出电流的关系曲线

为了描述反偏电压对输出电流的影响，人们引入了倍增因子 M 的概念。在室温(300K)下，倍增因子 M 可以表示为

$$M = \left(1 - \frac{V}{V_B}\right)^{-n} \tag{6-36}$$

其中，V_B 为雪崩电压；V 是 APD 的反向工作电压；n=1～3，是与 APD 制作工艺和入射光波长相关的参数。

在接收到激光回波后，APD 上的输出电流可以表示为

$$i_{si} = \frac{e\eta_e P_r}{h\nu} \tag{6-37}$$

其中，h 为普朗克常量；ν 为入射光的频率；η_e 为 APD 的量子效率；P_r 为 APD 所接收到入射光的光功率。量子效率就是在特定波长范围内，所产生的光电子数目与入射光的光子数目的比值。理想 APD 的量子效率应为 1，即每接收一个光子，光敏面上就会产生一个电子。

在倍增因子的影响下，APD 的输出电流为

$$i_{so} = Mi_{si} \tag{6-38}$$

即

$$i_{so} = M\frac{e\eta_e P_r}{h\nu} = \left(1 - \frac{V}{V_B}\right)^{-n} \frac{e\eta_e P_r}{h\nu} \tag{6-39}$$

由此可知，在给定照射光的情况下，如果希望增大光生电流，那么既可以提高照射光的光功率，也可以提高其反偏电压而增大其倍增因子。除此之外，APD 的主要指标还有响应度、击穿电压、响应带宽等。

6.2.2　基于脉冲飞行时间探测的线性模式激光雷达接收器模拟前端电路

根据所采用的 APD 工作模式不同，激光雷达又分为盖革模式激光雷达和线性模式激光雷达两种。

盖革模式 APD 具有单光子检测的特性，可以使得探测器具有很高的灵敏度，易于制成较大的面阵。但是盖革 APD 有明显的缺陷，即高虚警率和长死区时间。由于工作在临近击穿的区域，盖革 APD 很容易受到噪声的干扰，而且在接收到光电子后 APD 会被击穿，为了保护器件不被烧坏，需要由控制电路将其偏压断开一段时间，这种死区时间是无法避免的。死区时间过长会限制盖革模式激光雷达的探测效率，而且在这段时间内，激光雷达有可能丢失重要的目标[14]。

线性模式激光雷达则没有死区时间，适于在高速探测和多回波探测中使用，因而成为激光雷达的另一个重点研究方向。该类激光雷达利用激光发射器发出激光照射在被探测的物体上，由目标物反射回的激光回波被工作在线性模式的 APD 接收并转换为电流信号，再由前端模拟接收器将 APD 产生的脉冲电流线性地转换为电压信号，然后利用 TDC 得出脉冲的飞行时间信息，或者由 ADC 采集回波脉冲的幅值，最后提供给后续的数字信号处理器(digital signal processor，DSP)做进一步处理。线性模式激光雷达所采用的 APD 工作在线性区，不会轻易被击穿，在接收激光回波后无须重置，可以不间断地进行多回波探测，因此该类型激光雷达可以快速得出目标的距离信息，并且可以获得回波的强度信息，从而能对不同反射系数的目标进行识别[15]。

目前的脉冲波激光雷达已经由最初的单通道探测，发展为多线列扫描式探测，甚至大面阵探测。在单通道探测时代，利用分离的元器件即可完成前端接收器的搭建，然而，随着多线列/大面阵探测的发展，出现了 128 线列扫描探测，虽然增加激光扫描的线列数可以有效提高激光雷达的角度分辨率，但是前端接收器的规模和功耗也将成倍增长，如果采用分立元器件搭建，多线列激光雷达的成本、体积以及装配复杂度也会成倍增加，显然其会成为多通道激光雷达的桎梏。

随着半导体制造工艺的发展，专用的激光雷达前端接收芯片应运而生。读出集成电路(readout IC，ROIC)是把用于处理 APD 光电流的多个电路整合在单一芯片内的专用集成电路。ROIC 的基本功能是对 APD 输出的光电流信号进行转化、放大，并为后级系统提供回波信息。传统的线性模式激光雷达读出电路的基本单元结构如图 6.50 所示，其中包含前端跨阻放大器(transimpedance amplifier，TIA)、比较器、TDC 等。TIA 是 ROIC 的核心模块，它将 APD 输出的脉冲电流转化为电压信号，经多级放大后利用比较器实现前沿时刻鉴别，然后由 TDC 利用时刻鉴别信号得出激光脉冲的飞行时间，并输出至 DSP 做进一步处理。

ROIC 现已成为激光雷达获取信息的核心技术，其性能直接影响光电探测器所能发挥的性能，还决定了激光成像的质量。高性能的 ROIC 需要具备低噪声、大电流输入动态范围、高带宽和低功耗等特性，以保证新型激光雷达远距离、高精度、易携带的探测需求。随着研究的深入，激光雷达可以将 APD 器件、ROIC 芯片、TDC 甚至 ADC 通过三维集成的方式整合起来，形成片上激光雷达，从而实现更高的探测速率、更高的 SNR 和更小的体积，这将会极大地扩展激光雷达的应用范围[15]。

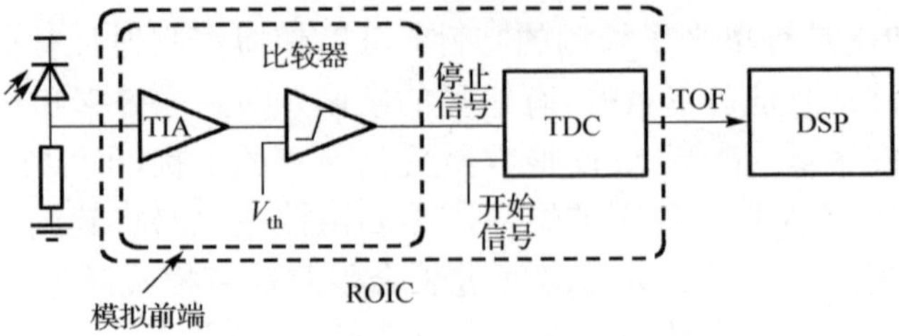

图 6.50 单通道 ROIC 电路结构框图

本节首先通过分析飞行时间探测的主要挑战和优化方法，然后通过设计实例介绍了可用于高速高精度飞行时间探测的关键电路，包括大动态范围高速前端跨阻放大器、低延迟散布比较器和低压差分输出驱动器(LVDS 接口)。

1. 脉冲飞行时间探测的误差分析与改进方法

飞行时间探测是在激光发射器发出激光脉冲时，计时电路开始计时，待脉冲激光探测到目标并反射回接收器后，计时电路停止计时，利用所得到的时间差(即激光脉冲的飞行时间)就可以计算出待测目标的距离[16]。假设计时电路开始计时和终止计时的时间间隔为Δt，待测目标的距离是 L，光速为 c，那么它们的关系可以表示为

$$L = \frac{c}{2} \cdot \Delta t \tag{6-40}$$

可以看出，脉冲探测法的探测精度主要取决于激光脉冲飞行时间的精度，而脉冲飞行时间的精度又严重依赖于时刻鉴别电路的精度。

1) 误差分析

时刻鉴别电路的作用是对前端跨阻放大器的输出进行实时监测，以产生用于记录激光脉冲飞行时间开始和停止的信号，它的性能决定着飞行时间探测的精度，核心是一个高速低延迟比较器，而行走误差(walk error)和前沿时刻抖动是影响时刻鉴别电路精度的两个主要的因素。

(1) 行走误差。

固定阈值检测是最普通的时刻鉴别方法，只需通过一个比较器，将其阈值固定在可滤除噪声的最小值，就可获取回波脉冲前沿到来的时刻信息，结构非常简单，如图 6.51 所示。然而，这种鉴别方式所获得的前沿时刻会有较大误差，称为行走误差(图 6.51 中的Δt)，这一误差主要是受到回波脉冲的几何形状和幅度、前端 TIA 的带宽和动态范围以及比较器阈值高低等因素的影响。

可以通过一个简单的线性模型来说明脉冲形状变化引入的行走误差。假设前端 TIA 的摆幅和带宽是无限大的，如图 6.52 所示，固定阈值比较器探测到回波脉冲的时间 t_p 可以表示为

$$t_p = \frac{V_{TH}}{V_{peak}} \cdot t_r \tag{6-41}$$

其中，V_{TH} 为比较器的阈值；V_{peak} 为 TIA 输出脉冲的峰值。显然，即使理想的接收电路，当检测不同幅值的回波时，其前沿时刻也是不断变化的。

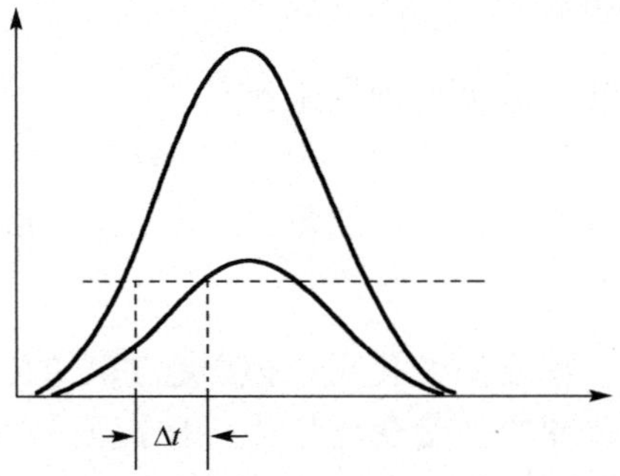

图 6.51 固定阈值检测及行走误差示意图

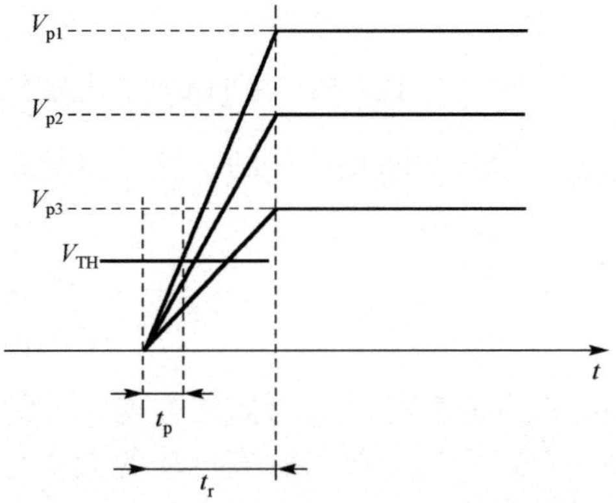

图 6.52 预估行走误差的简单线性模型

在实际应用中，可将前端 TIA 视为一个限幅电路和一个单极点电路的组合，即使没有摆率的限制，TIA 的输出波形依然会受到幅度和带宽的限制，那么 TIA 输出可以达到的最大值为 V_{max}，而其电路时间常数为 RC，如图 6.53 所示。当回波功率最强时，可将限幅电路的输出视为方波，那么 TIA 的输出可以表示为

$$V_{o,TIA}(t) = V_{max}\left(1 - e^{t/RC}\right) \tag{6-42}$$

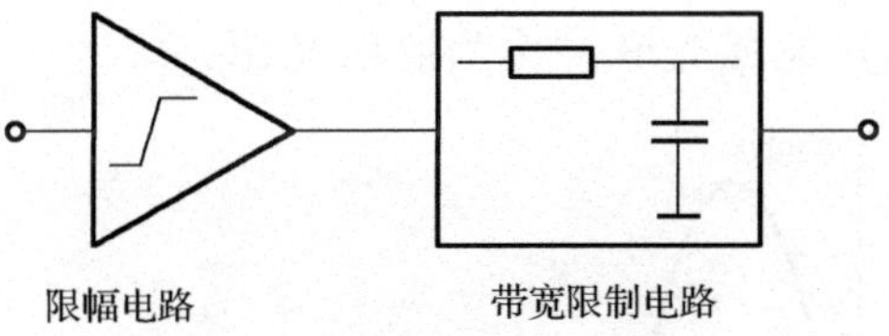

图 6.53 TIA 的理想模型

结合式(6-42)和图 6.54 可以看出，当输入脉冲幅度较大时，固定阈值检测得出的时间误差较小。然而，在检测小幅度信号时，TIA 处于线性工作模式，由于带宽的限制，其输出会出现一个数值为 RC 的延迟，此时所得到的前沿时刻会有较大的行走误差，从而降低了探测精度。

(2) 前沿时刻抖动。

前沿时刻抖动 σ_t 是时刻鉴别电路的另一个重要参数，它显示了前沿时刻的统计分布，主要是由激光脉冲在传播过程中受到灰尘、水汽等物体的干扰，回波脉冲的

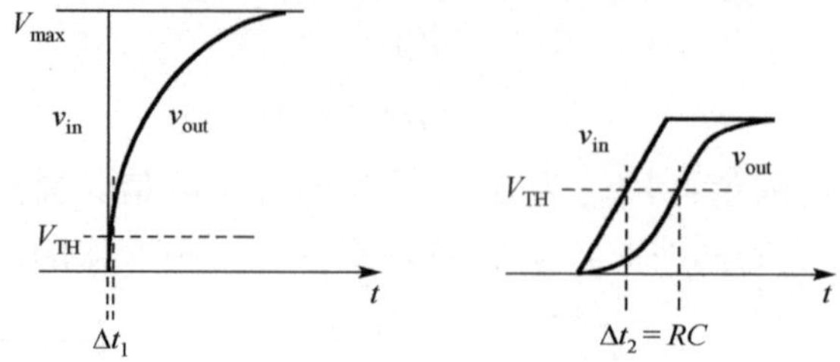

图 6.54　在 TIA 理想模型下不同幅值输出脉冲的行走误差

波形发生展宽和畸变引起的。这一抖动可以通过“三角规则”来推算。

$$\sigma_t = \frac{\sigma_v(t)\big|_{t=t_p}}{\frac{d}{dt}v(t)\big|_{t=t_p}} \tag{6-43}$$

其中，σ_t 为前沿时刻 t_p 的标准方差；$\sigma_v(t)$ 为回波幅度的变化量；$v(t)$ 是 TIA 的输出脉冲。可以看出，前沿时刻抖动的大小与回波脉冲的强度变化量成正比，而与 TIA 输出脉冲的上升时间成反比。所幸，前沿时刻抖动一般远小于行走误差，实际测量时可以通过多次测量取平均的方法来减小影响。

2) 改进行走误差的方法

为了提高飞行时间测量精度，可通过以下两种方法来减小前沿时刻检测的行走误差。一种方法是采用脉宽较窄的激光脉冲。由式(6-41)可知行走误差Δt_p与输入脉冲的上升时间 t_r 是成正比的。脉冲越窄，其上升时间越短，由幅度变化引起的行走误差也就越小，如图 6.55 所示。另外，在激光发射器功率一定的情况下，激光脉冲越窄，其峰值功率就越高，所能照射到的目标也就越远。因此，为了达到更远的探测距离，通常也选择较短的激光脉冲作为照射光源。

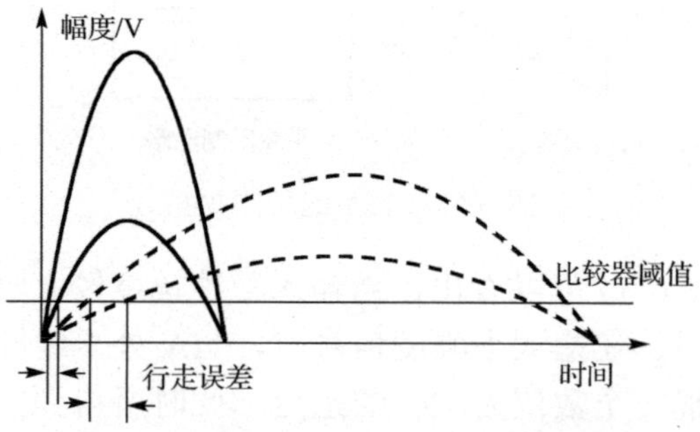

图 6.55　不同脉宽回波脉冲的行走误差对比

另一种方法是改进前沿时刻的鉴别方式，常用的方法包括恒比定时法、高通定时法以及双阈值法。恒比定时法利用不同幅度回波脉冲的上升时间相同，所有回波的定比例点相同来设计，如图 6.56 所示；高通定时法则是根据不同幅度回波脉冲达到其峰值的时间基本不变，并由高通滤波器获取回波的极值来实现的，如图 6.57 所示。然而，恒比定时法需要线性延迟电路，电路设计复杂，难以通过集成电路实现；高通定时法也需要设计额外的滤波器和零点检测电路，增加了设计难度。

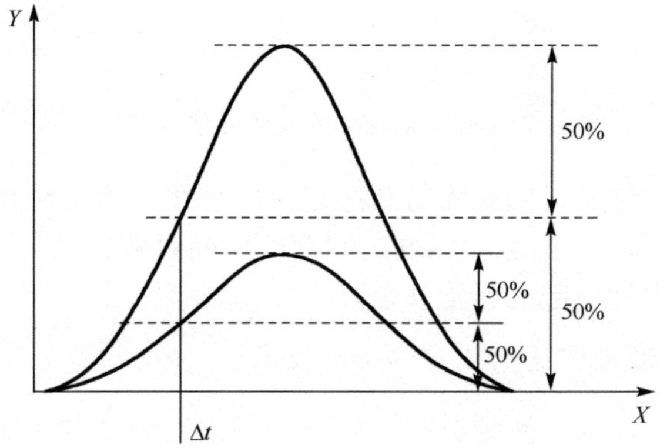

图 6.56　恒比定时法示意图

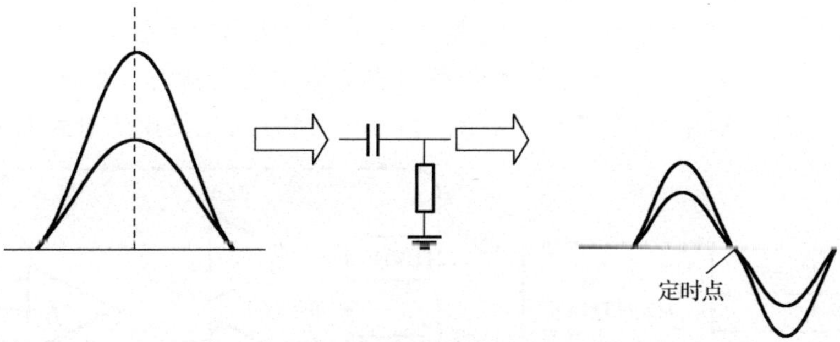

图 6.57　高通定时法示意图

相比之下，双阈值鉴别电路的结构简单，已经成为目前主要的发展方向。由式(6-41)可知，行走误差不仅可以通过降低鉴别比较器的阈值和减小回波脉冲的上升时间来减小，而且还与回波脉冲的幅度有密切关系。如果通过两个不同阈值的比较器来获取回波脉冲上升沿的斜率，那么就可以对不同回波幅度产生的行走误差进行一定的修正。

如图 6.58 所示，可通过阈值 V_{TH} 和 CV_{TH} 分别对回波脉冲的上升沿进行检测，那么这两个阈值所检测出时间间隔Δt_d可以表示为

$$\Delta t_d = \frac{CV_{TH}}{V_p}t_r - \frac{V_{TH}}{V_p}t_r = \frac{(C-1)V_{TH}}{V_p}t_r \tag{6-44}$$

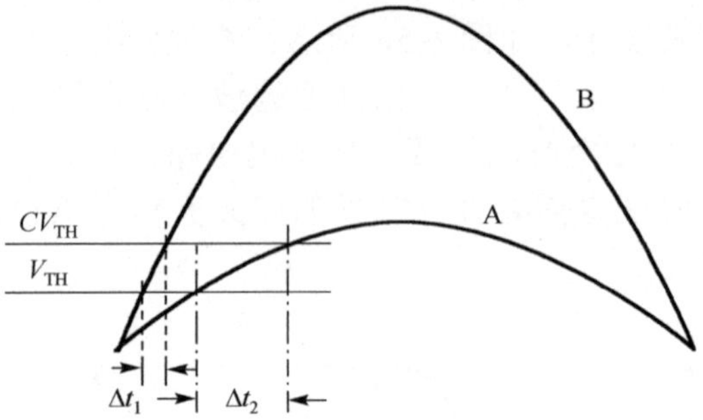

图 6.58　双阈值检测的补偿原理

可以看出，所得出的时间间隔与脉冲幅值成反比，而且在比较器阈值和脉冲上升时间一定的情况下，Δt_d 与脉冲幅度之间有严格的对应关系，因此，这一时间差可以用来修正由幅值变化引起的行走误差。

2. 车载扫描式激光雷达模拟前端关键技术

根据前面对飞行时间探测的分析，所设计扫描式激光雷达前端模拟接收器采用了双阈值时刻鉴别法来获取激光脉冲的前沿时刻，整体的电路结构如图 6.59 所示。

当激光发生器发出激光脉冲时，主控系统会给 TDC 发出一个计时开始信号，当接收系统中的光电二极管(PIN 或 APD)将激光回波转化为电流脉冲，经 TIA 转换放大得到电压脉冲时，这一电压脉冲与两个不同的阈值比较后就可以得到两个时刻鉴别信号，这两个时刻鉴别信号使 TDC 终止计时，并得出时间差值用于补偿行走误差[17]。

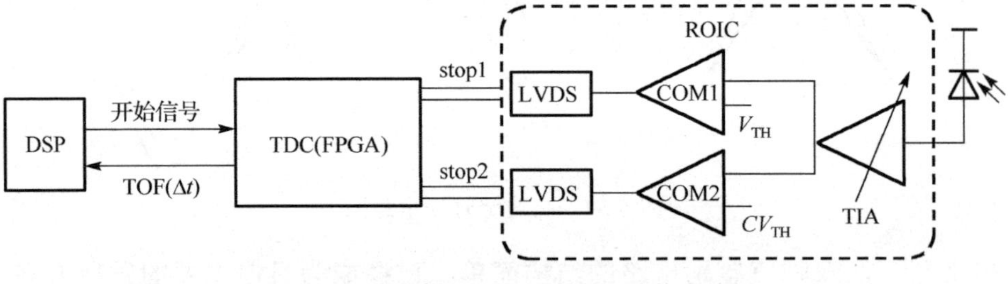

图 6.59　双阈值法飞行时间探测整体电路图

为了降低行走误差、提高探测距离，本设计采用的激光脉冲宽度为 3ns，且上升时间仅为 1ns，这对接收电流脉冲的 TIA 带宽提出了较高的要求。根据脉冲上升时间与 TIA 所需带宽的关系式：$BW \geqslant 0.35/t_r$，可以计算出 TIA 的带宽大于 350MHz。由于前端 APD 具有较大的寄生电容，输入极点很容易限制前端放大器的带宽，因此 TIA 的输入阻抗应当尽可能的小。另外，汽车防碰撞激光雷达的探测距离应当大于 100m，以增加汽车用于制动的时间，而且在日常应用时，发出的激光功率必须保证是人眼安全的，不能单纯地通过增强激光发射功率来提高探测距离。因此，探测远距离目标的回波强度可能非常微弱。为了达到尽可能远的探测距离，本设计要求 TIA 最小可探测电流达到 1μA，而且输入电流的动态范围达到 1:2000 以上。

时刻鉴别电路的性能决定了脉冲飞行时间的精度，但即使采用双阈值法来修正行走误差，由于比较器在处理不同幅度脉冲时输出的传播延迟不同，也会增加前沿时刻的行走误差，从而恶化探测精度。为了提高激光雷达的探测精度，必须尽可能地减小比较器在处理不同幅度脉冲时的传播延迟差异。为了到达 10 cm 的探测精度，行走误差应当小于 660ps，那么比较器的延迟散布应当小于 200ps，以减小由比较器引入的误差。

1) 改进的 RGC 跨阻放大器

(1) 调制型共源共栅放大器。

调制型共源共栅(regulated cascode，RGC)放大器是一种常见的跨阻放大器结构，如图 6.60 所示。通过给共栅放大器加入一个辅助的反馈放大器，共栅放大器的输入阻抗可以降低至原来的 $1/(1+g_{mA}R_A)$，其中 $g_{mA}R_A$ 是辅助放大器的增益。因此，RGC 放大器的跨阻增益可以表示为

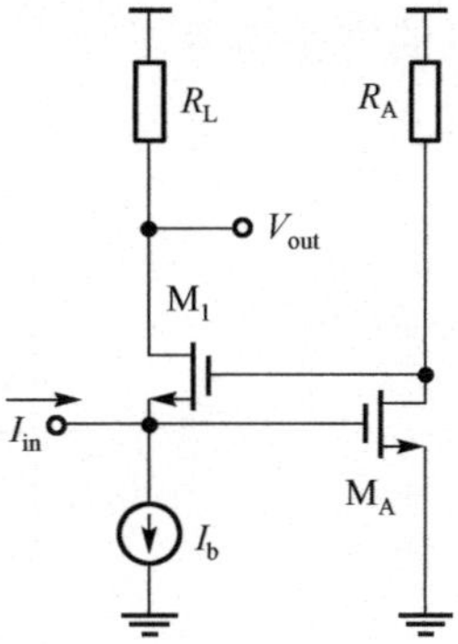

图 6.60　传统 RGC 电路拓扑图

$$Z_{T,RGC}(s)=\frac{R_L}{\left[1+s\dfrac{C_{in}}{g_{m1}\left(1+g_{mA}R_A\right)}\right][1+sR_LC_o]} \tag{6-45}$$

其中，C_{in} 和 C_o 分别为输入节点和输出节点的总电容；g_{m1} 为共栅管的跨导；$1/g_{m1}(1+g_{mA}R_A)$ 为 RGC 放大器的输入阻抗；R_L 为 RGC 放大器的负载电阻。可以看出，如果 RGC 放大器的输入阻抗足够小，输入极点会被推至很高的频率，那么输出节点将会是电路的主极点。

RGC 的等效输入噪声电流可以表示为

$$\overline{i_{n,eq}^2}=\frac{4kT}{R_L}+\frac{4kT(\gamma g_{m1}+1/R_L)}{g_{m1}^2}\omega^2(C_{GS1}+C_{GDA})^2+\frac{4kT(\gamma g_{mA}+1/R_A)}{(g_{mA}+1/R_A)^2}\omega^2C_{in}^2 \tag{6-46}$$

其中，C_{GS1} 为晶体管 M_1 的栅源电压；C_{GDA} 为晶体管 M_A 的栅漏寄生电容。式(6-46)说明寄生电容是影响输入参考噪声的一个重要因素，应当尽可能地减小输入晶体管和辅助放大器的尺寸，以降低寄生电容和等效输入噪声。然而，减小输入晶体管会降低输入管的跨导，从而使电路带宽减小。因此，设计时需要折中考虑输入噪声和电路带宽。

(2) 改进型共源共栅放大器。

为了进一步降低 TIA 的输入阻抗，在传统 RGC 电路中又加入了一个反馈，如图 6.61 所示。这个附加的电压-电流负反馈包括晶体管 M_B、M_C 和电阻 R_B，它可以

进一步地增大放大器的环路增益。该结构的输入电阻可以表示为

$$R_{in} \approx \frac{1}{g_{m1}(1+g_{mA}R_A)+g_{mC}g_{mA}g_{mB}R_AR_B} \tag{6-47}$$

其中，$g_{mA}g_{mB}R_AR_B$ 为级联反馈级的增益。如果这一增益增大，输入极点的频率将会提高，从而使带宽得以提高。需要注意的是，晶体管 M_C 会在输入节点直接引入噪声，因此必须尽可能地减小 M_C 的尺寸，这样既可以降低噪声电流，还可以减小输入节点的寄生电容。

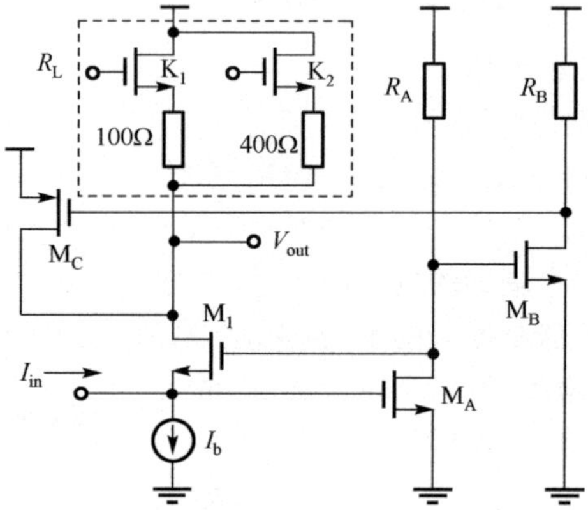

图 6.61　提高反馈增益的可调式 RGC 电路图

固定增益的 TIA 会使大信号输入过早饱和，而当输出饱和时，双阈值比较器获得前沿时刻差值可能会保持不变，这会降低双阈值法修正的有效性。为了扩大模拟前端电路的动态范围，由外部编码控制的开关管 K_1/K_2 可以用来调节 RGC 的负载电阻，从而改变 RGC 的跨阻增益。有两点需要注意：首先，开关晶体管的尺寸必须足够大，以减小其导通电阻对负载电阻阻值的影响；其次，增大负载电阻会减小 RGC 的输出摆幅和带宽，为了保证电路带宽，RGC 的负载电阻不能太大，这就限制了 RGC 的跨阻增益。

(3) 可调增益后放大器。

为了确保足够的带宽，前置改进型 RGC 电路的增益设计得较小，为了给时刻鉴别比较器提供足够大的摆幅(不小于 1V)，RGC 的输出必须被进一步放大，因此，本设计采用了一种带有模拟选择器的增益可调后放大器，在提高 TIA 整体增益的同时，还能够扩大 TIA 的动态范围。需要注意的是，前置放大器的输入和输出均是单端的，但由于回波脉冲仅有 3ns，后级放大器很难在保证大带宽、大动态范围的同时获得大的输出摆幅，因此本设计引入了一个单端转差分电路，以此来提高后级放大器的输出摆幅[18]。

图 6.62(a) 给出了单端转差分电路的拓扑图，它是由一个电阻反馈放大器和两个

输出相位相差 180° 的放大器构成的。假设 $g_{m1}R_F>>1$，$g_{m1}=g_{m2}=g_{m3}$，那么单转差电路的整体增益可以表示为

$$A_{v,S2D}=2g_{m2}R_L(-R_F)\frac{g_{m1}-\dfrac{1}{R_F}}{g_{m1}+g_{m3}}\simeq -g_{m1}R_LR_F \tag{6-48}$$

从图 6.62(b)所示的小信号电路中可以得到单转差电路两个输出的相位误差为 $\arctan(\omega C_{GD2}/g_{m2})$。通过调整晶体管 M_2 和 M_3 的尺寸，可以保证这一相位误差在 TIA 的–3dB 带宽内小于 5°。

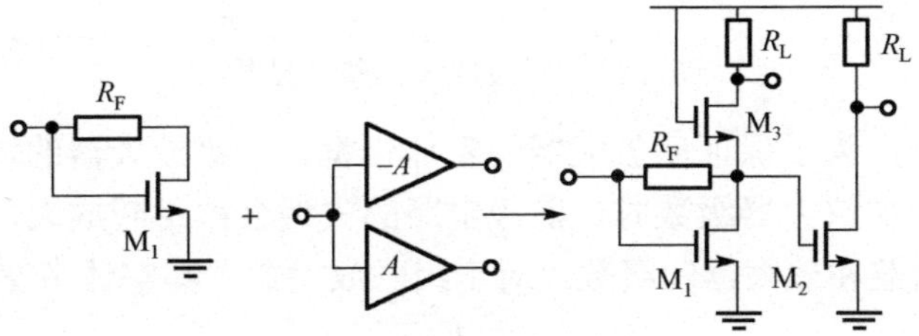

(a) 电路拓扑图

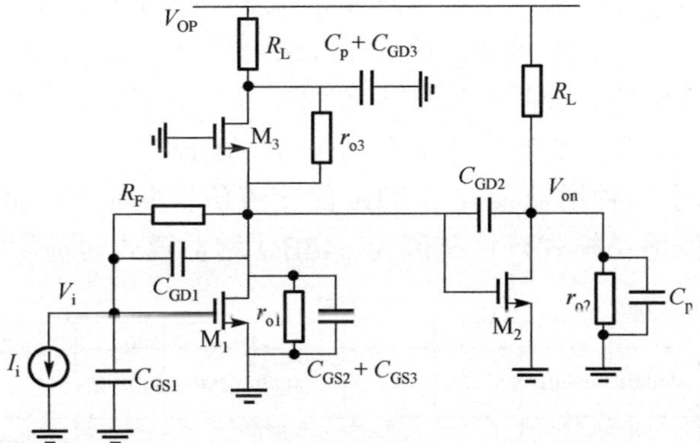

(b) 小信号分析示意图

图 6.62　单转差电路的拓扑图和小信号分析示意图

后级放大器的整体结构如图 6.63 所示，它是由一个单端转差分电路、三个二极管负载的差分放大器和一个模拟选择器构成的。通过由数字开关管 $K_3/K_4/K_5$ 控制的模拟选择器可以选择接入后级放大器的放大器级数是一个、两个还是三个，而高通滤波器可以隔离不同放大级之间的共模偏差。当 $K_3/K_4/K_5$ 依次导通时，后放大器的增益依次为 14dB、28dB 和 42dB。利用这一模拟选择器，TIA 的整体增益可以被灵活地设置为 94dBΩ、80dBΩ、66dBΩ 或 54dBΩ，有效地扩展了 TIA 的动态范围。

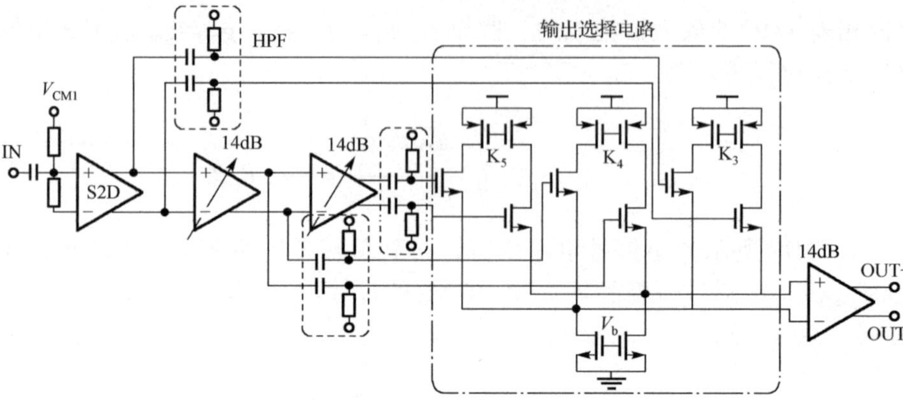

图 6.63　后级放大器整体结构

需要注意的是，为了保证后放大器的整体带宽，单级放大器的增益不能太大，但为了提高增益而增加放大器级数时，前级电路的失调会被不断放大，因此需要折中考虑单级放大器的增益和放大器的级数。对于级联放大器，其整体带宽可以表示为

$$f_t = f_s\sqrt{2^{1/N}-1} \tag{6-49}$$

其中，f_t 和 f_s 分别为级联放大器整体和单级放大器的带宽；N 为放大器的级数。由式(6-49)可知，为了保证不同增益模式下 TIA 的带宽，单级放大器的带宽必须大于级联放大器的整体带宽。如果级联放大器的级数为 3 级，为了使 TIA 的整体带宽达到 350MHz，每一级放大器的带宽需要大于 686MHz。

图 6.64 给出了四种增益模式下 TIA 的交流仿真曲线。54dBΩ 增益模式时 TIA 的带宽远大于其他增益模式，这是因为 54dBΩ 增益模式时前置 RGC 选用的负载电

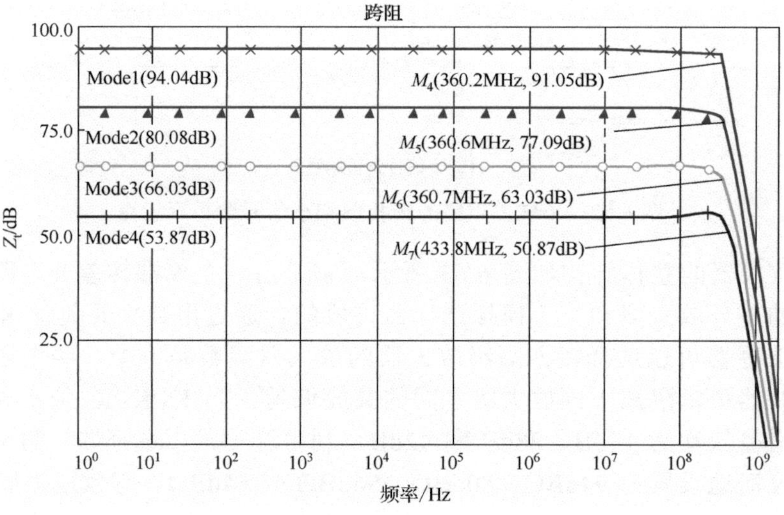

图 6.64　四种增益模式下 TIA 的交流仿真曲线

阻为 100Ω，而其他增益模式时为 400Ω。这也说明了前置 RGC 是限制 TIA 整体带宽的主要因素，而且 RGC 的输出极点是整体 TIA 的主极点。

2) 低延迟散布比较器

比较器作为影响行走误差的关键模块，减小其处理不同幅度输入信号时传输延迟的差异，能够显著减小整体电路的行走误差。虽然动态比较器能够在较小的功耗下实现小于 100ps 的传输延迟，但是在脉冲式激光雷达应用中，需要使用连续时间比较器以不断检测回波。

一般地，连续时间比较器大都采用开环模式放大器，以得到较大的带宽和较快的响应时间[19]，但是这种做法会造成小信号状态和大信号状态下的延迟差异较大。因此在比较器电路中采用多个小增益的宽带放大器级联，能够在保证比较器增益的情况下获得足够的带宽，从而减小小信号状态下的延迟时间。另外，多级放大器能够增加大信号转换的延迟时间，从而减小小信号状态和大信号状态下延迟时间的差异，有效地改善比较器引入的行走误差。

图 6.65 显示了本设计中低延迟散布比较器的电路图，该比较器由预放大级、判决级和输出缓冲级三部分组成，其中，预放大级为第一级～第六级，判决级为第七级。这一结构能够得到较大带宽，减少小信号的转换时间。同时，对于大信号而言，虽然其延迟时间取决于比较器的摆率，但是其从输入端传送到输出端时需要经过 7 级放大器的转换。因此这种结构能够减小比较器在处理不用幅度回波时的传播延迟差异。同时，为了增强该比较器的适用范围，本设计要求比较器的最小可分辨精度到达 1mV，且输入共模可以在 0～1.5V 范围内变化。

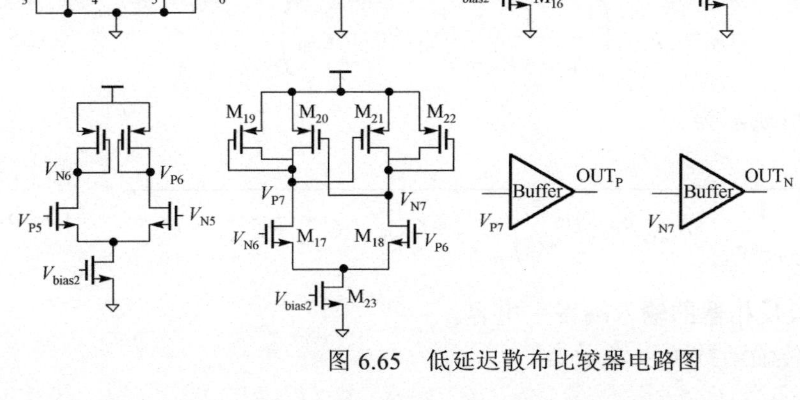

图 6.65　低延迟散布比较器电路图

比较器的整体增益可以表示为

$$A_{\mathrm{v}}=\frac{V_{\mathrm{OH}}-V_{\mathrm{OL}}}{\Delta V} \tag{6-50}$$

其中，V_{OH}=3.3V 为比较器输出的最大电压；V_{OL}=0V 为比较器输出的最小电压；ΔV 为比较器的最小可分辨电压差。由此可知，为了实现 1mV 的精度，比较器的增益至少应为 70dB。

通过分析可以得到各级小信号增益和主极点，其中第一级增益为

$$A_{\mathrm{v1}}=-g_{\mathrm{m1}}\left(\frac{1}{g_{\mathrm{m3}}-g_{\mathrm{m4}}}//r_{\mathrm{o1}}//r_{\mathrm{o3}}//r_{\mathrm{o4}}\right) \tag{6-51}$$

第一级主极点可表示为

$$\omega_1=\frac{1}{\left(\dfrac{1}{g_{\mathrm{m3}}-g_{\mathrm{m4}}}//r_{\mathrm{o1}}//r_{\mathrm{o3}}//r_{\mathrm{o4}}\right)(C_{\mathrm{d1}}+C_{\mathrm{GS3}}+C_{\mathrm{d4}}+C_{\mathrm{GS5}}+C_{\mathrm{GS8}})} \tag{6-52}$$

第二级～第六级增益均为

$$A_{\mathrm{v2}}=-g_{\mathrm{m8}}\left(\frac{1}{g_{\mathrm{m10}}}//r_{\mathrm{o8}}//r_{\mathrm{o10}}\right) \tag{6-53}$$

第二级～第六级主极点可表示为

$$\omega_2=\frac{1}{\left(\dfrac{1}{g_{\mathrm{m10}}}//r_{\mathrm{o8}}//r_{\mathrm{o10}}\right)(C_{\mathrm{d8}}+C_{\mathrm{GS10}}+C_{\mathrm{GS12}})} \tag{6-54}$$

需要注意，由于第二级和第三级到第六级相差一个尾电流源，会有不同的跨导值。

第七级增益为

$$A_{\mathrm{v7}}=-g_{\mathrm{m17}}\left(\frac{1}{g_{\mathrm{m19}}-g_{\mathrm{m20}}}//r_{\mathrm{o17}}//r_{\mathrm{o19}}//r_{\mathrm{o20}}\right) \tag{6-55}$$

第七级主极点可表示为

$$\omega_7=\frac{1}{\left(\dfrac{1}{g_{\mathrm{m19}}-g_{\mathrm{m20}}}//r_{\mathrm{o17}}//r_{\mathrm{o19}}//r_{\mathrm{o20}}\right)(C_{\mathrm{d17}}+C_{\mathrm{GS19}}+C_{\mathrm{d20}}+C_{\mathrm{GS21}}+C_{\mathrm{inv}})} \tag{6-56}$$

其中，C_{inv} 为输出级反相器的输入端寄生电容。

比较器的整体传输函数可以表示为

$$H(s)=-\frac{A_{v1}A_{v2}A_{v3}^4A_{v7}}{\left(1+\frac{s}{\omega_1}\right)\left(1+\frac{s}{\omega_2}\right)\left(1+\frac{s}{\omega_3}\right)^4\left(1+\frac{s}{\omega_7}\right)} \tag{6-57}$$

其中，A_{v3} 和 ω_3 代表着第三级～第六级的增益和主极点。

由式(6-53)～式(6-56)可知，第二级～第六级增益较低，能够得到远大于第一级和第七级的带宽，即 $\omega_{2\sim6}>>\omega_{1,7}$，比较器带宽主要受到第一级和第七级的限制，因此需要尽可能地加大这两级的带宽。

对于第一级，要增大其带宽就必须减小等效输出电阻和寄生电容。直接使用二极管接法的晶体管作为负载能够获得较大带宽，但在输入共模电平低至 0V 时，为了保证 $M_{1,2}$ 位于饱和区，第一级的输出电压 V_{P1} 和 V_{N1} 不能高于 $M_{1,2}$ 阈值电压的绝对值。同时，由 $g_m=2I_D/(V_{GS}-V_{TH})$ 可知，当$(V_{GS}-V_{TH})$较小时，$g_{m3,6}$ 将会大于 $g_{m1,2}$，由 $A_{v1}=-g_{m1,2}/g_{m3,6}$ 可知，第一级电路的增益将会小于 1。因此，M_4 和 M_5 采用交叉连接的方式，并调整 $M_{3,5}$ 和 $M_{4,6}$ 的尺寸使 $1/(g_{m3}-g_{m4})<<r_{o1,3,4}$，此时第一级的等效输出电阻近似为 $1/(g_{m3}-g_{m4})$。为了保证足够的增益，需保证 g_{m1} 较大，那么 M_1 和 M_2 的尺寸，也会相应地增大，从而在输出端产生大的寄生电容 C_{d1} 和 C_{d2}。同时，为了保证在输入共模电平为 0V 时，M_1 和 M_2 始终处于饱和区，M_3～M_6 的最小尺寸也有限制，即保证输出共模电平不能高于 M_1 和 M_2 阈值电压的绝对值。因此，这使得第二级只能采用伪差分结构。

预放大级采用了 6 个低增益级级联，总的增益约为 50dB。如果继续级联小增益级，小信号的传输延迟会得到改善，但由于每一级的延迟作用，整体电路的传播延时会变差，因此设计需要在行走误差和传输延迟之间折中考虑。

由于前 6 级增益约为 50dB，能够实现ΔV=10mV 的最小精度，也就是说输入信号为 10mV 时，到第七级的传输延时将由摆率决定。因此，通过把第七级中 M_{19}～M_{22} 设置为尺寸相同的晶体管，实现 20dB 左右的增益，那么整体比较器可以达到 1mV 的精度要求。然而由于带宽的下降，比较器的传播延迟差异会变大。

图 6.66 显示了比较器在不同共模电平情况下，输入为 V_{cm}±1mV 时，比较器输入到输出延迟时间的仿真结果。可以看出，比较器在不同共模电平下都能够达到 1mV 的精度要求，并且传输延迟时间差异较小。

图 6.67 显示了当输入共模电平 V_{cm}=0V 时，不同输入摆幅下，延迟时间的差异。可以看到，当输入摆幅为±1.5V 和±10mV 时，传输延迟之间差异为 81.66ps，而当输入摆幅为±10mV 和±1mV 时，传输延迟差异为 114ps。这是因为多级级联的结构会对大摆幅信号的传输有延迟作用，但由于输出级需要较大增益以满足 1mV 的输入精度要求，其增益升高使得带宽减小，从而增加了小信号输入时的传输延迟，因此，1mV 输入的传输延迟与大摆幅信号输入的传输延迟相差较大。然而，输入摆幅为

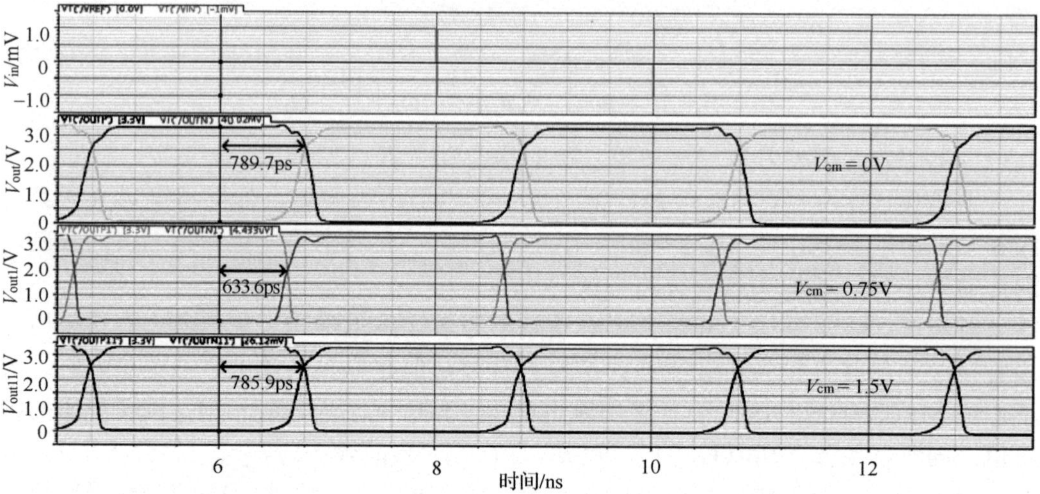

图 6.66　输入共模电平不同时比较器电路的仿真波形

10mV 时，被放大的信号在第七级的延迟将由这一级的摆率决定，其与 1.5V 输入的传播延迟差异主要源于前 6 级，因此相差较小。

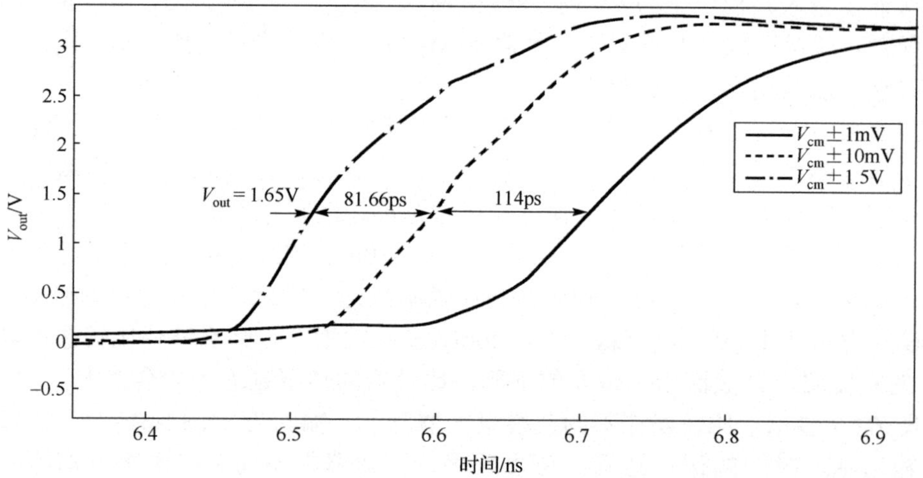

图 6.67　输入摆幅不同时比较器传播延迟仿真

表 6.3 总结了不同共模电平、输入摆幅和工艺角情况下，比较器传播延迟的仿真结果。从表中可以看到，共模电平和输入摆幅的变化会对传输延迟有一定的影响，这与图 6.67 的结果一致。而且在不同共模电平和工艺角下，输入幅度为 10mV 与输入幅度为 1.5V 的传播延迟差异，均比输入摆幅为 10mV 与输入幅度为 1mV 时的传播延迟差异小。

表 6.3　不同共模电平、输入摆幅和工艺角下比较器的传播延迟

V_{cm}	0V			0.75V			1.5V		
ΔV_{in}	±1mV	±10mV	±1.5V	±1mV	±10mV	±1.5V	±1mV	±10mV	±1.5V
SS/ps	911.8	705.8	632.3	893.1	718.9	685.6	893.5	728.9	751.5
TT/ps	789.7	622.6	553.9	784	631.3	605.3	785.9	637.8	657.4
FF/ps	713.3	552	492.3	704.1	564.4	541.5	702.1	570.5	586.1

当实际应用时，为了保证比较器不会被噪声误触发，一般会提高比较器的阈值，以本设计为例，TIA 的最小输出电压摆幅为 50mV，而比较器的阈值被设置为 20mV 和 40mV，那么比较器的最小输入幅值将会是 10mV。因此，本设计更关心输入幅度为 10mV 以上时，比较器的延迟散布，而由表 6.3 可知，这一散布的最大值为 73.5ps(出现在 ss 工艺角，输入共模为 0V 时)，满足设计要求。

需要说明的是，TIA 采用差分输出，而比较器仅有两个输入端，为了调节阈值，本设计在比较器的输入端加入了一个电阻网络，如图 6.68 所示，通过片外的 DAC 输入电流 I_{DAC} 即可调节比较器的阈值。

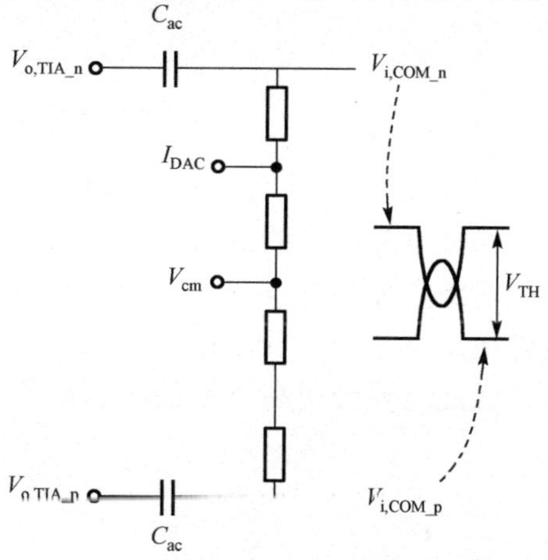

图 6.68　用于调节比较器阈值的电阻网络

3) LVDS 驱动器

通常的输出电平接口类型为 CMOS 和 TTL，但这两类电平的上升和下降时间较慢，不利于减小行走误差。因此，本设计采用了 LVDS 高速接口解决输出分辨率低的问题。根据接口标准文件的定义，LVDS 驱动器的输出差分电压摆幅为 400mV，共模电压为 1.2V，负载电容可达 4pF。

图 6.69 是带有共模反馈模块的 LVDS 驱动器电路拓扑图，这种驱动器结构称为桥式开关电流源(bridged-switches current source，BSCS)[20,21]。该驱动器使 M_1 和 M_6 的电流流过 100Ω 的负载电阻，以产生所需幅度的差分输出电压。当 M_3 和 M_4 导通时，输出电流极性为正，差分输出端的输出也为正。相反，如果 M_2 和 M_5 导通，输出电流和输出电压的极性将会发生翻转。

除此之外，该驱动器加入了共模反馈电路：利用 R_1 和 R_2 两个电阻检测输出端共模电平变化，然后通过 M_8 和 M_9 将这一共模电平与 1.2V 参考电压相比较，比较的结果可以改变尾电流管 M_1 的栅压，从而调节流入 LVDS 驱动器的电流，使输出共模电平稳定在 1.2V 左右。M_7 和 M_{13} 是漏极与源极短接的 MOS 电容，能够有效减小电容面积。M_7 作为去耦电容，连接在 M_1 和 M_6 的漏端，以保证两者之间电压的稳定。同时，通过使用 R_3 和 M_{13} 形成的零极点补偿网络能够提供更大的稳定裕度。

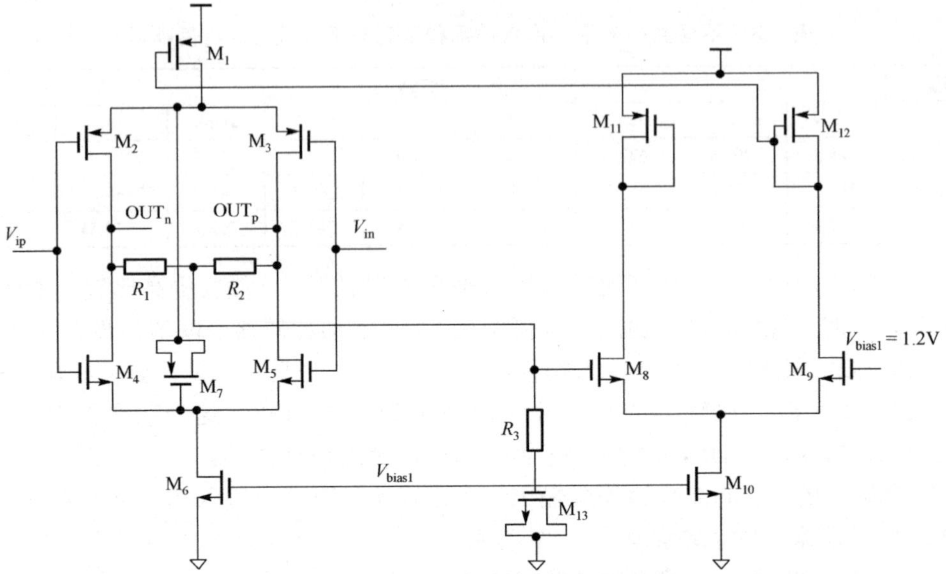

图 6.69　LVDS 驱动器及共模反馈电路图

图 6.70 显示了 LVDS 电路和共模反馈电路的偏置电压产生电路。其中 I_{ref} 是由外部基准电路产生的参考电流，通过电流镜为 LVDS 电路中 M_6 和 M_{10} 生成合适的偏置电流和偏置电压 V_{bias1}。共模反馈端 M_9 输入的参考电压(V_{bias2}=1.2V)可以通过电源电压下接两个分压电阻来产生，但是电源电压的波动会直接影响 V_{bias2} 的稳定度，因此需要使用高质量的电源电压。

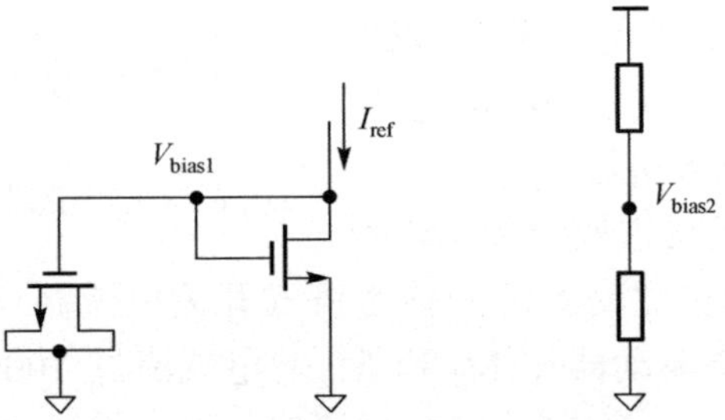

图 6.70　LVDS 驱动器和共模反馈电路偏置电压产生电路

图 6.71 显示了共模反馈电路通过 STB 稳定性分析获得的环路增益和相位裕度。可以看到，通过优化电阻 R_3 和 M_{13} 组成的零点补偿电路，共模反馈环路具有 51.9° 的相位裕度，能够保证电路的稳定性。同时，环路增益达到 52.28dB，使得输出共模电压和参考电压之间的误差能够维持在较小的范围。

根据 LVDS 的接口标准要求，在整个工艺范围内，差分输出电压摆幅 V_{OD} 和差分输出共模电平 V_{cm} 应该分别满足以下要求：

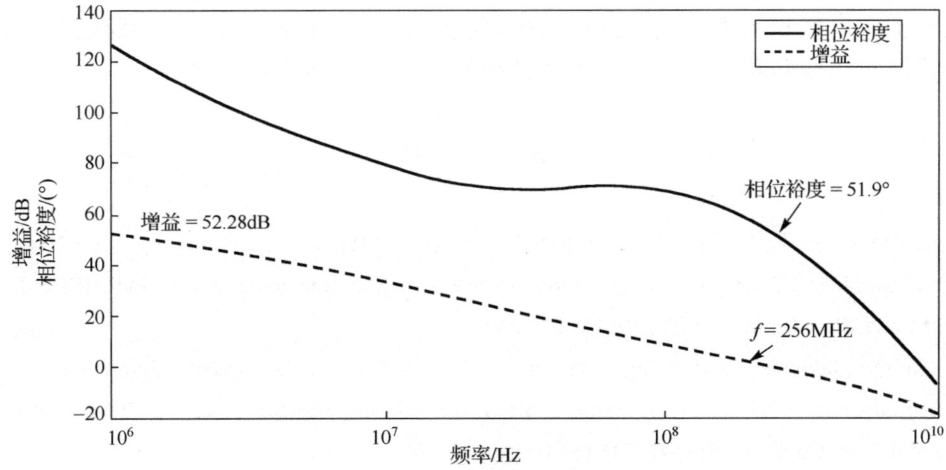

图 6.71　共模反馈环路稳定性仿真

$$250\text{mV} \leqslant |V_{\text{OD}}| \leqslant 450\text{mV} \tag{6-58}$$

$$1.125\text{V} \leqslant V_{\text{cm}} \leqslant 1.375\text{V} \tag{6-59}$$

图 6.72 显示了 LVDS 电路输出在不同工艺角下的瞬态仿真波形。可以看到，该 LVDS 电路输出差分电压摆幅为 392～402mV，满足式(6-58)的要求，输出共模电平为 1.2～1.24V，满足式(6-59)的要求。

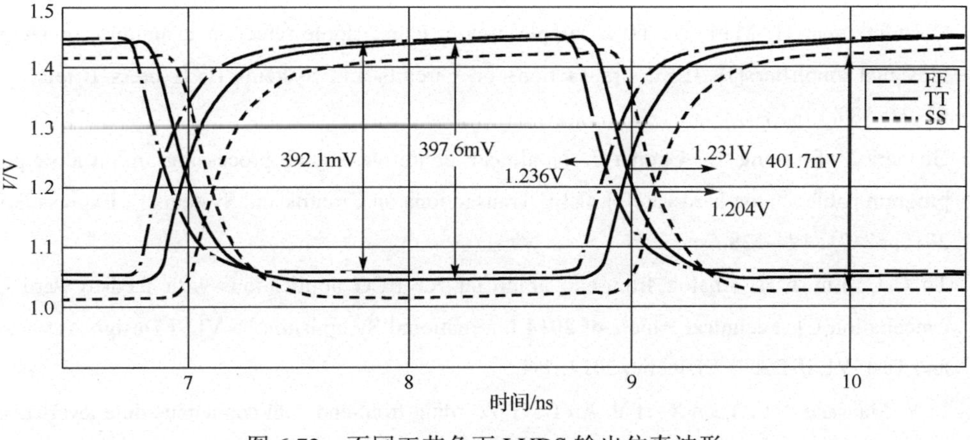

图 6.72　不同工艺角下 LVDS 输出仿真波形

本节首先介绍了常用的几种激光雷达探测方式，如干涉式、三角法、频率调制法、相干式、单光子法以及飞行时间法，并对比了这几种探测方法的优缺点和适用的范围。然后详细介绍了一种基于飞行时间探测的线性模式激光雷达前端模拟电路，通过分析传统激光雷达中飞行时间探测存在的主要误差来源，介绍了双阈值时刻鉴别法的工作原理和实现方式，最后对模拟接收器中的高速大动态范围跨阻放大器、低延迟散布比较器和 LVDS 接口等关键模块进行了详细分析和设计。

参 考 文 献

[1] van Helleputte N, Konijnenburg M, Pettine J, et al. A 345μW multi-sensor biomedical SoC with bio-impedance, 3-channel ECG, motion artifact reduction, and integrated DSP[J]. IEEE Journal of Solid-State Circuits, 2015, 50(1): 230-244.

[2] Fan Q, Makinwa F, Huijsing J H, et al. A 1.8μW 60nVHz capacitively-coupled chopper instrumentation amplifier in 65nm CMOS for wireless sensor nodes[J]. IEEE Journal of Solid-State Circuits, 2011, 46(7): 1534-1543.

[3] 毕查德·拉扎维, 陈贵灿, 程军, 等. 模拟 CMOS 集成电路设计[M]. 西安: 西安交通大学出版社, 2003.

[4] Song S, Rooijakkers M, Harpe P, et al. A low-voltage chopper-stabilized amplifier for fetal ECG monitoring with a 1.41 power efficiency factor[J]. IEEE Transactions on Biomedical Circuits and System, 2015, 9(2): 237-247.

[5] Verma N, Shoeb A, Bohorquez J, et al. A micro-power EEG acquisition SoC with integrated feature extraction processor for a chronic seizure detection system[J]. IEEE Journal of Solid-State Circuits, 2010, 45(4): 804-816.

[6] Chandrakumar H, Markovic D. A simple area-efficient ripple-rejection technique for chopped biosignal amplifiers[J]. IEEE Transactions on Circuits and Systems II: Express Briefs, 2015, 62(2): 189-193.

[7] Ghaderi V S, Song D, Choma J. Nonlinear cognitive signal processing in ultralow-power programmable analog hardware[J]. IEEE Transactions on Circuits and Systems II: Express Briefs, 2015, 62(2): 124-128.

[8] Tu C C, Lin T H. Analog front-end amplifier for ECG applications with feed-forward EOS cancellation[C]. Technical Papers of 2014 International Symposium on VLSI Design Automation and Test(VLSI-DAT), Hsinchu, 2014: 1-4.

[9] Li Y, Mansano A L, Yuan Y, et al. An ECG recording front-end with continuous-time level-crossing sampling[J]. IEEE Transactions on Biomedical Circuits and System, 2014, 8(5): 626-635.

[10] Zhang X, Zhang Z, Lian Y, et al. A 2.89μW dry-electrode enabled clockless wireless ECG SoC for wearable applications[J]. IEEE Journal of Solid-State Circuits, 2016, 51(10): 2287-2298.

[11] Barsakcioglu D Y, Liu Y, Bhunjun P, et al. An analogue front-end model for developing neural spike sorting system[J]. IEEE Transactions on Biomedical Circuits and System, 2014, 8(2): 216-227.

[12] Chen X, Lu C, Ma M, et al. Color-coding and phase-shift method for absolute phase measurement[J]. Optics Communications, 2013, 298/299(7): 54-58.

[13] Bosch T, Lescure M. Experimental determination of the useful reflection coefficient of non-cooperative targets for a time-of-flight laser rangefinder[J]. Optical Review, 1995, 2(4): 289-291.

[14] Aull B F, Loomis A H, Gregory J A, et al. Geiger-mode avalanche photodiode arrays integrated with CMOS timing circuits[C]. Device Research Conference Digest, 1998: 58-59.

[15] Jack M, Wehner J, Edwards J, et al. HgCdTe APD-based linear-mode photon counting components and LADAR receivers[C]. Advanced Photon Counting Techniques V: International Society for Optics and Photonics, 2011, 8033: 80330M.

[16] Lee J, Kim Y J, Lee K, et al. Time-of-flight measurement with femtosecond light pulses[J]. Nature Photonics, 2010, 4(10): 716-720.

[17] Kostamovaara J, Huikari J, Hallman L, et al. On laser ranging based on high-speed/energy laser diode pulses and single-photon detection techniques[J]. IEEE Photonics Journal, 2015, 7(2): 1-15.

[18] Han K, Zou L, Liao Y, et al. A wideband CMOS variable gain low noise amplifier based on single-to-differential stage for TV tuner applications[C]. IEEE Asian Solid-State Circuits Conference(ASSCC), 2008: 457-460.

[19] Ahmad W R W, Hassan S L M, Halim I S A, et al. High speed with low power folding and interpolating ADC using two types of comparator in CMOS 0.18μm technology[C]. IEEE Symposium on Humanities, Science and Engineering Research(SHUSER), 2012: 715-720.

[20] Boni A, Pierazzi A, Vecchi D. LVDS I/O interface for Gb/S-Per-Pin operation in 0.35μm CMOS technology[J]. IEEE Journal of Solid-State Circuits, 2001, 36(4): 6.

[21] Xu Y, Sun T, Zhao F, et al. A full-integrated LVDS transceiver in 0.5μm CMOS technology[C]. IEEE 9th Conference on Industrial Electronics and Applications(ICIEA), 2014: 1672-1675.

第 7 章　宽带电力线通信收发机电路

近些年以电力线网络作为传输介质的电力线通信技术在智慧家庭联网和宽带连接通信等方面[1-5]受到了越来越多的关注，由于分布广泛、成本低廉、使用便捷等特点，电力线通信技术已经成为千兆比特数据通信网络中最具竞争力的技术之一。其中具备同时兼容低频带宽和高频带宽电力线通信协议的模拟前端可以有效灵活地满足百兆比特和千兆比特数据率的传输应用，因此宽带电力线通信收发机电路具有重要的科研与生产意义。

本章基于电力线通信模拟前端的发展趋势与面临的挑战，提供若干电力线通信模拟前端的关键技术，通过对电力线通信协议的解读及分析，实现了一款电力线通信模拟前端-收发器芯片。

7.1　电力线通信收发机系统结构

在电力线通信系统中，信号从电力线传输端到数字处理电路之间需要经过一系列的信号处理过程。电力线模拟前端系统主要包括收发器、ADC 和 DAC。模拟前端完成以下的信号处理功能：信号的接收调制和发射传输、干扰信号的滤除以及连续模拟信号的数字化和离散数字信号的模拟化等。其系统结构与无线射频收发器架构相同，电路架构设计无非就是若干功能模块的排列组合，其中模拟前端收发器电路模块复杂且规模较大，包括低噪声放大器、滤波器、可编程增益放大器以及信号发射器等。

在电路设计过程中，这些基本电路功能模块并不存在严格刻板的先后顺序限制，并且近些年随着 CMOS 数字工艺的不断发展，以 ADC 为例，越来越多的射频 ADC 被采用，其在整体接收系统架构中的位置逐渐提前，甚至取代了接收器，传统模拟信号处理如调制变频、信号放大、噪声滤波等越来越多地通过灵活、高效、低成本的数字信号处理方法完成。但是值得注意的是电力线并不是专门为传输数据而特别设计的，在电力线上传输数据环境苛刻，为避免电力信号的干扰，信号传输带宽区别于电力信号带宽，HomePlugAV2 支持 Gbit/s 数据通信速率，信号带宽为 1.8～86MHz。因此，要想精确地传输并处理信号，一个高性能可配置的模拟收发机前端显得尤为重要。一个典型的电力线通信模拟收发机系统结构框图如图 7.1 所示。该电力线模拟前端-收发器包含接收通路和发射通路，其中接收通路包括衰减网络(attenuator，ATT)、低噪声放大器(low noise amplifier，LNA)、固定增益放大器(fixed gain amplifier，FAMP）、LPF 以及 PGA；发射通路包含有固定增益放大器、高阶低通滤波器、PGA 和一个线驱动(line driver，LD)放大器。其中衰减网络用来衰减从电力线信道传输来的高能量输入信号，避免由于输入信号幅度过高而导致后级过载或者饱和；低噪声放大器为接收通路的第一级放大器，需要有非常低的输入参考噪声从而避免微小输入信号淹没于噪声中，进而导致接收通路输出 SNR 降低。固定增益放大器提供固定增益，将前级输入信号放大固定增益供后级使用。LPF 电路滤除了伴随输入信号的杂散干扰以及带外噪声。PGA 作为整个接收通路的最后一级电路，通过数据寄存器控制放大器增益，从而调节接收器输出信号幅度，最大化 ADC 输入动态范围。考虑到后级 ADC 的采样电容作为负载，PGA 需要具备高的输出驱动能力并避免交越失真，通常采用 Class-AB 输出级结构。发射通路中，固定增益放大器，滤波器和可编程增益放大器功能模块提供与接收通路相同的功能，线驱动放大器驱动电力线负载，以高输出功率输出信号到电力线负载上。模拟前端-ADC 用来将经过前级调制的模拟信号进行量化，转换成数字流，并输入下一级数字设备进行数据交换和运算处理。模拟前端-DAC 用来将数字信号转换为模拟信号并提供给发射通路进行处理并发送。

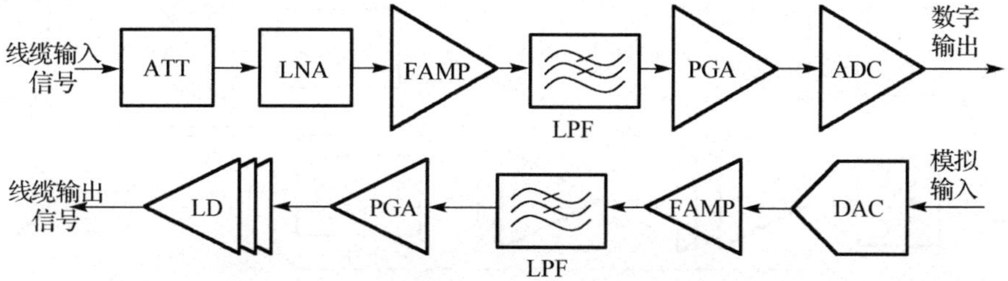

图 7.1　电力线通信模拟收发机系统结构框图

7.2　宽带可重构电力线通信接收机系统结构

由于室内有线传输的特点，发射器和接收器之间的距离可能会产生极大的变化，进而由于信号通路的衰减导致输入信号能量存在极大的差异。在接收器距离发射器非常近的情况下，接收器输入信号能量非常大。相反在接收器与发射器距离非常远的情况下，接收器输入信号很微弱。通过可重构的接收器设计方案，分别采用低噪声接收通路和高线性接收通路满足宽动态范围输入信号需求。

当接收处理大信号时，本章提出的可重构接收器将采用衰减-PGA 代替低噪声放大器作为接收器输入级。因此正如本章开始所阐述的那样，对宽动态范围输入信号，本章采用可重构设计方法实现接收器，分别采用低噪声接收通路和高线性度接收通路设计。其中低噪声接收通路所能处理的最大能量输入信号 $P_{\text{in,max,LNA}}$ 可以根据式(7-1)确定。

$$P_{\text{in,max,LNA}} = \frac{2P_{\text{IP3}} + (-174 + \text{NF} + 10\lg B)}{3} \tag{7-1}$$

结合式(7-1)可知，通过减少低噪声放大器增益 $A_{\text{V,LNA,AFE}}$(分配增益为 6 dB)和增加各级电路三阶交调截点电压 V_{IIP3}，尤其是后级 PGA，$P_{\text{in,max,LNA}}$ 将会取得更高的值。PGA 采用反馈结构设计，因此其线性度不仅由运算放大器自身所决定，同时受反馈环路影响极为明显。此外后级 PGA，由于处于系统最后一级，考虑到其输入三阶交调截点电压受到前级放大器增益影响，因此其线性度要求最高。

在随后的章节中，我们将会详细地介绍可重构接收器各级电路模块，如图 7.2 所示，接收器主要包括衰减可编程增益放大器(attenuation-programmable gain amplifier，AT-PGA)、输入共模电压钳位器(input common-voltage clamper，ICVC)、低噪声放大器、四阶低通滤波器以及 PGA。

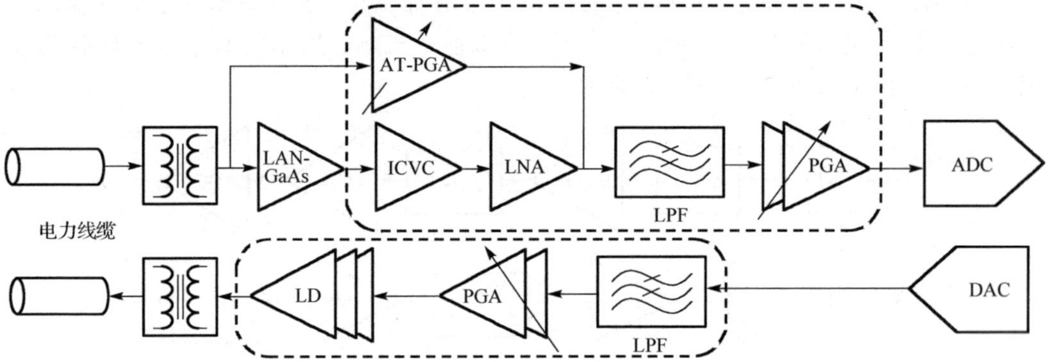

图 7.2　宽带多模电力线通信模拟收发机系统结构框图

7.2.1　衰减可编程增益放大器

接收器需要采用灵活的设计结构进而适应不同能量的输入信号。其中，衰减可编程增益放大器作为可重构接收器的高线性接收通路提供增益衰减，从而避免输入信号能量过高导致后级放大器饱和，进而保证高的线性度。增益衰减技术凭借电容衰减网络实现，相较于 R-$2R$ 电阻衰减技术，电容衰减技术有非常低的噪声系数。通过开关 S_0～S_7，衰减可编程增益放大器以 6dB 的增益步长进行变化。电容衰减网络具有很高的线性度，因此限制衰减可编程增益放大器线性度的主要症结在于核心放大器，尽管信号被电容衰减网络衰减，对于差分放大器而言，跨导 g_{m} 的非线性是线性度问题的主要来源。其中通过使用差分电路技术 IIP2 可以被极大提高，因此 IIP3 是非线性的主要贡献因素。在仅考虑 g_{m} 非线性的情况下，IIP3 可以通过减少 g''_{m}(跨导的二阶导数)得到极大地提高。g''_{m} 的补偿技术被实现并证明在提高共源放大器[6]

和差分放大器[7]的线性度上是有效的。普遍的，共源 MOS 晶体管的漏电流借助于泰勒级数可以表示如下：

$$i_{DS}=I_{dc}+g_m V_{GS}+\frac{g_m'}{2!}V_{GS}^2+\frac{g_m''}{3!}V_{GS}^3+\cdots \tag{7-2}$$

其中，g_m' 和 g_m'' 分别为跨导 g_m 相对于晶体管栅源电压 V_{GS} 的一阶和二阶导数。仅考虑 g_m 的情况下，IIP3 可以根据文献[8]和文献[9]计算如下，在给定电路偏置情况下除了 g_m 假定其他参数值均为常数，因此在 g_m 的影响下 IIP3 分析结果如下：

$$\mathrm{IIP}_3(2w_1-w_2)=\frac{1}{6\mathrm{Re}[Z_s(w)]\cdot|H(w)||A_1(w)|^3|\varepsilon(\Delta w,2w)|} \tag{7-3}$$

其中

$$\varepsilon(\Delta w,2w)\propto g_m'' \tag{7-4}$$

根据式(7-3)、式(7-4)可知 IIP_3 可以通过减少 g_m'' 而得到有效提高。一个典型 0.18μm 标准 CMOS 工艺下 NMOS 晶体管的 g_m' 和 g_m'' 变化特性如图 7.3(a)所示，其中 g_m'' 在亚阈值区域附近接近正向峰值，然后当栅极电压大于阈值电压 V_{TH}(=0.45V)后，g_m'' 产生负向峰值。通常情况下，放大器的晶体管栅极偏置电压所产生的过驱动电压值的范围为 0.1～0.2V，非常不幸的是，如图 7.3 所示，在这个区域内 g_m'' 存在负向的峰值，该负向峰值将会极大地降低放大器的线性度。通过采用多栅晶体管(multiple gate transistor，MGT)技术，对辅助晶体管提供合理的偏置电压从而产生正向 g_m''，进而消除主晶体管负的 g_m''，该辅助晶体管偏置于亚阈值区域。如图 7.3(b)所示，通过使用该技术 IIP_3 切实提高了。

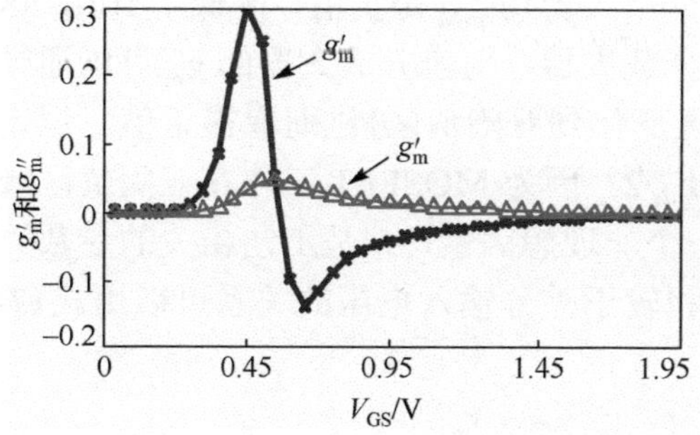

(a)共源 MOS 晶体管 g_m' 和 g_m'' 相应于 V_{GS} 的特性

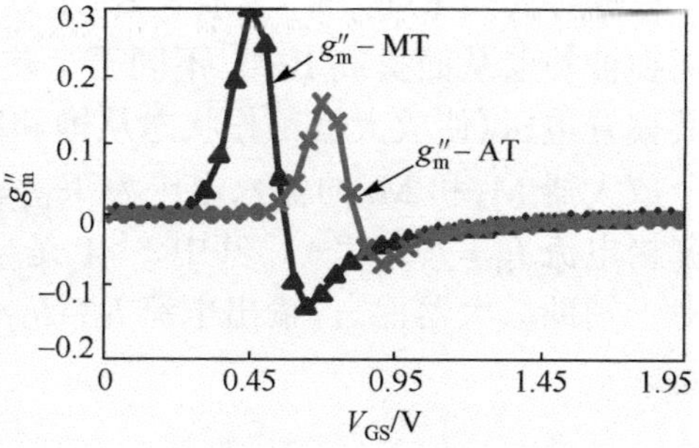

(b)主晶体管和辅助晶体管 g_m'' 相应于 V_{GS} 的特性

图 7.3　共源晶体管跨导及其二阶导数特性

因此衰减可编程增益放大器、核心差分放大器的线性度可以通过 g_m'' 补偿技术来提高。如图 7.4 所示，衰减可编程增益放大器包含一个全差分放大器(fully differential amplifier，FDA)和一个伪差分放大器(pseudo differential amplifier，PDA)。其中 M_1 和

M_2 偏置在饱和区，M_{1C} 和 M_{2C} 偏置在亚阈值区，在忽略沟道长度调制效应的情况下，M_1 和 M_2 的漏电流展示关于 V_{GS} 的平方率特性，有 $I_D=(\mu_n C_{ox}/2)(W/L)(V_{GS}-V_{TH})^2$。因此输出电流 $I_{D1}-I_{D2}$ 相对于差分电压 V_{in} 的关系如式(7-5)所示，其中 μ_n 和 C_{ox} 是工艺相关参数，I_{SS} 是主放大器的尾电流。

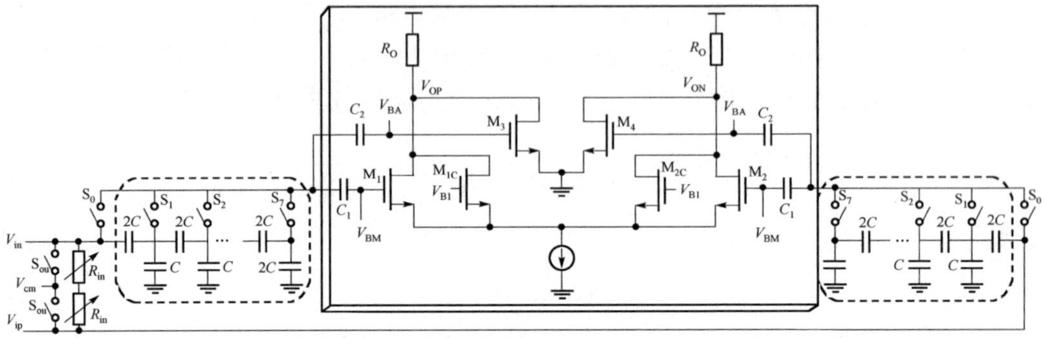

图 7.4　衰减可编程增益放大器电路结构

$$I_{D1}-I_{D2}=\frac{1}{2}\mu_n C_{ox}\frac{W}{L}V_{in}\sqrt{\frac{4I_{SS}}{\mu_n C_{ox}\frac{W}{L}}-V_{in}^2} \tag{7-5}$$

在小信号情况下，当 V_{in}=0 时，核心放大器中主放大器的二阶跨导可以给出：

$$g''_{m\text{-}M}=\frac{\partial^3(I_{D1}-I_{D2})}{\partial^3 V_{in}}=-\frac{3}{4\sqrt{I_{SS}}}\left(\mu_n C_{ox}\frac{W}{L}\right)^{\frac{3}{2}} \tag{7-6}$$

根据等式(7-6)可知，主放大器(全差分放大器) $g''_{m\text{-}M}$ 是负值，降低了 IIP_3，这部分需要被补偿从而提高 IIP_3。不同于全差分放大器，伪差分放大器的 g''_m 可以通过改变其偏置电压(使放大器工作状态从饱和区变化到亚阈值区)进而取得正值。假定伪差分放大器 M_3 和 M_4 的输入电压为 $V_{BA}\pm V_{in}/2$。因为 MOSFET 工作在亚阈值区域，其漏极电流 $I_D=I_0 e^{V_{GS}/\xi V_{TH}}$，其中 $\xi>1$ 是一个非理想因素，I_0 是工艺相关的参数。因此对于辅助放大器而言，输出电流 $I_{D3}-I_{D4}$ 相较于差分输入电压的关系可以用式(7-7)表示。

$$I_{D3}-I_{D4}=I_0 e^{\frac{V_{BA}}{\xi V_{TH}}}\left(e^{\frac{V_{in}}{2\xi V_{TH}}}-e^{-\frac{V_{in}}{2\xi V_{TH}}}\right) \tag{7-7}$$

对于小的信号幅度而言，在 V_{in}=0 的情况下，辅助放大器的二阶跨导 g''_m 如下：

$$g''_{m\text{-}A}=\frac{\partial^3(I_{D3}-I_{D4})}{\partial^3 V_{in}}=\frac{I_0}{4(\xi V_{TH})^3}e^{\frac{V_{BA}}{\xi V_{TH}}} \tag{7-8}$$

根据式(7-8)可知，辅助放大器二阶跨导 g''_{m-A} 为正值，利用这个正值的二阶跨导，可以补偿主放大器的二阶跨导 g''_{m-M}，从而提高 IIP_3 的性能。因此这里提出的衰减可编程增益放大器采用了全差分放大器作为主放大器并采用伪差分放大器作为辅助放大器。辅助放大器被偏置于 V_{BA}，这个电压通过可编程偏置电流的偏置电路产生，通过控制可编程偏置电流从而实现对偏置电压的可编程控制进而抑制由于工艺偏差所导致的偏置电压变化。全差分放大器被偏置于 V_{BM}(等于 1.65V)，该电压由带隙参考基准产生。用于补偿 g''_m 的伪差分放大器被偏置于亚阈值区域，因此其并不需要大量的额外功耗。输入信号主要由全差分放大器放大，因此伪差分放大器的引入并不会显著地降低衰减可变增益放大器的电压增益，噪声系数等性能。所采用的差分多输入晶体管技术还应用于其他电路设计中，像交叉耦合共栅低噪声放大器[10]和伪差分共栅混频器电路[11]等，这些电路设计均采用跨导抵消技术从而提高线性度特性。

7.2.2　低噪声放大器

低噪声放大器基于全差分差动放大器(fully differential difference amplifier，FDDA)结构进行设计。由于全差分结构可以显著提高对电源电压噪声和共模噪声的抑制能力，并且拥有高动态范围和谐波失真性能。因此全差分信号的传输和处理在电力线通信应用中有重要的意义。相比于传统的运算放大器，全差分差动放大器具有优异的性能并且为反馈放大器提供全差分的实现方式。更为重要的是，作为低噪声放大器的核心放大器，全差分差动放大器存在巨大优势，如图 7.5 所示，利用 MOS 器件作为输入器件可以实现高的输入阻抗。在采用传统反馈结构下，为提高输入信号注入功率，输入电阻 R_I 将被设计具有很大的值，这将对输入参考噪声带来很坏的影响，不适合低噪声放大器应用，因此在低噪声放大器设计中需要采用同相反馈结构，因为该结构具有极高的输入阻抗，这不仅满足了高输入阻抗的设计要求，同时避免了输入电阻引入的参考噪声。但是采用传统放大器设计，同相负反馈结构仅适合于单输入信号放大器结构。因此本设计中使用了全差分差动放大器作为核心放大器，并使用同相负反馈结构。

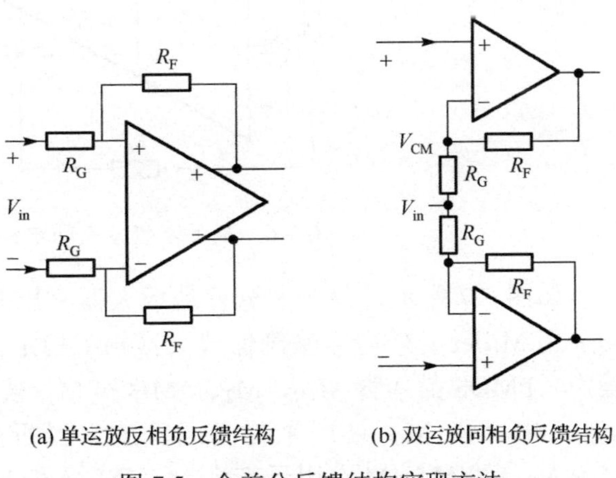

图 7.5　全差分反馈结构实现方法

基于全差分差动放大器设计实现的低噪声放大器结构见图 7.6。它的两个输出端

通过反馈电阻 R_F 反馈到两个输入端。共模反馈电路通过电容 C_{cm} 和电阻 R_{cm} 来检测输出信号的共模电压，通过共模反馈电路将输出共模电压稳定于特定电压 V_{outcm}，避免输出共模的漂移。如图 7.6 所示，放大器将 $V_{PP}-V_{PN}$ 和 $V_{NP}-V_{NN}$ 作为两个输入端口，而不是传统运算放大器中的两个单端输入。该运算放大器的闭环增益可以表示为

$$V_{OP}-V_{ON}=A_0[(V_{PP}-V_{PN})-(V_{NP}-V_{NN})] \tag{7-9}$$

其中，A_0 为差分差动放大器的电压增益，考虑到 $A_0>>1$，式(7-9)可以被简化成

$$V_{OP}-V_{ON}\approx\left(1+\frac{R_F}{R_G}\right)(V_{ip}-V_{in}) \tag{7-10}$$

其中，$R_F=R_G$，因而提出的低噪声放大器增益等于 6dB。如果相同的输入电阻和反馈电阻被应用到反相负反馈结构的传统放大器中，增益 $A_V=R_F/R_G$，其值等于 0dB，因此提出的低噪声放大器相比于传统反相负反馈结构有更高的增益。更为重要的是，该低噪声放大器和传统结构相比，在使用相同的电阻 R_F 和 R_G 情况下，在输出节点拥有相同的噪声电压，其值等于 $V_{n,\text{out,res}}^2=4kTR_F+4kTR_G(R_F/R_G)^2$。然而由于其拥有更高的闭环增益，提出的放大器却减小了在输入节点处电阻噪声的影响。在信号输入节点，提出的低噪声放大器电阻引入噪声电压值为传统放大器的 0.25 倍。

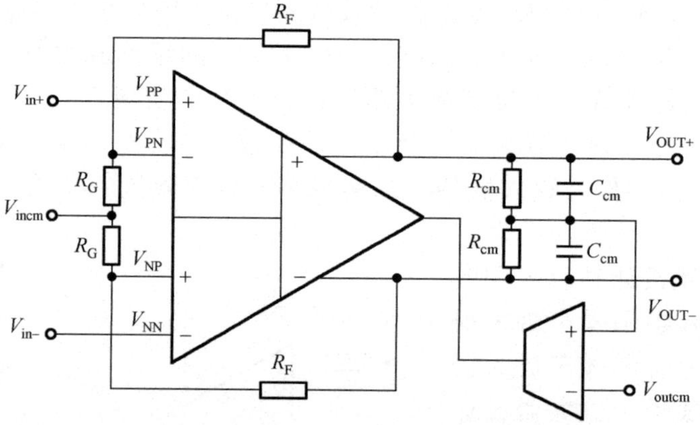

图 7.6　基于全差分差动结构的低噪声放大器

如图 7.7 所示，该全差分差动放大器采用两级放大器结构，输入级和输出级之间采用 Miller 补偿电容来确保放大器频率稳定。由于 PMOS 晶体管拥有更低的闪烁噪声，PMOS 晶体管 M_{1N}、M_{2N}、M_{1P} 和 M_{2P} 被用作输入差分对，同时晶体管 M_{5N}、M_{6N}、M_{5P} 和 M_{6P} 被用来提高运算放大器折叠点的阻抗值。二极管连接晶体管 $M_{3N}(M_{3P})$ 和 $M_{4N}(M_{4P})$ 用于产生 $M_{5N}(M_{6N})$ 和 $M_{5P}(M_{6P})$ 的偏置电压，从而使得其栅极偏置电压跟踪输入共模电压的变化。此外，为了保证对运算放大器负载的强驱动能力并避免输出信号交越失真，输出级采用 Class-AB 类结构，如图 7.7 中虚线框所

示。通过将输出级偏置在 AB 类工作方式下，电流使用效率更高。当输出信号穿过输出共模点并且输出负载不消耗电流时，通过维持一定的静态电流来确保电路稳定性并获得较平缓的过渡特性，避免了交越失真。

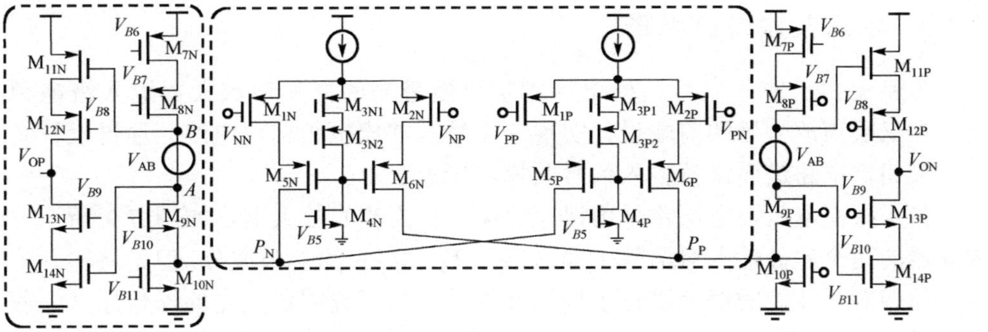

图 7.7　全差分差动放大器电路结构

在低噪声放大器前通过输入共模钳位电路(input common voltage clamper，ICVC)对输入信号共模电压进行钳位控制，但输入信号共模电压仍然会随着电源电压、温度等非理想因素产生浮动变化。采用的全差分差动放大器拥有稳定输入共模电平的能力。当输入端口 V_{PP} 和 V_{NP} 变高时，M_{2N} 和 M_{1P} 中的电流变化量为 $-\Delta I$。相反，M_{1N} 和 M_{2P} 中的电流变化为 $+\Delta I$。因此通过节点 P_N 和 P_P 的电流变化等于 $(+\Delta I)+(-\Delta I)=0$。因此，$P_N$ 和 P_P 两点的电压保持不变。该全差分差动放大器可以在大的输入共模电压范围内工作，避免了由于输入共模电压变化导致的非线性。根据电路仿真结果，节点电压 V_P 与输入共模电压的关系如图 7.8(a)所示，尽管输入共模电压变化，但是

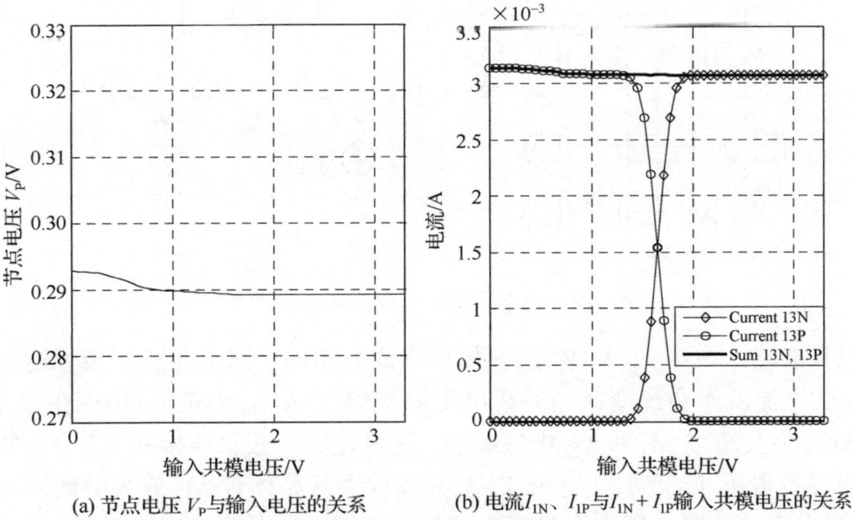

(a) 节点电压 V_P 与输入电压的关系　　(b) 电流 I_{1N}、I_{1P} 与 $I_{1N}+I_{1P}$ 输入共模电压的关系

图 7.8　低噪声放大器共模抑制特性

节点电压 V_P 仍然保持恒定。另外，差分输入管 M_{1N} 和 M_{2N} 的电流 I_{1N}、I_{2N} 以及 I_{1N} 和 I_{2N} 的电流和仿真结果如图 7.8(b)所示，很明显差分管的电流之和基本是一个常数，因此该运算放大器结构对共模电压变化拥有良好的抑制能力。

7.2.3 输入共模钳位电路

为避免由于输入信号共模电压漂移可能带来的低噪声放大器输入级饱和的情况，在低噪声放大器的前端设计实现一个输入共模电压钳位电路。通过设计实现输入共模钳位电路进而维持输入信号共模电压处于 V_{cm}。

输入共模电压钳位电路采用误差放大器作为核心放大器，如图 7.9 所示。误差放大器的两个差分输入对消除了输入信号 V_{IN} 和 V_{IP} 的差模成分，但是将输入信号共模电压相对于 V_{cm} 的偏差进行了检测并放大。为了说明放大器的操作原理，假定输入共模电压 V_{cm} 等于电源电压的1/2，并且电压 V_{IP} 和 V_{IN} 分别等于 $V_{cm}+\Delta V$ 和 $V_{cm}-\Delta V$。假定两个差分输入对拥有高的输入共模抑制特性，这意味着放大器输出信号电流仅依赖于其差分输入电压。因为差分对 M_1、M_3 和 M_2、M_4 有相同的差分电压，因此通过 M_4 的电流等于通过 M_1 的电流，同时通过 M_3 的电流等于通过 M_2 的电流。假定通过 M_3 的电流可以表示为 $I_{D3}=I_B/2-\Delta I$，其中 I_B 是差分对的偏置电流并且 ΔI 是 I_{D3} 电流的改变量，通过 M_1 的电流改变量可以表示为 $I_{D1}=(I_B/2)+\Delta I$，因此 M_5 的电流可以表示为

$$I_{D5}=I_{D1}+I_{D2}=I_B/2+\Delta I+I_B/2-\Delta I=I_B \tag{7-11}$$

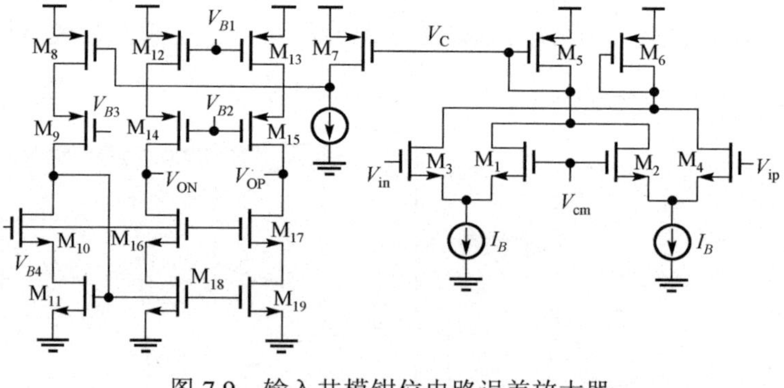

图 7.9 输入共模钳位电路误差放大器

所以只要输入电压 V_{ip} 和 V_{in} 的差模电压成分相同，那么通过二极管连接形式晶体管 M_5 的电流就不会改变。当共模电压偏差 ΔV_{cm}(ΔV_{cm} 为正值)出现在输入 V_{in} 和 V_{ip} 时，ΔV_{cm} 将会造成 M_1 和 M_2 电流减少，这将造成二极管连接晶体管 M_5 的电流减少，进而导致电压 V_C 增加。电压 V_C 被共源放大器晶体管 M_7 放大进而减少晶体管 M_8 的偏置电压，偏置电压将会设置电流源 M_{18} 和 M_{19} 的电流。因而钳位放大器会有

更大的对地的下拉电流，这将造成输出电压 V_{ON} 和 V_{OP} 减少并接近于 V_{cm}。因此，只要误差放大器共模环路增益较大($A_{V\text{-}CM}$>60dB)，并且差分信号未造成差分对截止关断($|\Delta V|$<0.3V)，共模输出电压将会保持在 V_{cm}。

7.2.4　高阶低通滤波器电路

根据提供的通带频率带宽，滤波器可以简单地命名为低通滤波器、高通滤波器、带通滤波器等。在模拟前端-收发通路中，滤波器提供对谐波失真和信号频带外噪声的滤除功能。在物理电路设计实现中，理想的滤波器是不存在的，在本小节中我们将提供适用于提出的电力线模拟接收器的一个低通滤波器设计方案，在设计过程中需要考虑系统参数的折中。优良的滤波器通常是具有从通带到截止带的快速过渡或者衰减的特性。设计实现的滤波器波特特性与理想传输函数越接近，性能越好，但是消耗的功耗或者元件就越多。因此设计出的滤波器的输入输出波形要尽可能地接近理想传输函数，但要求尽可能少地使用元件与尽可能产生低的功耗。

1. 多反馈路径低通滤波器电路

模拟前端接收处理的信号频率范围为 1.8～86MHz，因此这里设计一个四阶低通滤波器用于滤除带外噪声和谐波失真并为后级的 ADC 提供抗混叠滤波作用。不同于已有文献中所提及的采用两个二阶多反馈路径有源滤波器级联设计实现四阶低通滤波器，采用的滤波器包含一个有源二阶多反馈路径低通滤波器(产生两个共轭极点)和两个一阶无源 RC 滤波器，因此具有更低的功率消耗和更少的元器件数目。

2. 运算放大器

二阶有源滤波器的运算放大器如图 7.10(a)所示，该运算放大器采用差分输入级和 Class-AB 输出级，两级放大器通过 Miller 补偿电容确保运算放大器的稳定性，其中 M_1～M_8 为运算放大器差分输入级，M_9～M_{28} 为运算放大器 Class-AB 类输出级，其中 M_{11}/M_{12} 和 M_{21}/M_{22} 分别组成 Class-AB 的悬浮电压源，类似于低噪声放大器的核心放大器。

为避免运算放大器带宽对于滤波器通带带宽的不利影响，设计的运算放大器的开环增益和带宽均需要进行详细设计分析：两级运算放大器包含两个主极点。输出级极点由负载电容和输出级等效阻抗决定。输入级在节点 A 引入另外一个极点。节点 A 等效阻抗在这里进行详细的分析，对节点 A 附近电路进行等效，如图 7.10(b)所示，假设节点 A 上方的等效电阻为 R_{up} 可以计算如下：

$$I_X = \frac{V_B}{R_1} = \frac{V_X - V_B}{r_{11}} + \frac{V_X - V_B}{r_{12}} + g_{m11}V_X - g_{m12}V_B \tag{7-12}$$

其中，$R_1 = g_{m13}r_{13}r_{14}$，$r$ 为晶体管沟道电阻，g_m 为晶体管跨导。对式(7-12)进行整理得

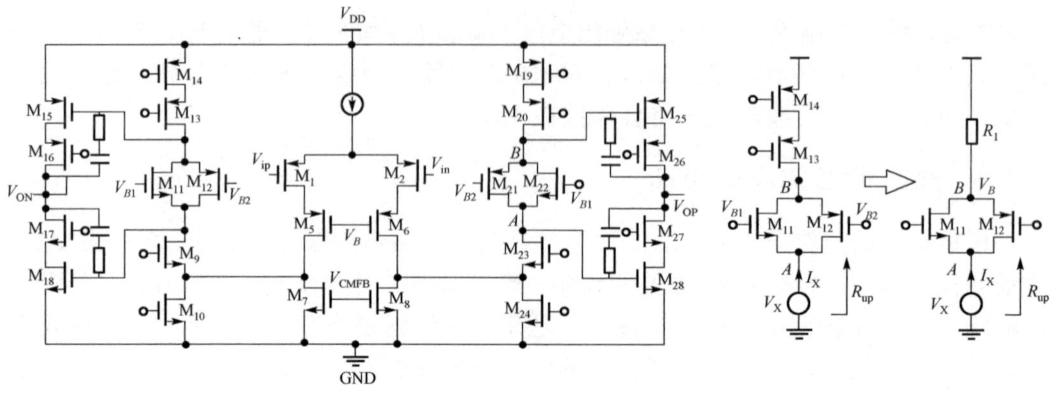

(a) 运算放大器电路结构　　(b) 节点*A*等效阻抗模型

图 7.10　滤波器核心放大器

$$R_{up}=\frac{V_X}{I_X}=\frac{r_{11}r_{12}(1+g_{m12}R_1)+R_1(r_{11}+r_{12})}{r_{11}+r_{12}+g_{m11}r_{11}r_{12}} \tag{7-13}$$

于是

$$R_{up}\approx\frac{g_{m12}R_1r_{11}r_{12}}{g_{m11}r_{11}r_{12}}=\frac{g_{m12}R_1}{g_{m11}}=\frac{g_{m12}g_{m13}r_{13}r_{14}}{g_{m11}} \tag{7-14}$$

根据式(7-14)，由于 $g_{m11}\approx g_{m12}$，因此阻抗 $R_{up}=g_{m13}r_{13}r_{14}$，此外节点 A 下方等效电阻为

$$R_{down}=\frac{g_{m9}r_{DS9}}{g_{DS10}+g_{DS7}} \tag{7-15}$$

节点 A 等效电阻为 $R_A=R_{up}//R_{down}$，即

$$R_A=g_{m13}r_{13}r_{14}//\frac{g_{m9}r_{DS9}}{g_{DS10}+g_{DS7}} \tag{7-16}$$

这里假设 Miller 补偿电容为 C_1，放大器输出节点负载电容为 C_2，放大器第二级增益 $A_{v2}=-(g_{m15}+g_{m18})R_{out}$，因此根据 Miller 补偿原理可以计算出节点 A 的寄生电容为 $(1+A_{v2})C_1$，可得节点 A 的极点为 $p_1=-1/[2\pi R_A(1+A_{v2})C_1]$，代入各晶体管和电阻参数计算得 p_1=34.2kHz。另外，放大器输出极点为 $p_2=-(g_{m15}+g_{m18})/2\pi C_2$，代入参数计算得，输出极点约为 2GHz。电路的仿真结果如图 7.11 所示，其中运算放大器直流增益为 91dB，单位增益带宽为 713MHz，相位裕度大于 62°，主极点频率为 22kHz，该值与理论计算所得的主极点频率有一定偏差主要是由于寄生电容等非理想因素导致参数值估计与实际值相比偏低，但该运算放大器仿真结果与理论分析基本相符。运算放大器增益带宽积较大，精度较高，能满足滤波器设计需要。

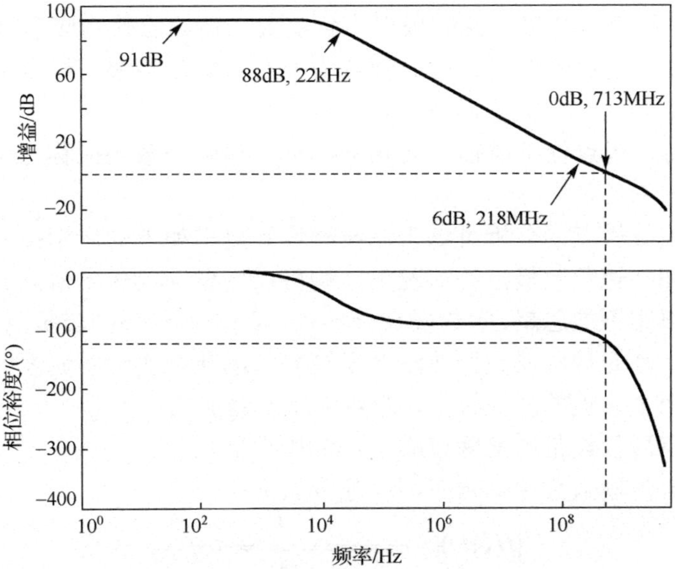

图 7.11　滤波器核心放大器波特图

3. 二阶有源多路径反馈滤波器

在设计实现运算放大器后，本小节对二阶有源多路径反馈滤波器设计进行分析阐述。理想二阶低通滤波器的传输函数为

$$H(\mathrm{j}\omega)=\frac{\omega_{\mathrm{p}}^2}{(\mathrm{j}\omega)^2+2\zeta\omega_{\mathrm{p}}(\mathrm{j}\omega)+\omega_{\mathrm{p}}^2}=\frac{1}{(\mathrm{j}\omega/\omega_{\mathrm{p}})^2+2\zeta(\mathrm{j}\omega/\omega_{\mathrm{p}})+1} \tag{7-17}$$

其中，$\zeta=1/2Q$，ω_{p} 定义为无阻尼自然频率，单位是 rad/s；ζ 是一个无量纲的参数，称为阻尼系数；Q 称为品质因数。$H(\mathrm{j}\omega)$ 存在两个极点，在 S 平面极点与 ξ 的关系如图 7.12(a)所示。

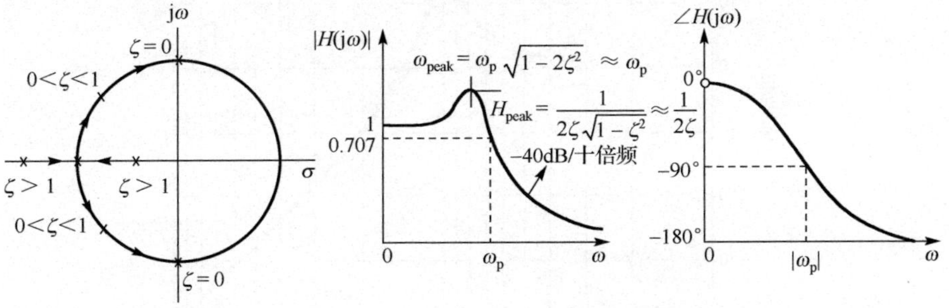

(a) 极点S平面分布　　(b) 极点频率响应

图 7.12　二阶低通滤波器传输函数极点分布及响应

(1) $\zeta>1$，即 $Q<1/2$ 时，此时极点为负实数，传输函数响应为过阻尼响应。

(2) $0<\zeta<1$，即 $Q>1/2$ 时，此时极点为一对共轭复数根，极点位于 S 平面左半部分，传输函数响应称为欠阻尼响应。

(3) $\zeta=0$ 时，极点位于虚轴上且 $p_{1,2}=\pm \mathrm{j}\omega_\mathrm{p}$，传输函数响应称为恒定不衰减的正弦函数。

二阶传输函数极点的分析可以为滤波器设计提供如下的启示：当传输函数存在两个实数极点和共轭负数极点的情况下，均可以提供−40dB/十倍频的增益滚降，但是一个重要的事实不能忽略，实数极点会导致−40dB/十倍频的转折点距离−3dB 频率点较远的位置，从而导致滤波器滤波效果较差，因此在实际的滤波器设计中，通常使传输函数有两个共轭的复数极点，即要求滤波器品质因子 $Q>0.5$。这种情况下滤波器在共轭极点后传输带内滚降速率为−40dB/十倍频。

二阶滤波器传输函数频率响应可以分析如下：

$$|H(\mathrm{j}\omega)|=\frac{1}{\sqrt{\left(1-\dfrac{\omega^2}{\omega_\mathrm{p}^2}\right)^2+\left(\dfrac{\omega}{\omega_\mathrm{p}Q}\right)^2}} \tag{7-18}$$

$$\theta=-\arctan\left[\frac{2\zeta(\omega/\omega_\mathrm{p})}{1-(\omega/\omega_\mathrm{p})^2}\right] \tag{7-19}$$

其幅频响应如图 7.12(b)所示，当 $|H(\mathrm{j}\omega)|=Q$ 时，传输函数相位变化达到−90°，这时频率点为 ω_p，传输函数增益最大值 $1/2\zeta$ 出现在 $\omega=\omega_\mathrm{peak}$ 处，其频率靠近 ω_p。

如图 7.13 所示，调整品质因子 Q 大小并对传输函数幅频响应进行建模分析，随着 Q 值由小到大，传输函数的峰值响应越来越明显。图 7.13 中对于高 Q 值的频率响应，

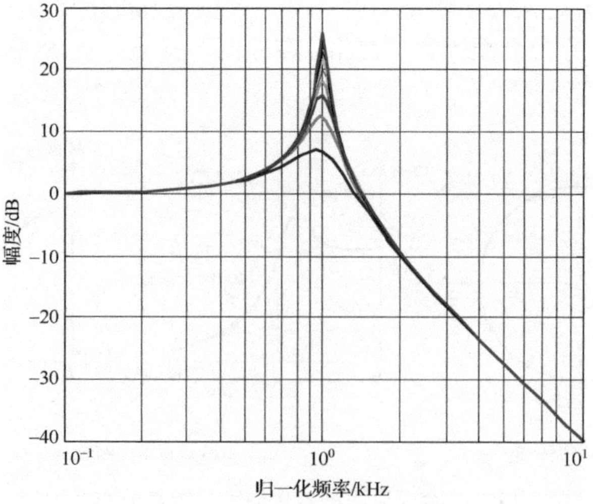

图 7.13　不同 Q 值下的二阶响应

其幅值在$\omega=\omega_p$的附近频带内会出现$|H(j\omega)|>1$，该现象称为幅值峰化。其中$Q=0.707$相应的曲线称为最大平优，或称为巴特沃思响应，这种情况下最接近理想滤波器模型。

图 7.14(a)所示为设计采用的基于运算放大器的二阶多路径反馈滤波器，通过调节反馈电阻和电容从而对品质因数Q进行控制。

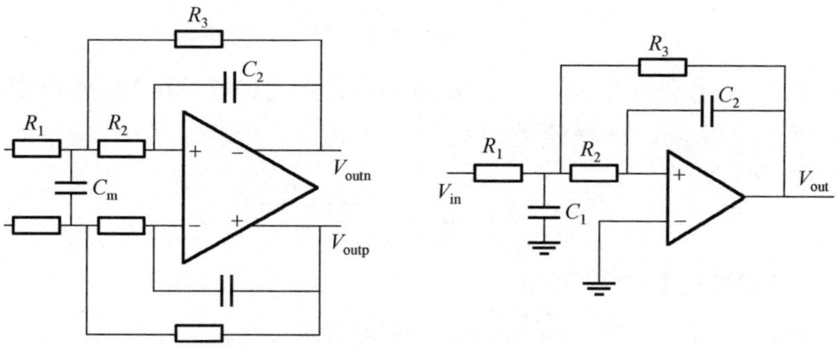

(a) 二阶多路径反馈滤波器　　(b) 二阶多路径反馈滤波器单端等效电路

图 7.14　滤波器原理图

为简化分析，该滤波器半边等效电路如图 7.14(b)所示，其中$C_1=2C_m$，其传输函数为

$$H(s)=\frac{\dfrac{R_3}{R_1}\dfrac{1}{R_2R_3C_1C_2}}{s^2+\dfrac{R_2+R_3+R_2R_3/R_1}{R_2R_3C_1}\cdot s+\dfrac{1}{R_2R_3C_1C_2}} \tag{7-20}$$

根据式(7-20)有滤波器传输函数直流增益为R_3/R。我们定义$\omega_p^2=1/C_1C_2R_2R_3$，$Q_p=\sqrt{\dfrac{C_1}{C_2}}\cdot\dfrac{R_1\sqrt{R_2R_3}}{R_1R_2+R_2R_3+R_1R_3}$，当$Q_p>0.5$时，在共轭极点频率带宽外传输函数滚降速率为$-40$dB/十倍频。结合式(7-18)，传输函数幅频特性如下：

$$|H(j\omega)|=\frac{\dfrac{R_3}{R_1}}{\sqrt{\left(1-\dfrac{\omega^2}{\omega_p^2}\right)^2+\left(\dfrac{\omega}{\omega_pQ_p}\right)^2}},\quad \begin{cases}|H(j\omega)|_{\omega=0}=\dfrac{R_3}{R_1}\\ |H(j\omega)|_{\omega\to\infty}=0\\ |H(j\omega)|_{\omega=\omega_p}=Q_p\dfrac{R_3}{R_1}\end{cases} \tag{7-21}$$

为方便对幅频响应进行分析建模，这里假设R_1为R，R_3为mR，由于ω_p受到R_2和R_3影响，所以为保证ω_p不受到电阻R_3变化影响，这里令R_2为$1/mR$，于是可以通过对电阻R_3和R_1的比例参数m来改变Q_p，因此重新整理Q_p的表达式如下：

$$Q_{\mathrm{p}}=\sqrt{\frac{C_1}{C_2}}\cdot\frac{R_1\sqrt{R_2R_3}}{R_1R_2+R_2R_3+R_1R_3}\propto\frac{R\sqrt{(1/m)RmR}}{(1/m)R^2+(1/m)RmR+RmR}=\frac{1}{1/m+1+m} \tag{7-22}$$

品质因子 Q 相对于参数 m 的一阶导数如式(7-23)所示：

$$\frac{\partial Q_{\mathrm{p}}}{\partial k}\propto\frac{1-m^2}{(m^2+m+1)^2} \tag{7-23}$$

根据式(7-23)，比例系数 m 越大，Q_{p} 越小。结合式(7-21)可知，幅度响应 $|H(\mathrm{j}\omega)|$ 在靠近 ω_{p} 处有一个峰值，该峰值近似可以表示为

$$H_{\mathrm{peak}}=Q_p\cdot\frac{R_3}{R_1}\propto m\cdot\frac{m}{m^2+m+1} \tag{7-24}$$

同样对式(7-24)进行求导可知：

$$\frac{\partial H_{\mathrm{peak}}}{\partial k}\propto\frac{m^2+2m}{(m^2+m+1)^2} \tag{7-25}$$

由式(7-25)可知，幅度响应的峰值 $|H(\mathrm{j}\omega)|$ 会随着 m 增加而增大。当 m=2 时，$H_{\mathrm{peak}}\approx0.57$，当 m=3 时，$H_{\mathrm{peak}}\approx0.7$。滤波器作为收发器传输通路的中间模块，其增益误差必须要低于收发通路要求的±0.5dB。为了减少二阶低通滤波器幅度响应峰值所带来的增益误差，这里取 m=2，于是电阻 R_1、R_2、R_3 的电阻值分别为 R、$0.5R$、$2R$。

在分析获得二阶低通滤波器电阻比例的情况下，同样的电容 C_1、C_2 也对滤波器性能有一定影响，假设 $C_1=kC_2$，在不同的 k 值的下对二阶低通滤波器的幅频响应建模分析，根据仿真结果可知当 k=8 时，截止频率和增益误差可得到最优值。结合电容电阻参数计算可得 $\omega_{\mathrm{p}}=5.87\times10^8$rad/s=93.47MHz，$Q_{\mathrm{p}}$=0.808。

根据 ω_{p} 和 Q_{p} 的表达式及仿真结果可知，当频率位于 $\omega_{\max}$ 处时，$|H(\mathrm{j}\omega)|$ 有一个峰值点，这一点在设计频率选择性滤波器和选频放大器中是非常重要的。在某些应用中，可能想设计这样一种电路，使其频率响应的模在某一给定频率上有一个陡峭的尖峰，借此可以在某一较窄的频率范围内，对一些正弦信号提供选频性放大。这种电路通常采用品质因数 Q 来衡量峰值的尖锐程度。由于二阶滤波器电路中 $\zeta=1/2Q$，所以该滤波系统有这样的性质：系统中阻尼越小，$|H(\mathrm{j}\omega)|$ 中的峰值就越尖锐。由 $\zeta=1/2Q$ 可知，品质因数越大，输出的过冲越大，表现为欠阻尼振荡，达到稳定的时间越久，同时带宽越小。从带宽 ω_{p} 及品质因子 Q 的表达式可知，为了使滤波器过冲减小，带宽增大，可以选择减小 C_2，适当增大 C_1，从而实现带宽和品质因数的折中优化。所以在实际的滤波器设计中，可以通过调节 C_1、C_2 及各个电阻得到需要的增益、极点频率及极点 Q 值。这种设计方法在信号处理方面得到了极为广泛的应用。

4. TRIM 电容修调方法

由于工艺误差，温度以及长时间使用所造成的老化等诸多因素，模拟滤波器的

截止频率会产生变化，所以修调技术必不可少。设计实现的低通滤波器采用 4 位寄存器数字码控制 TRIM 修调电容的大小来对滤波器带宽进行 TRIM 修调。

这里设计的滤波器电路采用电容阵列修调技术来调整滤波器的品质因子以及截止频率，具体 TRIM 修调阵列如图 7.15 所示。

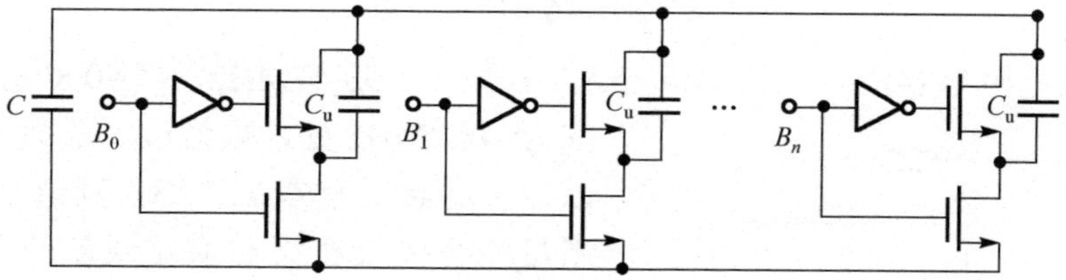

图 7.15　滤波器修调电容阵列

其中，C 为恒定电容，C_u 为单位修调电容值，滤波器反馈电容和输入电容 C_1、C_2 均采用 TRIM 电容进行修调。寄存器数字信号 B_n 控制接入 C_1、C_2 的修调电容的数目，从而控制整体电容，进而实现对滤波器截止频率和品质因数的控制。具体 TRIM 修调电容工作原理如下：当数字信号 B_n 为低电平时，反相器输出信号变为高电平，控制与 TRIM 电容并联的 NMOS 管导通，使得单位 TRIM 电容被短接，不接入电路；相反，与 TRIM 电容串联的 NMOS 管导通，从而将电容接入整个电容阵列。以此设置合适的品质因子和带宽。假设修调电容为 $C_u=\Delta C$，以 C_2 为例，$C_2=C+B_n\times\Delta C$，其中 B_n 是 4 位数字控制信号，用来调整修调电容接入个数，即修调电容大小。

随着修调电容的引入，滤波器截止频率可被调整到合适的频率，避免了非理想因素引起的滤波器性能的恶化。当 $B_0=7$ 时，$C_1=12.9\text{pF}$，$C_2=1.61\text{pF}$。同时，$R_1=373.8\Omega$，$R_2=186.9\Omega$，$R_3=747.7\Omega$。此时二阶低通滤波器的幅频响应特性和其局部放大图如图 7.16(a) 和图 7.16(b) 所示。

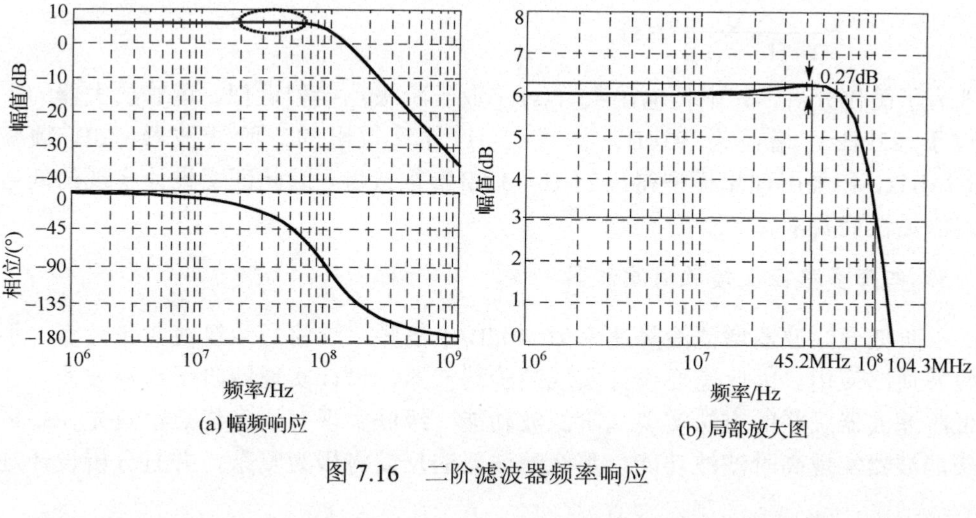

图 7.16　二阶滤波器频率响应

幅频响应峰值点对应频率和幅值可以计算如下：

$$\omega_{\rm peak} = \omega_{\rm p}\sqrt{1-2\zeta^2} \tag{7-26}$$

$$H_{\rm peak} = \frac{1}{2\zeta\sqrt{1-\zeta^2}}\frac{R_3}{R_1} \tag{7-27}$$

根据各电阻电容值可以计算$\omega_{\rm p}$=5.87×10^{8}rad/s=93.47MHz，$Q_{\rm p}$=0.808，位于频率$\omega_{\rm peak}$=45.2MHz处，幅值最大值为6.27dB。所以最大增益误差为0.27dB，其值小于0.5dB，满足整个接收通路对增益误差的要求，而且–3dB频率为104.3MHz。

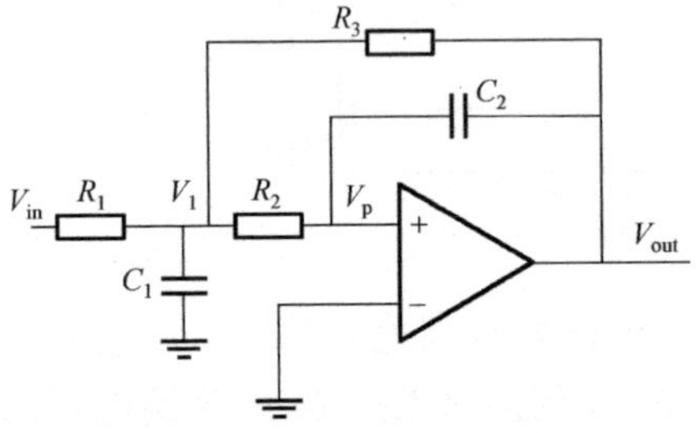

图 7.17　二阶滤波器原理图

然而实际上，运算放大器的有限增益和带宽会在滤波器的传输函数中引入一些非理想效应，重画二阶多路径反馈低通滤波器如图7.17所示，根据反馈原理可以分析如下：

$$\frac{V_{\rm in}-V_1}{R_1}+\frac{-V_1}{1/C_1s}+\frac{V_{\rm p}-V_1}{R_2}+\frac{V_{\rm out}-V_1}{R_3}=0 \tag{7-28}$$

$$\frac{V_1-V_{\rm p}}{R_2}+\frac{V_{\rm o}-V_{\rm p}}{1/C_2s}=0 \tag{7-29}$$

$$V_{\rm p}A(s)=V_{\rm o} \tag{7-30}$$

联立以式(7-28)～式(7-30)，可得

$$\begin{aligned}\frac{V_{\rm o}}{V_{\rm in}} &= \frac{A(s)}{1+[1-A(s)]}\frac{R_3}{[R_1R_2R_3C_1C_2s^2+R_2R_3C_2s+R_1R_3C_2s+R_1R_2C_2s+R_1]}\\ &= \frac{A(s)}{1+[1-A(s)]}H(s)\end{aligned} \tag{7-31}$$

为了简化分析，其中传输函数$A(s)$采取一阶极点模型近似。运算放大器的主极点位于22kHz，增益为91dB。由式(7-31)计算得出的二阶滤波器–3dB频率为103.2MHz，和采用理想模型得出的104.3 MHz很接近，因此证明设计实现的低通滤波器满足性能要求。

5. 四阶多路径反馈低通滤波器

二阶低通滤波器增益滚降速率为–40dB/十倍频，这将导致过渡频带较宽，不适合收发通路应用。因此需要设计实现高阶滤波器，设计实现四阶低通滤波器，并采用低阶滤波器级联的方法实现高阶滤波功能。级联实现有诸多优点，首先如果采用单级滤波器实现高阶滤波功能，那么滤波器的反馈将极为复杂，并且分析设计难度

较大。其次采用多级级联方式降低了设计难度，并且由于低阶滤波器与高阶的滤波器是开环耦合，不存在反馈，每节低输出阻抗消除了级间负载效应，可以单独对每节点进行分析。

如前面所提到的，这里为简化电路设计，并避免过度功率消耗，我们采用多路径反馈二阶低通滤波器和两个一阶 RC 低通滤波器级联构成四阶低通滤波器，单端原理图如图 7.18 所示。其中虚线部分为两个一阶低通滤波器，其中 R_{n}=103Ω，C_{q}=11.5pF。虚线框中一阶滤波器节点 A 等效于短接到地，因此该一阶滤波器的传输函数为

$$F(s)=\frac{\frac{1}{sC_{\mathrm{q}}}//R_1}{\left(\frac{1}{sC_{\mathrm{q}}}//R_1\right)+R_n}=\frac{R_1}{R_1+R_n+sC_{\mathrm{q}}R_1R_n} \tag{7-32}$$

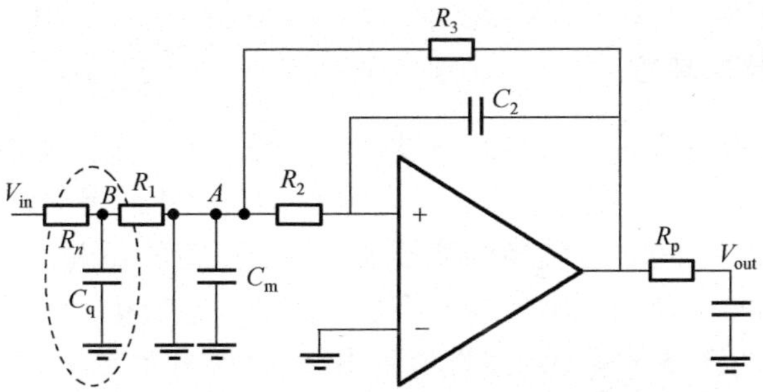

图 7.18　四阶多路径反馈低通滤波器原理图

根据式(7-32)有$|F(s)|=0.5$，于是 V_{in} 到 B 点有−6dB 的衰减，而原来的二阶低通滤波器的增益为 6dB，最后级联的一阶滤波器没有增益上的衰减，所以级联后，该四阶滤波器的通带增益为 0dB，级联后，系统表现为四阶系统的性质。它在传输带内以−80dB/十倍频的速率下降，该高阶滤波器适用于对传输带和截止频率要求较高的场合。

由于滤波器处于收发通路中间电路模块，无法直接对其进行芯片流片测试，对本章设计的高阶低通滤波器在版图完成后进行仿真验证，仿真结果表明，该高阶低通输出噪声频谱如图 7.19(a)所示，在 1MHz 频率处等效输出噪声为 $7\mathrm{nV}/\sqrt{\mathrm{Hz}}$，由于前级低噪声放大器的增益衰减，低通滤波器的噪声性能满足要求。该四阶低通有源滤波器整体仿真频率响应如图 7.19(b)所示，增益滚降速率达到−80dB/十倍频，满足接收通路设计要求，在 TRIM 修调电容使用下，滤波器通带截止频率为 100MHz，因此该滤波器电路的输出可以作为后级中高速采样频率的 ADC 的输入信号，从而保证信号的精度和可靠性，并为后级 ADC 提供低噪声的抗混叠输入信号。

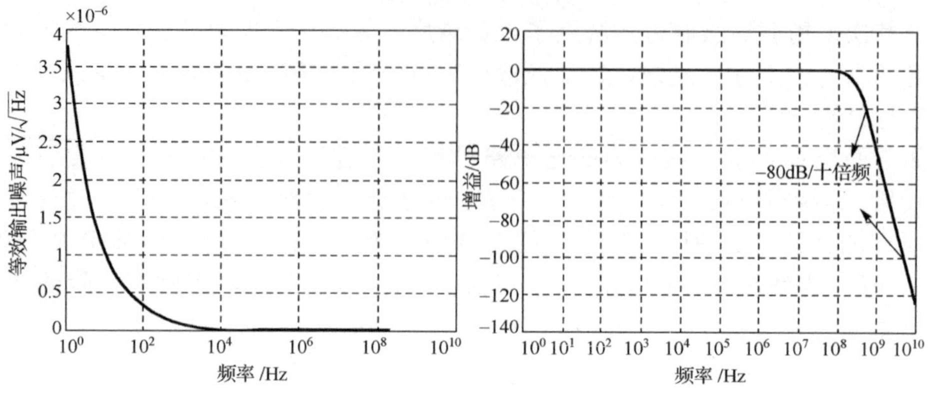

(a) 等效输出噪声频谱　　(b) 频率响应

图 7.19　四阶多反馈低通滤波器仿真结果

7.2.5　可编程增益放大器

1. 内建反馈控制环路

根据前面章节的内容可知，PGA 被设计为系统最后一级，其增益范围为 3～15dB 并且具有 3dB 的增益步长，设计放大器带宽为 0～100MHz。考虑到前级放大器对 PGA 参考噪声的衰减，因而 PGA 在噪声性能要求上没有严苛的要求，因此采用传统可靠的反相负反馈结构，PGA 使用电阻反馈网络实现离散增益变化。为了方便增益控制，不同阻值的反馈电阻的选择通常使用线性电阻串联 MOS 开关实现。

PGA 的非线性主要来源于两个方面：首先是运算放大器自身引入的非线性，放大器随着输入信号幅度的增加，跨导不会保持恒定，进而引入非线性失真，这在开环可编程增益放大器中尤为明显。其次是反馈网络引入的非线性，在反馈型放大器设计实现中，运算放大器的高增益可以有效降低放大器本身引入的失真。然而对于反馈路径中 MOS 开关非理想因素，例如，体效应和电子迁移率的变化等所引入的失真不应忽略。在文献中，反馈环路(用于增益控制)会使用大尺寸和复杂的开关用来实现高的线性度，这将带来芯片面积的消耗和设计难度的增加。此外，另外一个不容忽视的重要问题是 PGA 在不同增益下将具有不同的通路带宽，除非采用特殊的电路技术来保证在不同的增益下信号带宽恒定。针对这些问题，设计 PGA 具有内建反馈控制功能进而取得高的线性度和恒定的带宽特性。图 7.20 所示为 PGA 的电路结构。

如图 7.21 所示，通过选择不同的反馈电阻 R_{fx} 从而获得不同的增益值，为 3～15dB。R_m 为固定阻值电阻。两个超源极跟随器与 R_m 串联用作输入缓冲放大器。不同于传统 PGA 使用数字控制的 MOS 开关与反馈电阻串联进而选择不同的电阻值来实现不同的增益，提出的 PGA 使用了内建负反馈结构(如图 7.20 阴影部分)设置不

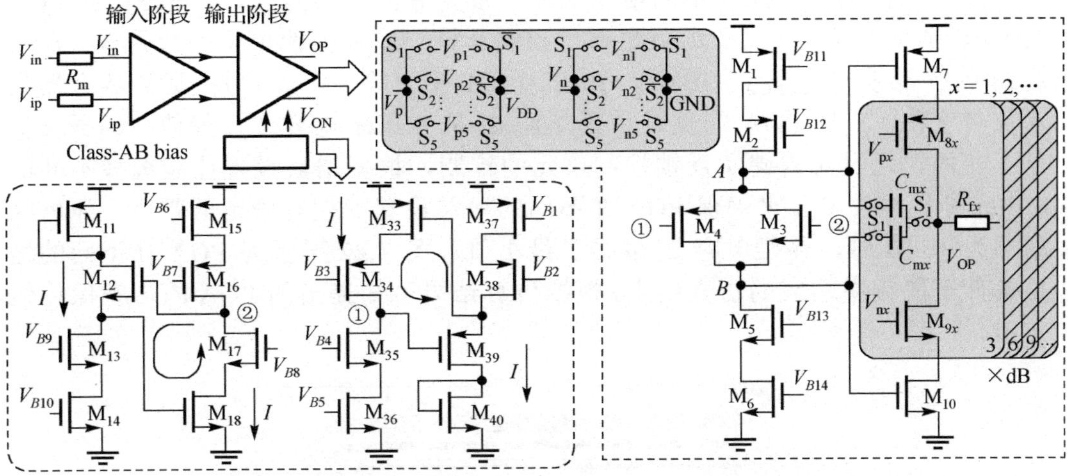

图 7.20　使用内建负反馈结构的 PGA 和 Class-AB 类输出级

同增益值。内建负反馈控制结构的核心概念为通过选择不同的单元结构实现增益的变化，反馈单元结构包含相同的 Cascade 晶体管 M_{10x}、M_{11x} 以及一个变化的电阻 R_{fx}，补偿电容 C_{mx}(相应于不同的反馈系数)和控制开关 S_x(x=1，2，⋯，5)。通过这种方法，反馈环路中不包含任何 MOS 开关去实现不同的电压增益，因而保证了一个高线性的反馈环路，避免了为保证线性度而使用大尺寸开关。如图 7.20 所示，每个内建负反馈环路电路单元通过 S_1～S_5 实现选择功能。选择的方式为通过控制 Cascade 晶体管 M_{10x} 和 M_{11x} 的栅极电压是否连接到其相应的偏置电压实现。如图 7.21 所示，仿真结果表明相比于传统的 MOS 开关控制的 PGA，提出的 PGA 通过使用内建负反馈结构拥有良好的三次谐波失真性能。

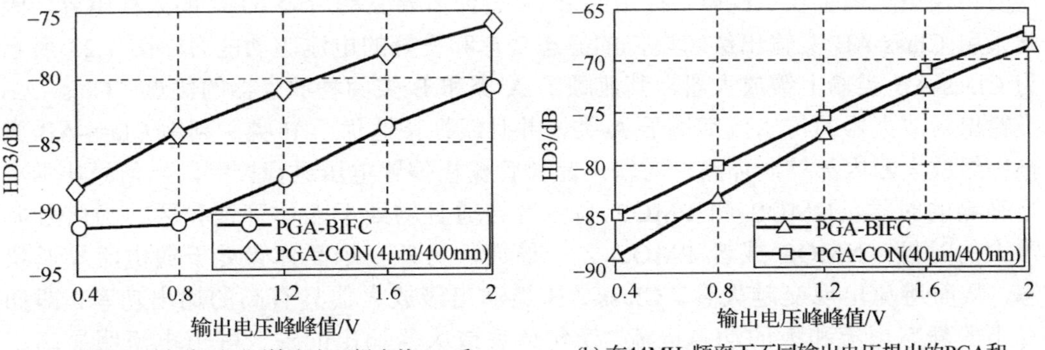

(a) 在22MHz频率下不同输出电压提出的PGA和传统PGA(4μm/400nm)的三次谐波失真性能

(b) 在44MHz频率下不同输出电压提出的PGA和传统PGA(40μm/400nm)的三次谐波失真性能

图 7.21　PGA 的三次谐波失真仿真结果

另外，针对传统 PGA 不同增益条件下带宽非恒定的问题，本章提出的 PGA 的−3dB 带宽 $f_{-3dB,PGA}$ 设计为恒定通过控制其核心放大器的单位增益带宽。众所周知 PGA 带宽 $f_{-3dB,PGA}=GBW_{op}\cdot\beta$，其中 GBW_{op}（等于 G_{m1}/C_c）是运算放大器的增益带宽积，β 是 PGA 的反馈系数并且 C_c 是 Miller 电容 C_{mx} 的值。跨导 G_{m1} 是不变的，通过对内建负反馈控制单元的控制，根据增益设置控制选择不同的 Miller 补偿电容 C_{mx} 来确保 PGA 在不同的增益设置下拥有恒定的带宽。当 PGA 增益为 15dB 时，补偿电容 C_c 取得了最小值。图 7.22 所示为 PGA 在不同的增益条件下的频率响应的仿真结果，根据仿真结果可知提出的 PGA 的带宽保持恒定值。

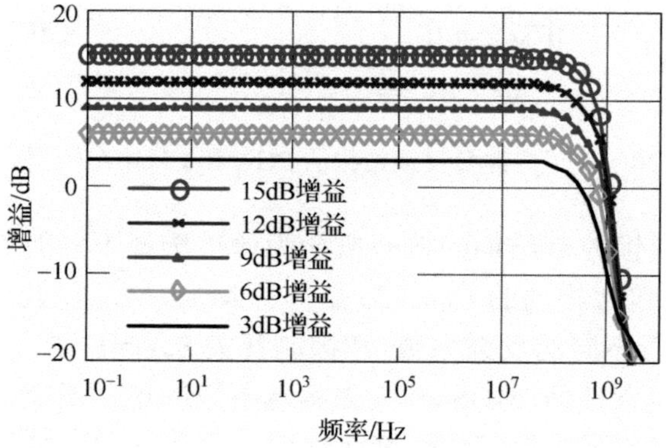

图 7.22　不同增益设置条件 PGA 的频率响应

2. Class-AB 类输出级

要为小电阻和大电容负载传输功率，由于需要的输出驱动电流往往很大，所以需要将输出级偏置在 AB 类。提出的 PGA 设计需要驱动后端 ADC 的采样电容，因此采用 Class-AB 类输出级实现低的静态功耗和良好的电流驱动能力。图 7.23 所示为 Class-AB 类输出级放大器，其兼顾了 A 类和 B 类两种放大器的优点，Class-AB 类输出级放大器的传输效率优于 A 类，并且线性特性优于 B 类。利用 Class-AB 类输出级放大器内部控制环路，对输出晶体管栅极偏置电压进行控制，当信号非常小近乎零的时候，NMOS 和 PMOS 晶体管导通且均处于晶体管饱和区。当信号非常大的时候，NMOS 或者 PMOS 之一导通，另外一个晶体管处于弱电流导通状态，从而避免出现交越失真。Class-AB 类输出级放大器具有高的输出功率，即拥有小的静态电流和大的动态电流，换句话说放大器输出的最大峰值电流明显高于静态工作电流，因此 Class-AB 类输出级放大器在线性度和输出功率方面均取得了优异的性能。

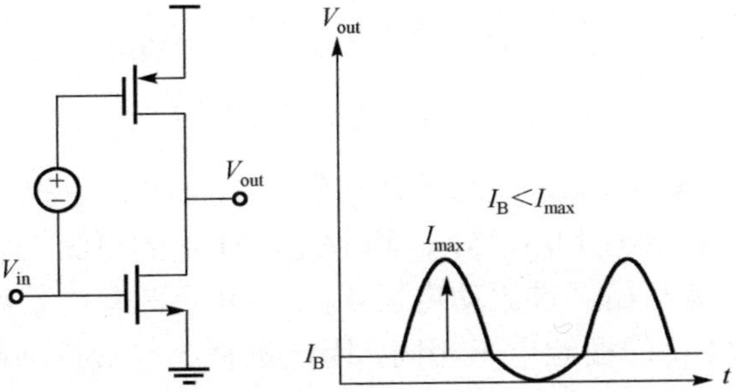

图 7.23　Class-AB 类输出级放大器设计

图 7.24 所示是一个传统的 Class-AB 类输出级，该 Class-AB 类输出级电流采用传统的外部偏置电流控制，这种设计方法容易受到电源电压变化等因素影响，其中共源共栅晶体管 M_{1C}、M_{2C} 和 M_{3C}、M_{4C} 组成放大器输出上拉和下拉晶体管，NMOS 管 M_{5C} 和 PMOS 管 M_{6C} 形成互补晶体管，其作用为悬浮电压源，输出级的偏置受到 M_{11C}、M_{12C} 和 M_{13C}、M_{14C} 组成的二极管连接晶体管以及偏置电流 I_b 控制。流过悬浮电流源 M_{5C} 和 M_{6C} 的偏置电流等于 $2I_b$。Class-AB 类输出级放大器包含两个重要的控制环路，其用于控制输出级的静态电流和动态电流，晶体管 M_{1C} 和 M_{4C} 的栅极偏置电压分别由跨导线性环路 M_{1C}、M_{6C}、M_{13C}、M_{14C} 和 M_{4C}、M_{5C}、M_{11C}、M_{12C} 进行控制。

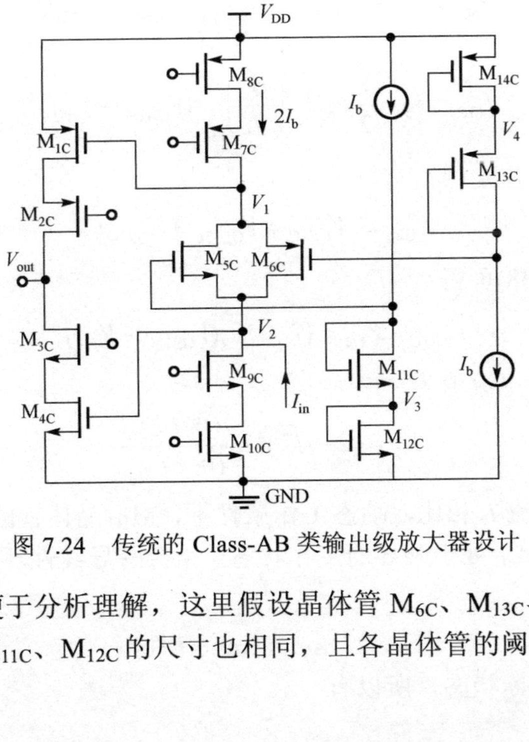

图 7.24　传统的 Class-AB 类输出级放大器设计

为简化计算，便于分析理解，这里假设晶体管 M_{6C}、M_{13C}、M_{14C} 的尺寸相同，同样晶体管 M_{5C}、M_{11C}、M_{12C} 的尺寸也相同，且各晶体管的阈值电压 V_{TH} 相等。

$$(W/L)_{6C}=(W/L)_{13C}=(W/L)_{14C} \tag{7-33}$$

$$(W/L)_{5C}=(W/L)_{11C}=(W/L)_{12C} \tag{7-34}$$

静态工作条件下，Class-AB 控制环路的悬浮电流源 M_{5C} 和 M_{6C} 具有相同的电流 I_b，根据图 7.24 可知，这时 M_{6C}、M_{13C} 和 M_{5C}、M_{11C} 的电流均等于 I_b。晶体管在饱和区工作，由源漏电流与栅源过驱动电压 V_{dsat} 的电流平方关系可知 M_{6C}、M_{13C} 的栅源电压相等，M_{5C}、M_{11C} 的栅源电压相同，因此根据跨导线性环路 M_{1C}、M_{6C}、M_{13C}、M_{14C} 和 M_{4C}、M_{5C}、M_{11C}、M_{12C} 可知输出晶体管 M_{1C} 和 M_{4C} 的栅源电压分别等于 M_{14C} 和 M_{12C} 的栅源电压。因此在静态工作条件下输出晶体管的电流可以表示为

$$I_o=I_b\frac{(W/L)_{1C}}{(W/L)_{14C}}=I_b\frac{(W/L)_{4C}}{(W/L)_{12C}} \tag{7-35}$$

根据式(7-35)可知，Class-AB 类输出级的静态电流可以通过晶体管 M_{1C}、M_{14C} 和 M_{4C}、M_{12C} 的尺寸比例进行控制。

在大信号动态工作条件下，前级电流 I_{in} 为正，节点电压 V_1 上升，同时 V_2 的电压上升导致 M_{5C} 关断，这时支路 M_{8C}、M_{7C} 电流全部流过 M_{6C}，因此 M_{1C} 的栅源电压 $|V_{GS1}|$ 降低，这时 M_{1C} 晶体管处于弱导通状态(弱导通状态避免了输出级晶体管交越失真的出现)，电流 I_{6C} 和 I_{13C} 计算如下：

$$I_{6C}=2I_b=\frac{1}{2}\mu_p C_{ox}\left(\frac{W}{L}\right)_{6C}(V_{GS6C}-V_{TH})^2 \tag{7-36}$$

$$I_{13C}=I_b=\frac{1}{2}\mu_p C_{ox}\left(\frac{W}{L}\right)_{13C}(V_{GS13C}-V_{TH})^2 \tag{7-37}$$

根据基尔霍夫电压定律，有

$$V_{GS6C}+V_{GS1C}=V_{GS13C}+V_{GS14C} \tag{7-38}$$

结合式(7-36)～式(7-38)可得

$$V_{GS1C}-V_{TH}=(2-\sqrt{2})(V_{GS14C}-V_{TH}) \tag{7-39}$$

因此 M_{1C} 的漏源电流值为

$$I_{1C}=(2-\sqrt{2})^2 I_b\frac{(W/L)_{1C}}{(W/L)_{14C}} \tag{7-40}$$

与式(7-35)中电流 I_o 相比，动态工作条件下，M_{1C} 晶体管的弱导通电流为 $I_{1C}\approx 0.34I_o$。这时晶体管 M_{4C} 处于强导通工作状态，结合跨导线性环路 M_{4C}、M_{5C}、M_{11C}、M_{12C} 可知

$$V_{GS5C}+V_{GS4C}=V_{GS11C}+V_{GS12C} \tag{7-41}$$

由于 M_{5C} 处于关断状态，所以有

$$V_{\mathrm{GS5C}} \approx V_{\mathrm{TH}} \tag{7-42}$$

联立式(7-34)、式(7-41)、式(7-42)可得

$$V_{\mathrm{GS4C}} - V_{\mathrm{TH}} = 2(V_{\mathrm{GS12C}} - V_{\mathrm{TH}}) \tag{7-43}$$

所以此时强导通晶体管 M_{4C} 的电流可以计算如下：

$$I_{4C} = 4I_{\mathrm{b}} \frac{(W/L)_{4C}}{(W/L)_{12C}} \tag{7-44}$$

因此当前级电路 I_{in} 为正向输入电流时，输出级晶体管 M_{1C}、M_{4C} 的电流分别表示为

$$\begin{cases} I_{1C} = (2-\sqrt{2})^2 I_{\mathrm{b}} \dfrac{(W/L)_{1C}}{(W/L)_{14C}} \approx 0.34 I_{\mathrm{o}} \\ I_{4C} = 4I_{\mathrm{b}} \dfrac{(W/L)_{4C}}{(W/L)_{12C}} = 4I_{\mathrm{o}} \end{cases} \tag{7-45}$$

同理，当 I_{in} 为负向电流时，节点电压 V_1、V_2 降低，与前面讨论的情况相反，M_{1C} 导通，M_{6C} 关断，支路电流 $2I_{\mathrm{b}}$ 全部流过 M_{5C}，这时晶体管 M_{4C} 处于弱导通状态，而 M_{1C} 处于强导通状态。因此根据跨导线性环路栅源电压守恒可以计算 M_{1C}、M_{4C} 的电流分别为

$$\begin{cases} I_{1C} = 4I_{\mathrm{b}} \dfrac{(W/L)_{1C}}{(W/L)_{14C}} = 4I_{\mathrm{o}} \\ I_{4C} = (2-\sqrt{2})^2 I_{\mathrm{b}} \dfrac{(W/L)_{4C}}{(W/L)_{12C}} \approx 0.34 I_{\mathrm{o}} \end{cases} \tag{7-46}$$

根据式(7-37)和式(7-38)可知，Class-AB 类输出级的动态电流为 $4I_{\mathrm{o}}$，该值远大于静态偏置电流(I_{o})，因此输出级功率较高。并且在输出级中一个晶体管强导通时，另外一个晶体管流过微弱的弱导通电流 $0.34I_{\mathrm{o}}$，可以有效避免在强弱导通晶体管交换时产生交越失真现象。不同于传统的 Class-AB 类输出级电路控制方法，传统 Class-AB 控制方法共噪声抑制能力较差，采用的 Class-AB 类输出级以及控制环路如图 7.25 所示。Class-AB 类输出级由输出级晶体管 M_1～M_{10} 组成，控制环路由 M_{11}～M_{40} 组成。由首尾相接的 M_3 和 M_4 以及偏置环路 M_{12}、M_{18} 和 M_{39}、M_{33} 组成了 Class-AB 类悬浮电压源。

输出管 M_7 和 M_{10} 由两个 MOS 跨导线性环路 M_{39}、M_{33}、M_4、M_7 和 M_{12}、M_{18}、M_3、M_{10} 控制，产生了一个固定的静态电流。并且，避免了输出管关断，当其中一个输入管过驱动时，另一个输入管的栅源电压被其中一个控制管 M_3 或者 M_4 钳位，在未工作的输出管中产生一定的电流，避免它关断，这个过程可以用线性方程解释如下：

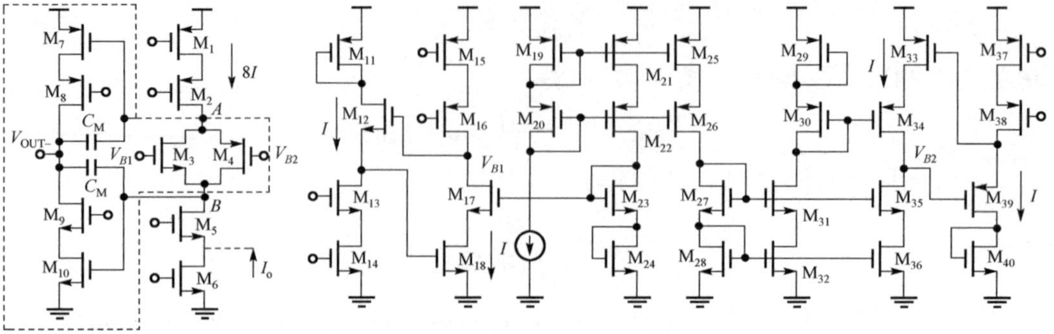

图 7.25　Class-AB 类输出级和电流控制环路

$$V_{GS39} + V_{GS33} = V_{GS4} + V_{GS7} \tag{7-47}$$

$$V_{GS12} + V_{GS18} = V_{GS3} + V_{GS10} \tag{7-48}$$

通过 M_3 和 M_4 的电流分别为 I_3 和 I_4，在电路设计中，$I_3+I_4=8I$，$I_{39}=I_{12}=I$，$I_{33}=I_{18}=I$。并且阈值电压 $V_{TH39}=V_{TH33}=V_{TH4}=V_{TH7}$。在静态工作模式下，输出节点不消耗电流，因此通过 M_7 和 M_{10} 的电流相等。通过 M_3、M_4 的电流等于 $4I$。因此，可以得到如下公式：

$$I_4 = 4I \propto \left(\frac{W}{L}\right)_4 (V_{GS4} - V_{TH4})^2 \tag{7-49}$$

$$I_{39} = I \propto \left(\frac{W}{L}\right)_{39} (V_{GS39} - V_{TH39})^2 \tag{7-50}$$

M_4 和 M_{39} 的宽长比为 $(W/L)_4/(W/L)_{39}=4$。联立式(7-49)和式(7-50)可得栅源电压 $V_{GS4}=V_{GS39}$，因此，$V_{GS7}=V_{GS33}$，M_7 和 M_{33} 的宽长比为 $(W/L)_7/(W/L)_{33}=48$。因此，通过 M_7 的电流 $I_7=48I$。根据同样的理论，可以得到由 M_{12}、M_{18}、M_3 和 M_{10} 组成的环路中 $I_{10}=48I$。因此，在静态工作情况下，可以很好地控制输出级电流来确保负载不消耗电流，保证电路稳定性。在动态工作情况下，电路将提供电流，假设 M_{10} 完全导通而未工作的 M_7 有一定的偏置电流，在这种情况下，M_3 中几乎没有电流流过。从而可得

$$I_4 = 8I \propto \left(\frac{W}{L}\right)_4 (V_{GS4} - V_{TH4})^2 \tag{7-51}$$

$$I_{39} = I \propto \left(\frac{W}{L}\right)_{39} (V_{GS39} - V_{TH39})^2 \tag{7-52}$$

M_4 和 M_{39} 的过驱动电压关系如下：

$$V_{GS4} - V_{TH4} = \sqrt{2}(V_{GS39} - V_{TH39}) \tag{7-53}$$

由于 $I_{39}=I_{33}$，可得

$$\left(\frac{W}{L}\right)_{39}(V_{\mathrm{GS39}}-V_{\mathrm{TH39}})^2=\left(\frac{W}{L}\right)_{33}(V_{\mathrm{GS33}}-V_{\mathrm{TH33}})^2 \tag{7-54}$$

假设 $(W/L)_{33}/(W/L)_{39}=a$，根据式(7-54)，可得

$$V_{\mathrm{GS39}}-V_{\mathrm{TH39}}=\sqrt{a}(V_{\mathrm{GS33}}-V_{\mathrm{TH33}}) \tag{7-55}$$

联合式(7-47)，可得

$$(1+\sqrt{a})(V_{\mathrm{GS33}}-V_{\mathrm{TH33}})=\sqrt{2}\sqrt{a}(V_{\mathrm{GS33}}-V_{\mathrm{TH33}})+V_{\mathrm{GS7}}-V_{\mathrm{TH7}} \tag{7-56}$$

所以有

$$V_{\mathrm{GS7}}-V_{\mathrm{TH7}}=(1+\sqrt{a}-\sqrt{2a})(V_{\mathrm{GS33}}-V_{\mathrm{TH33}}) \tag{7-57}$$

另外

$$I_{33}=I\propto\left(\frac{W}{L}\right)_{33}(V_{\mathrm{GS33}}-V_{\mathrm{TH33}})^2 \tag{7-58}$$

从而

$$\begin{aligned}I_7&\propto\left(\frac{W}{L}\right)_7(V_{\mathrm{GS7}}-V_{\mathrm{TH7}})^2=I\cdot\frac{(W/L)_7}{(W/L)_{33}}\cdot\frac{(V_{\mathrm{GS7}}-V_{\mathrm{TH7}})^2}{(V_{\mathrm{GS33}}-V_{\mathrm{TH33}})^2}\\&=I\cdot\frac{(W/L)_7}{(W/L)_{33}}\cdot(1+\sqrt{a}-\sqrt{2a})^2\end{aligned} \tag{7-59}$$

因此，M_7 的输出电流可以通过调节 M_7、M_{33} 和 M_{39} 的宽长比来实现精确调节。根据相同的理论，通过 M_{10} 的电流 I_{10} 可以得到。由于 M_3 截止，$I_{12}=I_{18}=I$，$(W/L)_{18}/(W/L)_{12}=a$，从而有

$$V_{\mathrm{GS12}}-V_{\mathrm{TH12}}=\sqrt{a}(V_{\mathrm{GS18}}-V_{\mathrm{TH18}}) \tag{7-60}$$

$$V_{\mathrm{GS10}}-V_{\mathrm{TH10}}=(1+\sqrt{a})(V_{\mathrm{GS18}}-V_{\mathrm{TH18}}) \tag{7-61}$$

$$\begin{aligned}I_{10}&\propto\left(\frac{W}{L}\right)_{10}(V_{\mathrm{GS10}}-V_{\mathrm{TH10}})^2=I\cdot\frac{(W/L)_{10}}{(W/L)_{18}}\cdot\frac{(V_{\mathrm{GS10}}-V_{\mathrm{TH10}})^2}{(V_{\mathrm{GS18}}-V_{\mathrm{TH18}})^2}\\&=I\cdot\frac{(W/L)_{10}}{(W/L)_{18}}\cdot(1+\sqrt{a})^2\end{aligned} \tag{7-62}$$

跟 I_7 相似，通过 M_{10} 的输出电流可以通过调节 M_{10}、M_{18} 和 M_{12} 的宽长比来实现精确调节。根据以上的分析，PGA 采用的 Class-AB 类输出级消耗较低的静态电流，提供良好的输出电流驱动能力。在电路设计中，当 $a=0.56$ 时，未工作的输出管有一定的最小的偏置电流 $19I$，而处在饱和区工作的晶体管有最大电流 $144I$。

7.3　宽带可重构电力线通信发射机系统结构

模拟前端-发射器接收 DAC 输出信号，并传输高摆幅信号到电力传输线。设计实现的模拟前端发射器复用接收通路高阶低通滤波器和 PGA 电路单元，这两个单元电路在前面章节中均进行了详细的描述，这里不再重复讨论，本节将重点讨论模拟前端发射器中电力线驱动放大器设计和提出的可编程输出阻抗控制技术。针对电力线、同轴电缆等传输介质等效阻抗实际应用要求和模拟信号发射器最大化传输功率设计要求，模拟信号发射器输出阻抗要求与负载线缆阻抗匹配。为避免传统共源放大器输出级引入交越失真等问题，线缆驱动放大器输出级采用具有轨到轨摆幅 Class-AB 结构。因此，发射器将研究实现具有高驱动能力、轨到轨输出摆幅、高功耗效率的输出级电路结构。

在电力线通信应用中，根据所需要注入到电力线上低静态功耗的要求，由于电源电压的局限性，发射器输出信号摆幅往往不足，一个普遍的设计方法是在发射端采用一个 1∶3 的变压器。电力线负载典型值为 50Ω，由于 1∶3 变压器的存在，等效到模拟前端发射器输出端的负载阻抗值为 5.5Ω。为节省芯片面积，本节设计电力线模拟前端发射器通路复用 7.2 节中接收器通路中的高阶低通滤波器、PGA 等电路模块。因此本节中发射器设计主要关注电力线驱动放大器的设计。为了最大化功率密度传输率，理想情况下电力线驱动放大器的输出阻抗必须等于 5.5Ω。一般情况下采用在电力线驱动放大器输出端并联固定电阻从而与等效电力线负载阻抗相匹配。但是由于存在工艺偏差、材料误差、老化、空气氧化等因素，电力线输出等效阻抗往往产生较大变化，并且在不同频率下通道等效阻抗变化较大，采用固定输出阻抗设计难以实现发射器输出阻抗与线缆等效阻抗的匹配，所以必须设计实现可编程阻抗匹配发射器电路。不同于传统采用固定并联电阻匹配负载线缆等效阻抗的方法，系统将自动调制模拟发射器输出阻抗以匹配负载线缆等效阻抗，实现模拟收发器输出功率最大化。

轨到轨放大器和 Class-AB 类输出级电路作为一种常见的放大器结构，已经有诸多研究文献对其提出了多种设计和改进方案[11]。然而它仍然存在诸多缺陷，例如，由于额外的独立的偏置电流用于 Class-AB 环路控制将会出现额外的噪声和失调电压，输入共模电压变化带来的静态偏置电流的变化。为了解决这些问题，本章设计的 Class-AB 类输出级解决了上述相关问题，从而取得了良好的性能特性。如图 7.26 所示，Class-AB 控制结构由晶体管 M_{C1}～M_{C6} 构成，同时浮动电流源 M_{C3} 和 M_{C4} 具有与 Class-AB 驱动电路（M_{C1}、M_{C2} 和 M_{C5}、M_{C6}）相同的电路结构，因而在整个输入共模范围内浮动电流源 M_{C3} 和 M_{C4} 将不会受到影响。另外，输出级偏置电流源由两个线性跨导环路而决定，该结构类似于第 3 章中所述的有源负反馈环路，通过使用该负反馈环路可以有效提高静态电流对于共模干扰的抑制能力。Class-AB 类输出级由共源结构器件 $M_3(M_{3f})$、$M_4(M_{4f})$、$M_5(M_{5f})$ 和 $M_6(M_{6f})$ 组成，通过使用大尺寸的输出晶体管获得高的驱动能力。

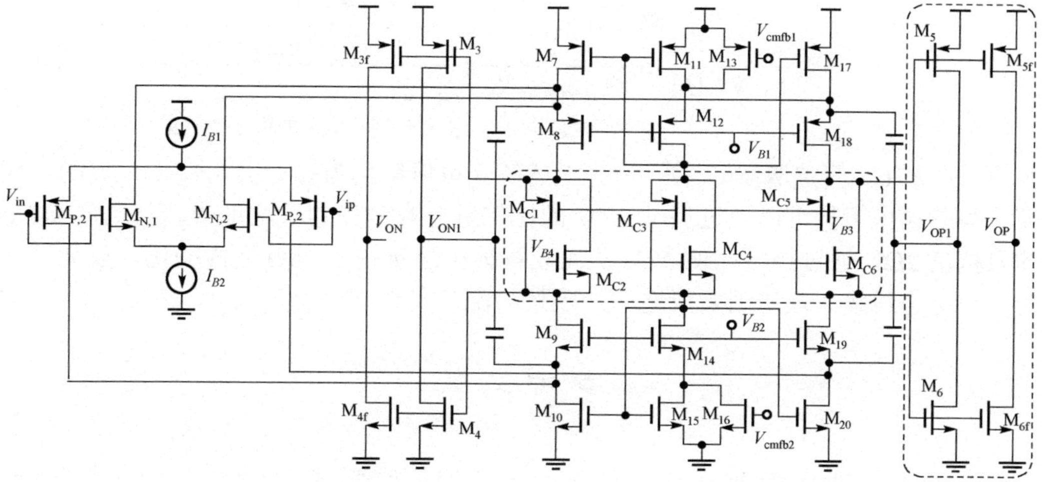

图 7.26　线缆驱动放大器 Class-AB 类输出级和电流控制环路

为了最小化传输反射、最大化信号传输功率，电力线驱动放大器输出阻抗必须等于电力线负载等效阻抗。然而，因为长时间使用产生的空气氧化和工艺变化等非理想因素，电力线的电学特性参数存在较大差异，所以，电力线驱动放大器输出阻抗与负载等效阻抗匹配将是一个非常大的设计挑战。本项目将采用反馈合成技术，实现控制电力线驱动放大器输出阻抗，进而达到与电力传输线等效阻抗匹配的目的。电力线驱动器结构及阻抗匹配技术简化模型如图 7.27 所示。其中，

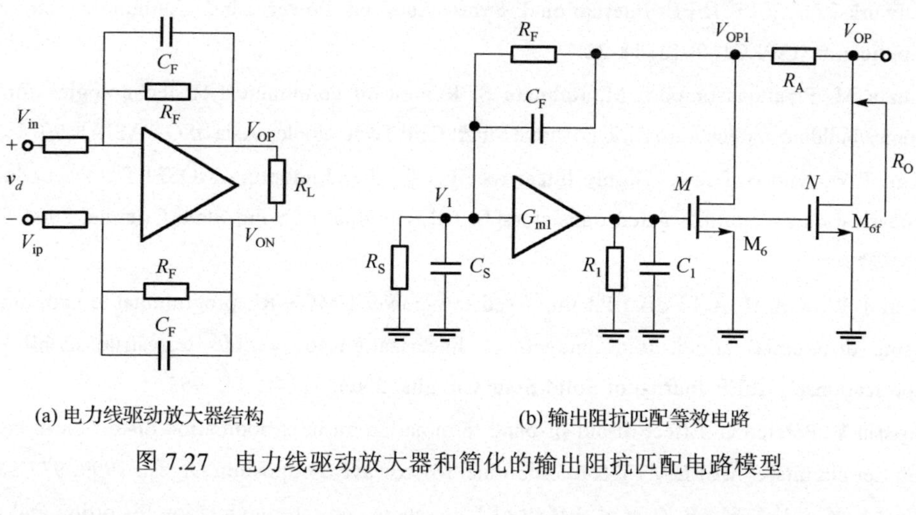

(a) 电力线驱动放大器结构　(b) 输出阻抗匹配等效电路

图 7.27　电力线驱动放大器和简化的输出阻抗匹配电路模型

R_L是等效负载阻抗，输出级NMOS晶体管M_6和M_{6f}的跨导分别等于g_{m6}和g_{m6f}，晶体管尺寸比例为M/N。提出的电力线驱动放大器的等效跨导为G_{m1}，因而输出阻抗R_O可以计算为

$$R_O = R_A \frac{1}{1+N/M}\left(1+\frac{1}{G_{m1}Z_1 g_{m2} R_A}\right)\frac{1+\dfrac{R_A+Z_F}{1+G_{m1}Z_1 g_{m6} Z_1}\cdot\dfrac{1}{Z_S}}{1+\dfrac{1}{G_{m1}Z_1(g_{m6}+g_{m6f})}\cdot\dfrac{1}{Z_S}} \tag{7-63}$$

其中，$Z=R//C$，假定增益$G_{m1}Z_1>>1$，上述等式可以简化为等于$R_O \approx R_A/(1+N/M)$。因而，等效输出阻抗可以通过调节N/M的比例进行有效控制，这里R_A设计使用较小的阻抗值2Ω。通过控制比例N/M从而获得输出阻抗在3～8Ω之内变化，以此补偿工艺和电力线缆非理想因素所造成的阻抗失配。

参考文献

[1] Fan Z, Kulkarni P, Gormus S, et al. Smart grid communication: Overview of research challenges, solution, and standardization activities[J]. IEEE Communications Surveys & Tutorials, 2013, 15(1): 21-38.

[2] Lo C H, Nirwan A. The progressive smart grid system from both power and communications aspects[J]. IEEE Communications Surveys & Tutorials, 2012, 14(3): 799-821.

[3] Lars B T, Andreas S, Pascal P, et al. MIMO power line communications[J]. IEEE Communications Surveys & Tutorials, 2014, 17(1): 106-124.

[4] Haris G, Amir L. On performance of multiple-domain diversity in powerline communication networks[C]. 2013 IEEE International Symposium on Power Line Communication and Its Application(ISPLC), 2013: 18-22.

[5] Kuzlu M, Pipattanasomporn M, Rahman S. Review of communication technologies for smart homes/building applications[C]. Innovative Smart Grid Technologies-Asia(ISGT ASIA), 2015: 3-6.

[6] Kim T W, Kim B, Lee K. Highly linear receiver front-end adopting MOSFET transconductance linearization by multiple gated transistors[J]. IEEE Journal of Solid-State Circuits, 2004, 39(1): 223-229.

[7] Kim T W, Kim B. A 13-dB IIP3 improved low-power CMOS RF programmable gain amplifier using differential circuit transconductance linearization for various terrestrial mobile D-TV applications[J]. IEEE Journal of Solid-State Circuits, 2006, 41(4), 945-953.

[8] Aparin V, Persico C. Effect of out-of-band termination on intermodulation distortion in common emitter circuits[C]. IEEE MTT-S International Microwave Symposium Digest, 1999: 977-980.

[9] Ko J S, Kim H S, Ko B K, et al. Effect of bias scheme on intermodulation distortion and its use

for the design of PCS Tx driver[C]. IEEE Radio Frequency Integrated Circuits Sysmposium Digest of Papers, 2000: 105-108.

[10] Han H G, Kim T W. A CMOS RF programmable-gain amplifier for digital TV with a+9-dBm IIP3 cross-coupled common-gate LNA[J]. IEEE Transactions on Circuits and Systems II: Express Briefs, 2012, 59(2): 543-547.

[11] Wang K, Ma K, Ye W, et al. A low voltage low power highly linear CMOS quadrature mixer using transconductance cancellation technique[C]. 2012 IEEE MTT-S International Microwave Symposium Digest(MTT), 2012: 1-3.